职业教育创新融合系列教材

电机与电气控制技术

冯凯 主编
谢海良 赵璐 副主编

DIANJI YU
DIANQI
KONGZHI
JISHU

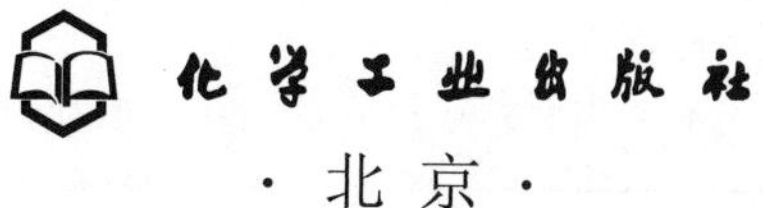

·北京·

内 容 简 介

本书共设置7个项目，22个工作任务，主要包括变压器、异步电动机、直流电动机、控制电动机、基本电气控制电路和常用机床电气控制电路等。本书结合项目知识特点，将职业素养、工匠精神、劳动精神、奋斗精神、创新精神等思想政治教育融入专业课程教育中，引导学生增强使命感与责任感，践行社会主义核心价值观。按照任务描述→相关知识→任务实施→知识拓展→巩固提升→知识闯关的方式，科学地构建课程教学体系，实现“岗、课、赛、证”融通。为方便教学，配套了视频微课、电子课件、在线测试题与答案解析等数字资源。

本书可作为高等职业院校机电一体化技术、电气自动化技术等相关专业的教材，也可作为工程技术人员的参考或培训用书。

图书在版编目（CIP）数据

电机与电气控制技术/冯凯主编；谢海良，赵璐副主编. —北京：化学工业出版社，2024.3

ISBN 978-7-122-44879-8

Ⅰ.①电… Ⅱ.①冯… ②谢… ③赵… Ⅲ.①电机学-高等职业教育-教材②电气控制-高等职业教育-教材 Ⅳ.①TM3②TM921.5

中国国家版本馆CIP数据核字（2024）第000234号

责任编辑：韩庆利　　文字编辑：吴开亮
责任校对：宋　玮　　装帧设计：史利平

出版发行：化学工业出版社
（北京市东城区青年湖南街13号　邮政编码100011）
印　　装：大厂聚鑫印刷有限责任公司
787mm×1092mm　1/16　印张16¼　字数416千字
2024年4月北京第1版第1次印刷

购书咨询：010-64518888　　售后服务：010-64518899
网　　址：http://www.cip.com.cn
凡购买本书，如有缺损质量问题，本社销售中心负责调换。

定　　价：49.00元

前言

本书在内容组织上紧密结合高职高专学生的实际情况，以岗位需求为目标、职业能力培养为主线、学生为中心，根据《国家职业技能标准——电工》、《智能制造设备安装与调试》 1+ X职业技能等级标准，结合国赛项目“现代电气控制系统安装与调试”，在确保理论“必需、够用”的前提下，按照任务描述→相关知识→任务实施→知识拓展→巩固提升→知识闯关的方式，科学地构建课程教学体系，实现“岗、课、赛、证”融通。全书共设置 7 个项目， 22 个工作任务，主要包括变压器、异步电动机、直流电动机、控制电机、基本电气控制电路和常用机床电气控制电路等。

本书紧密围绕深入贯彻落实党的二十大报告中关于立德树人的根本任务，按照《高等学校课程思政建设指导纲要》要求，积极融入课程思政。结合项目知识特点，将职业素养、工匠精神、劳动精神、奋斗精神、创新精神等思想政治教育融入专业课程教育中，引导学生增强使命感与责任感，践行社会主义核心价值观。

本书参考学时为 64 学时，不同的专业可以根据实际情况进行选修。本书可作为高等职业院校机电一体化技术、电气自动化技术等相关专业的教材，也可作为工程技术人员的参考或培训用书。

本书由漯河职业技术学院的冯凯担任主编，进行全书的结构设计、内容选取和统稿工作。冯凯编写了项目七；赵璐编写了项目一、项目五；谢海良编写了项目三的任务一至任务五；王爱花编写了项目二；谷广超编写了项目四；陈冰编写了项目六；浙江长江汽车电子有限公司柯建义编写了项目三的任务六，并参与了教材内容的选取工作。

本书注重实际，强调应用，并配有微课视频、试题库、课件、学习资料等丰富的数字化教学资源。本书配套课程已经在国家智慧教育公共服务平台上线。登录后，在首页选择智慧职教模块，然后搜索“漯河职业技术学院”，专业资源库下面出现“机电一体化技术（漯河职院）”，进入后点击“现在去学习”，即可找到本书对应的课程“电机应用技术”，进入课程可在线学习或下载资源。

本教材为 2021 年度河南省高等教育教学改革研究与实践项目（高等职业教育类）“高职院校智能制造专业群基于‘产学研用’融合理念的双元制教材开发研究”（编号 2021SJGLX734）研究成果；省级机电一体化技术专业教学资源库《电机应用技术》课程配套教材；河南省职业教育示范性传统优势专业点教材建设项目。在本书编写过程中，编者付出了许多心血，但由于水平有限，书中难免存在不妥之处，恳请读者和专家批评指正。

编　者

目录

项目一

变压器的运行与维护

知识目标：

1. 理解并掌握基本磁路物理量和常用磁路定律（定则）。
2. 认识变压器的基本结构，掌握变压器的工作原理。
3. 理解变压器铭牌参数的含义。
4. 了解单相变压器的空载、负载运行特性，熟悉单相变压器外特性和效率特性。
5. 熟悉三相变压器的并联运行意义和条件。

能力目标：

1. 会判断单相变压器、三相变压器的连接组别。
2. 熟练操作完成单相变压器的空载试验和短路试验。
3. 熟练使用万用表、电流表、电压表、交流调压器等设备。

素养目标：

1. 培养学生善于观察、勤于学习的品质。
2. 培养学生安全用电意识。
3. 通过对国家变压器行业发展情况的了解，增强学生的爱国热情和社会责任感。

我国首台全国产化
F级50MW重型燃气轮
机投入商业运行

保变电气建功
大国重器显担当

知识导图

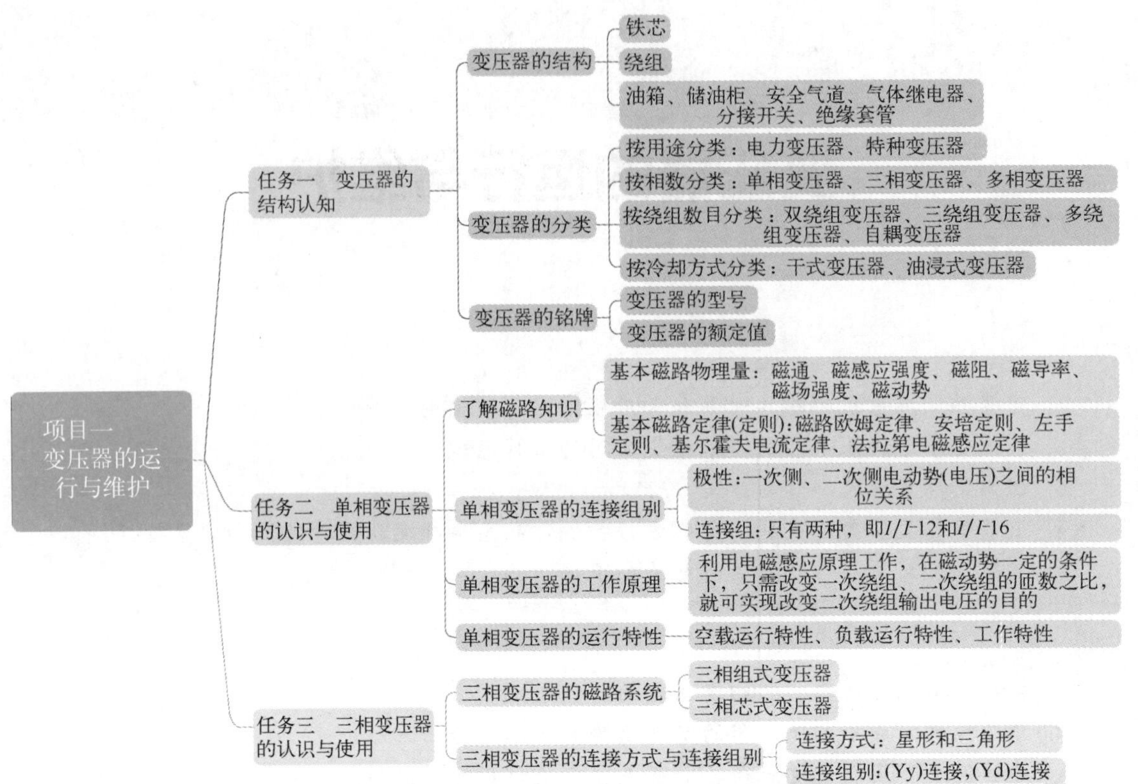

变压器基本结构

任务一　变压器的结构认知

图 1-1　10kV · A 级变压器

任务描述

变压器是电力系统中数量极多且地位十分重要的电气设备，变压器的总容量是发电机总容量的 9 倍以上。变压器作为一种静止的电气设备，在电能的传输、分配和安全使用等方面都具有重要的意义。此外，变压器在通信、广播、电气及冶金等多个行业也得到了广泛的应用。如图 1-1 所示为 10kV · A 级变压器。本任务要认识 10kV · A 级配电变压器的结构，理解变压器型号和额定值的含义，并了解变压器的分类。

相关知识

一、变压器的结构

在电力系统中，油浸自冷式双绕组变压器应用较为广泛。下面主要以 10kV·A 级油浸自冷式变压器为例，来说明变压器的结构。

变压器的主要部件是由铁芯和绕组构成的器身，铁芯是磁路部分，绕组是电路部分。除此以外，变压器中还有油箱、绝缘套管、储油柜及分接开关等其他附件。图 1-2 是 10kV·A 级变压器的结构图。下面将对变压器各个部件进行具体的介绍。

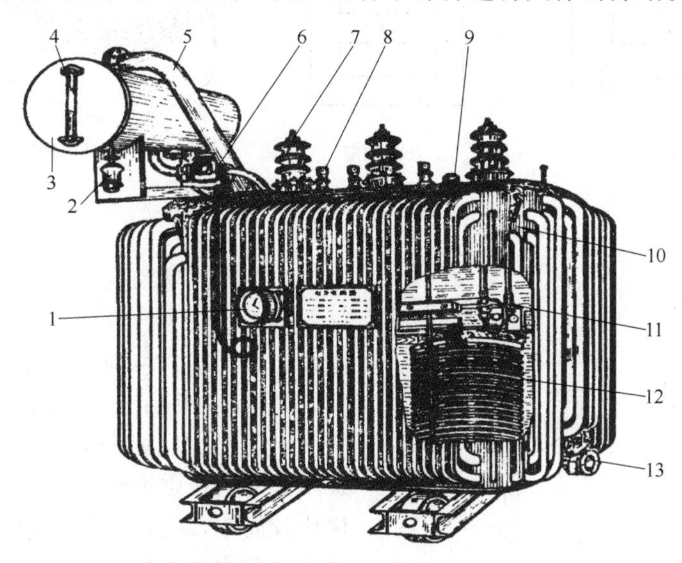

图 1-2　10kV·A 级油浸式变压器的结构图

1—信号式温度计；2—吸湿器；3—储油柜；4—油表；5—安全气道；6—气体继电器；7—高压绝缘套管；8—低压绝缘套管；9—分接开关；10—油箱；11—铁芯；12—绕组；13—放油阀门

1. 铁芯

铁芯是变压器的磁路部分，分为铁芯柱和铁轭两部分。在铁芯柱上套上绕组，再用铁轭将铁芯柱连接起来构成闭合磁路。

（1）铁芯材料

为了减小交变磁通在铁芯中产生的磁滞损耗和涡流损耗，提高磁路的导磁性能，铁芯一般由厚度为 0.35～0.5mm 的硅钢片叠装而成，每片硅钢片两面都涂上漆膜，使硅钢片与硅钢片之间绝缘。

（2）铁芯叠装形式

铁芯硅钢片的叠装形式根据变压器的大小有所不同。大中型变压器的铁芯，一般由剪成一定形状的硅钢片采用交错重叠的方式组装而成，各层磁路的接缝互相错开，便于减小气隙和磁阻，如图 1-3 所示。小型变压器为了简化工艺和减小气隙，常采用 E 字形、F 字形或 C 字形硅钢片叠装而成，如图 1-4 所示。

（3）铁芯柱截面形状

在小型变压器中，铁芯柱的截面一般做成正方形或矩形，如图 1-5（a）所示；而在大型变压器中，铁芯柱的截面一般做成阶梯形，以充分利用绕组的内圆空间，如图 1-5（b）所示。

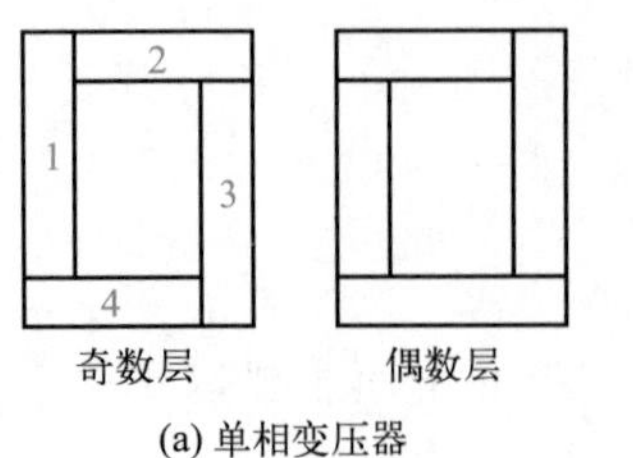

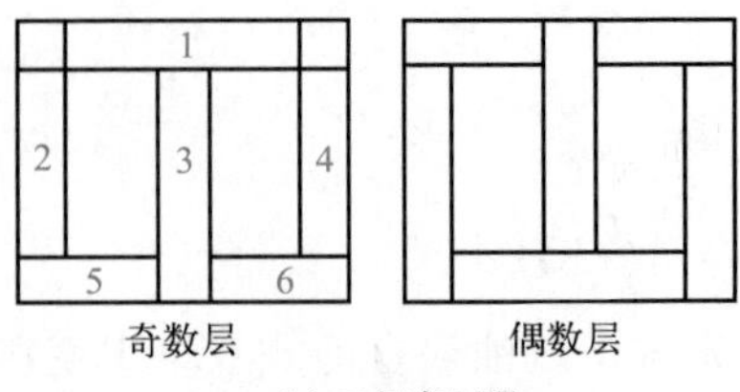

图 1-3　大中型变压器铁芯硅钢片交错式叠装法

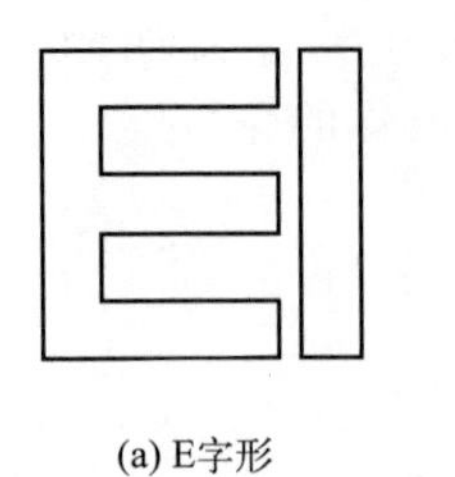

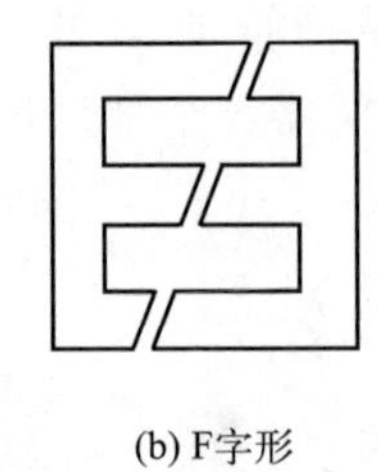

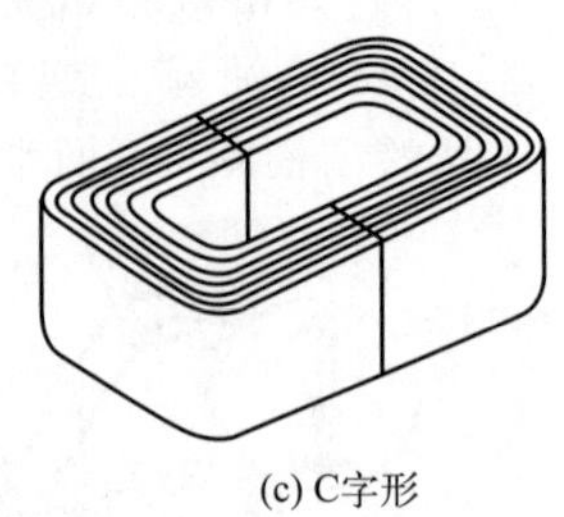

图 1-4　小型变压器铁芯硅钢片叠装法

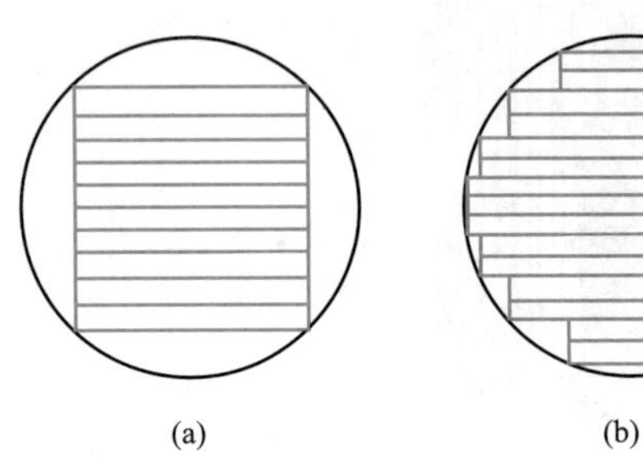

图 1-5　铁芯柱截面形状

（4）铁芯结构形式

变压器铁芯的结构形式有芯式、壳式和渐开线式等。芯式结构的特点是铁芯柱被绕组包围，如图 1-6 所示。壳式结构的特点是铁芯包围绕组顶面、底面和侧面，如图 1-7 所示。壳式结构的机械强度较好，但制造复杂。芯式结构比较简单，绕组装配比较容易，故电力变压器的铁芯主要采用芯式结构。

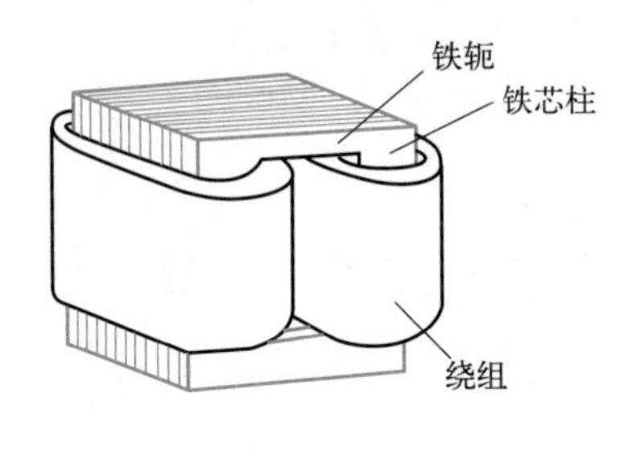

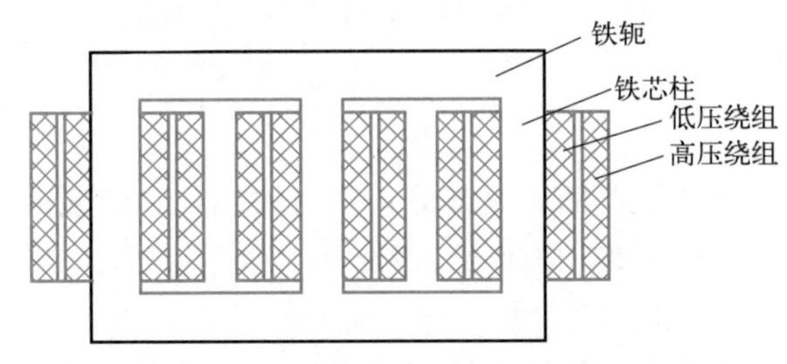

图 1-6　单相芯式变压器的结构

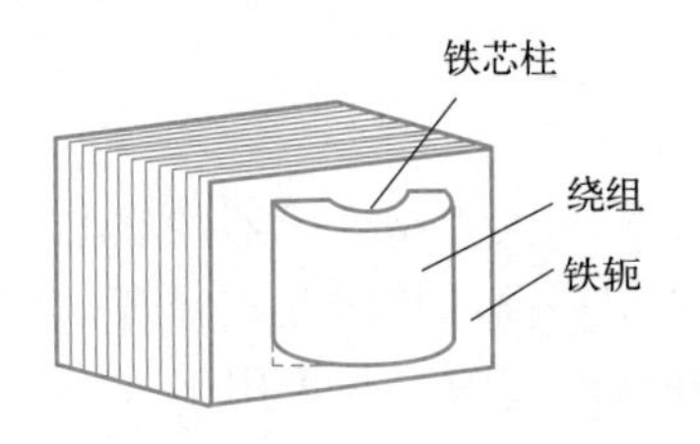

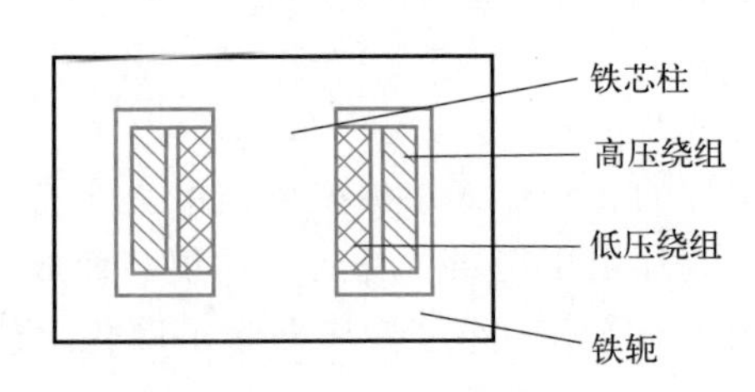

图 1-7　壳式变压器的结构示意图

2. 绕组

绕组是变压器的电路部分，一般由铜或铝绝缘导线绕制而成。在变压器中，接到高压电网的绕组称为高压绕组，接到低压电网的绕组称为低压绕组。根据高低压绕组装配位置的不同，绕组分为同心式绕组和交叠式绕组。

（1）同心式绕组

同心式绕组是将高低压绕组同心套在铁芯柱上。为了便于对地绝缘，一般把低压绕组靠近铁芯柱，高压绕组套在低压绕组的外面，如图 1-7 所示。同心式绕组结构简单，制造方便，电力变压器一般采用这种结构。

（2）交叠式绕组

交叠式绕组又称饼式绕组，是将高低压绕组分为若干线饼，沿着铁芯柱的高度方向交替排列。为了便于绕组和铁芯绝缘，一般把最上层和最下层放置低压绕组，如图 1-8 所示。交叠式绕组主要用于特种变压器中。

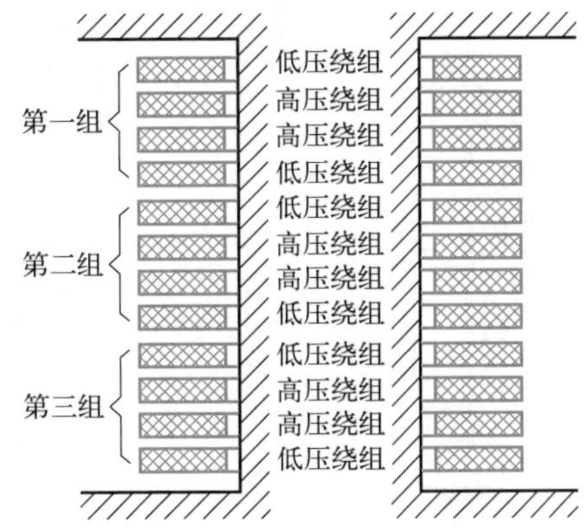

图 1-8 交叠式绕组的结构示意图

3. 油箱

油浸式变压器的整个器身（将绕组套在铁芯上就构成了变压器的器身）都放在油箱中，油箱内充满变压器油。变压器油作为一种矿物油，具有很好的绝缘性能，主要起两个作用：一是在变压器绕组与绕组之间、绕组与铁芯和油箱之间起绝缘作用；二是变压器油受热后产生对流，对变压器铁芯和绕组起散热作用。此外，油箱外部有许多散热油管，主要是为了增大散热面积。

4. 储油柜

储油柜俗称油枕，是一个圆筒形容器，如图 1-9 所示。储油柜装在油箱上，用管道和油箱相连，使变压器油刚好充满到储油柜的一半。储油柜内的油面高度随着变压器油的热胀冷缩而变动，从外面的油表中可以看到油面的高低。储油柜的作用是既能及时将变压器油充满整个油箱，还能防止潮气侵入氧化变压器油。

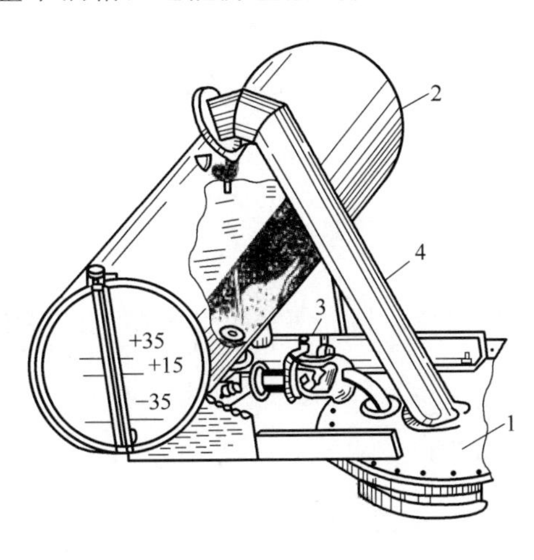

图 1-9 储油柜、安全气道及气体继电器

1—油箱；2—储油柜；3—气体继电器；4—安全气道

5. 安全气道

安全气道亦称防爆管，装在油箱顶盖上，如图 1-9 所示。它是一种保护设备，当变压器发生严重故障而产生大量气体时，气体和变压器油将首先冲破防爆膜向外喷出，以降低油箱内的压力，避免油箱因受到强大的压力而爆裂。

6. 气体继电器

气体继电器如图 1-9 所示。当变压器内部发生故障使绝缘物质损坏时，油箱内部产生的气体使气体继电器动作，接通中间继电器，直接切断变压器的油开关，同时发出事故信号，以便运行人员及时处理。

7. 分接开关

变压器运行时，输出电压是随着输入电压的高低、负载电流的大小和性质而变动的。在电力系统中，为了使变压器的输出电压控制在允许的变化范围内，要求变压器的原边绕组匝数在一定范围内调节，因而原边绕组一般都备有抽头，称为分接头。通过和不同分接头连接改变原边绕组的匝数，从而达到调节输出电压的目的。

分接开关分为有载调压和无载调压两种形式。

8. 绝缘套管

绝缘套管由内外部的瓷套和中心的导电杆组成，如图 1-10 所示。

变压器的引出线从油箱内部引到油箱外时必须通过绝缘套管，使引出线与油箱绝缘。绝缘套管一般是瓷质的，现在也有玻璃的。为了增大外表面放电距离，绝缘套管外形做成多级伞形裙边（电压越高，级数越多）。

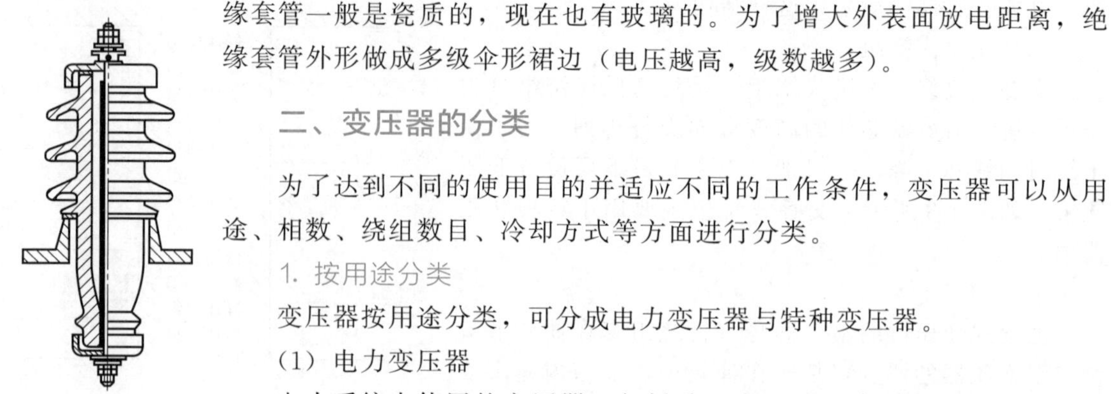

图 1-10　绝缘套管的结构示意图

二、变压器的分类

为了达到不同的使用目的并适应不同的工作条件，变压器可以从用途、相数、绕组数目、冷却方式等方面进行分类。

1. 按用途分类

变压器按用途分类，可分成电力变压器与特种变压器。

（1）电力变压器

电力系统中使用的变压器，包括升压变压器、降压变压器、配电变压器和厂用变压器等。

（2）特种变压器

根据不同系统和部门的要求，应提供各种特殊场合使用的变压器，包括电炉变压器、电焊变压器、整流变压器及仪用互感器等。

2. 按相数分类

变压器按相数分类，可分成单相变压器、三相变压器与多相变压器。

（1）单相变压器

单相变压器的原边绕组和副边绕组均为单相绕组。

（2）三相变压器

三相变压器的原边绕组和副边绕组均为三相绕组。

（3）多相变压器

多相变压器的原边绕组和副边绕组均为多相绕组。

3. 按绕组数目分类

变压器按绕组数目分类，可分成双绕组变压器、三绕组变压器、多绕组变压器与自耦变压器。

（1）双绕组变压器

双绕组变压器中每相有高压和低压两个绕组。

（2）三绕组变压器

三绕组变压器中每相有高压、中压和低压三个绕组。

（3）多绕组变压器

多绕组变压器中每相有三个以上绕组。

（4）自耦变压器

自耦变压器中每相至少有两个绕组具有公共部分。

4. 按冷却方式分类

变压器按冷却方式分类，可分成干式变压器与油浸式变压器。

（1）干式变压器

干式变压器用空气进行冷却，如图 1-11 所示。

（2）油浸式变压器

油浸式变压器用变压器油进行冷却，如图 1-1 所示。此外，油浸式冷却方式还可以分为以下两种。

① 自然油循环：通过变压器油自然对流冷却。

② 强迫油循环：用油泵将变压器油抽到外部进行循环冷却。

三、变压器的铭牌

为使变压器安全、经济、合理地运行，每台变压器上都安装了一块铭牌（图 1-12），上面标注了变压器的型号及各种额定数据等。只有理解铭牌上各种数据的含义，才能正确、安全地使用变压器。下面介绍变压器铭牌上的主要参数。

图 1-11　干式变压器

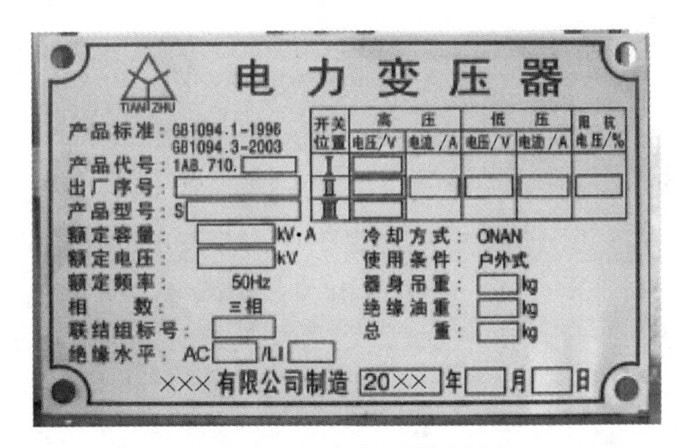

图 1-12　电力变压器的铭牌

1. 变压器的型号

电力变压器的型号包括变压器的结构、额定容量、电压等级、冷却方式等内容，其型号具体意义如下。

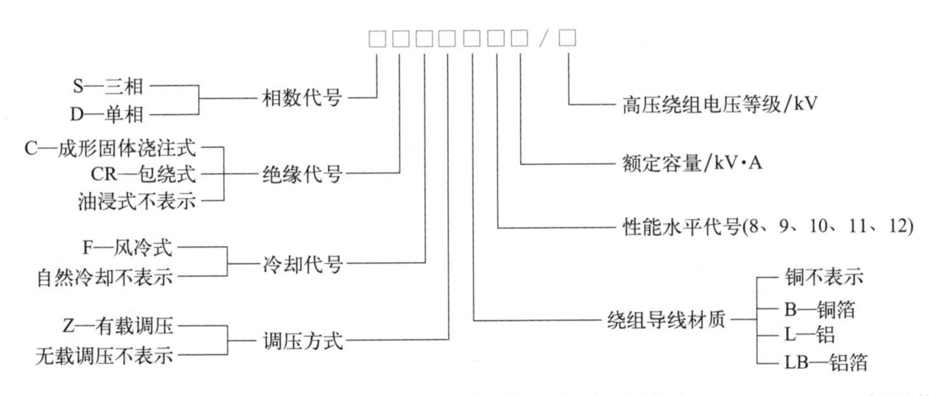

如 SL-500/10 表示三相油浸自冷无载调压铝线、额定容量为 500kV·A、高压绕组额定电压为 10kV 级的电力变压器。

2. 变压器的额定值

变压器的原边绕组可以称为一次侧绕组（简称一次绕组），副边绕组可以称为二次侧绕组（简称二次绕组）。

（1）额定电压

变压器在正常运行时，规定加在原边绕组上的电压，称为原边的额定电压，用 U_{1N} 来表示；当副边绕组开路（即空载）且原边绕组加额定电压时，副边绕组的测量电压即为副边的额定电压，用 U_{2N} 来表示。在三相变压器中，额定电压指的是线电压，单位是伏特（V）或千伏（kV）。

（2）额定电流

额定电流是指变压器在额定容量下允许长期通过的电流，原边和副边的额定电流分别用 I_{1N} 和 I_{2N} 来表示。在三相变压器中，额定电流指的是线电流，单位是安培（A）。

（3）额定容量

额定容量是指变压器在额定工作状态下副边绕组的额定功率，用 S_N 来表示，单位是千伏·安（kV·A）。

对于单相变压器有

$$S_N=U_{1N}I_{1N}=U_{2N}I_{2N} \tag{1-1}$$

对于三相变压器有

$$S_N=\sqrt{3}U_{1N}I_{1N}=\sqrt{3}U_{2N}I_{2N} \tag{1-2}$$

（4）额定频率

我国国家标准规定工业用交流电的额定频率是 50Hz。

[例 1] 一台三相油浸自冷式变压器，已知 $S_N=560\text{kV}\cdot\text{A}$，$U_{1N}/U_{2N}=10000\text{V}/400\text{V}$，试求一次绕组、二次绕组的额定电流 I_{1N} 和 I_{2N} 分别是多大？

解：

$$I_{1N}=\frac{S_N}{\sqrt{3}U_{1N}}=\frac{560\times1000}{\sqrt{3}\times10000}\approx32.33\text{（A）}$$

$$I_{2N}=\frac{S_N}{\sqrt{3}U_{2N}}=\frac{560\times1000}{\sqrt{3}\times400}\approx808.31\text{（A）}$$

任务实施

一、任务实施内容

认识变压器。

二、任务实施要求

① 了解变压器的分类与应用。
② 掌握变压器的结构和主要参数。
③ 完成认识变压器任务实施工单。

三、任务实施步骤

完成表 1-1 认识变压器任务实施工单。

表 1-1　认识变压器任务实施工单

班级：______　组别：______　学号：______　姓名：______　操作日期：______

任务实施前准备

序号	准备内容	准备情况自查
1	知识准备	变压器的结构与主要参数是否掌握　是□　否□ 变压器的分类与应用是否了解　是□　否□

任务实施过程记录

步骤	内容	内容记录
1	变压器的结构	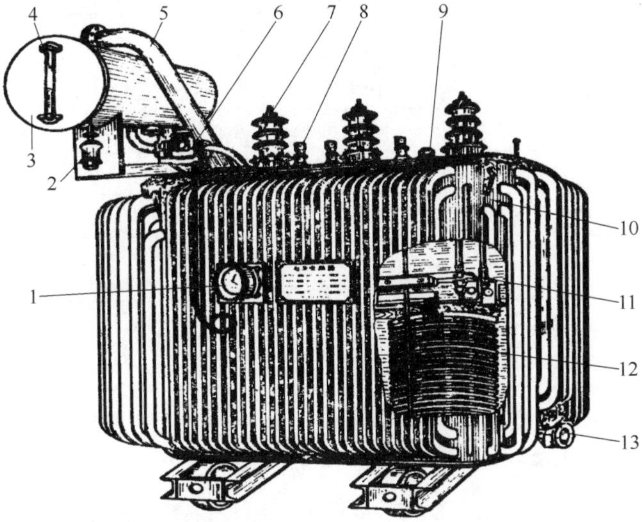 1～13（图中标注） 1. 请分别写出上图中各部分的名称和作用。

序号	名称	作用
1		
2		
3		
4		
5		
6		
7		
8		
9		
10		
11		
12		
13		

步骤	内容	内容记录
2	变压器的分类	请根据变压器的分类和应用知识完成下列问题。 1. 变压器是用来改变__________的供电设备，它是根据__________原理，把某一等级的交流电压转变为__________相同的另一等级的交流电压。 2. 小型动力设备用电电压为380V，家庭用电电压为__________V。 3. 试写出变压器的分类

续表

步骤	内容	内容记录
3	变压器的铭牌	电力变压器 产品型号 SL7－315/10 产品编号 额定容量 315kV·A 使用条件 户外式 额定电压 10000V/400V 冷却条件 ONAN 额定电流 18.2A/454.7A 短路电压 4% 额定频率 50Hz 器身吊重 765kg 相　数 三相 油　重 380kg 连接组别 Yyn0 总　重 1525kg 制造厂 生产日期 请根据上图变压器铭牌，完成下列内容。 该电力变压器为________相变压器，冷却方式为________，绕组导线材质为________，额定容量为________kV·A，高压绕组的电压等级为________kV
验收及收尾工作		
任务实施开始时间： 任务实施结束时间： 实际用时：		
认识变压器任务实施工单完成□ 台面与垃圾清理干净□		
成绩： 教师签字： 日期：		

四、认识变压器任务实施考核评价

认识变压器任务实施考核评价参照表1-2，包括技能考核、综合素质考核及安全文明操作等方面。

表1-2 认识变压器任务实施考核评价

序号	内容	配分/分	评分细则	得分/分
1	变压器的结构	50	不能正确写出变压器各个部件的名称和作用，每处扣5分	
2	变压器的分类	20	不能正确写出变压器的作用，扣5～10分 不能正确写出变压器的分类，扣5～10分	
3	变压器的铭牌	15	不能正确写出变压器铭牌各参数的含义，扣5～10分	
4	综合素质	15	从课堂纪律、学习能力、团结协作意识、沟通交流、语言表达、6S管理几个方面综合评价	
5	安全文明操作		违反安全文明生产规程，扣5～40分	
6	定额时间1.5h		每超时5min，扣5分	
			合计	
备注：各分项最高扣分不超过配分数				

巩固提升

1. 变压器是一种能改变________而保持________不变的静止电气设备。

2. 变压器的铁芯按结构形式可分为________和________两种。

3. 变压器高低压绕组的排列方式主要分为交叠式和（　　）两种。

A. 芯式　　B. 同心式　　C. 壳式　　D. 链式

4. 变压器铁芯采用的硅钢片单片越厚，则（　　）。

A. 铁芯中的铜损耗越大　　B. 铁芯中的涡流损耗越大

C. 铁芯中的涡流损耗越小　　D. 以上都不是

5. 变压器的铁芯和绕组之间是绝缘的。（　　）

6. 变压器既能改变交流电压，也能改变直流电压。（　　）

知识闯关（请扫码答题）

项目一任务一　变压器的结构认知

任务二　单相变压器的认识与使用

任务描述

变压器工作原理

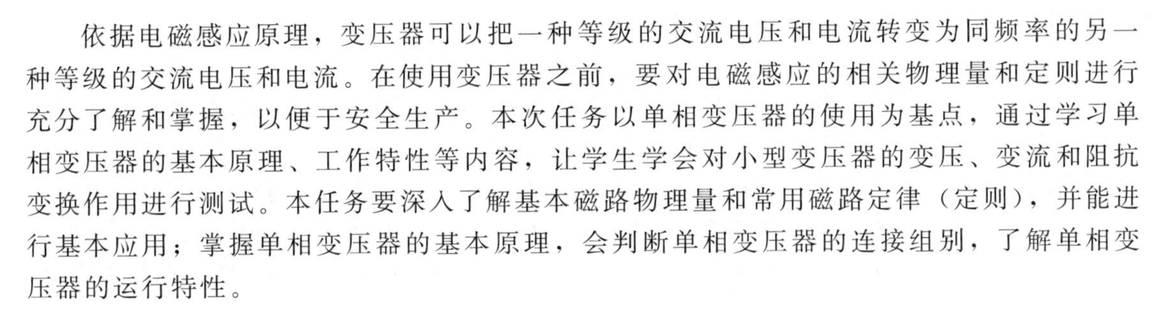

依据电磁感应原理，变压器可以把一种等级的交流电压和电流转变为同频率的另一种等级的交流电压和电流。在使用变压器之前，要对电磁感应的相关物理量和定则进行充分了解和掌握，以便于安全生产。本次任务以单相变压器的使用为基点，通过学习单相变压器的基本原理、工作特性等内容，让学生学会对小型变压器的变压、变流和阻抗变换作用进行测试。本任务要深入了解基本磁路物理量和常用磁路定律（定则），并能进行基本应用；掌握单相变压器的基本原理，会判断单相变压器的连接组别，了解单相变压器的运行特性。

相关知识

一、了解磁路知识

1. 基本磁路物理量的认知

（1）磁通

在静电学中用电力线来形象描述空间电场的分布，也可以类似地用磁力线来形象描述空间磁场的分布。与磁场方向垂直的某一面积上通过的磁力线的总数，叫做通过该面积的磁通量，简称磁通，用字母 Φ 表示。它的单位名称是韦伯，简称韦，用符号 Wb 表示。

磁通是一个标量。磁通流过的路径称为磁路。电流只能从导体中通过，但是磁通可以在任意介质中通过，因此磁通可以分为两部分，即主磁通与漏磁通。

① 主磁通　由于铁芯的导磁性能比空气要好得多（磁导率大），所以绝大部分磁通将在铁芯内通过，这部分磁通称为主磁通。

② 漏磁通　围绕载流线圈、部分铁芯和铁芯周围的空间，还存在少量分散的磁通，这部分磁通称为漏磁通。

（2）磁感应强度

垂直通过单位面积的磁力线的多少，叫做磁感应强度。在均匀磁场中，磁感应强度可表示为 $\boldsymbol{B}=\Phi/S$，S 表示均匀磁场的面积。这个式子表明，磁感应强度 $\boldsymbol{B}$ 等于单位面积的磁通量，所以有时磁感应强度也称磁通密度。当磁通单位为 Wb、面积单位为 m^2 时，磁感应强度 $\boldsymbol{B}$ 的单位是 T，称为特斯拉，简称特。

磁感应强度是一个矢量。磁力线上某点的切线方向就是该点磁感应强度的方向，也就是这一点的磁场方向。所以磁感应强度不但表示某点磁场的强弱，而且还表示出该点的磁场方向。

（3）磁阻

电阻是反映导体对电流起阻碍作用大小的物理量，用 R 来表示。在磁场中，反映磁路对磁通阻力的物理量叫做磁阻，用 R_m 来表示。它由磁路的材料、形状及尺寸所决定，即 $R_m=L/(\mu S)$（L 表示导体的长度，μ 表示磁导率，S 表示导体的截面面积）。磁阻单位为安培匝每韦伯或匝数每亨利，用 1/H（1/亨）表示。

（4）磁导率

反映导体导电性能好坏的物理量叫做电导率。在磁场中与电导率相对应的是磁导率，它是用来反映媒介质导磁性能好坏的物理量。磁导率用字母 μ 表示，其单位名称是亨/米，用符号 H/m 表示。非铁磁物质的磁导率是一个常数，而铁磁物质的磁导率不是常数。由实验测得真空中的磁导率 $\mu_0=4\pi\times10^{-7}$ H/m，为一个常数。把任意物质的磁导率与真空中的磁导率的比值称作相对磁导率，用 μ_r 表示，即 $\mu_r=\mu/\mu_0$。

（5）磁场强度

假如在一块磁铁上吸附一颗小铁钉，磁铁相当于小铁钉的外磁场，小铁钉就是磁铁的一种媒介质，对于磁铁周围的磁场，可用磁场强度 $\boldsymbol{H}$ 来表示，那么被磁化后的小铁钉的磁场（既包括了外磁场，又包括了媒介质对外磁场的影响）用磁感应强度 $\boldsymbol{B}$ 表示，也就是说磁感应强度受磁导率的影响，而磁场强度 $\boldsymbol{H}$ 与磁导率无关。磁场中某点的磁感应强度 $\boldsymbol{B}$ 与媒介质磁导率的比值，叫做该点的磁场强度，用 $\boldsymbol{H}$ 表示，即 $\boldsymbol{H}=\boldsymbol{B}/\mu$，磁场强度的单位为安培/米，简称安/米，用符号 A/m 表示。

磁场强度是矢量，在均匀媒介质中，它的方向和磁感应强度的方向一致。

（6）磁动势

磁场是由电流产生的，其大小取决于电流与线圈匝数的乘积 NI。人们把这一乘积叫做磁动势或磁通势，简称磁势，用 F 表示，即 $F=NI$。磁势是磁路中产生磁通的“推动力”，磁势的国际制单位为安（A）。

2. 基本磁路定律（定则）的认知

（1）磁路欧姆定律

和电路中的欧姆定律一样，在磁路中，可以用磁路欧姆定律来描述。以图 1-13（a）所示的等截面无分支闭合铁芯磁路为例：线圈为 N 匝，电流为 i，铁芯截面积为 S，磁路平均长度为 L，磁导率为 μ。可以等效为图 1-13（b）所示的磁路。

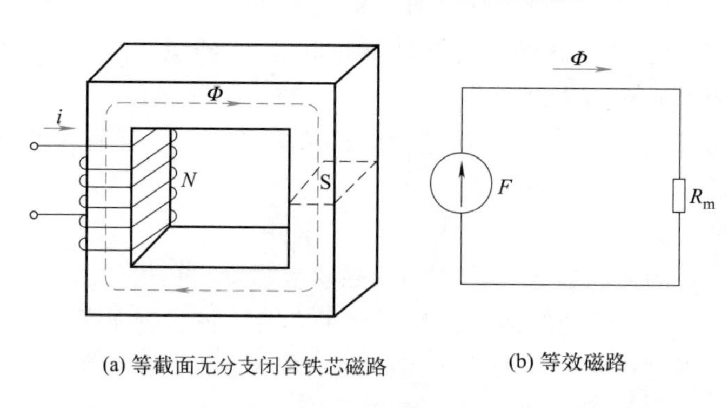

图 1-13　等截面无分支闭合铁芯磁路及其等效磁路

$$\Phi=\frac{F}{R_m} \tag{1-3}$$

式中　R_m——磁阻，1/H；

　　　F——磁动势，A；

　　　Φ——磁通量，Wb。

即磁路中的磁通量 Φ 等于作用在该磁路上的磁动势 F 除以磁路的磁阻 R_m，这就是磁路的欧姆定律。

（2）安培定则

安培定则也称右手定则，是表示电流和电流激发磁场的磁感线方向间关系的定则。

通电直导线中的安培定则（安培定则一）：用右手握住通电直导线，让大拇指指向电流的方向，那么四指的指向就是磁感线的环绕方向，如图 1-14 所示。

通电螺线管中的安培定则（安培定则二）：用右手握住通电螺线管，使四指弯曲的方向与电流方向一致，那么大拇指所指的那一端是通电螺线管的 N 极，如图 1-15 所示。

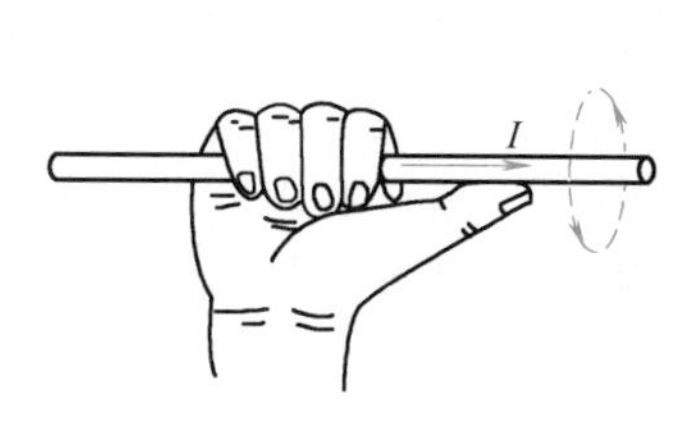

图 1-14　安培定则一

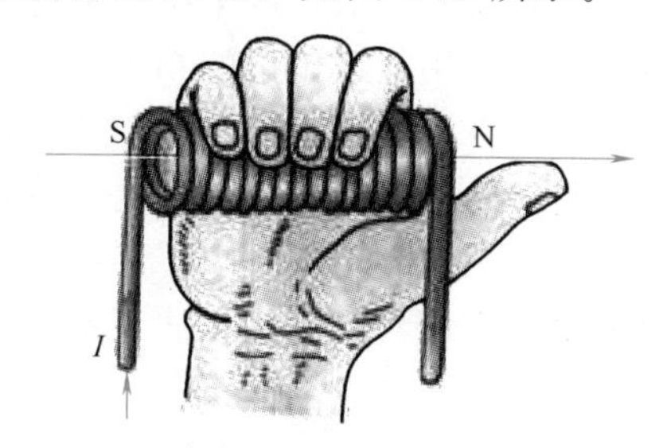

图 1-15　安培定则二

（3）左手定则

在电磁学中，右手定则判断的主要是与力无关的方向。如果是和力有关的方向判断则依靠左手定则，即关于力的用左手定则，其他的（一般用于判断感应电流方向）用右手定则。

伸开左手，使大拇指与其余四指垂直，并且都跟手掌在一个平面内。把左手放入磁场中，让磁感线垂直穿入手心，手心面向 N 极（叉进点出），四指指向电流所指方向，则大拇指的方向就是导体受力的方向，如图 1-16 所示。

（4）基尔霍夫定律

流入和流出单位面积的磁通量的代数和为零，这就是磁路的基尔霍夫定律。以图 1-17 所示的磁路为例，通过单位面积 S 的磁通量的代数和为零。

$$-\Phi_1+\Phi_2+\Phi_3=0 \tag{1-4}$$

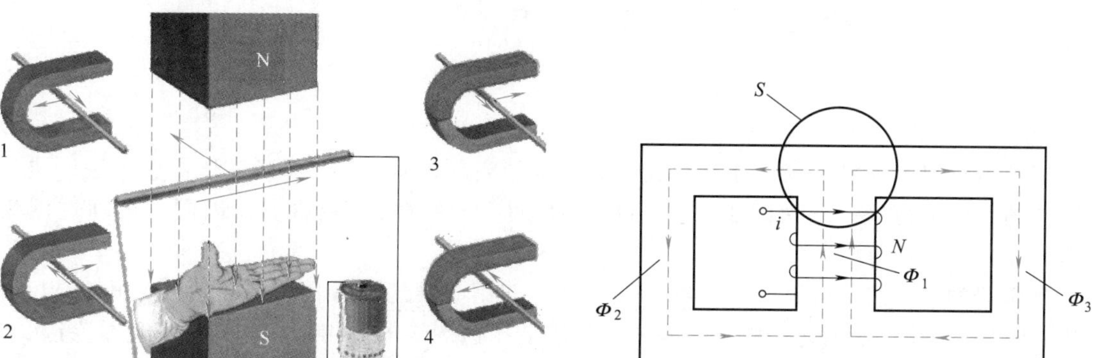

图 1-16　左手定则　　　　图 1-17　磁路的基尔霍夫定律

（5）法拉第电磁感应定律

当穿过封闭回路的磁通量发生变化时，回路中的感应电动势 e 的大小和穿过回路的磁通量变化率成正比，即 $e=-N\dfrac{\mathrm{d}\Phi}{\mathrm{d}t}$，这就是法拉第电磁感应定律。

二、单相变压器的连接组别

1. 单相变压器的极性

一台三相变压器可以看成由三台单相变压器组成，因此，要研究三相变压器一次侧、二次侧线电动势（线电压）之间的相位关系，必须首先掌握单相变压器一次侧、二次侧电动势（电压）之间的相位关系，即单相变压器的极性。

单相变压器的主磁通和一、二次绕组的感应电动势都是交变的，没有固定的极性，这里提到的极性是指某一瞬间的相对极性。单相变压器的一、二次绕组缠绕在同一根铁芯柱上，并被同一主磁通所交链，两个绕组的感应电动势会在某一端呈现高电位的同时，在另外一端呈现出低电位。用电路理论的知识，把一、二次绕组中同时呈现高电位（低电位）的端点称为同名端，并在该端点旁加“•”来表示；反之，称为异名端。当一、二次绕组的首端为同名端时，它们的电势同相位；反之，则反相位。

2. 单相变压器的连接组

为了说明变压器的连接方法，首先对绕组的首末端的标记作规定，见表 1-3。

表 1-3 绕组首末端的标记规定

绕组名称	单相变压器		三相变压器		
	首端	末端	首端	末端	中点
高压绕组	A	X	A B C	X Y Z	O
低压绕组	a	x	a b c	x y z	O

以上的标志都注明在变压器的线套管上，它牵涉变压器的相序和一次侧、二次侧的相位关系等，是不允许随意改变的。变压器的高压绕组和低压绕组都可以采用星形和三角形接法，而且高、低绕组线电势（或线电压）的相位关系可以有多种情形。按照连接方式与相位关系（图 1-18、图 1-19），可把变压器绕组的连接分成不同的组合，称为绕组的连接组。

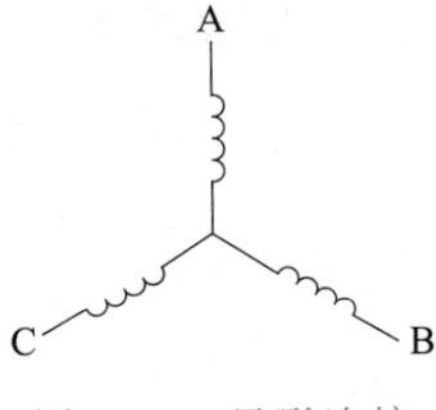

图 1-18 星形连接

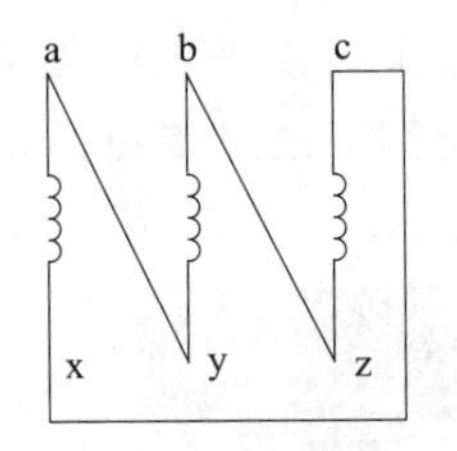

图 1-19 三角形连接

变压器绕组的连接不仅仅涉及组成电路系统的问题，而且还关系到变压器中电磁谐波及变压器的并联运行等一系列问题。在使用过程中应明白连接组的含义，以便正确地选用变压器。

变压器的连接组一般采用“时钟法”表示，即用时钟的长针代表高压边的线电势相量，且位于时钟的 12 时处不动；用时钟的短针代表低压边的线电势相量，它们的相位差除以 30° 为短针所指的钟点数。

按照惯例，统一规定一次侧、二次侧绕组感应电动势的方向均从首端指向末端。一旦两个绕组的首末端定义完之后，同名端便由绕组的绕向决定。当同名端同时为一、二次绕组的首端（末端）时，$\dot{E}_A$ 和 $\dot{E}_a$ 同相位，用连接组 $I/I-12$ 表示，如图 1-20 所示。否则，$\dot{E}_A$ 和 $\dot{E}_a$ 相位相差 180°，用连接组 $I/I-6$ 表示，如图 1-21 所示。

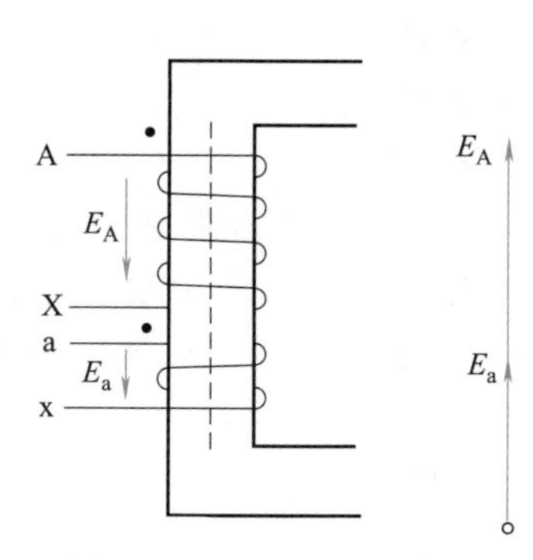

图 1-20　$I/I-12$ 连接组

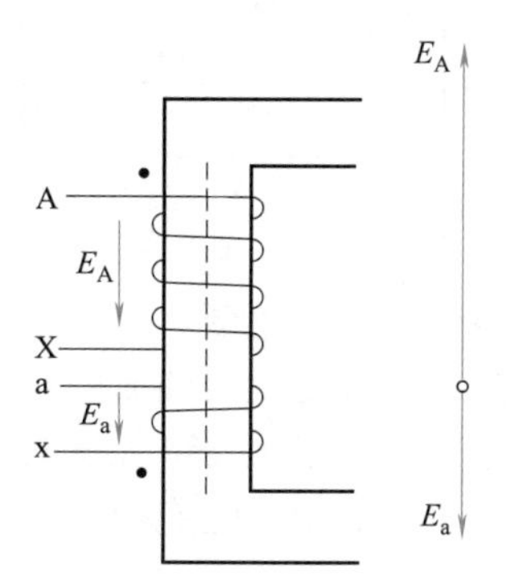

图 1-21　$I/I-6$ 连接组

从以上的讲述中可以看出影响单相变压器连接组别的因素有以下两个。

① 绕组的绕向（决定了同极性端子）。

② 首末端标志。

当首末端为同极性时，一次侧、二次侧绕组电势同相位，否则反相位。

另外，在这里应该看到单相变压器只有两种连接组，即 $I/I-12$ 和 $I/I-6$ 两种。

三、单相变压器的工作原理

变压器是利用电磁感应原理工作的，主要由铁芯和套在铁芯上的两个（或两个以上）互相绝缘的绕组组成，绕组之间只有磁的耦合，没有电的联系，如图 1-22 所示。

接在额定电压的交流电源上的绕组称为一次绕组（或称为原边绕组），其匝数为 N_1；接负载的绕组称为二次绕组（或称为副边绕组），其匝数为 N_2。当一次绕组外加电压为 u_1 的交流电源时，一次绕组中流过交流电流，产生交变磁动势，使铁芯中产生交变磁通 Φ，并交链于一次绕组、二次绕组，使一次绕组和二次绕组中分别产生感应电动势 e_1 和 e_2。根据电磁感应定律推导得出结论：

$$\frac{U_1}{U_2}=\frac{E_1}{E_2}=\frac{N_1}{N_2} \tag{1-5}$$

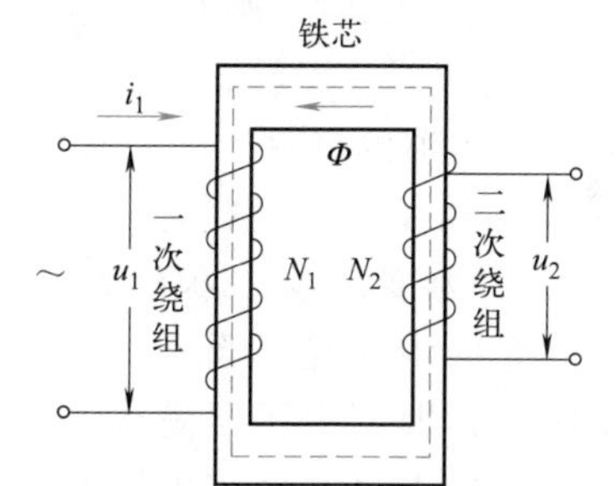

图 1-22　单相变压器的工作原理图

从式（1-5）中可知，变压器的一次绕组、二次绕组感应电动势之比与电压之比都等于一次绕组与二次绕组的匝数之比。在磁动势一定的条件下，只需改变一次绕组与二次绕组的匝数之比，就可实现改变二次绕组输出电压的目的。

四、单相变压器的运行特性

1. 单相变压器的空载运行

变压器空载运行是指变压器的一次绕组接在额定频率、额定电压的交流电源上，二次绕组开路时的运行状态，如图 1-23 所示。

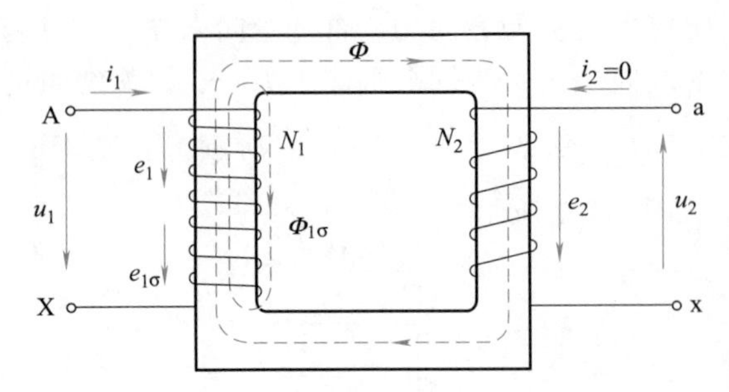

图 1-23　单相变压器的空载运行原理图

图 1-23 中，一次绕组两端加上交流电压 u_1 时，便有交变电流 i_1 通过一次绕组，此时交变电流称为空载电流，用 i_0 表示。大中型变压器的空载电流为一次额定电流的 3%～8%。变压器空载时，一次绕组近似为纯电感电路，故 i_0 滞后 u_1 90°，此时一次绕组的交变磁动势为 i_0N_1，它产生交变磁通。因为铁芯的磁导率比空气（或油）大得多，绝大部分磁通通过铁芯磁路交链着一次绕组、二次绕组，称为主磁通或工作磁通，用 Φ 来表示；还有少量磁通穿出铁芯沿着一次绕组外侧通过空气或变压器油而闭合，这些磁通只与一次绕组交链，称为漏磁通，用 $\Phi_{1\sigma}$ 来表示。漏磁通一般都很小，可以忽略不计。

若外加电压 u_1 按正弦变化，则 i_0 和 Φ 都按正弦变化。假设

$$\Phi=\Phi_m\sin(\omega t)$$

推导可得

$$\frac{E_1}{E_2}=\frac{4.44fN_1\Phi_m}{4.44fN_2\Phi_m}=\frac{N_1}{N_2} \tag{1-6}$$

由于变压器的空载电流 i_0 很小，一次绕组的电压降可以忽略不计，故一次绕组的感应电动势 E_1 近似地与外加电压 U_1 相平衡，即 $U_1 \approx E_1$。而二次绕组是开路的，其端电压 U_{20} 就等于感应电动势 E_2，即 $U_{20}=E_2$。于是有

$$\frac{U_1}{U_{20}}\approx\frac{E_1}{E_2}=\frac{N_1}{N_2}=K \tag{1-7}$$

式（1-7）说明，变压器空载时，一、二次绕组的端电压之比近似等于电动势之比，即匝数之比。这个比值 K 称为变压比，简称变比。

当 $K>1$ 时，则 $U_{20}<U_1$，是降压变压器；当 $K<1$ 时，则 $U_{20}>U_1$，是升压变压器。

2. 单相变压器的负载运行

变压器的负载运行是指一次绕组加额定电压，二次绕组与负载相连接时的运行状态，如图 1-24 所示。和空载运行相比，负载运行时二次绕组上有了电流 i_2。

因为变压器一次绕组的电阻很小，它的电阻电压降可以忽略不计。实际上，即使变压器满载，一次绕组的电压降也只有额定电压 U_{1N} 的 2% 左右，所以变压器负载运行时，仍可认为 $U_1 \approx E_1$。由式（1-6）可知：

$$U_1 \approx 4.44fN_1\Phi_m \tag{1-8}$$

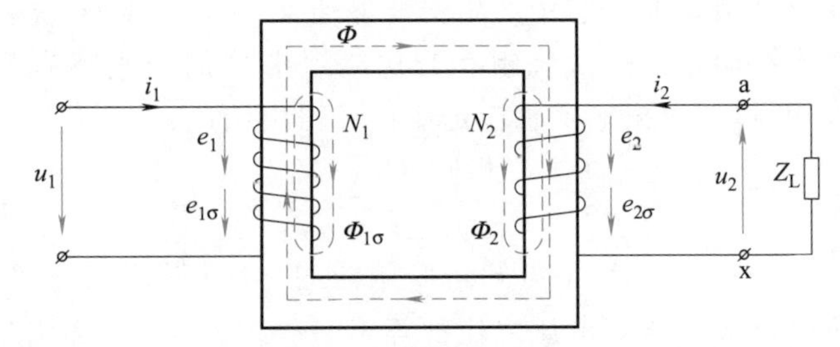

图 1-24　单相变压器的负载运行原理图

式（1-8）是反映变压器基本原理的重要公式。该式说明，不论是空载运行还是负载运行，只要加在一次绕组上的电压 u_1 及其频率 f 都保持一定，铁芯中工作磁通的最大值就基本上保持不变。那么根据磁路欧姆定律，铁芯磁路中的磁动势也应基本不变。

空载时，铁芯磁路中的磁通是由一次磁动势产生的。负载时，一、二次绕组都有电流，

则此时铁芯中的磁通是由一次绕组和二次绕组的磁动势共同产生的。前面说过，不管空载运行还是负载运行，只要一次绕组上的电压 u_1 及其频率 f 都保持不变，铁芯磁路中的磁动势也应基本不变。故有

$$\dot{I}_1 N_1 + \dot{I}_2 N_2 = \dot{I}_0 N_1 \tag{1-9}$$

式（1-9）称为变压器负载运行时的磁动势平衡方程。经过推导可得

$$\frac{I_1}{I_2} \approx \frac{N_2}{N_1} = \frac{1}{K} \tag{1-10}$$

式（1-10）只适用于满载或重载的运行状态，而不适用于轻载的运行状态。该式说明，当变压器接近满载时，一、二次绕组的电流近似地与绕组匝数成反比，表明变压器有变流作用。

变压器除了有变压、变流的作用之外，还可用来实现阻抗的变换。假设在变压器的二次绕组接入阻抗 Z_L，那么在一次侧看，这个阻抗值相当于多少呢？由图 1-25 可知，等效阻抗为

$$Z'_L = \frac{U_1}{I_1} = \frac{KU_2}{\frac{1}{K} I_2} = K^2 Z_L \tag{1-11}$$

式（1-11）说明，变压器二次侧的负载阻抗值 Z'_L 反映到一次侧的阻抗值近似为 Z_L 的 K^2 倍，起到了阻抗变换的作用。

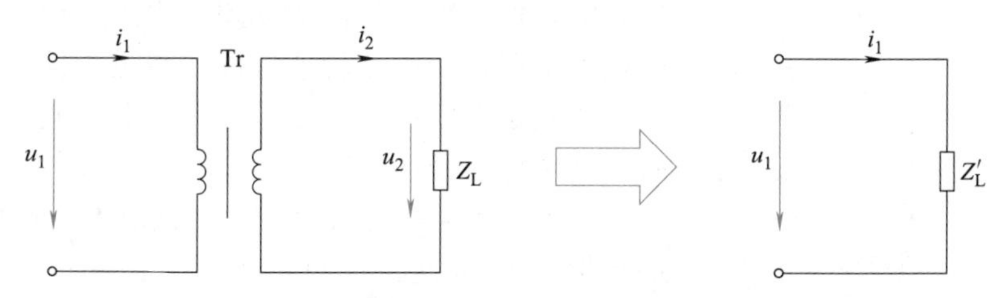

图 1-25　变压器阻抗变换等效电路

例如，把一个 8Ω 的负载电阻接到 $K=3$ 的变压器二次侧，折算到一次侧就是 $R'_L \approx$ 72Ω。可见，选用不同的变压比，就可把负载阻抗变换为等效二端网络所需要的阻抗值，使负载获得最大功率，这种做法称为阻抗匹配。在广播设备中常用到这类变压器，称为输出变压器。

［例 2］　如图 1-26 所示，交流信号源的电动势 $E=120\text{V}$，内阻 $R_0=800\Omega$，负载为扬声器，其等效电阻为 $R_L=8\Omega$。求：

（1）当将负载直接与信号源连接时，信号源输出多大功率？

（2）当负载通过变压器接到信号源且 R_L 折算到一次侧的等效电阻 $R'_L=R_0$ 时，求变压器的匝数比和信号源输出的功率。

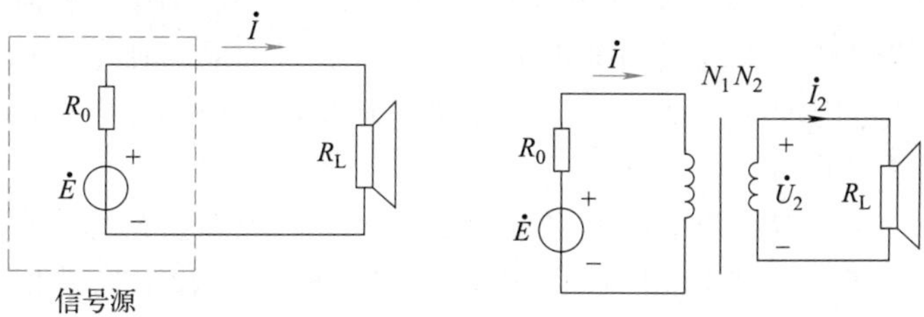

图 1-26　项目一任务二例 2 图

解：(1) 将负载直接接到信号源上时，输出功率为

$$P=\left(\frac{E}{R_0+R_L}\right)^2R_L=\left(\frac{120}{800+8}\right)^2\times 8\approx 0.176\ (W)$$

(2) 变压器的匝数比应为

$$K=\frac{N_1}{N_2}=\sqrt{\frac{R_L'}{R_L}}=\sqrt{\frac{800}{8}}=10$$

信号源的输出功率为

$$P=\left(\frac{E}{R_0+R_L'}\right)^2\times R_L'=\left(\frac{120}{800+800}\right)^2\times 800=4.5\ (W)$$

结论：接入变压器以后，输出功率大大提高。

原因：满足了最大功率输出的条件：$R_L'=R_0$。

3. 单相变压器的工作特性

变压器的工作特性是指外特性和效率特性，表征变压器性能的主要指标有电压变化率和效率。

变压器的外特性是指电源电压和负载的功率因数为常数时，二次电压随负载电流变化的规律，即 $U_2=f(I_2)$，如图 1-27 所示。变压器负载运行时，由于变压器内部存在电阻和漏阻抗，故当负载电流（负载运行时的二次电流）流过时，变压器内部将产生阻抗压降，使二次电压随着负载电流的变化而变化。负载的性质不同，变压器的外特性曲线也不同。

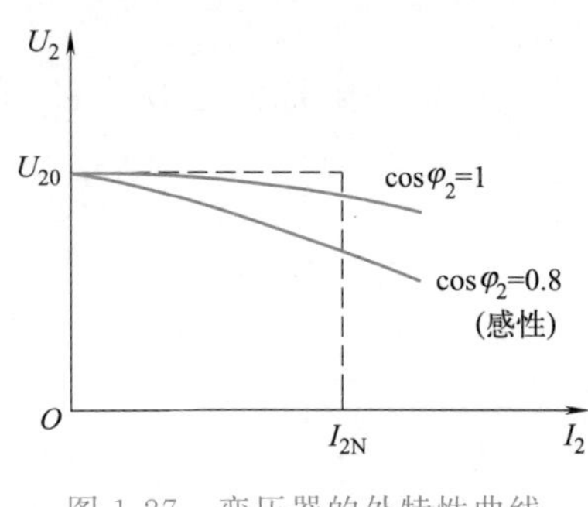

图 1-27　变压器的外特性曲线

负载是电阻性（$\cos\varphi_2=1$）和电感性（$\cos\varphi_2=0.8$）时，外特性曲线是下降的。

一般供电系统希望当 I_2 变化时 U_2 变化不多，即保证足够的稳定性，这里就引入了一个参数——电压变化率。

① 电压变化率　电压变化率是指变压器一次绕组加上交流 50Hz 的额定电压，二次绕组空载电压 U_{20} 和带负载后在某一功率因数下二次绕组电压 U_2 之差与二次绕组额定电压 U_{2N} 的比值的百分数，用 ΔU 表示，即

$$\Delta U=\frac{U_{20}-U_2}{U_{2N}}\times 100\% \tag{1-12}$$

电压变化率反映了变压器供电电压的稳定性与电能的质量，是表征变压器运行性能的重要数据之一。一般供电系统要求电压变化率不超过 5%。

② 变压器的损耗　变压器的输入功率和输出功率之差称为变压器的损耗，分为铜损耗和铁损耗两部分。

a. 铜损耗用 P_{Cu} 表示。变压器的铜损耗包括基本铜损耗和附加铜损耗两大类。基本铜损耗是电流在一次绕组和二次绕组的电阻上的损耗，而附加铜损耗主要指漏磁场引起电流集肤效应使绕组的有效电阻增大而增加的铜损耗与漏磁场在结构部件中引起的涡流损耗等。附加铜损耗为基本铜损耗的 0.5%～20%。

变压器铜损耗的大小与负载电流的平方成正比，所以把铜损耗称为可变损耗。

b. 铁损耗用 P_{Fe} 表示。变压器的铁损耗包括基本铁损耗和附加铁损耗两大类。基本铁损耗为铁芯中的涡流损耗和磁滞损耗，它取决于铁芯中磁通密度、磁通交变的频率和硅钢片

的质量。附加铁损耗包括由铁芯叠片间绝缘损伤引起的局部涡流损耗、主磁通在结构部件中引起的涡流损耗等，一般为基本铁损耗的15%～20%。

变压器的铁损耗与一次侧外加电源电压的大小有关，与负载大小无关。当电源电压一定时，变压器的铁损耗基本上保持不变，故又称为不变损耗。

③ 变压器的效率　变压器的效率是指变压器的输出功率与输入功率之比，用百分数表示，即

$$\eta=\frac{P_2}{P_1}\times 100\%=\frac{P_2}{P_2+P_{Cu}+P_{Fe}}\times 100\%=\left(1-\frac{P_{Cu}+P_{Fe}}{P_2+P_{Cu}+P_{Fe}}\right)\times 100\% \qquad (1\text{-}13)$$

变压器效率的大小反映了变压器运行的经济性能的好坏，是表征变压器运行性能的重要指标之一。由于变压器没有转动部分，也就没有机械摩擦损耗，因此效率很高，一般中小型电力变压器效率在95%以上，大容量电力变压器效率可达99%以上。

当铜损耗与铁损耗相等时，可达到最大效率。但是由于铜损耗一直随着负载变化，一般变压器不可能总在额定负载下运行，因此为了提高变压器的运行效率，设计时使铁损耗相对小一些。

任务实施

一、任务实施内容

① 小型变压器的变压、变流和阻抗变换作用的测试。

② 变压器的空载试验和短路试验。

二、任务实施要求

① 正确使用测试仪表。

② 正确测试电压、电流等有关数据，并进行数据分析。

③ 完成变压器空载试验、短路试验任务实施工单。

三、任务所需设备

① 电工实验实训台	1套
② 小型变压器（220V/55V）	1台
③ 交流电流表	1块
④ 交流电压表	1块
⑤ 万用表	1块
⑥ 灯泡（36V/6W）	3只
⑦ 交流调压器（0～250V）	1台
⑧ 温度计	1支

四、任务实施步骤

1. 变压器空载试验

① 断开交流电源，将图1-28中所示的单相变压器的低压绕组a、x接电源，高压绕组A、X开路。

注意：空载试验可以在高压侧或低压侧进行，但为了试验安全，通常在低压侧进行，将高压侧空载。由于变压器空载运行时空载电流很小，功率因数很低（一般在 0.2 以下），应选择低功率因数功率表测量功率，并将电压表接在功率表前面，以减小测量误差。

② 将调压器旋钮调到输出电压为零的位置，合上交流电源开关，调节调压器的旋钮使空载电压 $U_0=1.2U_N$，然后逐次降低电源电压。在 $(1.2\sim0.2)U_N$ 的范围内，测量空载电压 U_0、一次电压 U_1 空载电流 I_0、空载损耗 P_0，并将测量结果填到表 1-4 中。在 $(1.2\sim0.2)U_N$ 范围内，测量 6～7 组数据，其中 $U_0=U_N$ 的点必须测量，在该点附近的点必须测量。

③为了计算变压器的变压比，在 U_N 以下测量一次电压的同时测出二次电压数据，并将测量结果记录到表 1-4 中。

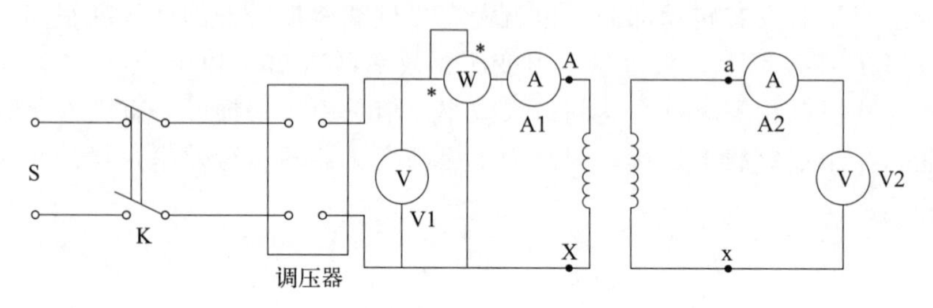

图 1-28　小型变压器变换电压、电流和阻抗的电路

2. 变压器短路试验

① 断开交流电源，将图 1-28 中所示的单相变压器的低压绕组 a、x 短路，高压绕组 A、X 接电源。

注意：短路试验可以在变压器的任何一侧进行，但为了试验安全，通常在高压侧进行；短路试验操作要快，否则绕组发热会引起电阻变化。由于变压器短路时的电流很大，因此将电压表接在功率表后面。

② 将调压器旋钮调到输出电压为零的位置，合上交流电源开关，调节调压器的旋钮逐渐缓慢增加输入电压，直到短路电流升到 $1.1I_N$。在 $(0.2\sim1.1)I_N$ 的范围内，迅速测量短路功率 P_k、短路电压 U_k、短路电流 I_k，并将测量结果填到表 1-4 中。在 $(0.2\sim1.1)I_N$ 范围内，测量 5～6 组数据，其中 $I_k=I_N$ 的点必须测量。

③ 试验时应测量变压器周围环境温度作为试验时绕组的实际温度。

3. 完成试验和任务实施工单

变压器空载试验、短路试验完成后完成表 1-4 变压器空载试验、短路试验任务实施工单。

表 1-4　变压器空载试验、短路试验任务实施工单

班级：______　组别：______　学号：______　姓名：______　操作日期：______

试验前准备		
序号	准备内容	准备情况自查
1	知识准备	变压器空载运行特性是否了解　是□　否□ 变压器工作特性是否了解　是□　否□ 测试方法是否掌握　是□　否□
2	材料准备	万用表是否完好　是□　否□　电流表是否完好　是□　否□ 电压表是否完好　是□　否□　温度计是否完好　是□　否□ 交流调压器是否完好　是□　否□

续表

<table>
<tr><td colspan="9">变压器空载试验过程记录</td></tr>
<tr><td>步骤</td><td>内容</td><td colspan="7">数据记录</td></tr>
<tr><td rowspan="8">1</td><td rowspan="8">测量数据</td><td colspan="5">测量数据</td><td colspan="2">计算数据</td></tr>
<tr><td>序号</td><td>U_0/V</td><td>I_0/A</td><td>P_0/W</td><td>U_1/V</td><td>$I_0=\frac{I_0}{I_N}\times100\%$</td><td>$\cos\varphi_0=\frac{P_0}{U_0I_0}$</td></tr>
<tr><td></td><td></td><td></td><td></td><td></td><td></td><td></td></tr>
<tr><td></td><td></td><td></td><td></td><td></td><td></td><td></td></tr>
<tr><td></td><td></td><td></td><td></td><td></td><td></td><td></td></tr>
<tr><td></td><td></td><td></td><td></td><td></td><td></td><td></td></tr>
<tr><td></td><td></td><td></td><td></td><td></td><td></td><td></td></tr>
<tr><td></td><td></td><td></td><td></td><td></td><td></td><td></td></tr>
<tr><td>2</td><td>计算变压比</td><td colspan="7">由空载试验测量变压器的一次电压、二次电压的数据，计算出变压比，取其平均值作为变压器的变压比。你测量的变压器的变压比是______</td></tr>
<tr><td>3</td><td>绘制空载特性曲线</td><td colspan="3">$U_0=f(I_0)$</td><td colspan="2">$P_0=f(U_0)$</td><td colspan="2">$\cos\varphi_0=f(U_0)$</td></tr>
<tr><td colspan="9">变压器短路试验过程记录</td></tr>
<tr><td>步骤</td><td>内容</td><td colspan="7">数据记录</td></tr>
<tr><td rowspan="7">1</td><td rowspan="7">测量数据</td><td colspan="2">U_k/V</td><td colspan="2">I_k/A</td><td colspan="2">P_k/W</td><td>$\cos\varphi_k=\frac{P_k}{U_kI_k}$</td></tr>
<tr><td colspan="2"></td><td colspan="2"></td><td colspan="2"></td><td></td></tr>
<tr><td colspan="2"></td><td colspan="2"></td><td colspan="2"></td><td></td></tr>
<tr><td colspan="2"></td><td colspan="2"></td><td colspan="2"></td><td></td></tr>
<tr><td colspan="2"></td><td colspan="2"></td><td colspan="2"></td><td></td></tr>
<tr><td colspan="2"></td><td colspan="2"></td><td colspan="2"></td><td></td></tr>
<tr><td colspan="2"></td><td colspan="2"></td><td colspan="2"></td><td></td></tr>
<tr><td>2</td><td>绘制短路特性曲线</td><td colspan="3">$U_k=f(I_k)$</td><td colspan="2">$P_k=f(U_k)$</td><td colspan="2">$\cos\varphi_k=f(U_k)$</td></tr>
<tr><td colspan="9">验收及收尾工作</td></tr>
<tr><td colspan="3">任务实施开始时间：</td><td colspan="3">任务实施结束时间：</td><td colspan="3">实际用时：</td></tr>
<tr><td colspan="3">空载试验、短路试验顺利完成□</td><td colspan="3">仪表挡位回位，工具归位□</td><td colspan="3">台面与垃圾清理干净□</td></tr>
<tr><td colspan="9">成绩：
教师签字：　　　　日期：</td></tr>
</table>

五、变压器空载试验、短路试验任务实施考核评价

变压器空载试验、短路试验任务实施考核评价参照表 1-5，包括技能考核、综合素质考核及安全文明操作等方面。

表 1-5　变压器空载试验、短路试验任务实施考核评价

<table>
<tr><td>序号</td><td>内容</td><td>配分/分</td><td>评分细则</td><td>得分/分</td></tr>
<tr><td>1</td><td>线路连接</td><td>15</td><td>未能按照图 1-28 所示正确连接线路，每处扣 5 分</td><td></td></tr>
<tr><td rowspan="3">2</td><td rowspan="3">仪器仪表使用</td><td rowspan="3">30</td><td>仪器仪表操作不规范，每次扣 5 分</td><td></td></tr>
<tr><td>量程错误，每次扣 5 分</td><td></td></tr>
<tr><td>读数错误，每次扣 5 分</td><td></td></tr>
<tr><td rowspan="3">3</td><td rowspan="3">实验数据分析</td><td rowspan="3">40</td><td>不会计算变压比，扣 10 分</td><td></td></tr>
<tr><td>不会绘制空载特性曲线，每条曲线扣 5 分</td><td></td></tr>
<tr><td>不会绘制短路特性曲线，每条曲线扣 5 分</td><td></td></tr>
</table>

续表

序号	内容	配分/分	评分细则	得分/分
4	综合素质	15	从课堂纪律、学习能力、团结协作意识、沟通交流、语言表达、6S管理几个方面综合评价	
5	安全文明操作		违反安全文明生产规程，扣5～40分	
6	定额时间2h		每超时5min，扣5分	
			合计	
备注：各分项最高扣分不超过配分数				

知识拓展——几种特殊用途变压器

一、自耦变压器

普通双绕组变压器一、二次绕组之间仅有磁的耦合，并无电的直接联系。自耦变压器只有一个绕组（图1-29），即一、二次绕组共用一部分绕组，所以自耦变压器一、二次绕组之间除有磁的耦合外，还有电的直接联系。实质上自耦变压器就是利用一个绕组抽头的方法来实现改变电压的变压器。

以图1-29所示的自耦变压器为例，将匝数为 N_1 的一次绕组与电源相接，其电压为 U_1；匝数为 N_2 的二次绕组（一次绕组的一部分）接通负载，其电压为 U_2。自耦变压器的绕组也是套在闭合铁芯的芯柱上，工作原理与普通变压器一样，一次侧和二次侧的电压、电流与匝数的关系仍为

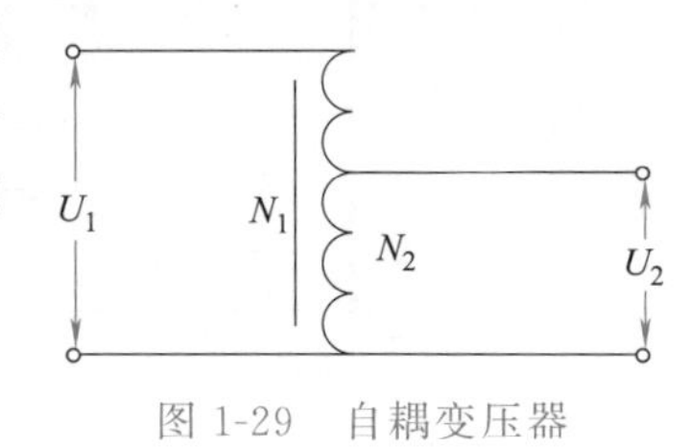

图1-29 自耦变压器

$$\frac{U_1}{U_2}\approx\frac{N_1}{N_2}=K \quad \frac{I_1}{I_2}\approx\frac{N_2}{N_1}=\frac{1}{K}$$

可见适当选用匝数 N_2，二次侧就可得到所需的电压。

自耦变压器的中间出线端如果做成能沿着整个线圈滑动的活动触点（图1-30），这种自耦变压器称为自耦调压器，其二次电压 U_2 可在0到稍大于 U_1 的范围内变动。

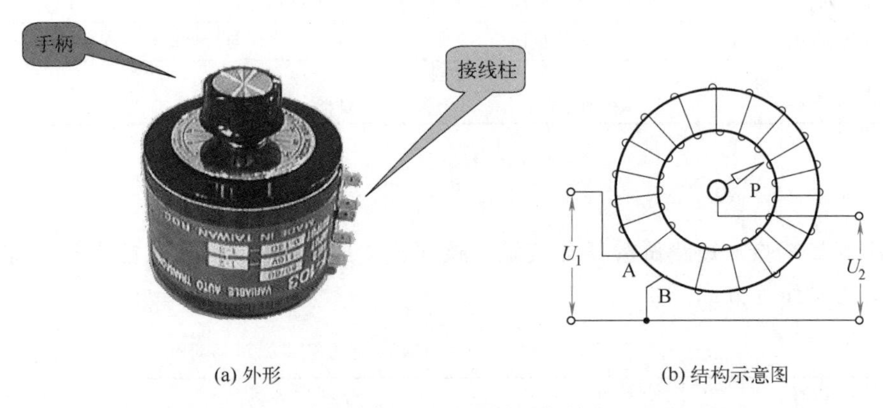

(a) 外形　　(b) 结构示意图

图1-30 单相自耦调压器的外形与结构示意图

小型自耦变压器常用来启动交流电动机，在实验室和小型仪器上常用作调压设备，也可用在照明装置上调节亮度，电力系统中也应用大型自耦变压器作为电力变压器。自耦变压器的变压比不宜过大，通常选择变压比 $K<3$，而且不能用自耦变压器作为36V以下安全电压的供电电源。

二、电焊变压器

交流弧焊机应用很广。电焊变压器是交流弧焊机的主要组成部分，它是一种双绕组变压器，在二次绕组电路中串联一个可变电抗器。图 1-31 是它的工作原理图。

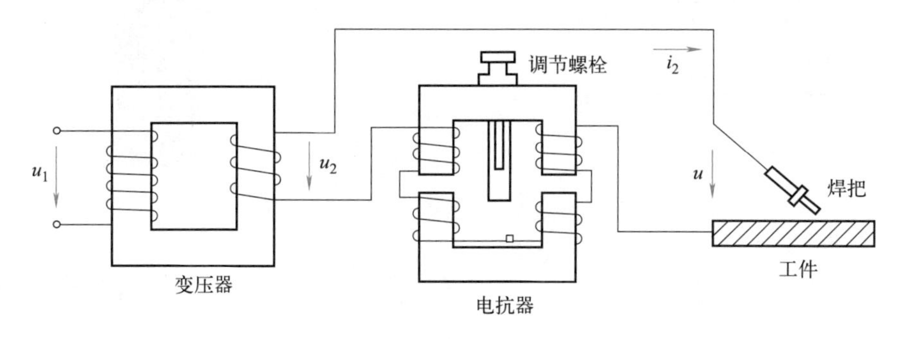

图 1-31　电焊变压器的工作原理图

对电焊变压器的要求：空载时应有足够的引弧电压（60～75V），以保证电极间产生电弧。有载时，二次绕组电压应迅速下降，当焊条与工件间产生电弧并稳定燃烧时，约有 30V 的电压降，短路时（焊条与工件相碰瞬间）短路电流不能过大，以免损坏焊机。另外，为了适应不同的焊件和不同规格的焊条，焊接电流的大小要能够调节。

二次绕组电路中串联有铁芯电抗器，调节其电抗就可调节焊接电流的大小。改变电抗器空气隙的长度就可改变它的电抗，空气隙增大，电抗器的感抗随之减小，电流就随之增大。

如图 1-31 所示，一、二次绕组分别绕在两个铁芯柱上，使绕组有较大的漏磁通。漏磁通只与各绕组自身交链，它在绕组中产生的自感电动势起着减弱电流的作用，因此可用一个电抗来反映这种作用，称为漏电抗，它与绕组本身的电阻合称为漏阻抗。漏磁通越大，该绕组本身的漏电抗就越大，漏阻抗也就越大。对负载来说，二次绕组相当于电源，那么二次绕组本身的漏阻抗就相当于电源的内部阻抗，漏阻抗大就是电源的内阻抗大，会使变压器的外特性曲线变陡，即二次侧的端电压 u_2 将随电流 i_2 的增大而迅速下降，这样就满足了有载时二次电压迅速下降以及短路瞬间短路电流不致过大的要求。

三、仪用互感器

专供测量仪表、控制和保护设备用的变压器称为仪用互感器。仪用互感器有两种：电压互感器和电流互感器。利用互感器将待测的电压或电流按一定比例减小以便于测量，并且将高压电路与测量仪表电路隔离，以保证安全。仪用互感器实质上就是损耗低、变比精确的小型变压器。

电压互感器的工作原理图如图 1-32 所示。高压电路与测量仪表电路只有磁的耦合，而无电的直接接通。为防止互感器一、二次绕组之间绝缘损坏时造成危险，铁芯以及二次绕组的一端应当接地。

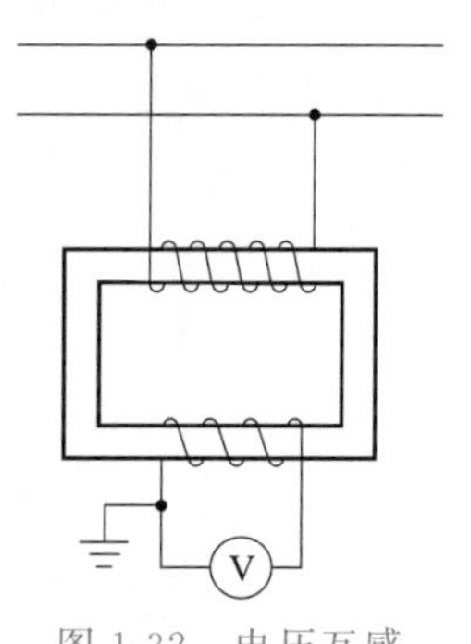

图 1-32　电压互感器的工作原理图

电压互感器的主要原理是根据变压器的变压作用，即 $\frac{U_1}{U_2}\approx\frac{N_1}{N_2}$。为降低电压，要求 $N_1>N_2$，一般规定二次侧的额定电压为 100V。

电流互感器的工作原理图如图 1-33 所示。电流互感器的主要原

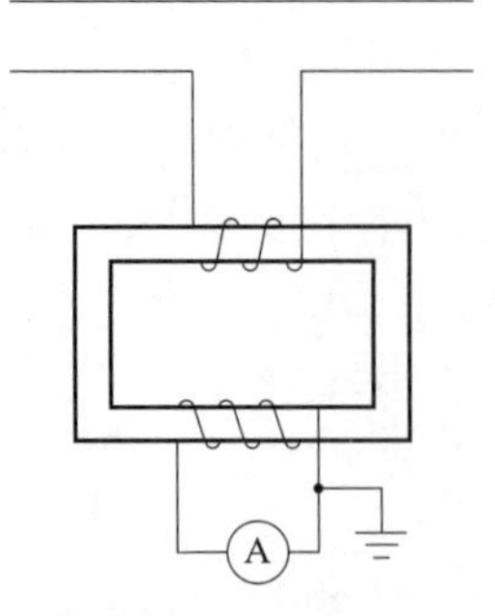

图 1-33　电流互感器的工作原理图

图 1-34　钳形电流表

理是根据变压器的变流作用，即$\frac{I_1}{I_2}\approx\frac{N_2}{N_1}$。为减小电流，要求$N_1<N_2$，一般规定二次侧的额定电流为5A。

使用互感器时必须注意：由于电压互感器的二次绕组电流很大，因此绝不允许短路；电流互感器的一次绕组匝数很少，而二次绕组匝数较多，这将在二次绕组中产生很高的感应电动势，因此电流互感器的二次绕组绝不允许开路。

便携式钳形电流表（图1-34）就是利用电流互感器原理制成的，其二次绕组端接有电流表，铁芯由两块U形元件组成，用手柄能将铁芯张开与闭合。

测量电流时，不需要断开待测支路，只需张开铁芯将待测的载流导线钳入，这根导线就称为互感器的一次绕组，于是可以从电流表直接读出待测电流值。

巩固提升

1. 电流互感器实质是__________变压器，电压互感器实质是__________变压器。

2. 在测试变压器参数时，需要做空载试验和短路试验。为了便于试验安全，变压器的空载试验一般在（　　）加压，短路试验一般在（　　）加压。

A. 一次侧　　B. 二次侧　　C. 高压侧　　D. 低压侧

3. 变压器的空载损耗（　）。

A. 全部为铜损耗　B. 全部为铁损耗　C. 主要为铜损耗　D. 主要为铁损耗

4. 单相变压器的两个绕组中，输出电能的一侧称为（　　）。

A. 一次绕组　　B. 二次绕组　　C. 高压绕组　　D. 低压绕组

5. 试分析单相变压器的工作原理。

6. 试说明单相变压器的连接组。

7. 分别用变压比为6000V/100V的电压互感器、变流比为100A/5A的电流互感器测量电路，电压读数为96V，电流读数为3.5A，求被测电路的电压、电流各为多少？

知识闯关（请扫码答题）

项目一任务二　单相变压器的认识与使用

任务三 三相变压器的认识与使用

由于目前电力系统都是三相制的，所以三相变压器应用非常广泛。从运行原理上看，三相变压器与单相变压器完全相同。三相变压器在对称负载下运行时，可取其一相来研究，即可把三相变压器简化成单相变压器来研究。本任务要了解三相变压器的磁路，会判断三相变压器的连接组别，熟悉三相变压器的并联运行意义和条件。

相关知识

一、三相变压器的磁路系统

三相变压器的磁路系统按铁芯结构可以分为各相磁路彼此无关（独立）和彼此相关（不独立）两类。

1. 三相组式变压器

三相组式变压器是由三台同样的单相变压器组成的，如图 1-35 所示。它的结构特点是三相之间只有电的联系而无磁的联系；其磁路特点是三相磁通各有自己的单独磁路，互不相关联。如果外施电压是三相对称的，则三相磁通也一定是对称的。如果三个铁芯的材料和尺寸相同，则三相磁路的磁阻相等，三相空载电流也是相等的。

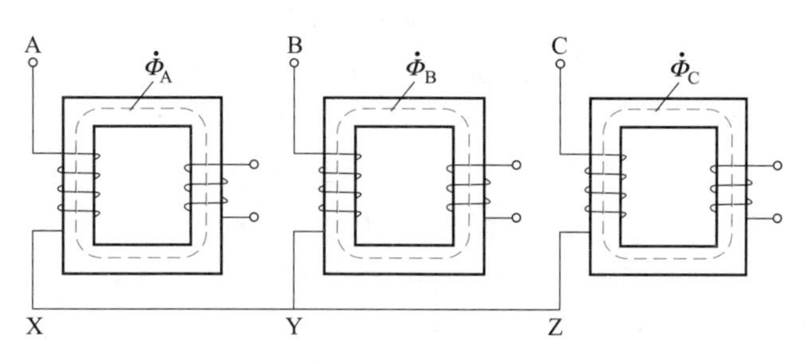

图 1-35 三相变压器组 Yy 连接示意图

三相组式变压器的铁芯材料用量多，占地面积大，效率也较低，受运输条件或备用容量限制。所以，在实际中主要用于巨型容量变压器的制造。

2. 三相芯式变压器

三相芯式变压器是由三相组式变压器演变而来的。如果把三台单相变压器的铁芯按如图 1-36（a）所示的位置靠拢在一起，外施三相对称电压时，则三相磁通也是对称的。因为中心柱中磁通为三相磁通之和，且 $\dot{\Phi}_A+\dot{\Phi}_B+\dot{\Phi}_C=0$，所以中心柱中没有磁通通过。因此，可将中心柱省去，变成如图 1-36（b）所示的形状。实际上为了方便制造，常将三相变压器的 3 个铁芯柱布置在同一个平面内，如图 1-36（c）所示。

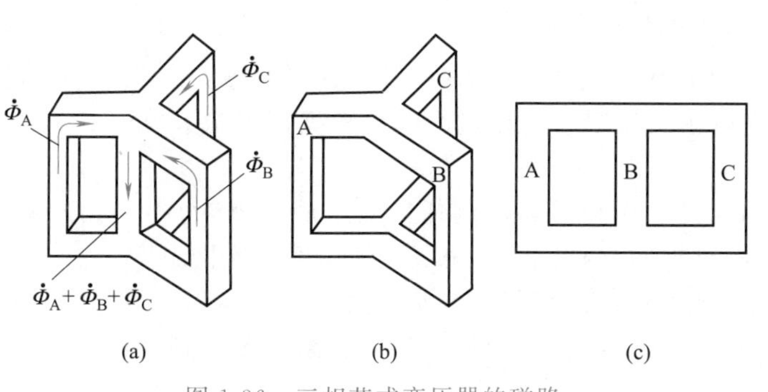

图 1-36 三相芯式变压器的磁路

由图 1-36 可以看出，三相芯式变压器的磁路是连在一起的，各相的磁路是相互关联的，即每相的磁通都以另外两相的铁芯柱作为自己的回路。三相的磁路不完全一样，B 相的磁路比两边的 A 相和 C 相的磁路要短些。B 相的磁阻较小，因而 B 相的励磁电流也比其他两相的励磁电流要小。由于空载电流只占额定电流的百分之几，所以空载电流不对称，对三相变压器的负载运行影响很小，可以不予考虑。在工程上取三相空载电流的平均值作为空载电流值，即在相同的额定容量下，三相芯式变压器与三相组式变压器相比，铁芯用料少、效率高、价格便宜、占地面积小、维护简便。因此，中小容量的电力变压器都采用三相芯式变压器。

二、三相变压器的连接方式与连接组别

1. 三相变压器绕组的连接方式

在三相电力变压器中，不论一次绕组还是二次绕组，其连接方法主要有星形和三角形两种。把三相绕组的三个末端 X、Y、Z（或 x、y、z）连接在一起，而把它们的首端 A、B、C（或 a、b、c）引出，这便是星形连接，用字母 Y 或 y 表示，如图 1-37（a）所示。

把一相绕组的末端和另一相绕组的首端连在一起，顺次连接成闭合回路，然后从首端 A、B、C（或 a、b、c）引出，如图 1-37（b）、(c）所示，这便是三角形连接，用字母 D 或 d 表示。在图 1-37（b）中，三相绕组按 A-X-C-Z-B-Y-A 的顺序连接，称为逆序（逆时针）三角形连接；在图 1-37（c）中，三相绕组按 A-X-B-Y-C-Z-A 的顺序连接，称为顺序（顺时针）三角形连接。新国标中只有顺序三角形连接。

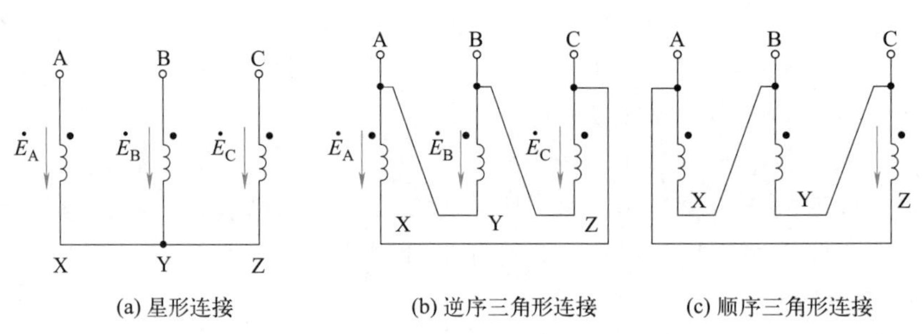

图 1-37　三相变压器星形与三角形连接

2. 三相变压器的连接组别

三相变压器的连接组别由两部分组成，一部分表示三相变压器的连接方法，另一部分表示连接组别的标号。下面介绍连接组别的判别方法和作图步骤。

① 根据绕组连接方式画出绕组连接图，标明高压侧各绕组的同名端，根据高压侧的同名端标明同一铁芯柱上的低压侧同名端。

② 标明高压侧相电势 $\dot{E}_A$、$\dot{E}_B$、$\dot{E}_C$ 和低压侧相电势 $\dot{E}_a$、$\dot{E}_b$、$\dot{E}_c$ 的正方向。

③ 随后可以先画出高压绕组的相量图，再根据同名端和端子标号来确定低压侧相电势的相量位置。

④ 对于不同的连接方式画出高压侧任一线电势和其对应的低压侧线电势的相量位置，将 AB、ab 连线，根据它们的相位差，按照时钟法确定连接组别。

下面举例说明三相变压器连接组的判别方法。

a. Yy 连接。三相变压器 Yy12 连接时的接线图如图 1-38（a）所示。图中同名端在对应端，这时一、二次侧对应的相电动势同相位，同时一、二次侧对应的线电动势 $\dot{E}_{AB}$ 与 $\dot{E}_{ab}$

也同相位，如图 1-38（b）所示。这时，如把 $\dot{E}_{AB}$ 指向钟面的 12 点，则 $\dot{E}_{ab}$ 也指向 12 点，故其连接组就写为 Yy12。

b. Yd 连接。三相变压器 Yd11 连接时的接线图如图 1-39（a）所示。

图中将一、二次绕组的同名端标为首端（或末端），二次绕组做三角形连接，这时，一、二次侧对应相的相电动势也同相位，但线电动势 $\dot{E}_{AB}$ 与 $\dot{E}_{ab}$ 的相位差为 330°，如图 1-39（b）所示。

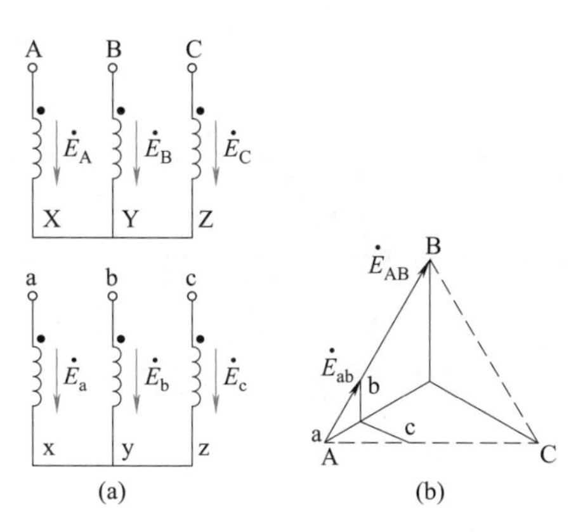

图 1-38　Yy12 连接时的接线图

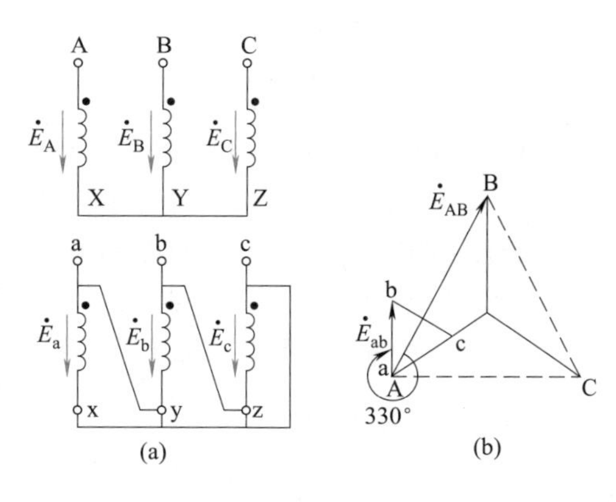

图 1-39　Yd11 连接时的接线图

当 $\dot{E}_{AB}$ 指向钟面的 12 时，$\dot{E}_{ab}$ 则指向 11，故其组别号为 11，用 Yd11 表示。

综上所述，对 Yy 连接而言，可得 0、2、4、6、8、10 六个偶数连接组别标号；对 Yd 连接而言，可得 1、3、5、7、9、11 六个奇数连接组别标号。因此，三相变压器共有 12 个不同的连接组别。同时可以看出影响三相组别的因素有以下几个方面。

① 绕组的绕向。

② 首、末端标记。

③ 三相绕组的连接方式。

用时钟法来表示连接组别。为便于制造和并联运行，国家标准规定 Yyn0、Yd11、YNd11、YNy0 和 Yy0 五种连接作为三相双绕组电力变压器的标准连接组别，以前三种最为常用。Yy_n0 连接组别的二次绕组可引出中性线，构成三相四线制，用作配电变压器时可兼供动力和照明负载；Yd11 连接组别用于低压侧电压超过 400V 的线路中；YNd11 连接组别主要用于高压输电线路中，使电力系统的高压侧可以接地。

任务实施

一、任务实施内容

测定三相绕组的极性。

二、任务实施要求

① 正确使用测试仪表。

② 正确测试有关数据，并进行数据分析。

③ 完成变压器三相绕组极性测试任务实施工单。

三、任务所需设备

① 三相芯式变压器　　1 台
② 交流电流表　　1 块
③ 交流电压表　　1 块
④ 万用表　　1 块

四、任务实施步骤

1. 三相变压器的极性测定

① 首先用万用表电阻挡测量哪两个出线端属于同一绕组，并暂定标记 A-X、B-Y、C-Z 及 a-x、b-y、c-z。

② 确定每相一、二次绕组的极性，如图 1-40 所示。将 Y-y 两端头用导线相连，在 B-Y 上加（50%～70%）U_N，测量电压 U_{BY}、U_{Bb} 和 U_{bY}，若 $U_{Bb}=|U_{BY}-U_{bY}|$，则标号正确。若 $U_{Bb}=|U_{BY}+U_{bY}|$，则必须把 b、y 的标号对调。同理，其他两相也可依此法定出。

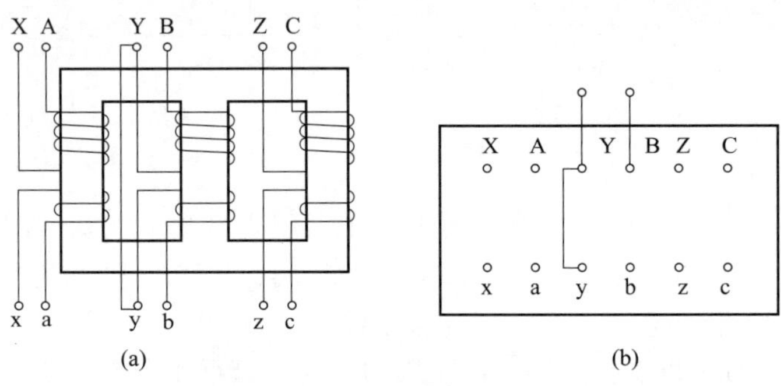

图 1-40　一、二次绕组的极性测定

③ 测定芯式变压器的高压边 A、B、C 三相间极性。

对于芯式变压器，除测定一、二次绕组极性外，还应测定三相间的极性。其测定方法为：把芯式变压器的 X-Z 两端头用导线相连，如图 1-40 所示，在 B 相加（50%～70%）U_N 的电压，用电压表测 U_{AC}、U_{AX} 和 U_{CZ}。

若 $U_{AC}=|U_{AX}-U_{CZ}|$，则标号正确。若 $U_{AC}=|U_{AX}+U_{CZ}|$，则相间符号不正确，应把 A、C 相中任一相的端点符号互换（如将 A、X 换成 x、z）。同理，可定 A、B 相（或 B、C 相）的相间极性，因而三相的高压绕组相互间的极性可以定出，将数据记录到表 1-6 中。

2. 完成表 1-6 变压器三相绕组极性测试任务实施工单

表 1-6　变压器三相绕组极性测试任务实施工单

班级：______　组别：______　学号：______　姓名：______　操作日期：______

试验前准备		
序号	准备内容	准备情况自查
1	知识准备	变压器同名端是否了解　是□　否□ 变压器连接组别是否了解　是□　否□ 测试方法是否掌握　是□　否□
2	材料准备	万用表是否完好　是□　否□ 电流表是否完好　是□　否□ 电压表是否完好　是□　否□

续表

试验过程记录		
步骤	内容	数据记录
1	一次绕组 极性测定	
2	二次绕组 极性测定	
3	高压侧 A、B、C 三相间极性	
验收及收尾工作		
任务实施开始时间：	任务实施结束时间：	实际用时：
变压器三相绕组极性测试试验顺利完成□	仪表挡位回位，工具归位□	台面与垃圾清理干净□
成绩： 教师签字： 日期：		

五、变压器三相绕组极性测试任务实施考核评价

变压器三相绕组极性测试任务实施考核评价参照表 1-7，包括技能考核、综合素质考核及安全文明操作等方面。

表 1-7　变压器三相绕组极性测试任务实施考核评价

序号	内容	配分/分	评分细则	得分/分
1	判定同一绕组的出线端	15	不能判定出同一绕组的出线端，每组扣 3 分	
			正确判定，不能正确标记，每组扣 1 分	
2	确定每相一、二次绕组极性	30	不能按照正确方法判定出每相一、二次绕组极性，每组扣 10 分	
3	确定芯式变压器的高压边三相间极性	20	不能正确判定出芯式变压器的高压边三相间极性的，扣 20 分	
4	仪器仪表的使用	20	仪器仪表操作不规范，每次扣 5 分	
			量程错误，每次扣 5 分	
			读数错误，每次扣 5 分	
5	综合素质	15	从课堂纪律、学习能力、团结协作意识、沟通交流、语言表达、6S 管理、安全文明操作几个方面综合评价	
6	安全文明操作		违反安全文明生产规程，扣 5～40 分	
7	定额时间 2h		每超时 5min，扣 5 分	
			合计	
备注：各分项最高扣分不超过配分数				

知识拓展——变压器的并联运行

在实际使用中，如果两台或两台以上的变压器共同使用，通常采用并联运行。这里主要讲述变压器并联运行的意义和条件，分析不完全满足理想并联条件时的并联运行情况。

一、变压器并联的意义

所谓变压器的并联运行，就是几台变压器的一、二次绕组分别连接到一、二次侧的公共母线上，共同向负载供电的运行方式，如图 1-41 所示。

在现代电力系统中，常采用多台变压器并联运行的方式。在发电厂或变电站中，通常都会由多台变压器来共同承担传输电能的任务，其意义在于以下几方面。

① 可以提高供电的可靠性。在同时运行的多台变压器中，如果有变压器发生故障，可

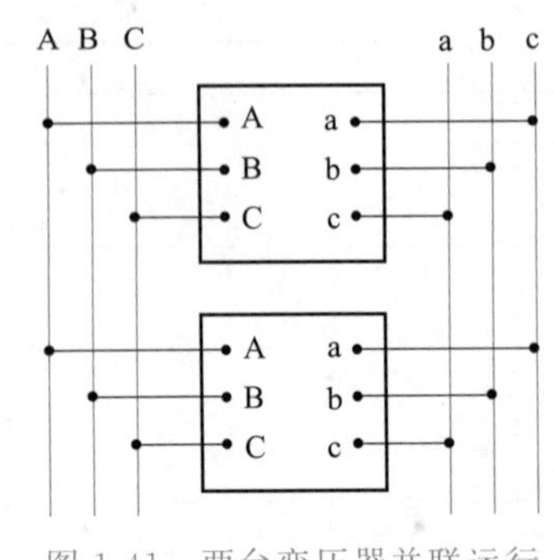

图 1-41 两台变压器并联运行

以在其他变压器继续工作的情况下将其切除，并进行维修，不会影响供电的连续性和可靠性。

② 可以提高供电的经济效益。变压器所带负载是随季节、气候和早晚等外部情况的变化而改变的，可以对变压器的负载进行监控，来决定投入运行的变压器的台数，以提高运行效率。

③ 可以减少备用容量。

二、变压器并联的理想情况

① 空载运行时，各变压器绕组之间无环流。

② 负载时，各变压器所分担的负载电流与其容量成正比，应防止某台变压器过载或欠载，使并联的容量得到发挥。

③ 带上负载后，各变压器分担的电流与总负载电流同相位。当总负载电流一定时，各变压器所分担的电流最小，或者说当各变压器的电流一定时，所能承受的总负载电流为最大。

三、变压器理想并联运行的条件

① 各台变压器的额定电压相等，并且各台变压器的变压比相等。

② 各台变压器的连接组别必须相同。

③ 各台变压器的短路阻抗（或短路电压）的标准值要相等。

④ 并联运行的变压器最大容量与最小容量之比应小于 3∶1。实际上，变压器在并联运行时，必须满足的是第二个条件，其他的三个条件都允许有稍许出入。

巩固提升

1. 三相变压器同侧绕组的连接方式主要有（　　）。（多选）

A. 混联接法　　B. 星形接法　　C. 三角形接法　　D. 并联接法

2. 变压器理想并联运行需要满足（　　）条件。（多选）

A. 各变压器输入、输出的额定电压相等。

B. 各变压器的连接组别相同

C. 各变压器的短路阻抗的标幺值相等

D. 各变压器的最大容量和最小容量之比应小于 3∶1

3. 三相组式变压器各相磁路________，三相芯式变压器各相磁路________。

4. 三相变压器的一次绕组、二次绕组的接线图如图 1-42 所示。画出相量图，用时钟法判定其连接组别。

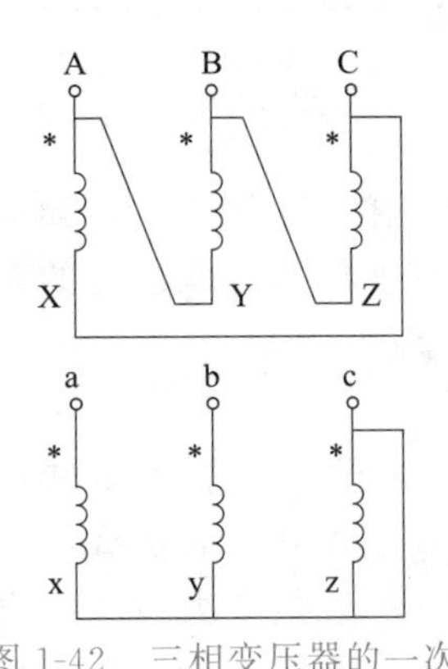

图 1-42 三相变压器的一次绕组、二次绕组的接线图

5. 试计算下列变压器的变压比。

（1）额定电压 $U_{1N}/U_{2N}=3300V/220V$ 的单相变压器。

（2）额定电压 $U_{1N}/U_{2N}=10000V/400V$，Yy 接法的三相变压器。

（3）额定电压 $U_{1N}/U_{2N}=10000V/400V$，Yd 接法的三相变压器。

知识闯关（请扫码答题）

项目一任务三　三相变压器的认识与使用

知识点总结

1. 变压器是利用电磁感应原理，将一种电压等级的交流电能转变成同频率的另一种电压等级的交流电能的静止电气设备，以满足对电能传输分配和使用的需要。

2. 根据磁通的实际分布和所起作用的不同，变压器内部磁通可分为主磁通和漏磁通两部分。主磁通以铁芯作闭合回路，磁路是非线性的；漏磁通以非铁磁性材料作闭合回路，磁路是线性的。主磁通在一、二次绕组中感应主磁动势，起着传递能量的媒介作用；漏磁通只起电抗压降的作用，不能传递能量。

3. 空载运行与负载运行时的物理情况是变压器的理论基础。其中，研究了变压器在稳定运行时的内部电磁过程和所应遵循的客观规律，并导出了变压器的基本方程式、等效电路和相量图。基本方程式是电磁关系的一种数学表达式，它综合了电动势和磁动势平衡两个基本电磁关系。负载运行时一次绕组的磁动势包含两个分量：用来产生主磁通的励磁分量和用来平衡二次绕组磁动势的负载分量。等效电路是从基本方程式出发用电路形式来模拟实际变压器的，它正确模拟了变压器内部所发生的全部电磁过程。相量图是基本方程式的一种图形表示法，能直观反映各物理量的大小和相位关系，常用于定性分析。三者互相紧密联系，在物理意义上完全一致。

4. 衡量变压器运行性能好坏的主要指标有两个：电压变化率和效率。电压变化率取决于变压器的短路参数、负载性质及大小，它表明了变压器负载运行时二次电压的稳定性，直接影响供电的质量；效率取决于空载损耗、负载损耗、负载性质和大小，直接影响变压器运行的经济性。

5. 三相变压器带对称负载时，它的每一相都相当于一台单相变压器，因此完全可以用单相变压器的基本方程式、等效电路和相量图进行讨论。根据磁路的不同，三相变压器分为三相组式变压器和三相芯式变压器。三相组式变压器各相磁路彼此独立，三相芯式变压器各相磁路彼此相关。

6. 影响三相变压器连接组别的因素有绕组连接方式、绕组绕向及首末端端子标志。变压器共有 12 种连接组别，国家规定三相变压器有五种标准连接组别。

7. 与普通双绕组电力变压器不同的是，自耦变压器一、二次绕组不仅有磁的耦合，还有电的直接联系。其中一部分功率不是通过电磁感应作用，而是直接由一次侧传递到二次侧。与同容量普通变压器相比，自耦变压器具有材料省、损耗小、体积小、效率高等优点，但内部绝缘和过电压保护都需要加强。

8. 电压互感器和电流互感器是测量用变压器，使用时应注意将其二次侧接地，而且电流互感器二次侧绝不允许开路，电压互感器二次侧绝不允许短路。仪用互感器的误差问题是一个主要问题，电压互感器和电流互感器是按误差来分等级的。

项目二

三相异步电动机的拆装

知识目标：

1. 熟练掌握三相异步电动机的结构、工作原理。
2. 熟练掌握三相异步电动机的拆装步骤。

技能目标：

1. 熟练掌握万用表、兆欧表、钳形电流表、转速表等仪表的使用。
2. 熟练掌握扳手、螺丝刀、撬棍、拉马等拆卸工具的使用。
3. 熟练掌握电动机拆卸、安装过程。
4. 熟练掌握电动机绕组端子确定、绝缘电阻测试、空载运行电流测试等方法。

素养目标：

1. 培养学生自主查阅资料、分析问题、解决问题的工作能力。
2. 培养学生遵守操作规程、安全文明生产的习惯。

李伟业：他带领团队让高铁用上中国“动力心脏”

遵守操作规程安全文明工作

知识导图

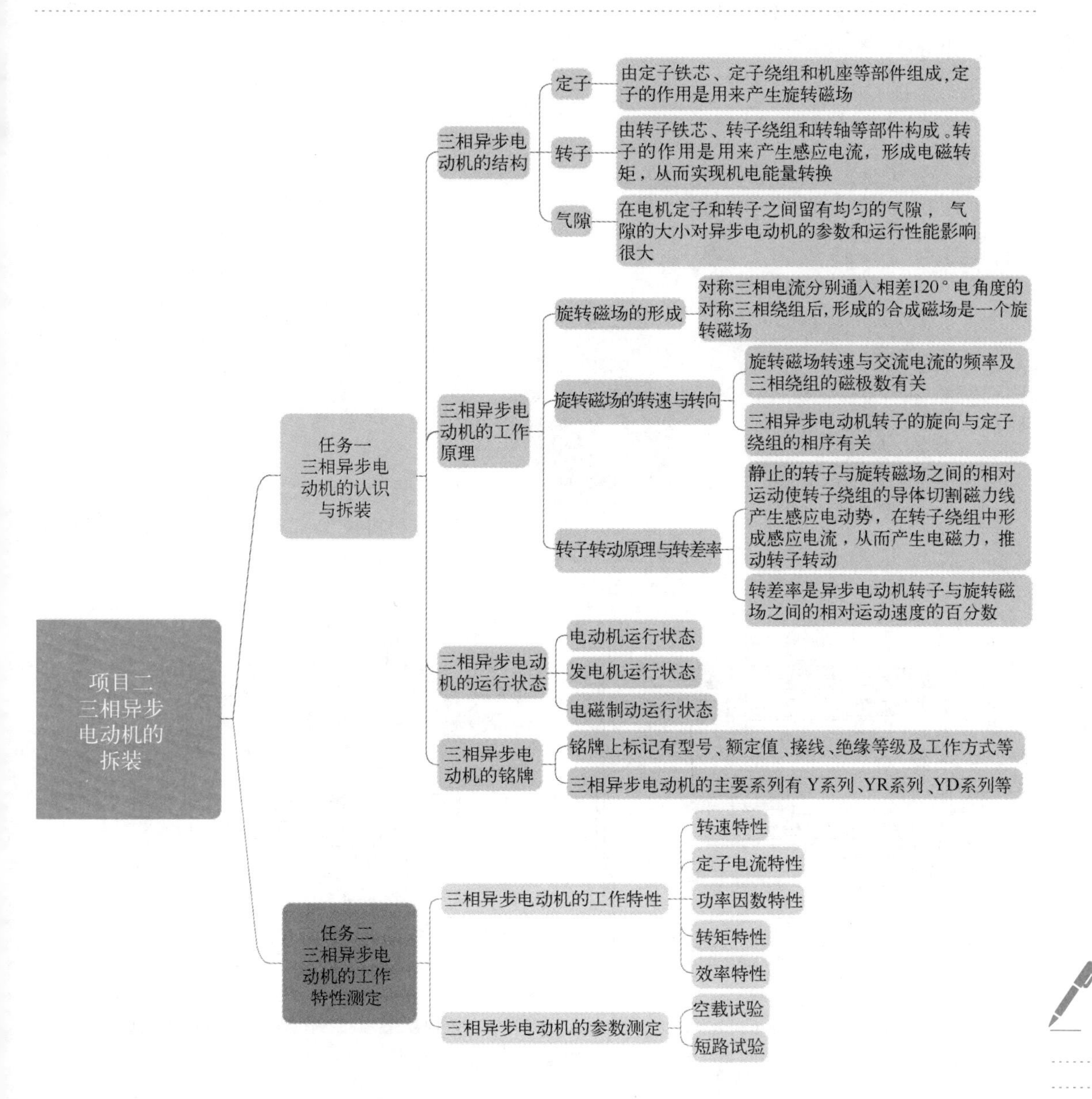

任务一　三相异步电动机的认识与拆装

任务描述

在生活生产中，几乎所有电气设备的动力都来自电动机。电动机的种类很多，其中异步电动机是应用较为广泛的电动机。为了使电动机能够更好地服务于生产生活，必须熟悉电动机的结构和工作原理，掌握电动机的运行规律和控制要求。本任务通过拆装小型异步电动机，熟悉异步电动机的结构，促进对异步电动机工作原理的理解，锻炼对扳手、拉马、万用表、兆欧表等各种工具、仪表的使用能力。在电动机拆卸之前，做好各种工具、仪表的准备工作，在线头、端盖、螺栓等处做好标记，按照规范拆装程序对电动机进行拆卸、测量及检查，记录铭牌数据及槽数、线径等相关数据，按照拆卸的逆序进行装配，再次进行必要检查，通电试验。

三相异步电动机结构认知

相关知识

一、三相异步电动机的结构

三相异步电动机在生产生活中被广泛应用，常见的三相异步电动机如图 2-1 所示。异步电动机结构主要由固定不动的定子和旋转的转子组成，定子与转子间存在很小的间隙，称为气隙。三相异步电动机按转子结构形式可分为笼型和绕线型，其结构分别如图 2-2、图 2-3 所示。

图 2-1　常见的三相异步电动机

1. 定子

异步电动机定子由定子铁芯、定子绕组和机座等部件组成，其中定子用来产生旋转磁场。

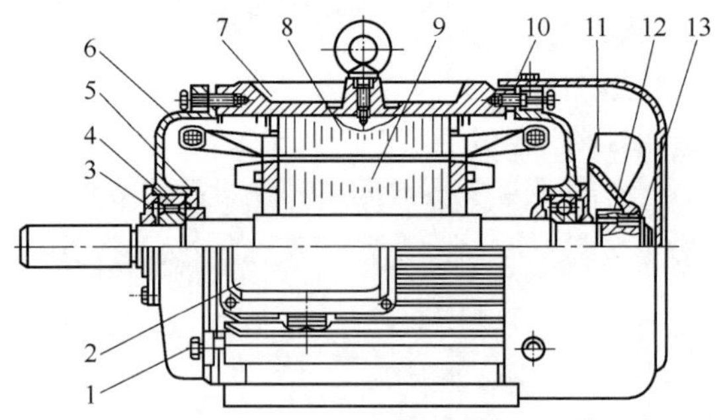

图 2-2　笼型异步电动机的结构示意图

1—紧固件；2—接线盒；3—轴承外盖；4—轴承；5—轴承内盖；6—端盖；7—机座；8—定子铁芯；9—转子；10—风罩；11—风扇；12—键；13—轴用挡圈

图 2-3　绕线型异步电动机的结构示意图

1—机座；2—端盖；3—轴承；4—轴承外盖；5—轴承内盖；6—转轴；7—转子绕组；8—接线盒；9—定子铁芯；10—转子铁芯；11—吊环；12—定子绕组；13—端盖；14—轴承；15—电刷装置；16—集电环；17—转子绕组引出线

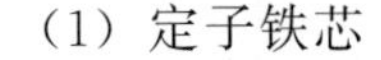

（1）定子铁芯

定子铁芯是电动机磁路的一部分，如图 2-4（a）所示。由于异步电动机的磁场是旋转的，定子铁芯中的磁通为交变磁通。为了减小磁场在铁芯中引起的涡流损耗和磁滞损耗，定子铁芯由导磁性能较好的厚 0.5mm、表面具有绝缘层的硅钢片叠压而成。定子铁芯叠片内圆冲有均匀分布的一定形状的槽，用以嵌放定子绕组。中小型电动机的定子铁芯采用整圆冲片，如图 2-4（b）所示。大中型电动机常采用扇形冲片拼成一个圆。

（2）定子绕组

定子绕组是电动机的电路部分，由许多线圈按一定的规律连接而成。小型异步电动机的定子绕组由高强度漆包圆铜线或铝线绕制而成，一般采用单层绕组；大中型异步电动机的定

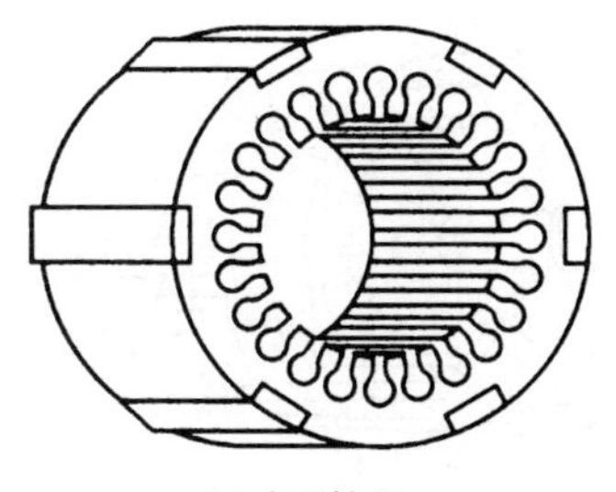

(a) 定子铁芯

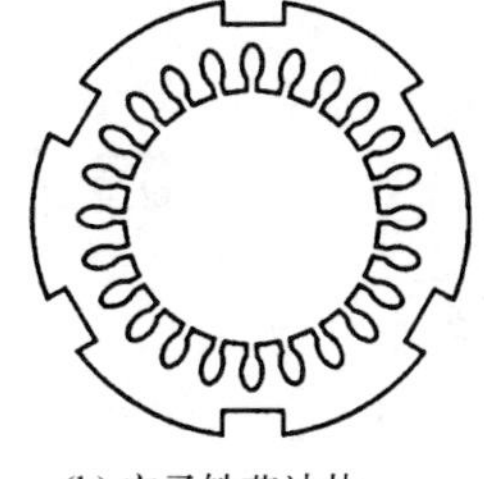

(b) 定子铁芯冲片

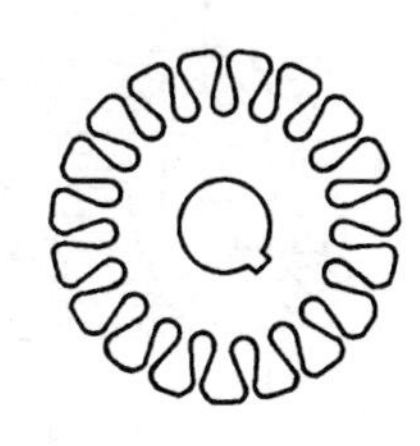

(c) 转子铁芯冲片

图 2-4　定子铁芯、定子铁芯冲片、转子铁芯冲片

子绕组用截面较大的扁铜线绕制成形，再包上绝缘，一般采用双层绕组。

（3）机座

机座是电动机的外壳，用以固定和支撑定子铁芯及端盖。机座应具有足够的强度和刚度，同时还应满足通风散热的需要。小型异步电动机的机座一般用铸铁铸成，大型异步电动机的机座常用钢板焊接而成。为了增加散热面积、加强散热，封闭式异步电动机机座外壳上有散热筋，防护式电动机机座两端端盖开有通风孔或机座与定子铁芯间留有通风道等。

2. 转子

转子由转子铁芯、转子绕组和转轴等部件构成。转子的作用是用来产生感应电流，形成电磁转矩，从而实现机电能量转换。

（1）转子铁芯

转子铁芯是电动机磁路的一部分，一般用 0.5mm 厚的硅钢片叠压而成，套装在转轴上。转子铁芯叠片外圆冲有嵌放转子绕组的槽，如图 2-4（c）所示。

（2）转子绕组

转子绕组的作用是感应出电动势和电流，并产生电磁转矩。转子绕组的结构形式有笼型和绕线型两种。

① 笼型转子绕组　在每个转子槽中插入一铜条，在铜条两端各用一铜质端环焊接起来形成一个自身闭合的多相短路绕组，称为铜条转子，如图 2-5 所示。也可以用铸铝的方法，把转子导条和端环、风扇叶片用铝液一次浇铸而成，称为铸铝转子，如图 2-6 所示。中小型异步电动机的笼型转子一般采用铸铝转子。笼型转子因为结构简单、制造方便、运行可靠，所以得到广泛应用。

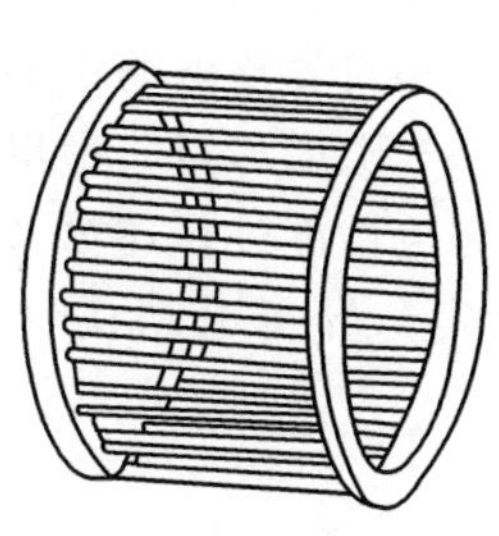

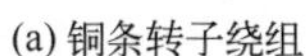

(a) 铜条转子绕组

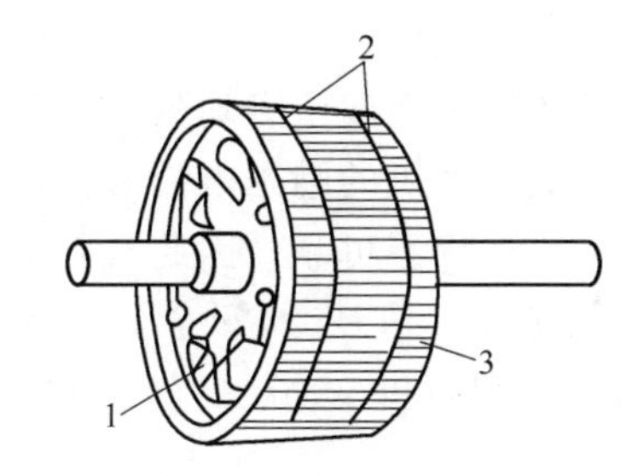

(b) 铜条转子

图 2-5　铜条转子的结构示意图

1—铁芯；2—导条短路坏；3—嵌入的导条

② 绕线型转子绕组　绕线型转子绕组与定子绕组相似，也是制成三相绕组，一般作星形连接。三根引出线分别接到转轴上彼此绝缘的三个滑环上，通过电刷装置与外部电路相

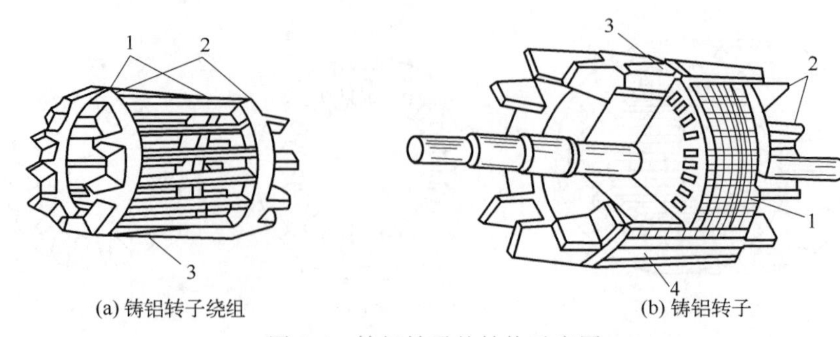

图 2-6 铸铝转子的结构示意图

1—端环；2—风扇叶片；3—铝条；4—转子铁芯

连，如图 2-7 所示。转子绕组回路串入三相可变电阻是为了改善启动性能或调节转速。为了消除电刷和滑环之间的机械摩擦损耗与接触电阻损耗，在大中型绕线型电动机中，还装设有提刷短路装置。启动时转子绕组与外电路接通，启动完毕后，在不需调速的情况下将外部电阻全部短接。

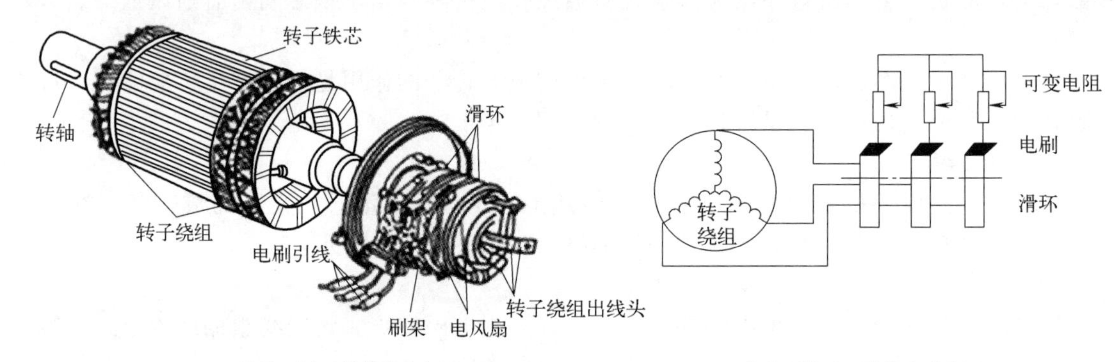

(a) 绕线型转子的结构示意图　　(b) 绕线型转子回路接线示意图

图 2-7 绕线式转子的结构示意图与回路接线示意图

三相异步电动机工作原理

(3) 转轴

转轴一般用强度和刚度较高的低碳钢制成，其作用是支撑转子和传递转矩。整个转子靠轴承和端盖支撑着，端盖一般用铸铁或钢板制成，它是电动机外壳机座的一部分。

3. 气隙

在电动机定子和转子之间留有均匀的气隙，气隙的大小对异步电动机的参数和运行性能影响很大。为了降低电动机的励磁电流和提高功率因数，气隙应尽可能做得小些，但气隙过小，将使装配困难或运行不可靠，因此气隙大小除了考虑电性能外，还要考虑便于安装。气隙的最小值常由制造加工工艺和安全运行等因素来决定，异步电动机气隙一般为 0.2～2mm，比直流电动机和同步电动机定转子间气隙小得多。

二、三相异步电动机的工作原理

1. 旋转磁场的形成

三相异步电动机的工作原理是以三相交流电通入定子绕组产生旋转磁场为基础的。现以两极异步电动机为例，说明定子三相绕组通入对称三相电流产生磁场的情况。为方便起见，把三相定子绕组简化成由 U1U2、V1V2、W1W2 三个线圈组成，它们在空间上彼此相隔

120°。定子绕组的嵌放情况与星形连接如图 2-8（a）、（b）所示。当定子绕组的三个首端 U1、V1、W1 与三相交流电源接通时，定子绕组中有对称的三相交流电流 i_U、i_V、i_W 流过。设三相交流电流分别为

$$
\begin{aligned}
i_U &= I_m \sin(\omega t) \\
i_V &= I_m \sin(\omega t - 120^\circ) \\
i_W &= I_m \sin(\omega t + 120^\circ)
\end{aligned}
\tag{2-1}
$$

则三相绕组电流的波形图如图 2-8（c）所示。假定电流的瞬时值为正时，电流从各绕组的首端流入、尾端流出；当电流为负值时，电流从各绕组的尾端流入、首端流出。电流流入端在图中用“⊗”表示，电流流出端在图中用“⊙”表示。下面按此规定以图 2-8（d）为例，分析不同时刻各绕组中电流和磁场方向。

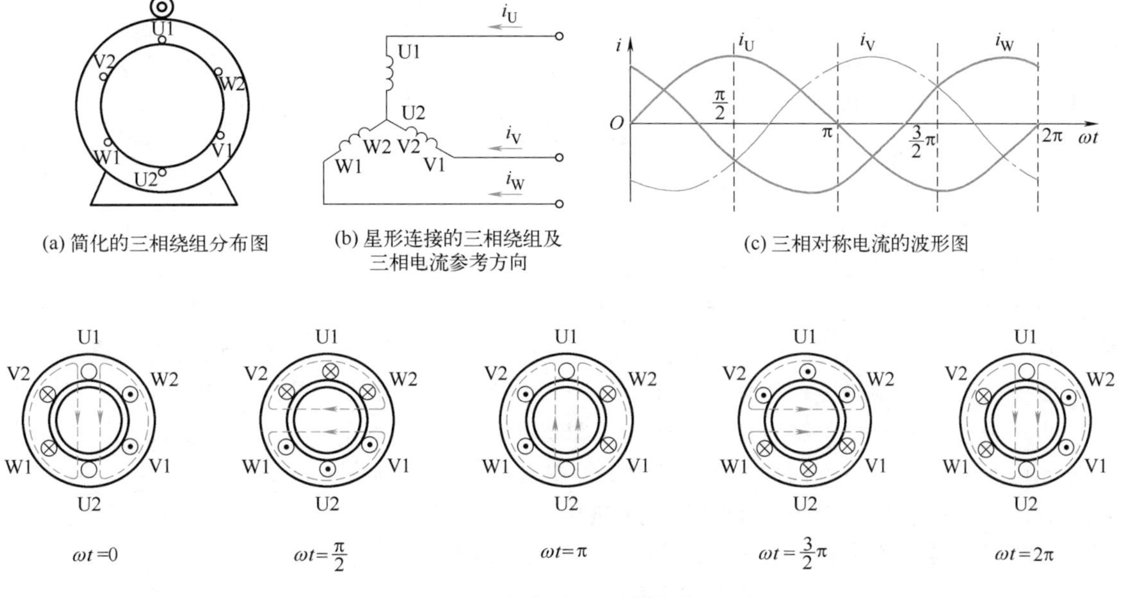

图 2-8　三相异步电动机绕组分布与两极旋转磁场的形成

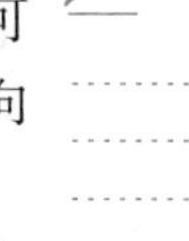

① $\omega t=0$ 时，$i_U=0$，U 相绕组此时无电流；i_V 为负值，V 相绕组电流的实际方向与规定的参考方向相反，即电流从尾端 V2 流入、首端 V1 流出；i_W 为正值，W 相绕组电流的实际方向与规定的参考方向一致，即电流从首端 W1 流入、尾端 W2 流出。根据右手定则可以确定在 $\omega t=0$ 时刻的合成磁场方向。这时的合成磁场是一对磁极，磁场方向与纵轴线方向一致，上边是 N 极，下边是 S 极。

② $\omega t=\pi/2$ 时，i_U 由 0 变为最大值，电流从首端 U1 流入、尾端 U2 流出；V 相绕组电流的实际方向与规定的参考方向相反，即电流从尾端 V2 流入、首端 V1 流出；i_W 变为负值，电流从尾端 W2 流入、首端 W1 流出。根据右手定则可以确定此时的合成磁场方向与横轴轴线方向一致，左边是 S 极，右边是 N 极。可见磁场方向和 $\omega t=0$ 时比较，已按顺时针方向转过 90°。

③ 应用同样的分析方法，可画出 $\omega t=\pi$、$\omega t=3\pi/2$、$\omega t=2\pi$ 时的合成磁场。由合成磁场的轴线在不同时刻的位置可见，磁场逐步按顺时针方向旋转，当正弦交流电变化一周时，合成磁场在空间中也正好旋转一周。由此可见，对称三相电流 i_U、i_V、i_W 分别通入对称三

相绕组 U1U2、V1V2、W1W2 后，形成的合成磁场是一个旋转磁场。

2. 旋转磁场的转速与转向

(1) 旋转磁场的转速

旋转磁场转速与交流电流的频率及三相绕组的磁极数有关。旋转磁场的转速计算式为

$$n_1=\frac{60f}{p} \tag{2-2}$$

式中 n_1——旋转磁场的转速，r/min；

f——三相交流电源的频率，Hz；

p——旋转磁场的磁极对数，磁极数是 $2p$。

(2) 旋转磁场的转向

三相异步电动机的转子旋向与定子绕组的相序有关。如果三相绕组按顺时针方向排列，电流相序 U→V→W，即 i_U 超前 i_V120°，i_V 超前 i_W120°时，旋转磁场也将按绕组电流的相序，即旋转磁场按 U1U2→V1V2→W1W2 的方向顺时针旋转。如果将三相电流连接的三根导线中的任意两根的线端对调位置，例如将 U 相与 W 相对调，则旋转磁场按 W1W2→V1V2→U1U2 的方向逆时针旋转，即旋转磁场也改变了旋向，从而改变了电动机转子的旋转方向。

3. 转子转动原理与转差率

① 转子的转动　旋转磁场产生后，静止的转子与旋转磁场之间有了相对运动，转子绕组的导体切割磁力线产生感应电动势。感应电动势的方向可用右手螺旋定则来确定，如图 2-9 所示。由于转子导体是闭合回路，因此，在感应电动势作用下，转子绕组中形成感应电流，此电流又与磁场相互作用而产生电磁力 F，F 的方向可由左手定则来确定。

图 2-9 中，转子上半部分导体受到的电磁力方向向右，下半部分导体受到的电磁力方向向左，这对电磁力对转轴形成与旋转磁场方向一致的转矩，于是转子顺着旋转磁场方向转动起来。如果旋转磁场的旋转方向改变，那么转子的转动方向也随之改变。这个驱动转子转动的转矩称为电磁转矩或电磁力矩。

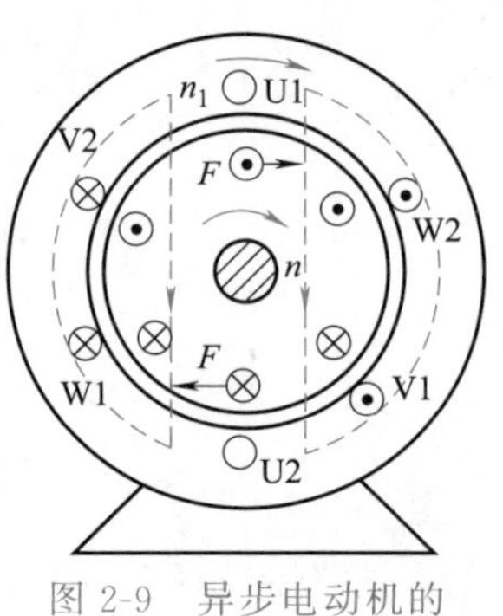

图 2-9　异步电动机的工作原理图

② 转差率　转子转动的转速 n 的方向与定子绕组产生旋转磁场的同步转速 n_1 一致，但在数值上，转子的转速 n 要低于 n_1。如果 $n=n_1$，转子绕组与定子磁场便无相对运动，则转子绕组中无感应电动势和感应电流产生，可见 $n<n_1$，是异步电动机工作的必要条件。由于电动机转速 n 与旋转磁场转速 n_1 不同步，故称为异步电动机。异步电动机又因为转子电流是通过电磁感应作用产生的，所以又称为感应电动机。

异步电动机转子与旋转磁场之间的相对运动速度的百分率称为转差率，用式 (2-3) 表示。

$$s=\frac{n_1-n}{n_1}\times 100\% \tag{2-3}$$

式中 s——转差率；

n_1——旋转磁场的转速，r/min；

n——转子的转速，r/min。

三相异步电动机大多数为中小型电动机，其转差率不大，在额定负载时，s 为 2%～6%，实际上可以认为它们属于恒转速电动机。

三、三相异步电动机的运行状态

根据转差率的大小和正负，异步电动机有三种运行状态。

1. 电动机运行状态

当定子绕组接至电源时，转子就会在电磁转矩的驱动下旋转，电磁转矩即为驱动转矩，其转向与旋转磁场方向相同，如图 2-10（b）所示。此时电动机从电网取得的电功率转变成机械功率，由转轴传输给负载。电动机的转速范围为 $n_1>n>0$，其转差率范围为 $0<s\leqslant 1$。

2. 发电机运行状态

异步电动机定子绕组仍接至电源，该电动机的转轴不再接机械负载，而用一台原动机拖动异步电动机的转子以 $n>n_1$ 的速度旋转，如图 2-10（c）所示。显然，此时电磁转矩方向与转子转向相反，起着制动作用，为制动转矩。为克服电磁转矩的制动作用而使转子继续旋转，并保持 $n>n_1$，电动机必须不断从原动机吸收机械功率，把机械功率转变为输出的电功率，因此为发电机运行状态。此时 $n>n_1$，则转差率 $s<0$。

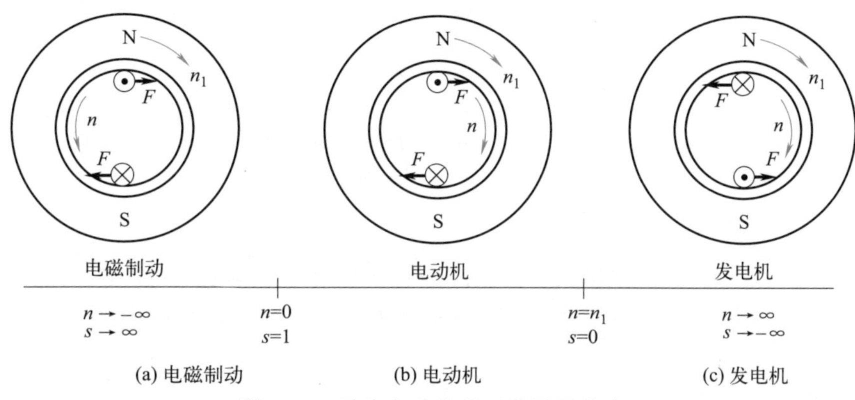

(a) 电磁制动　(b) 电动机　(c) 发电机

图 2-10　异步电动机的三种运行状态

3. 电磁制动运行状态

异步电动机定子绕组仍接至电源，如果用外力拖着电动机逆着旋转磁场的旋转方向转动，此时电磁转矩与电动机旋转方向相反，起制动作用。电动机定子仍从电网吸收电功率，同时转子从外力吸收机械功率，这两部分功率都在电动机内部以损耗的方式转化成热能消耗掉。这种运行状态称为电磁制动运行状态，如图 2-10（a）所示。在此种情况下，n 为负值，即 $n<0$，则转差率 $s>1$。

由此可知，区分上述三种运行状态的依据是转差率 s 的大小。

① 当 $0<s\leqslant 1$ 为电动机运行状态。

② 当 $s<0$ 为发电机运行状态。

③ 当 $s>1$ 为电磁制动运行状态。

综上所述，异步电动机可以作电动机运行，也可以作发电机运行和电磁制动运行，但一般作电动机运行，异步发电机很少使用，电磁制动是异步电动机在完成某一生产过程中出现的短时运行状态。例如，起重机下放重物时为了安全、平稳，需限制下放速度，此时异步电动机短时处于电磁制动运行状态。

四、三相异步电动机的铭牌

1. 铭牌

每台电动机的铭牌上都标注了电动机的型号、额定值和额定运行情况下的有关技术数据。电动机按铭牌上所规定的额定值和工作条件运行，称为额定运行。Y112M-2 型三相异步电动机的铭牌如图 2-11 所示。

三相异步电动机		
型号　Y112M-2	功率　4kW	频率　50Hz
电压　380V	电流　8.2A	接法　△
转速　2890r/min	绝缘等级　B	工作方式　连续
××年××月	编号　××××	××电机厂

图 2-11　Y112M-2 型三相异步电动机的铭牌

(1) 型号

型号是表示电动机的类型、结构、规格和性能的代号。Y 系列异步电动机的型号由 4 部分组成，如图 2-12 所示。

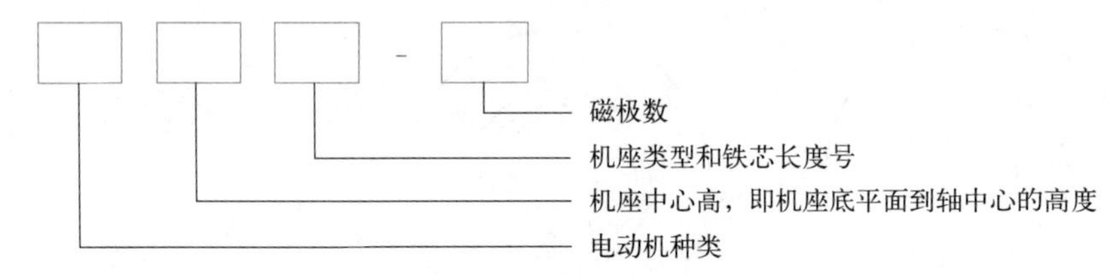

图 2-12　Y 系列异步电动机的型号

如型号为 Y100L2-4 的电动机：Y 表示笼型异步电动机；100 表示机座中心高为 100mm；L2 表示长机座（M 表示中机座，S 表示短机座），铁芯长度号为 2；4 表示磁极数为 4 极。

(2) 额定值

额定值规定了电动机正常运行的状态和条件，它是选用、安装和维修电动机的依据。异步电动机铭牌上标注的额定值主要有以下几个。

① 额定功率 P_N：电动机额定运行时轴上输出的机械功率，单位为 kW。

② 额定电压 U_N：电动机额定运行时加在定子绕组出线端的线电压，单位为 V。

③ 额定电流 I_N：定子加额定电压，轴端输出额定功率时的定子线电流，单位为 A。

④ 额定频率 f_N：电动机所接交流电源的频率，我国电网的频率（工频）为 50Hz。

⑤ 额定转速 n_N：额定运行时转子的转速，单位为 r/min。

(3) 接线

接线是指在额定电压下运行时，电动机定子三相绕组有星形连接和三角形连接。若铭牌上接法写△，额定电压写 380V，表明电动机额定电压为 380V 时应接△形。若电压写成 380V/220V，接法写 Y/△，表明电源线电压为 380V 时应接成 Y 形，电源线电压为 220V 时应接成△形。

(4) 绝缘等级和电动机温升

绝缘等级是指绝缘材料的耐热等级，通常分为七个等级，如表 2-1 所示。电动机温升是指电动机工作时电动机温度超过环境温度的最大允许值。电动机工作的环境温度一般规定为 40℃（以前是 35℃），若电动机铭牌中标明为 A 级绝缘，温升为 65℃，则电动机的最高允许温度为 65℃＋40℃＝105℃。在电动机中，耐热最差的是绝缘材料，故电动机的最高允许温度值取决于电动机所用的绝缘材料，各种等级的绝缘材料的最高允许温度如表 2-1 所示。

表 2-1　三相异步电动机绝缘等级

绝缘等级	Y	A	E	B	F	H	C
最高工作温度/℃	90	105	120	130	155	180	>180

(5) 工作方式

异步电动机的工作方式共有三种：连续工作方式、短时间工作方式和断续工作方式。

① 连续工作方式：在额定状态下可以连续工作而温升没有超过最大值。

② 短时间工作方式：短时间工作，长时间停用。

③ 断续工作方式：开机、停机频繁，工作时间很短，停机时间也不长。

2. 三相异步电动机的主要系列

三相异步电动机的种类很多，我国生产的异步电动机主要产品系列有以下几种。

(1) Y 系列

Y 系列是一般用途的小型笼型全封闭自冷式三相异步电动机，额定电压为 380V，额定频率为 50Hz，功率范围为 0.55～315kW，同步转速为 600～3000r/min，外壳防护形式有 IP44 和 IP23 两种。该系列异步电动机主要用于金属切削机床、通用机械、矿山机械和农业机械等，也可用于拖动静止负载或惯性负载较大的机械，如压缩机、传送带、磨床、锤击机、粉碎机、小型起重机、运输机械等。

(2) YR 系列

YR 系列为绕线型三相异步电动机。该系列异步电动机用在电源容量小且不能用同容量笼型异步电动机启动的生产机械上。

(3) YD 系列

YD 系列为变极多速三相异步电动机。

(4) YQ 系列

YQ 系列为高启动转矩异步电动机。该系列异步电动机用于启动静止负载或惯性负载较大的机械上，如压缩机、粉碎机等。

(5) YZ 和 YZR 系列

YZ 和 YZR 系列为起重和冶金用三相异步电动机，YZ 是笼型异步电动机，YZR 是绕线型异步电动机。

(6) YB 系列

YB 系列为防爆式笼型异步电动机。

(7) YCT 系列

YCT 系列为电磁调速异步电动机。该系列异步电动机主要用于纺织、印染、化工、造纸、船舶及要求变速的机械。

另外，还有 Y2 和 Y3 系列异步电动机。Y2 系列电动机是 Y 系列的升级换代产品，是采用新技术开发出的新系列，具有噪声小、效率和转矩高、启动性能好、结构紧凑、使用维修方便等特点。Y2 系列电动机采用 F、B 级绝缘，能广泛应用于机床、风机、泵类、压缩机和交通运输、农业、食品加工等领域的各类机械传动设备。Y3 系列电动机是 Y2 系列电动机的更新换代产品，它与 Y、Y2 系列相比具有以下特点：采用冷轧硅钢片作为导磁材料；用铜用铁量略低于 Y2 系列；噪声限值比 Y2 系列低等。

任务实施

三相异步电动机的拆装

一、任务实施内容

三相异步电动机的拆装。

二、任务实施要求

① 熟练掌握三相异步电动机的结构与工作原理。

② 熟悉三相异步电动机的拆装步骤。

③ 熟练掌握拆装工具的使用。

④ 熟练掌握相关仪表的使用。

⑤ 完成三相异步电动机的拆装任务实施工单。

三、任务所需主要工具、仪表及器材

① 小型交流异步电动机 1 台。

② 任务所需仪表

ZC7（500V）型兆欧表 1 块，MF500 或 DT980 型万用表 1 块，DT-9700 型钳形电流表 1 块。

③ 电工工具 1 套

拉马、扳手、锤子、螺丝刀、紫铜棒、钢套筒、毛刷、电工钳、钢尺、记号笔等。

四、任务实施步骤与工艺要求

1. 拆卸前的准备工作

① 配齐工具和仪表。

② 对于安装在设备上的电动机，首先应切断电源，拆除电动机与电源的连接线，做好电源线头的绝缘处理。

③ 拆除电动机与设备的机械连接，使电动机与设备分离。

2. 按照图 2-13 所示的顺序进行拆卸。

(1) 拆卸带轮（或联轴器）

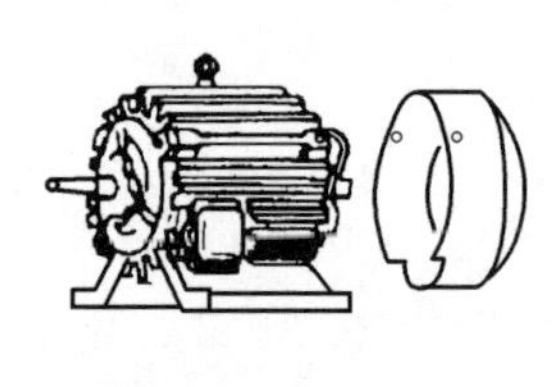

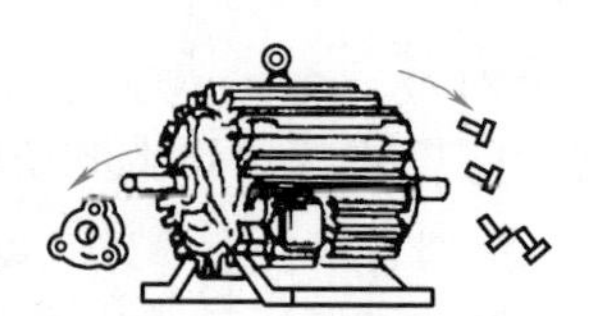

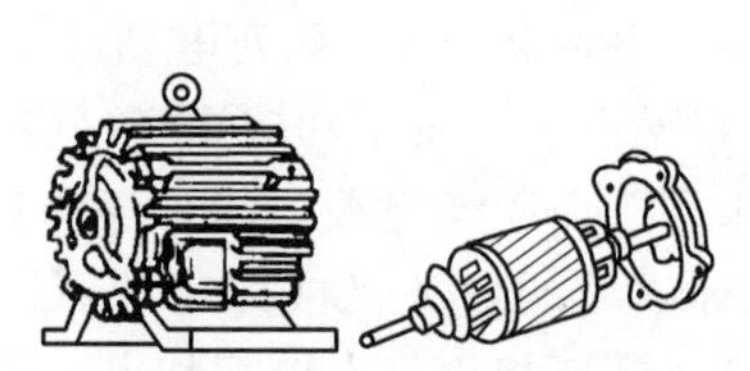

图 2-13　三相异步电动机的拆卸过程

拆卸时应在带轮（或联轴器）的轴伸端上做好尺寸标记，如图 2-14 所示。然后松脱销子的压紧螺栓，慢慢拉下带轮（或联轴器）。

（2）拆卸风罩、风扇叶

松脱风罩固定螺栓，取下风罩。然后松脱风扇的固定螺栓，用木锤在风扇四周均匀轻敲，取下风扇。

（3）拆卸端盖、抽出转子

拆卸前应先在端盖与机座的接缝处做好标记，以便装配时复位。一般小型电动机应先拆前轴承外盖、端盖以及后端盖螺栓，然后用手将转子带着后端盖一起慢慢抽出。注意：抽出转子时，不要碰伤绕组。对于较大型电动机，拆下前后端盖后，用起重设备将转子吊起，慢慢平移抽出，如图 2-15 所示。

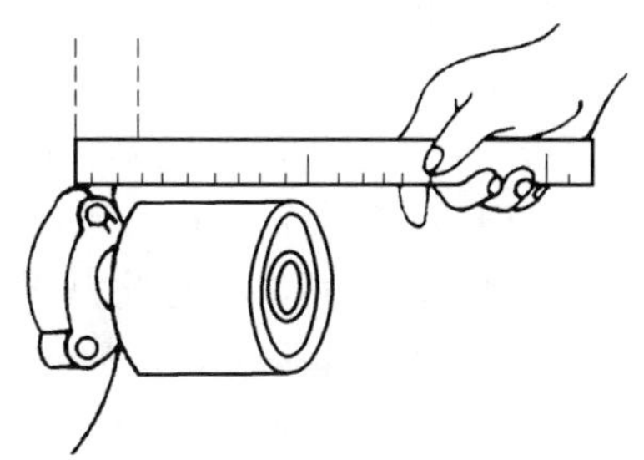

图 2-14 带轮的位置标记

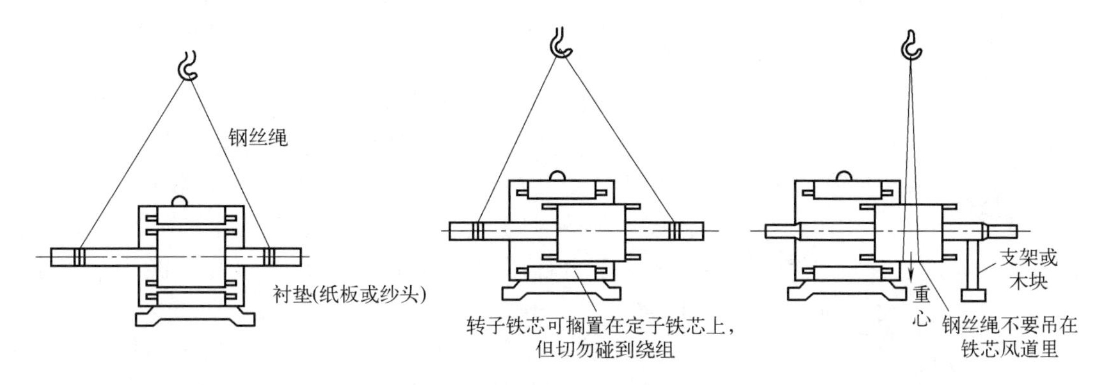

图 2-15 用起重设备吊抽电动机转子

（4）拆卸、清洗、检查轴承

拆卸电动机轴承时，拉马的大小选用要合适，拆卸器的脚应尽量紧扣轴承的内圈将轴承拉出，如图 2-16（a）所示。也可用紫铜棒敲打的方法拆卸滚动轴承，如图 2-16（b）所示。

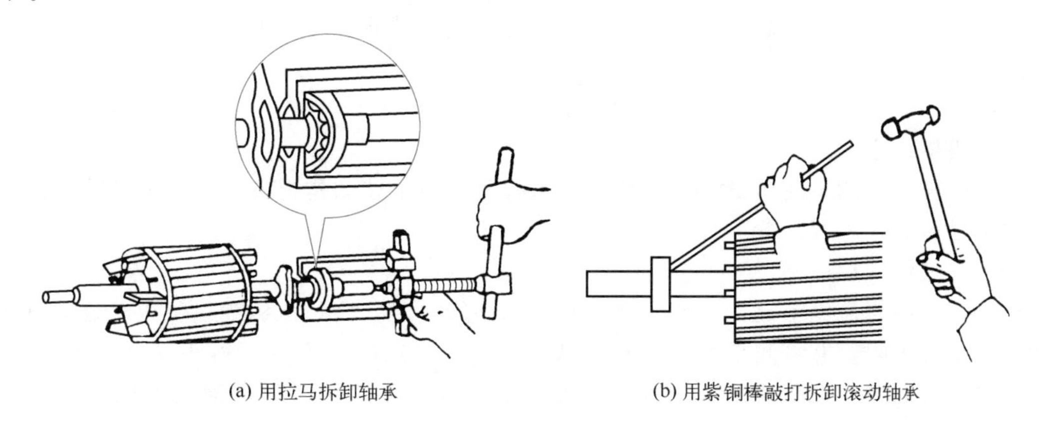

(a) 用拉马拆卸轴承　　(b) 用紫铜棒敲打拆卸滚动轴承

图 2-16 轴承的拆卸

清洗轴承时，应先刮去轴承和轴承盖上的废油，用煤油洗净残存油污，然后用清洁布擦拭干净。注意：不能用棉纱擦拭轴承。轴承洗净擦拭后，用手旋转轴承外圈，观察其转动是否灵活。若遇卡阻或过松，需再仔细观察滚道间、保持架及滚珠（或滚柱）表面有无锈迹、斑痕等，根据检查情况决定轴承是否需要更换。

拆卸过程中，观察定子绕组的连接形式、前后端部的形状、引线连接形式以及绝缘材料的放置等。拆卸过程中，测量定子的长度和直径并连同铭牌数据及槽数、线径等相关数据记录到表 2-2 中。

3. 装配

电动机的装配步骤与拆卸步骤相反。在装配时，除各配合处要清理除锈和按部件标记复位外，还应注意以下几方面问题。

① 更换新轴承时，应将其置于 70～80℃的变压器油中加热 5min 左右，接着用汽油洗净，然后用洁净布擦干，最后进行轴承的装配。轴承装配有冷套和热套两种方法。

a. 冷套法。把轴承套在清洗干净并加润滑脂的轴上，对准轴颈，一般用内径略大于轴颈直径且外径略小于轴承内圈外径的套管，套管的一端顶住轴承内圈，套管的另一端垫上木板，用锤子敲打木板，把轴承敲进去，如图 2-17 所示。

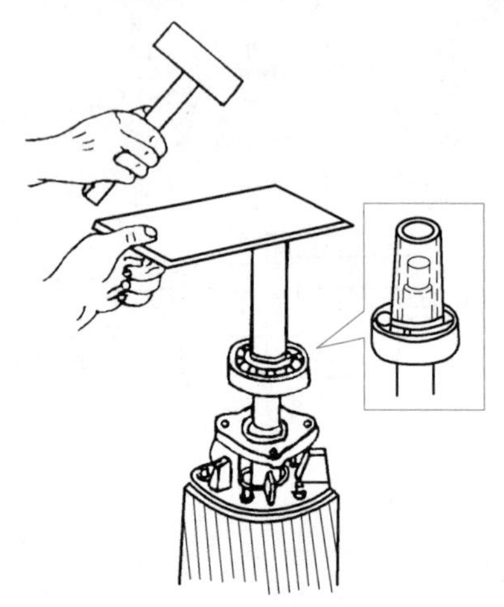

图 2-17　用套管冷套法装配轴承

b. 热套法。将轴承放置在 80～100℃变压器油中加热 30min 左右。加热时油面要超过轴承，且轴承要放在网架上不要与底壁接触。加热要均匀，同时把握好加热温度和加热时间。热套时，要趁热迅速将轴承一直推到轴颈。套好后用皮老虎吹去轴承内的变压器油，并擦拭干净。

② 轴承的润滑脂应保持清洁，塞装时要均匀，但不宜过量。润滑脂的用量不宜超过轴承与轴承盖容积的 2/3；对于转速在 2000r/min 以上的电动机，润滑脂的用量应减少为轴承盖容积的 1/2。

③ 端盖紧固螺栓时，要按对角线上下左右逐步拧紧。装配完毕，转子转动应灵活、均匀，无停滞或偏重现象。

④ 安装带轮或联轴器时，要注意对准键槽或定位螺孔。在带轮（或联轴器）的端面垫上木块用锤子打入。在安装较大型电动机的带轮（或联轴器）时，可用千斤顶将带轮（或联轴器）顶入。

4. 检测

（1）机械检查

检查机械部分的装配质量，紧固螺栓是否拧紧，转子转动是否灵活、有无扫膛与松动现象，轴承是否有杂声等。

（2）电气性能检查

检测三相的直流电阻是否平衡，测量绕组的绝缘电阻。检测三相绕组每相对地的绝缘电阻和相间绝缘电阻，并将测量数据记录到表 2-2 中。要求测量阻值不得小于 0.5MΩ。按铭牌要求接好电源线，在机壳上接好保护接地线，接通电源，用钳形电流表检测三相空载电流，看是否符合允许值。检查电动机温升是否正常，运转中有无异响。

五、完成任务实施工单

完成表 2-2 三相异步电动机拆装任务实施工单。

表 2-2　三相异步电动机拆装任务实施工单

班级：______　组别：______　学号：______　姓名：______　操作日期：______

拆装前准备

序号	准备内容	准备情况自查
1	知识准备	三相异步电动机基本结构是否了解　是□　否□ 电动机拆装方法与拆装步骤是否掌握　是□　否□ 拆装工具使用方法是否掌握　是□　否□
2	工具仪表准备	工具是否齐全　是□　否□　电动机是否完好　是□　否□ 万用表是否完好　是□　否□　钳形电流表是否完好　是□　否□ 兆欧表是否完好　是□　否□

拆装过程记录

步骤	内容	数据记录
1	拆卸前准备	工作环境是否整理　是□　否□　是否做拆卸标记　是□　否□ 电动机电源是否切断　是□　否□　电源连接线是否拆除　是□　否□ 转轴在解体前转动是否灵活　是□　否□　是否有轴端弯翘　是□　否□ 电源线头是否做绝缘处理　是□　否□　电动机与设备是否分离　是□　否□ 电动机表面的油污、尘土是否清理　是□　否□ 记录转轴的松紧程度：
2	拆卸过程	(1)记录三相异步电动机参数（见下表） (2)记录拆卸程序
3	装配过程	记录装配步骤：

(1)记录三相异步电动机参数

	记录项目	记录内容		记录项目	记录内容
电动机铭牌	电机型号		定子绕组	导线规格	
	额定转速			每槽匝数	
	额定功率			并绕根数	
	额定电压			并绕支路数	
	额定电流			节距	
	额定效率			绕组形式	
	防护等级		定子铁芯	定子外径	
	功率因数			定子内径	
绝缘材料	端部绝缘			定子长度	
	槽绝缘			定子槽数	
	绝缘厚度			定子槽型	
	槽楔尺寸				

(2)记录拆卸程序

续表

步骤	内容	数据记录						
4	装配后的检测	记录电动机三相直流电阻与绝缘电阻测量值：						
		测量项目	U 相电阻	V 相电阻	W 相电阻	UV 间电阻	VW 间电阻	WU 间电阻
		测量数据						
		测量项目	U 对壳	V 对壳	W 对壳			
		测量数据						
验收及收尾工作								
任务实施开始时间：			任务实施结束时间：			实际用时：		
电动机是否复原并能正常运转□			仪表挡位回位，工具归位□			台面与垃圾清理干净□		
成绩： 教师签字：　　　　日期：								

六、三相异步电动机拆装任务实施考核评价

三相异步电动机拆装任务实施考核评价参照表 2-3，包括技能考核、综合素质考核及安全文明操作等方面。

表 2-3　三相异步电动机拆装任务实施考核评价

序号	内容	配分/分	评分细则	得分/分
1	仪器仪表使用	25	仪器仪表操作不规范，每次扣 5 分	
			量程错误，每次扣 5 分	
			读数错误，每次扣 5 分	
2	拆装与性能测试	60	不能按操作顺序正确拆装三相异步电动机，扣 20 分	
			不会检测三相异步电动机性能，扣 10 分	
			紧固螺栓没有拧紧，扣 5 分	
			转子转动不灵活，有扫膛、松动现象，扣 10 分	
			轴承有杂声，扣 5 分	
			不按铭牌要求接电源线，扣 5 分	
			没有连接保护接地线，扣 5 分	
3	综合素质	15	从课堂纪律、学习能力、团结协作意识、沟通交流、语言表达、6S 管理几个方面综合评价	
4	安全文明操作		违反安全文明生产规程，扣 5～40 分	
5	定额时间 2h		每超时 5min 扣 5 分	
			合计	
备注：各分项最高扣分不超过配分数				

知识拓展——兆欧表使用、定子绕组维修及绕组首尾端判别

一、兆欧表的使用

1. 兆欧表的选用

选用兆欧表时，其额定电压一定要与被测电气设备或线路的工作电压相适应，测量范围也应与被测绝缘电阻的范围相吻合。表 2-4 列举了一些在不同情况下兆欧表的选用要求。

表 2-4　不同额定电压的兆欧表的选用

测量对象	被测绝缘的额定电压/V	所选兆欧表的额定电压/V
绕组绝缘电阻	500 以下	500
	500 以上	1000
电动机及电力变压器绕组绝缘电阻	500 以上	1000～2000
发电机绕组绝缘电阻	380 以下	1000
电气设备绝缘电阻	500 以下	500～1000
	500 以上	2500
绝缘子	—	2500～5000

2. 兆欧表的接线和使用方法

兆欧表有三个接线柱，上面分别标有线路（L）、接地（E）和屏蔽或保护环（G）。兆欧表测量绝缘电阻时的接线方法如图 2-18 所示。

（1）照明及动力线路对地绝缘电阻的测量

如图 2-18（a）所示，将兆欧表接线柱 E 可靠接地，接线柱 L 与被测线路连接。按顺时针方向由慢到快摇动兆欧表的发电机手柄，大约 1min 时间，待兆欧表指针稳定后读数。这时兆欧表指示的数值就是被测线路的对地绝缘电阻值，单位是 MΩ。

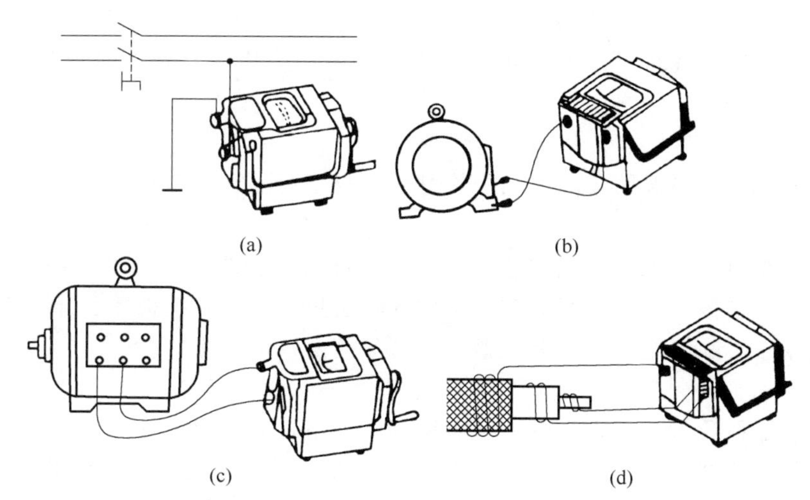

图 2-18　兆欧表测量绝缘电阻时的接线方法

（2）电动机绝缘电阻的测量

电动机绕组对地绝缘电阻的测量接线如图 2-18（b）所示。接线柱 E 接电动机机壳（应清除机壳上接触处的漆或铁锈等），接线柱 L 接电动机绕组。摇动兆欧表的发电机手柄读数，测量出电动机对地绝缘电阻。拆开电动机绕组的 Y 形或△形连接的连线，用兆欧表的两接线柱 E 和 L 分别接电动机的两相绕组，如图 2-18（c）所示。摇动兆欧表的发电机手柄读数，测量出电动机绕组的相间绝缘电阻。

（3）电缆绝缘电阻的测量

如图 2-18（d）所示，将兆欧表接线柱 E 接电缆外壳，接线柱 G 接电缆线芯与外壳之间的绝缘层，接线柱 L 接电缆线芯，摇动兆欧表的发电机手柄读数，测量结果是电缆线芯与外壳的绝缘电阻值。

3. 兆欧表使用注意事项

① 测量设备的绝缘电阻时，必须先切断设备的电源。对含有较大电容的设备（如电容

器、电机、变压器等）必须先放电。

② 兆欧表应水平放置，未接线之前先摇动兆欧表的发电机手柄，观察指针是否在“∞”处，再将 L 和 E 两接线柱短路，慢慢摇动兆欧表的发电机手柄，指针应指在零处。经开路、短路试验，证实兆欧表完好方可进行测量。

③ 兆欧表的引线应用多股软线，且两根引线切忌绞在一起，以免造成测量数据不准确。

④ 兆欧表测量完毕，应立即使被测物放电，在兆欧表的发电机手柄未停止转动和被测物未放电前，不可用手去触及被测物的测量部位或进行拆线，以防止触电。

⑤ 被测物表面应擦拭干净，不得有污物，以免造成测量数据不准确。

二、三相笼型异步电动机定子绕组的拆除、绕制、接线、浸漆烘干

电动机定子绕组严重损坏无法修复时，应拆除损坏的绕组，重新绕制绕组、嵌线、接线、浸漆烘干并做修复后的一般试验。

1. 定子绕组的拆除

冷态时的绕组较硬，很难拆除，必须采用加热软化绕组绝缘的方法拆除。拆除时的加热方法有以下几种。

（1）电流加热法

将绕组端部各连接线拆开，在绕组中通入单相低压大电流。绕组软化冒烟时，切断电源，打出槽楔，迅速拆除绕组。

（2）烘箱、煤炉、煤气、乙炔或喷灯等加热法

这类加热方法的加热温度较高，在加热过程中应特别注意过高的温度会烧坏铁芯，使硅钢片性能变差。

在拆除旧绕组时，要保留一只完整的线圈，以备制作绕线模时参考。应做好铭牌数据、槽数、绕组节距、连接方式、绕组只数、每槽导线匝数、导线并绕根数、导线直径及绕组形状和周长等记录。拆除绕组后，应修正槽型，清除槽内残留绝缘物。

2. 绕组的绕制

绕组尺寸和嵌线质量与电动机性能有着密切的关系，而绕组尺寸完全是由绕线模的尺寸来决定的。因此，绕线模的尺寸要做得精确。最好从拆下的完整旧绕组中取出其中的一匝，参考其形状及周长，制作绕线模，并先绕制一联绕组试嵌。也可根据电动机型号查找电工手册有关技术资料。绕线模由芯板和上下夹板组成，如图 2-19 所示。

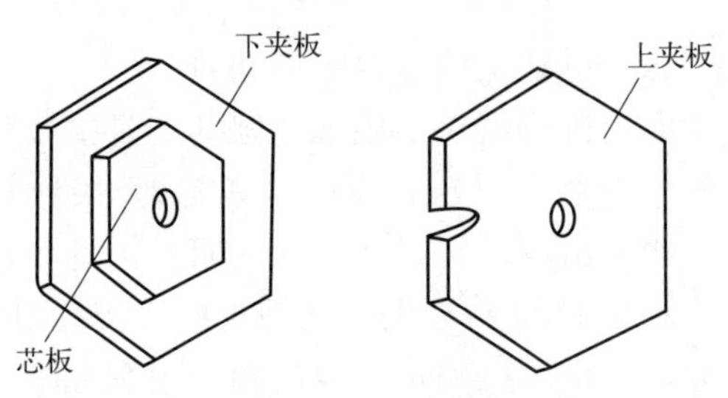

图 2-19　电动机绕组绕线模

绕线前，检查导线规格无误后，将线盘放上线架。绕线模安装在绕线机的主轴上并用螺母拧紧，紧固后的绕线模挡板与模芯之间不应出现缝隙，以避免绕线时导线嵌在缝隙中。把布带放入绕线模扎线槽内，供绕组绕好后绑扎用。再在线架与绕线机之间放置夹线板，将线盘上抽出的导线头通过夹线板中间的毛毡，再穿上一段玻璃漆管，然后将导线头挂在绕线模右边，从右向左绕制。线圈绕制方法如图 2-20 所示。

绕线时，调整好夹线板拉力，手握玻璃漆管掌握导线，使导线在线模内排列整齐、层次分明不交叉。绕完一线圈，仔细核对匝数无误后，将扎线上翻，扎紧后再绕下一线圈。绕完

一个极相组后，要留一定长度的导线作为极相组间连接线。

3. 端部接线

嵌线完毕，端部接线应按绘制的接线图或检修前记录的技术数据进行串、并连接。小型电动机引出线应从线孔对面引过来，同绕组端部牢固地绑扎在一起。中型电动机由于连接线较粗，不便于统一绑扎，可将连线与引出线扎在一起，固定在绕组端部的顶上。最后每相绕组只留一头一尾，三相共三头三尾接到电动机接线盒内的 6 个接线端上。

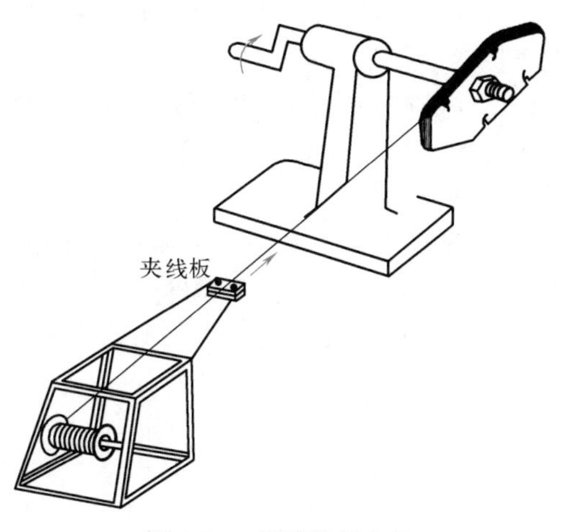

图 2-20　线圈绕制方法

为保证接线的质量，中型电动机均采用焊接的方法，如图 2-21 所示。取玻璃漆管 40～80mm，在接线前先套上，刮净漆后再焊接。焊接前导线间连接可采用绞线接法，如图 2-21（a）所示。焊好后将玻璃套管移至焊接处，如图 2-21（b）所示。较细导线与较粗导线连接用绑扎连接法，如图 2-21（c）所示。

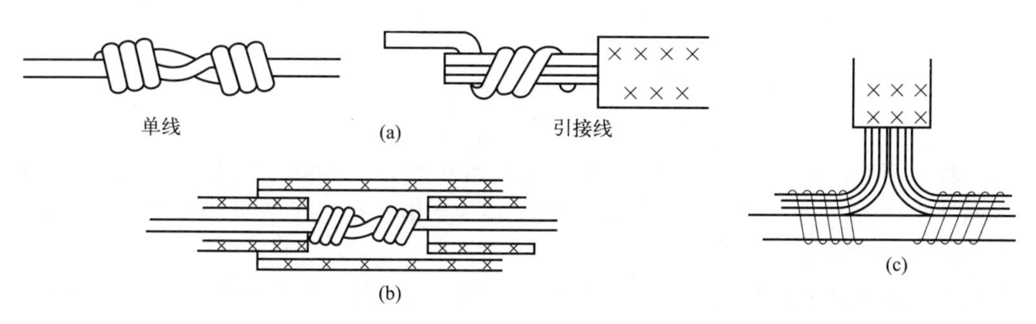

图 2-21　接头的焊接与绑扎

4. 浸漆烘干

浸漆能增强绕组的耐潮性，提高绕组的绝缘强度和机械强度，改善绕组的散热能力和防腐作用。所以，绕组的浸漆烘干是电动机修理过程中十分重要的工序。电动机的浸漆烘干分预热、浸漆和烘干三个环节。

（1）预热

预热是为了驱除绕组和绝缘材料中的潮气，便于浸漆。预热温度一般控制在 110℃左右，预热时间 4～8h，且每隔 1h 测量一次绝缘，待绝缘电阻稳定后，结束预热。

（2）浸漆

预热后，绕组温度降至 70℃左右才能浸漆。浸漆约 15min，直到不冒气泡为止。浸漆时，漆的黏度要适中，太黏可用二甲苯等溶剂稀释。普通电动机浸漆两次，在湿热地区或湿热环境中使用的电动机应浸漆 3～4 次。

（3）烘干

烘干一般分两个阶段。在低温阶段，温度控制在 70～80℃，时间为 2～4h。此阶段溶剂挥发缓慢，可以避免表面很快结成漆膜，使内部气体无法排除而形成气泡。在高温阶段，温度控制在 120℃左右，烘烤时间为 8～16h。此阶段使绕组表面形成坚固漆膜。在烘干过程中，每隔 1h 应测量一次绝缘电阻。常用的烘干方法有以下几种。

① 灯泡烘干法　用红外线灯泡或白炽灯灯泡直接照射电动机绕组。改变灯泡功率大小，就可以改变烘烤温度。

② 电流干燥法　电流干燥法接线图如图 2-22 所示。小型电动机采用电流干燥法时，在定子绕组中通入单相 220V 交流电，电流控制在电动机额定电流的 60%左右。测量绝缘电阻时，应切断电源。

③ 循环热风干燥法　循环热风干燥法如图 2-23 所示。室壁用耐火砖砌成内、外两层，中间填隔热材料，如石棉和硅藻等。热源一般采用电热器加热，但热源不裸露在干燥室内，应由干燥室外的鼓风机将热风均匀地吸入干燥室内，干燥室顶部还应有排气孔。

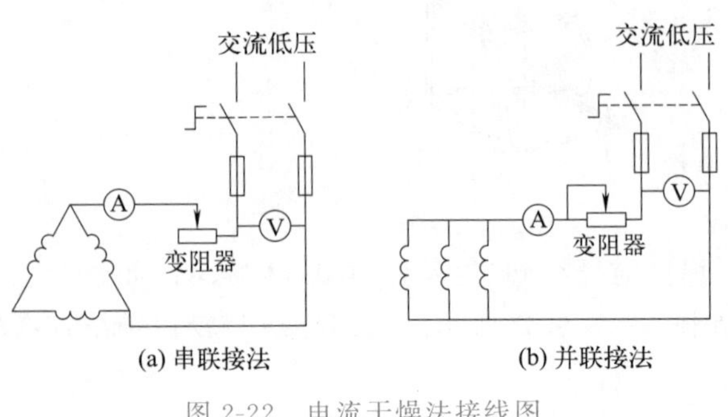

图 2-22　电流干燥法接线图

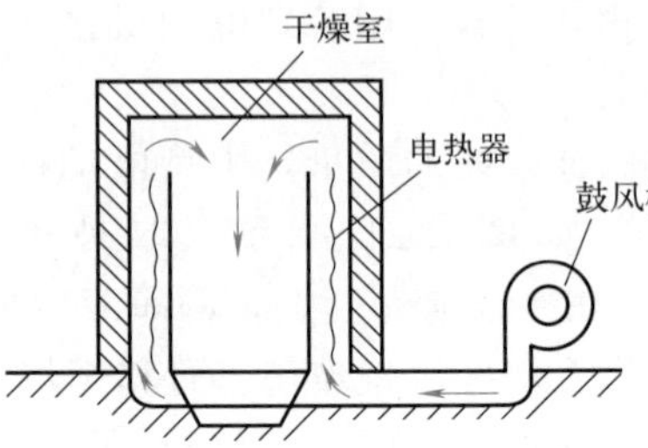

干燥室
电热器
鼓风机

图 2-23　循环热风干燥法

三、三相异步电动机定子绕组首尾端的判别

因各种原因造成电动机六个引出线头分不清首尾端时，必须先分清三相绕组的首尾，才能进行电动机的 Y 形和△形连接。下面介绍三相异步电动机定子绕组首尾端判别方法。

1. 用万用表毫安挡判别

首先用兆欧表或万用表电阻挡找出三相绕组每相绕组的两个引出线头。做三相绕组的假设编号 U1、U2、V1、V2、W1、W2。再将三相绕组假设的三首三尾分别连在一起，接上万用表，用毫安挡或微安挡测量，如图 2-24 所示。若指针摆动，说明假设编号的首尾有错，应逐相对调重测，直到万用表指针不动为止，此时连在一起的三首三尾正确。

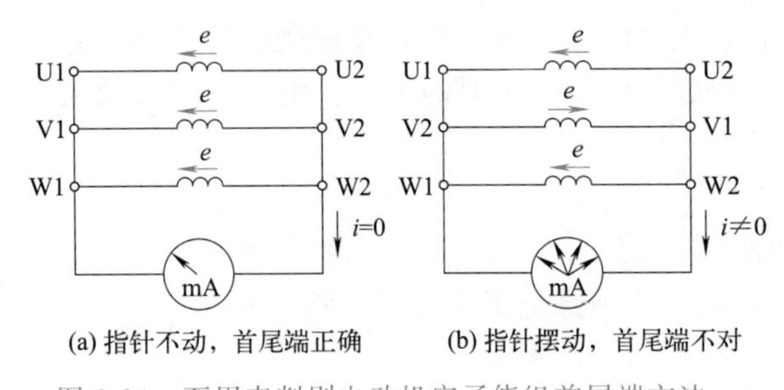

图 2-24　万用表判别电动机定子绕组首尾端方法一

另一种方法是做好假设编号后，将任意一相绕组接万用表毫安（或微安）挡，另选一相绕组，用该相绕组的两个引出线头分别碰触干电池的正、负极，若万用表指针正偏转，则接干电池的负极引出线头与万用表的红表笔为首（或尾）端，如图 2-25 所示。用此方法找出第三相绕组的首（或尾）端。

2. 36V 交流电和灯泡判别法

用 36V 交流电和灯泡判别电动机定子绕组首尾端接线图如图 2-26 所示。灯泡亮为两相首尾相连，如图 2-26（a）所示。灯泡不亮为首首或尾尾相连，如图 2-26（b）所示。为避免因接触不良造成误判别，当灯泡不亮时，最好对调引出线头的接线，重新测试一次，以灯泡亮为准来判别绕组的首尾端。

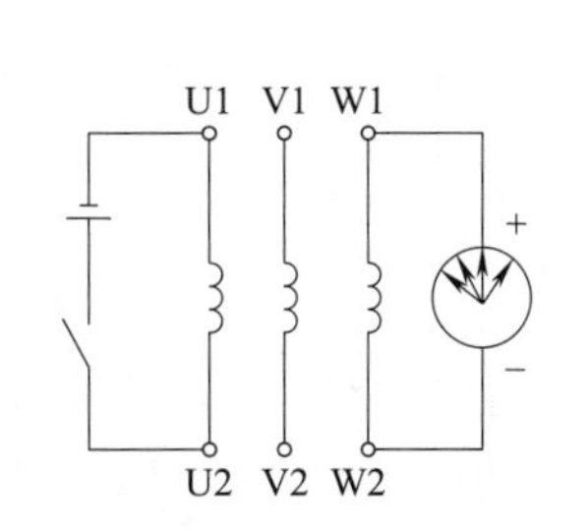

图 2-25 万用表判别电动机定子绕组首尾端方法二

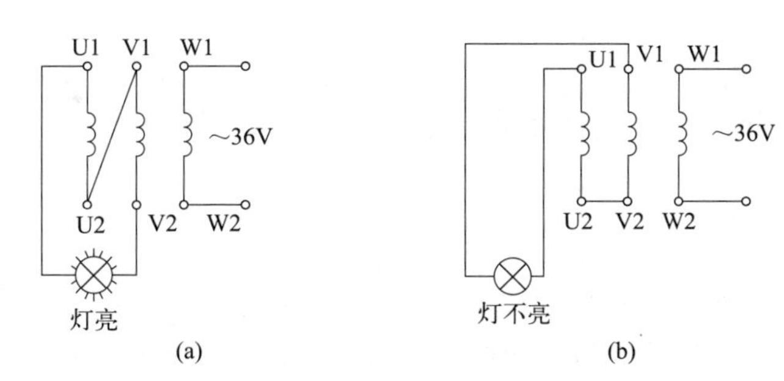

图 2-26 用 36V 交流电和灯泡判别电动机定子绕组首尾端接线图

巩固提升

1. 简述三相异步电动机的工作原理。

2. 三相异步电动机主要分为哪几种类型？

3. 三相异步电动机怎样实现正反转？

4. 有一台四极三相异步电动机，电源电压的频率为 50Hz，满载时电动机的转差率为 0.02，求电动机的同步转速、转子转速和转子电流频率。

5. 稳定运行的三相异步电动机，当负载转矩增加时，为什么电磁转矩相应增大？当负载转矩超过电动机的最大电磁转矩时会产生什么现象？

6. 已知某三相异步电动机的技术数据为：$P_N=2.8\text{kW}$，$U_N=220\text{V}/380\text{V}$，$I_N=10\text{A}/5.8\text{A}$，$n_N=2890\text{r/min}$，$\cos\varphi_N=0.89$，$f_N=50\text{Hz}$。求：

(1) 电动机的磁极对数 p。

(2) 额定转矩 T_N 和额定效率 η_N。

7. 一台三相异步交流电动机，额定相电压为 220V，正常工作时每相负载 $Z=(50+\text{j}25)\Omega$。

(1) 当电源线电压为 380V 时，绕组应如何连接？

(2) 当电源线电压为 220V 时，绕组应如何连接？

(3) 分别求上述两种情况下的负载相电流和线电流。

8. 三相异步电动机在相同电源电压下，满载和空载启动时启动电流是否相同？启动转矩是否相同？

9. 当三相异步电动机的负载增加时，为什么定子电流会随转子电流的增加而增加？

10. 三相异步电动机带负载运行时，若电源电压降低了，此时电动机的转矩、电流及转速有无变化？如何变化？

11. 三相异步电动机正在运行时，转子突然被卡住，这时电动机的电流会如何变化？对电动机有何影响？

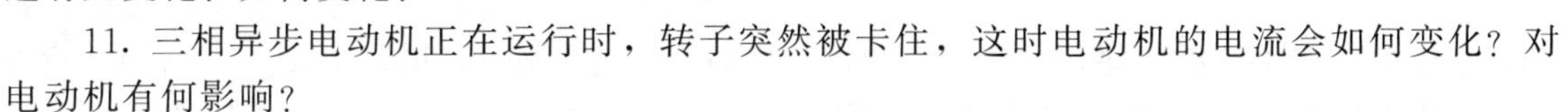

12. 三相异步电动机断了一根电源线后，为什么不能启动？而在运行时断了一根电源线，为什么仍能继续转动？这两种情况对电动机将产生什么影响？

知识闯关

项目二任务一　三相异步电动机的认识与拆装

任务二　三相异步电动机的工作特性测定

任务描述

三相异步电动机的工作特性需要通过空载、堵转和负载试验的方法测定。通过在额定电压和额定频率下对三相异步电动机的转速、电磁转矩、定子电流、功率因数及效率等工作参数的测量，绘制三相异步电动机的工作特性曲线，分析以上参数与输出功率的关系。本任务主要学习三相异步电动机的工作特性，测定三相异步电动机的工作参数。

相关知识

一、三相异步电动机的工作特性

异步电动机的工作特性是指定子的电压与频率为额定值（$U_1=U_N$ 和 $f_1=f_N$）且定子、转子绕组不串联任何阻抗的情况下，电动机的转速 n、定子电流 I_1、功率因数 $\cos\varphi_1$、电磁转矩 T、效率 η 等与输出功率 P_2 的关系。弄清异步电动机的这些特性，对于正确选择电动机和设计拖动系统、提高电动机的运行特性和节能等都是十分重要的。

1. 转速特性 $n=f(P_2)$

三相异步电动机空载时，输出功率 P_2 为零，转子的转速 n 接近于同步转速 n_1，随着负载的增大，即输出功率增大，转速要略为降低。因为只有转速降低，才能使转子电动势 E_2 增大，从而使转子电流随之增大，以产生更大的电磁转矩与负载转矩相平衡。所以，如图 2-27 所示，三相异步电动机的转速特性是一条稍向下倾斜的曲线。

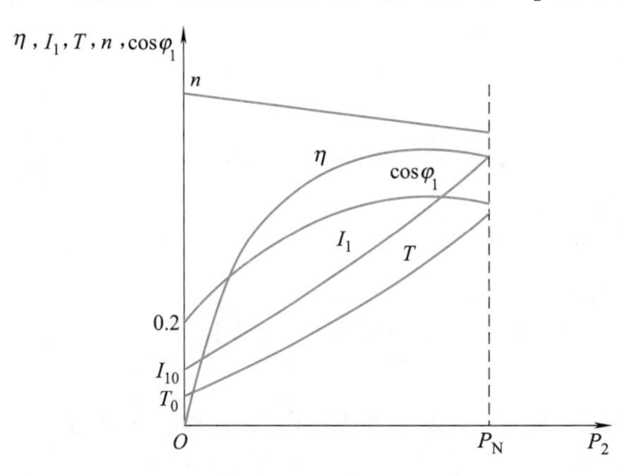

图 2-27　三相异步电动机的工作特性曲线

2. 定子电流特性 $I_1=f(P_2)$

由三相异步电动机的定子电流 $\dot{I}_1=\dot{I}_0+(-\dot{I}'_2)$ 可知，空载时 $P_2=0$，转子电流 $\dot{I}'_2=0$，定子电流 $\dot{I}_1\approx\dot{I}_0$。随着负载的增大，转速下降，转子电流增大。为抵消转子电流所产生的磁通势，定子电流和定子磁通势将几乎随 P_2 的增大按正比增加，故在正常工作范围内 $I_1=f(P_2)$ 近似为一直线。当 P_2 增大到一定数值时，由于转速 n 下降较多，转子漏抗较大，转子功率因数 $\cos\varphi_1$ 较低，这时平衡较大的负载转矩需要更大的转子电流，因而 I_1 的增长将比原先更快些，所以 $I_1=f(P_2)$ 曲线将向上弯曲，如图 2-27 所示。

3. 功率因数特性 $\cos\varphi_1=f(P_2)$

三相异步电动机运行时需要从电网吸收感性无功功率来建立磁场，所以异步电动机的功率因数总是滞后的。空载时，$P_2=0$，定子电流就是空载电流，主要用于建立旋转磁场，因此主要是感性无功分量，功率因数很低，$\cos\varphi_1<0.2$。当负载增加时，转子电流的有功分量增加，相对应的定子电流的有功分量也增加，使功率因数提高；接近额定负载时，功率因数最高；超过额定负载时，由于转速降低较多，s 增大，转子功率因数角 $\varphi_2=\arctan(sX_{2s}/$

R_2）增大，转子功率因数 $\cos\varphi_2$ 下降较多，转子电流的无功分量增大，引起定子电流中的无功分量也增大，使电动机的功率因数 $\cos\varphi_1$ 趋于下降，如图 2-27 所示。

4. 转矩特性 $T=f(P_2)$

电动机空载时，$P_2=0$，电磁转矩 T 等于空载时的转矩 T_0。随着 P_2 的增加，T_2 在 n 不变的情况下，是一条过原点的直线。考虑到 P_2 增加时，n 稍有降低，故 $T=f(P_2)$ 为随着 P_2 增加略向上偏离的直线。而 $T=T_0+T_2$ 中，T_0 值很小，且为与 P_2 无关的常数，所以 $T=f(P_2)$ 将比 $T_2=f(P_2)$ 平行上移 T_0 值，如图 2-27 所示。

5. 效率特性 $\eta=f(P_2)$

电动机效率 η 是指其输出机械功率 P_2 与输入电功率 P_1 的比值，即

$$\eta=\frac{P_2}{P_1}\times100\%=\frac{P_2}{\sqrt{3}UI\cos\varphi_1}\times100\%=\frac{P_2}{P_2+P_{\mathrm{Cu}}+P_{\mathrm{Fe}}+P_{\mathrm{mec}}}\times100\% \tag{2-4}$$

式中 P_{Cu}——定转子铜损耗；

P_{Fe}——铁芯损耗；

P_{mec}——机械损耗。

空载时，$P_2=0$，$\eta=0$；当负载增加但数值较小时，铜损很小，效率随 P_2 的增加而迅速上升；当负载继续增大时，铜损耗随之增大，而铁芯损耗和机械损耗基本不变，η 反而有所减小。η 的最大值一般设计成在额定负载的 80%附近，一般来说，$\eta\approx80\%\sim90\%$。$\eta=f(P_2)$ 曲线如图 2-27 所示。

通过对异步电动机各种工作特性的分析可以看出，异步电动机的效率和功率因数在额定负载或接近额定负载时较高，而在轻载时功率因数较低，效率也不高。因此，为生产机械选择拖动电动机时应注意电动机容量和负载容量的配合，所选的电动机容量过大，电动机的运行特性差，功率因数很低，效率也不高，不经济。

二、三相异步电动机的参数测定

为了要用等值电路计算异步电动机的工作特性，事先应知道它的参数。和变压器相似，通过空载和短路两个试验，就能求出异步电动机的 R_1、X_1、R_2'、X_2'、R_{m} 和 X_{m}。

1. 空载试验

空载试验的主要目的是测电动机的励磁参数，其试验接线如图 2-28 所示。试验时，电动机轴上不加任何负载，加电压后电动机运行于空载状态，使电动机运转一段时间，让机械损耗达到稳定。然后用调压器调节电动机的输入电压，使其从 $1.2U_{\mathrm{N}}$ 逐渐降低，直到电动机的转速明显下降、电流开始回升为止，测量数点，每次测量电压、电流和功率。根据记录数据绘出异步电动机的空载特性曲线，即 I_0 和 P_0 随 U_0 变化的曲线，如图 2-29 所示。

异步电动机空载试验测量的数据和计算的参数虽然与变压器空载试验相似，但因为电动机是旋转的，所以空载损耗 P_0 中所含各项损耗不一样。实际上此时异步电动机中的各项损耗都有，除有定子铁损耗 P_{Fe} 外，还有定转子铜损耗 P_{Cu1} 和 P_{Cu2}，也有机械损耗 P_{mec} 和附加损耗 P_{ad}。异步电动机空载时，转子铜损耗和附加损耗都比较小，略去这两项之后余下的有

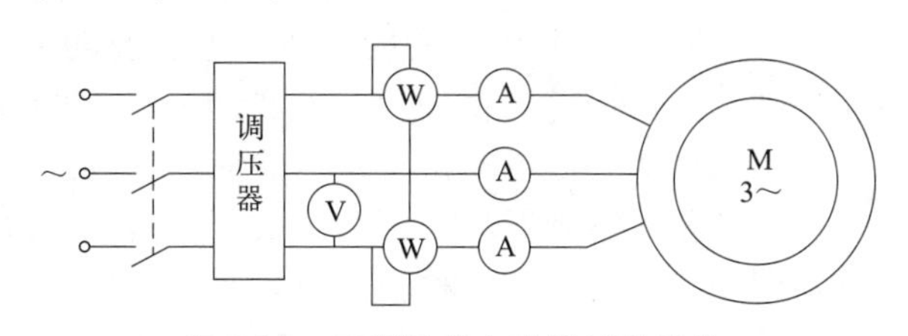

图 2-28 三相异步电动机试验接线

$$P_0=m_1I_0^2R_1+P_{Fe}+P_{mec} \tag{2-5}$$

在计算励磁阻抗时需要的是铁损耗，因此需要把上式中的各项损耗分离开，m_1 为定子相数。对应不同电压可以算出各点的 $P_{Fe}+P_{mec}$。

$$P_{Fe}+P_{mec}=P_0-m_1I_0^2R_1 \tag{2-6}$$

铁损耗 P_{Fe} 与磁通密度的平方成正比，因此可以认为它与 U_1^2 成正比，而机械损耗与电压无关，只要转速没有大的变化，可认为 P_{mec} 是一常数，因此在图 2-30 所示的 $P_{Fe}+P_{mec}=f(U_0^2)$ 曲线中可以将铁损耗 P_{Fe} 和机械损耗 P_{mec} 分开。只要延长曲线，使其与纵轴相交，交点的纵坐标就是机械损耗，过这一交点作一条与横坐标平行的直线，该线上面的部分就是铁损耗 P_{Fe}，如图 2-30 所示。

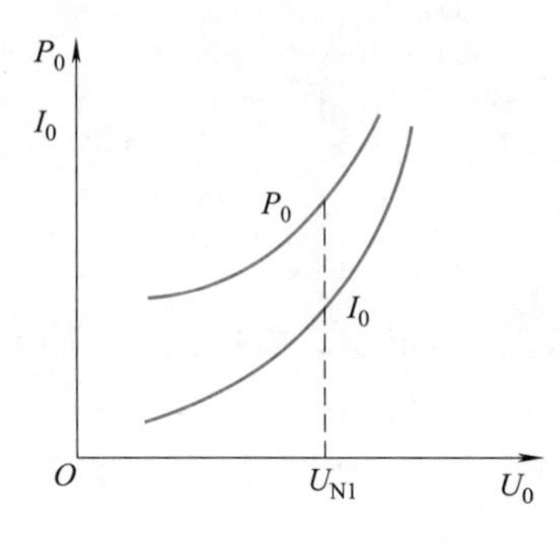

图 2-29　空载特性曲线

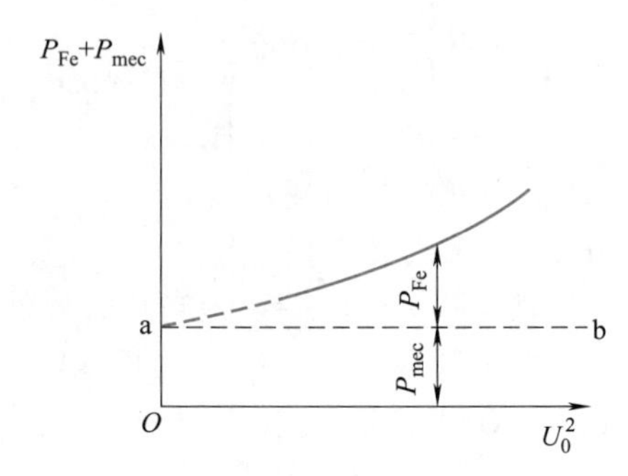

图 2-30　$P_{Fe}+P_{mec}=f(U_0^2)$ 曲线

将损耗分离之后，就可以根据上面的数据计算空载参数与励磁参数。对应额定电压，找出 P_0 和 I_0，计算出每相的电压、功率和电流，空载参数的计算式为

$$\left.\begin{aligned} Z_0&=\frac{U_N}{I_0}\\ R_0&=\frac{P_0-P_{mec}}{I_0^2}\end{aligned}\right\} \tag{2-7}$$

励磁参数的计算式为

$$\left.\begin{aligned} X_0&=\sqrt{Z_0^2-R_0^2}\\ X_m&=X_0-X_1\\ R_m&=\frac{P_{Fe}}{I_0^2}\\ Z_m&=\sqrt{R_m^2+X_m^2}\end{aligned}\right\} \tag{2-8}$$

注意：式（2-8）中所用的电压、电流及功率均为每相的值，在此没加相应的下标。计算中用到的 R_1、X_1 可由短路试验算出，R_1 也可直接测得。

严格地说，异步电动机空载试验应当在理想空载（$n=n_1$）情况下进行，但异步电动机靠自身的力量达不到同步。因此，要想在理想空载情况下测量数据，就要另加一原动机把转子拖动到同步转速。在这种情况下，转子频率 f_2 为零，转子铜损耗为零。机械损耗和附加损耗由另外的原动机供给，所以这时功率表的读数只是铁损耗和定子铜损耗，即有

$$P_0=m_1I_0^2R_1+P_{Fe} \tag{2-9}$$

用式（2-9）来计算电动机参数，测量精度就更高些。这种做法虽然提高了测量的精度，但实践起来困难较大。因此，现在异步电动机空载试验还是在实际空载状态下进行的。

2. 短路试验

异步电动机定子电阻和绕线转子电阻都可用加直流电压并通过测直流电压、电流的方法算出，但得到的是直流电阻。等效电路中的电阻是交流电阻，因集肤效应的影响，交流电阻比直流电阻稍大，需要加以修正。此外，笼型转子电阻无法采用加直流的方法测量，因此短路参数 R_k 和 X_k 通常用短路试验的方法求得。为做异步电动机短路试验，需把电动机转子堵住，使其停转。此时，$n=0$，等效电路中附加电阻 $R'_2(1-s)/s$ 为零，其总机械功率也为零。在转子不转的情况下，定子加额定电压相当于变压器的短路状态，这时的电流是短路电流，也就是异步电动机直接启动刚合闸时电动机还没转起来时的电流，这个电流虽然没有变压器直接短路电流那样大，但也能达到额定电流的 4～7 倍，时间稍长就会烧毁电动机，这是不允许的。因此，与变压器相似，在做异步电动机短路试验时也要降压，所加电压开始应使电动机的短路电流略高于额定电流，这时的电压为额定电压 U_N 的 30%～40%，然后调节调压器使电压逐渐下降，测量数点，每点记录电压 U_k、电流 I_k 和功率 P_k。绘出短路特性曲线 $I_k=f(U_k)$ 和 $P_k=f(U_k)$，如图 2-31 所示。由于电动机的铁损耗大致上正比于磁通密度的平方，因此它也大致上正比于电压的平方，降压后电动机的铁损耗很小，励磁电流也很小，所以在等效电路上可以认为励磁回路开路。图 2-32 为短路时的等效电路。

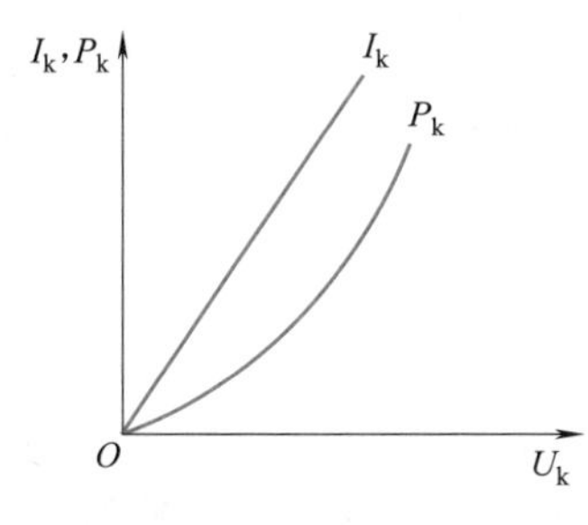

图 2-31　短路特性曲线

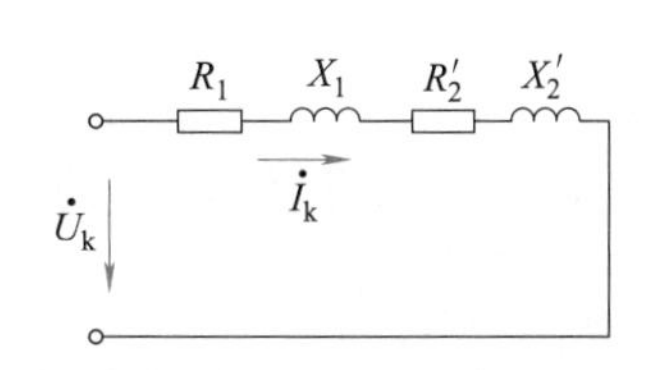

图 2-32　短路试验等效电路

由于短路试验时电动机不转，机械损耗为零，铁损耗和附加损耗很小，可以略去不计，所以这时功率表读出的短路损耗只有定转子铜损耗，即

$$P_k=m_1I_k^2(R_1+R'_2)=m_1I_k^2R_k \tag{2-10}$$

根据短路试验数据可以计算出短路参数。与空载试验一样，计算短路参数也要先算出每相的电压 U_k、电流 I_k 和功率 P_k。把每相的数据代入式（2-11）计算出短路参数

$$\left.\begin{aligned} Z_k&=\frac{U_k}{I_k} \\ R_k&=\frac{P_k}{I_k^2} \\ X_k&=\sqrt{Z_k^2-R_k^2} \end{aligned}\right\} \tag{2-11}$$

对于大中型电动机，可以认为

$$\left.\begin{aligned} R_1&=R'=\frac{1}{2}R_k \\ X_1&=X'_2=\frac{1}{2}X_k \end{aligned}\right\} \tag{2-12}$$

如果用直流法测出定子电阻 R_1，考虑集肤效应可以乘一个 1.1 的系数，则定子电阻为 $1.1R_1$，然后再算出 R'_2。对于漏抗，在小型电动机中一般 X'_2 略大于 X_1。100kW 以下的电

动机可参考下列数据：对于 2、4、6 极电动机，$X_2'=0.67X_k$；对于 8、10 极电动机，$X_2'=0.57X_k$。

任务实施

一、任务实施内容

三相异步电动机的工作特性测定。

二、任务实施要求

① 熟悉三相异步电动机的工作特性。

② 熟练掌握各种仪表的使用。

③ 完成三相异步电动机工作特性测定任务实施工单。

三、任务所需主要工具、仪表及器材

ZC7（500V）型兆欧表	1 块
MF500 或 DT980 型万用表	1 块
功率表	2 块
电流表	5 块
电压表	1 块

四、任务实施步骤与工艺要求

1. 空载试验

按图 2-33 所示接线。因为是空载试验，所以必须拆除与负载连接的联轴器。功率表采用低功率因数功率表。将调压器输出电压调至零位，合上电源开关 QS1，逐渐升高电压以启动电动机。电动机在额定电压下空载运转数分钟，待机械摩擦稳定后进行试验。

调节外施电压至 $1.2U_N$，然后逐渐降低，直到转速明显降低、空载电流开始回升（或基本不变）为止。读取空载电压、空载电流及空载损耗 7～9 组数据（U_N 附近多测几点），并将测量数据记录于表 2-5 中。

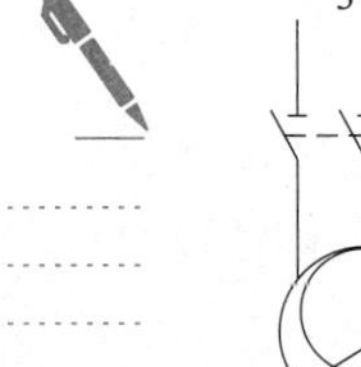

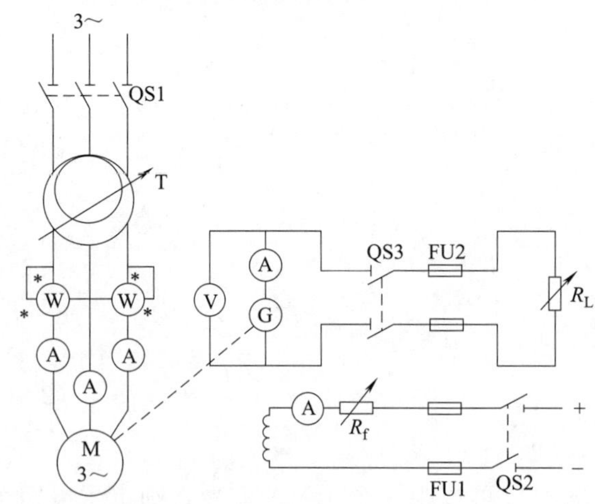

图 2-33 三相异步电动机参数及工作特性测定线路

2. 短路试验

短路试验线路与空载试验相同，注意更换仪表量程，低功率因数功率表换为高功率因数功率表。先检查电动机转向，切断电源后，根据旋转方向在轴上加制动器具，要防止制动工具伤害周围人员。

将调压器调至零位，然后闭合电源开关，缓慢调节调压器输出电压直至定子绕组电流为 $1.2I_N$，然后逐渐降低电压，直至电流达到 $0.3I_N$ 为止，读取 4～5 组数据（含 $I_k=I_N$ 点），并将测量数据记录于表 2-5 中。

3. 负载试验

按图 2-33 所示接线，以直流发电机作为异步电动机的负载。

合上电源开关 QS1，调节调压器输出电压，启动被试电动机，直至电压等于额定电压为止。闭合开关 QS2，调节直流发电机的励磁电流，使其为额定值。

闭合开关 QS3，使电动机带上负载。调节负载电阻 R_L，使电动机定子电流等于 $1.2I_N$ 时读取第一组数据，然后逐渐减小电动机负载至电动机空载为止，读取 5～6 组数据，并将测量结果记录于表 2-5 中。

五、试验数据处理

1. 空载试验

空载试验可确定电动机的励磁参数 R_m 和 X_m、铁损耗 P_{Fe} 和机械损耗 P_{mec}。

根据空载试验数据绘制空载特性曲线 $P_0=f(U_0)$ 和 $I_0=f(U_0)$。利用空载特性数据可分离铁损耗 P_{Fe} 和机械损耗 P_{mec}。

由空载特性曲线查得 $U_N=U_0$ 时的 I_0 和 P_0 值，则有

空载阻抗 $$Z_0=\frac{U_N}{I_0}$$

空载电阻 $$R_0=\frac{P_0}{3I_0^2}$$

空载电抗 $$X_0=\sqrt{Z_0^2-R_0^2}$$

2. 短路试验

短路试验可确定异步电动机的短路参数 R_k 和 X_k。短路试验是在转子堵转的情况下进行的。

根据短路试验数据可绘出短路特性曲线 $P_k=f(U_k)$ 和 $I_k=f(U_k)$。

由短路特性曲线查得 $I_k=I_N$ 时的 U_k 和 P_k 值，则有

短路阻抗 $$Z_k=\frac{U_k}{I_k}$$

短路电阻 $$R_k=\frac{P_k}{3I_k^2}$$

短路电抗 $$X_k=\sqrt{Z_k^2-R_k^2}$$

根据规定短路参数需换算到工作温度时 $R_{k75℃}$、$Z_{k75℃}$ 的值，且认为 $R_1=R'\approx\frac{1}{2}R_k$，$X_1=X_2'\approx\frac{1}{2}X_k$。

3. 确定工作特性

异步电动机的工作特性是指 I、n、$\cos\varphi$、T、η 与 P_2 的关系曲线，可用等效电路计算，也可通过直接负载试验和作图方法求得。

由表 2-5 中的短路实验数据，计算工作特性如下：

$$P_1=P_{\text{I}}\pm P_{\text{II}}$$

$$I_1=\frac{1}{3}(I_A+I_B+I_C)$$

采用直接负载试验可用直流发电机作负载，发电机的输入功率即为异步电动机的输出功率。而电动机的输出转矩可通过发电机的输入转矩与电枢电流之间的 $T=f(I_a)$ 校正曲线得到。如用测功机则可直接读取，且有

$$P_2=0.105T_2n$$

$$\cos\varphi=\frac{P_1}{\sqrt{3}U_1I_1}$$

$$\eta=\frac{P_2}{P_1}\times100\%$$

六、完成任务实施工单

完成表 2-5 三相异步电动机的工作特性测定任务实施工单。

表 2-5 三相异步电动机的工作特性测定任务实施工单

班级：______ 组别：______ 学号：______ 姓名：______ 操作日期：______

<table>
<tr><td colspan="3">试验前准备</td></tr>
<tr><td>序号</td><td>准备内容</td><td>准备情况自查</td></tr>
<tr><td>1</td><td>知识准备</td><td>三相异步电动机工作特性是否了解 是□ 否□
三相异步电动机工作特性测定方法是否掌握 是□ 否□
仪器仪表的使用方法是否掌握 是□ 否□</td></tr>
<tr><td>2</td><td>工具仪表准备</td><td>工具是否齐全 是□ 否□ 交流电动机是否完好 是□ 否□
功率表是否完好 是□ 否□ 电流表是否完好 是□ 否□
兆欧表是否完好 是□ 否□ 电压表是否完好 是□ 否□
直流电动机是否完好 是□ 否□</td></tr>
<tr><td colspan="3">试验过程记录</td></tr>
<tr><td>步骤</td><td>内容</td><td>数据记录</td></tr>
<tr><td rowspan="3">1</td><td rowspan="3">空载试验</td><td>试验前准备：
负载连接的联轴器是否拆除 是□ 否□ 调压器是否调至零位 是□ 否□</td></tr>
<tr><td>空载试验数据
<table>
<tr><td rowspan="2">序号</td><td colspan="4">电压 U/V</td><td colspan="4">电流 I/A</td><td colspan="4">功率 P/W</td></tr>
<tr><td>U_{UV}</td><td>U_{VW}</td><td>U_{WU}</td><td>U_{0av}</td><td>I_U</td><td>I_V</td><td>I_W</td><td>I_{0av}</td><td>P_1</td><td>P_2</td><td>P_0</td><td>$\cos\varphi_0$</td></tr>
<tr><td></td><td></td><td></td><td></td><td></td><td></td><td></td><td></td><td></td><td></td><td></td><td></td><td></td></tr>
</table></td></tr>
<tr><td>绘制空载特性曲线 $P_0=f(U_0)$ 和 $I_0=f(U_0)$：</td></tr>
</table>

续表

步骤	内容	数据记录
2	短路试验	试验前准备： 仪表量程是否更换　是□　否□　　功率表是否更换　是□　否□ 电动机转向是否检查　是□　否□　　电动机是否加制动器具　是□　否□ 调压器是否调至零位　是□　否□
		短路试验数据（见下表）
		绘制短路特性曲线 $P_k=f(U_k)$ 和 $I_k=f(U_k)$：
3	负载试验	试验前准备： 交流电动机负载是否连接　是□　否□　　直流电动机是否准备就绪 是□　否□
		负载试验数据（见下表）
4	确定三相异步电动机的工作特性	根据试验数据计算三相异步电动机的工作特性，绘制其特性曲线：

短路试验数据

序号	电压 U/V				电流 I/A				功率 P/W			
	U_{UV}	U_{VW}	U_{WU}	U_k（平均）	I_U	I_V	I_W	I_k（平均）	P_1	P_2	P_k	$\cos\varphi_k$

负载试验数据

I_U/A	I_V/A	I_W/A	I_1/A	n/(r/min)	P_{I}/W	P_{II}/W	P_1/W
U_G/V	I_G/A	T_2/(N·m)	T_0/(N·m)	T/(N·m)	P_2/W	$\cos\varphi_1$	

验收及收尾工作		
任务实施开始时间：	任务实施结束时间：	实际用时：
任务是否全部完成□	仪表挡位回位，工具归位□	台面与垃圾清理干净□
成绩：		
教师签字：	日期：	

七、三相异步电动机的工作特性测定任务实施考核评价

三相异步电动机的工作特性测定任务实施考核评价参照表 2-6，包括技能考核、综合素质考核及安全文明操作等方面。

表 2-6 三相异步电动机的工作特性测定任务实施考核评价

序号	内容	配分/分	评分细则	得分/分
1	仪器仪表使用	25	仪器仪表操作不规范，每次扣 5 分	
			量程错误，每次扣 5 分	
			读数错误，每次扣 5 分	
2	试验过程	60	不能按正确操作顺序完成试验，扣 10 分	
			负载连接的联轴器不拆除，扣 10 分	
			仪表量程没有更换，扣 5 分	
			功率表没有更换，扣 5 分	
			电动机转向没有检查，扣 5 分	
			电动机没有加制动器具，扣 10 分	
			调压器没有调至零位，扣 5 分	
			交流电动机负载没有连接，扣 5 分	
			直流电动机没有准备就绪，扣 5 分	
3	综合素质	15	从课堂纪律、学习能力、团结协作意识、沟通交流、语言表达、6S 管理几个方面综合评价	
4	安全文明操作		违反安全文明生产规程，扣 5～40 分	
5	定额时间 1.5h		每超时 5min 扣 5 分	
			合计	

备注：各分项最高扣分不超过配分数

知识拓展——三相异步电动机的检修与维护

一、三相异步电动机常见电气故障分析

1. 三相异步电动机常见电气故障与检修方法

三相异步电动机常见电气故障与检修方法如表 2-7 所示。

表 2-7 三相异步电动机常见电气故障与检修方法

故障现象	故障原因	检修方法
电动机接通电源，但电动机不转且有“嗡嗡”声	(1)缺相，造成单相运转； (2)电动机超载； (3)被拖动机械卡住，造成堵转； (4)绕线型电动机转子回路开路或断线； (5)定子内部首端位置接错或有断线、短路	(1)检查电源线，主要检查电动机的接线与熔断器，是否有线路损坏现象； (2)将电动机卸载后空载或半载启动； (3)若是被拖动机械的故障，从被拖动机械上找故障； (4)检查电刷、滑环和启动电阻各个接触器的接触情况； (5)重新判定三相的首尾端，并检查三相绕组是否有断线和短路
电动机启动后温度超过温升标准或冒烟	(1)电源电压达不到标准，电动机在额定负载下升温过快； (2)电动机运转环境的影响，如湿度高等原因； (3)电动机过载或单相运行； (4)电动机启动故障，正反转次数过多	(1)调整电动机电网电压； (2)检查风扇运行情况，加强对环境的检查，保证环境的适宜； (3)检查电动机启动电流，发现问题及时处理； (4)减少电动机正反转的次数，及时更换适应正反转的电动机

续表

故障现象	故障原因	检修方法
绝缘电阻小	(1)电动机内部进水,受潮; (2)绕组内有杂物、粉尘; (3)电动机内部绕组老化	(1)将电动机内部烘干; (2)处理电动机内部杂物与粉尘; (3)检查绕组老化情况,及时更换绕组
电动机外壳带电	(1)电动机引出线的绝缘或接线盒绝缘板破损; (2)绕组端盖接触电动机机壳; (3)电动机接地问题	(1)恢复电动机引出线的绝缘或更换接线盒绝缘板; (2)如卸下端盖后接地现象即消失,可在绕组端部加绝缘后再装端盖; (3)按规定重新接地
电动机运行时声音不正常	(1)电动机内部连接错误,造成接地或短路,电流不稳引起噪声; (2)电动机内部轴承年久失修,或内部有杂物	(1)需打开电动机进行全面检查; (2)处理轴承杂物或更换轴承
电动机振动	(1)电动机安装的地面不平; (2)电动机内部转子不稳定; (3)带轮或联轴器不平衡; (4)内部转轴弯曲; (5)电动机风扇问题	(1)电动机安装时平稳底座,保证平衡性; (2)校对转子平衡; (3)进行带轮或联轴器校平衡; (4)校直转轴; (5)校正风扇

2. 绕组短路检查方法

(1) 外部观察法

观察接线盒、绕组端部有无烧焦，绕组过热后会留下深褐色，并有臭味。

(2) 探温检查法

空载运行 20min（发现异常时应马上停止），用手背摸绕组各部分是否超过正常温度。

(3) 通电试验法

用电流表测量，若某相电流过大，说明该相有短路处。

(4) 电桥检查

测量各绕组直流电阻，一般相差不应超过 5%，如超过，则电阻小的一相有短路故障。

(5) 短路侦察器法

被测绕组有短路，则钢片就会产生振动。

(6) 万用表或兆欧表法

测任意两相绕组相间的绝缘电阻，若读数极小或为零，说明该两相绕组相间短路。

3. 电动机外壳带电检查方法

(1) 观察法

通过目测绕组端部及线槽内绝缘物，观察有无损伤和焦黑的痕迹，如有就是接地点。

(2) 万用表检查法

用万用表低阻挡检查，读数很小，则为接地。

(3) 兆欧表法

根据不同的等级选用不同的兆欧表测量每个绕组电阻的绝缘电阻，若读数为零，则表示该相绕组接地，但对电动机绝缘受潮或因事故而击穿，需依据经验判定，一般说来指针在“0”处摇摆不定时，可认为其具有一定的电阻值。

(4) 试灯法

如果试灯亮，说明绕组接地，若发现某处伴有火花或冒烟，则该处为绕组接地故障点。

若灯微亮则说明绝缘击穿接地。若灯不亮，但测试棒接地时也出现火花，说明绕组尚未击穿，只是严重受潮。也可用硬木在外壳的止口边缘轻敲，敲到某一处时灯一灭一亮，说明电流时通时断，则该处就是接地点。

（5）电流法

用一台调压变压器调压，接上电源后，接地点很快发热，绝缘物冒烟处即为接地点。应特别注意：小型电动机不得超过额定电流的2倍，时间不超过30s；大型电动机为额定电流的20％～50％或逐步增大电流，到接地点刚冒烟时立即断电。

（6）分组淘汰法

对于接地点在铁芯里面且烧灼比较厉害，烧损的铜线与铁芯熔在一起，采用的方法是把接地的一相绕组分成两半检查，依次类推，最后找出接地点。

二、三相异步电动机检修

1. 定、转子铁芯故障检修

定、转子都是由相互绝缘的硅钢片叠成的，是电动机的磁路部分。定、转子铁芯的故障原因主要有以下几点。

① 轴承使用时间久，过度磨损，造成定、转子相擦，使铁芯表面损伤，进而造成硅钢片间短路，电动机铁损耗增加，电动机温升过高。这时应用细锉等工具去除毛刺，消除硅钢片短接，清除干净后涂上绝缘漆，并加热烘干。

② 拆除旧绕组时用力过大，使齿槽歪斜向外张开。此时应用尖嘴钳、木锤等工具予以修整，使齿槽复位，并在不好复位的有缝隙的硅钢片间加入青壳纸、胶木板等硬质绝缘材料。

③ 因受潮等造成铁芯表面锈蚀，需用砂纸打磨干净，清理后涂上绝缘漆。

④ 因绕组接地产生高热烧毁铁芯或齿部。可用凿子或刮刀等工具将熔积物剔除干净，涂上绝缘漆烘干。

⑤ 铁芯与机座之间的固定螺钉松动，可重新固定。如果定位螺钉不能再用，就重新进行定位，旋紧定位螺钉。

2. 电动机轴承故障检修

转轴通过轴承支撑转动，是负载最重的部分，又是容易磨损的部件。

（1）运行中检查

滚动轴承少油时，可根据经验判断声音是否正常。如果声音不正常，可能是轴承断裂。如果轴承中有沙子等杂物，就会出现有杂音的现象。

（2）拆卸后检查

检查轴承是否有磨损的痕迹，然后用手捏住轴承内圈，并使轴承摆平，另一只手用力推外钢圈，如果轴承良好，外钢圈应转动平稳，转动中无振动和明显的卡滞现象，在轴承停转后没有倒退的现象。否则，表明轴承已经报废了，需要及时更换。左手卡住外圈，右手捏住内钢圈，然后推动轴承，如果很轻松就能转动，就是磨损严重。

（3）修理故障轴承表面的锈斑

用砂布进行处理，然后用汽油涂抹。轴承出现裂痕或者出现过度磨损时，要及时更换新的轴承。更换新轴承时，要确保新的轴承型号符合要求。

3. 转轴故障检修

（1）轴弯曲

如果轴弯曲的程度不大，可以采用打磨的方法进行修整；若弯曲超过0.2mm，可以借用压力机进行修整，修正后将表面磨光，恢复原样即可；如果弯曲过大而无法修整，要及时更换。

（2）轴颈磨损

轴颈磨损不大时，可在轴颈上镀一层铬，然后打磨到需要尺寸；轴颈磨损较严重时，可以先采用堆焊，然后再用车床修整到标准尺寸；当轴颈磨损达到无法修整的地步时，则要考虑更换。

（3）轴裂纹

轴裂纹或断裂时的横向裂纹深度不超过轴直径的10%～15%，纵向裂纹不超过轴长的10%时，此时可以先进行堆焊，再进行修整，以达到标准。如果断裂和裂纹过于严重，就考虑更换。

4. 机壳和端盖的检修

机壳和端盖间的缝隙过大，可通过堆焊＋修整的方法。如轴承端盖配合过松，可以使用冲子进行修整，然后将轴承打入端盖。针对大功率的电动机，可以使用电镀等方法进行修整。

三、三相异步电动机日常维护和检查

日常维护对减少和避免电动机在运行中发生故障是相当重要的，其中最重要的环节是加强巡回检查和及时排除任何不正常现象的引发根源。出现事故后认真进行事故分析，采取对策，是减少事故次数、降低检修工作量与提高电动机运行效率必不可少的技术工作。电动机的维护和保养十分重要，只有加强电动机的日常维修和保养，才能够经济、安全地为企业创造更多的财富。

巩固提升

1. 三相异步电动机的工作特性有哪些？
2. 三相异步电动机工作时，随着负载的增大，其转速怎样变化？
3. 三相异步电动机工作时，随着负载的增大，其电流怎样变化？
4. 三相异步电动机空载启动，逐渐增加其负载到额定负载时，其功率因数（　　）。

A. 增大　　B. 减小　　C. 不变

5. 三相异步电动机过载时，其功率因数较其额定负载时（　　）。

A. 增大　　B. 减小　　C. 不变

6. 三相异步电动机在额定负载时效率（　），轻载时效率（　　）。

A. 高、低　　B. 高、高　　C. 低、高　　D. 低、低

知识闯关

项目二任务二　三相异步电动机的工作特性测定

知识点总结

1. 异步电动机是将交流电能转换为机械能的电气设备。三相异步电动机的工作原理是以三相交流电通入定子绕组产生旋转磁场为基础的。旋转磁场转速与交流电流的频率成正比，与三相绕组的磁极对数成反比。旋转磁场的转向与定子绕组中电流的相序有关。如果相序为正序，旋转磁场顺时针旋转；如果相序为负序，旋转磁场逆时针旋转。

2. 三相异步电动机的结构主要由固定不动的定子和旋转的转子组成。异步电动机定子由定子铁芯、定子绕组和机座等部件组成，其中定子用来产生旋转磁场。转子由转子铁芯和转子绕组组成。转子的作用是用来产生感应电流，形成电磁转矩，实现机电能量转换。

3. 定子与转子间存在很小的间隙，称为气隙。气隙的大小对异步电动机的参数和运行性能影响很大。气隙的最小值常由制造加工工艺和安全运行等因素来决定，异步电动机气隙一般为 0.2～2mm。

4. 转子转动原理：旋转磁场产生后，静止的转子与旋转磁场之间有了相对运动，转子绕组的导体切割磁力线产生感应电动势，在感应电动势作用下，转子绕组中形成感应电流，电流又与磁场相互作用而产生电磁力 F，电磁力对转轴形成与旋转磁场方向一致的转矩，于是转子顺着旋转磁场方向转动。如果旋转磁场的旋转方向改变，那么转子的转动方向也随之改变。

5. 异步电动机转子与旋转磁场之间的相对运动速度的百分数称为转差率。

6. 三相异步电动机的运行状态。根据转差率的大小和正负，异步电动机有三种运行状态：电动机运行状态，此时电动机从电网取得的电功率转换成机械功率，由转轴传输给负载；发电机运行状态，此时电磁转矩方向与转子转向相反，起着制动作用，为制动转矩；电磁制动运行状态，此时电磁转矩与电动机旋转方向相反，起制动作用。

7. 三相异步电动机的铭牌。每台电动机的铭牌上都标注了电动机的型号、额定值和额定运行情况下的有关技术数据。异步电动机铭牌上标注的额定值主要有额定功率、额定电压、额定电流、额定频率、额定转速。

8. 三相异步电动机定子三相绕组连接方式有星形连接和三角形连接两种。

9. 异步电动机的工作特性是指定子的电压与频率为额定值（$U_1=U_N$ 和 $f_1=f_N$）且定子、转子绕组不串联任何阻抗的情况下，电动机的转速 n、定子电流 I_1、功率因数 $\cos\varphi_1$、电磁转矩 T、效率 η 等与输出功率 P_2 的关系。

10. 三相异步电动机的参数测定。通过空载和短路两个试验，可以求出异步电动机的 R_1、X_1、R_2'、X_2'、R_m 和 X_m。空载试验的主要目的是测电动机的励磁参数，短路参数 R_k 和 X_k 通过短路试验求得。

项目三

三相异步电动机控制电路安装与调试

知识目标：

1. 掌握常用低压电器元件的工作原理和应用。
2. 掌握三相异步电动机启动、调速、制动的基本原理和基本方法。
3. 掌握三相异步电动机控制电路的识图方法，并能够熟练识读电路图。
4. 会设计三相异步电动机启动、停止、正反转、降压启动等常用电气控制电路。

技能目标：

1. 能熟练识别常用低压电器，并能检测其性能。
2. 能熟练安装异步电动机启动、停止、正反转、降压启动等常用电气控制电路。

素养目标：

1. 项目实施过程中培养学生团队协作意识。
2. 培养学生执着专注、精益求精、追求极致的工匠精神。
3. 培养学生良好的职业道德。

团队的力量

工匠精神　铸就卓越

知识导图

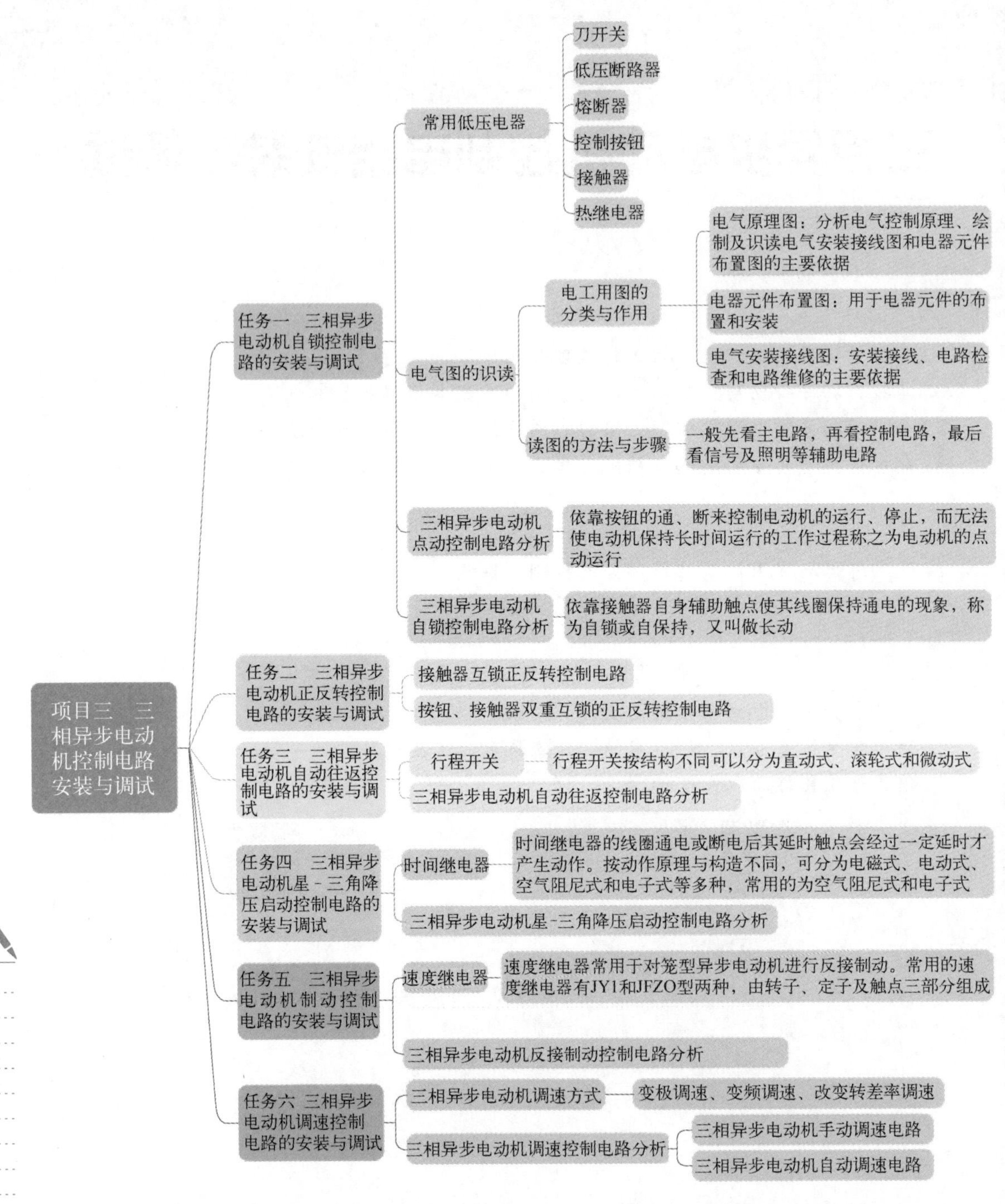

三相异步电动机在工农业生产中应用非常广泛，其控制电路的安装和调试是电工职业岗位的一项重要技能。本项目主要介绍几种常用的继电器-接触器控制电路以及电路的安装、调试，逐步培养学生的识图能力、故障处理能力以及实践操作技能，为今后从事控制电路的设计、安装和技术改造打下一定的基础。

任务一　三相异步电动机自锁控制电路的安装与调试

任务描述

在工业生产中，大部分机电设备可能短时间运转，也可能长时间运转。比如 X62W 型万能铣床的摇臂升降电动机只需短时间运转，而主轴电动机一般要长时间运转。因此，对于 X62W 型万能铣床的摇臂升降电动机可以采用点动控制，而主轴电动机则需要自锁控制。

本任务通过学习常用低压电器元件的工作原理和使用方法、电气图的识读、三相异步电动机点动和自锁控制电路的工作原理，能够正确安装、调试三相异步电动机自锁控制电路。

相关知识

一、常用低压电器

低压电器通常是指在交流电压小于 1200V、直流电压小于 1500V 的电路中起通断、保护、控制或调节作用的电气设备。熟悉常用低压电器的工作原理，能够熟练拆装、检验刀开关、熔断器、接触器等低压电器，为电动机各种控制电路的设计、安装、调试以及检修打下基础。

1. 刀开关

刀开关是低压配电电器中结构最简单、应用最广泛的电器，主要在低压成套配电装置中，用于不频繁地手动接通和分断交直流电路或作隔离开关用，也可以用于不频繁地接通与分断额定电流以下的负载，如小型电动机等。刀开关的种类很多，常用的有以下几种。

（1）闸刀开关

闸刀开关又称开启式负荷开关，图 3-1 所示为闸刀开关的外形、结构及图形文字符号。

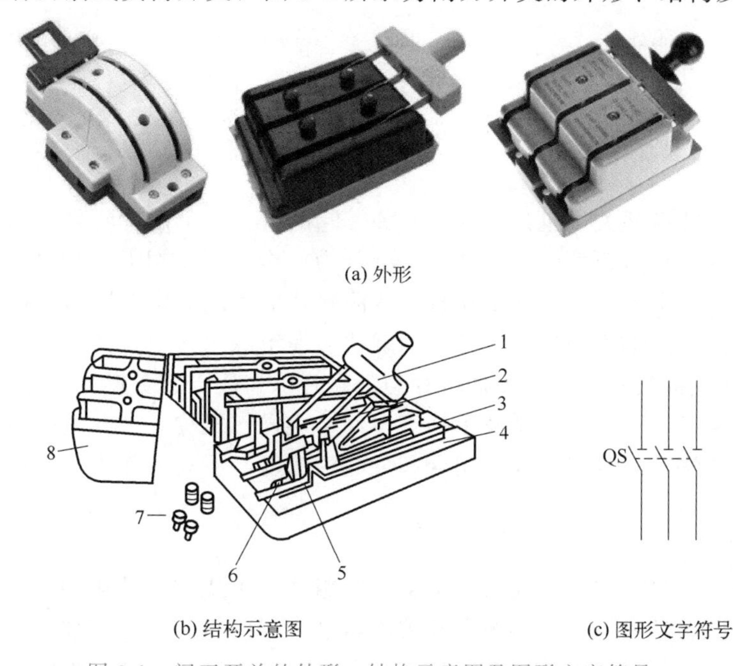

图 3-1　闸刀开关的外形、结构示意图及图形文字符号

1—瓷柄；2—动触点；3—出线座；4—瓷底；5—静触点；6—进线座；7—胶盖紧固螺钉；8—胶盖

它由刀开关和熔断器组成，均装在瓷底板上。刀开关装在上部，由进线座和静触点组成。熔断器装在下部，由出线座、熔丝和动触点组成。动触点上端装有瓷质手柄以便于操作，上下各有一个胶盖并以紧固螺钉固定，用来遮罩开关零件，防止电弧或带电体伤人。这种开关不易分断有负载的电路，但由于结构简单、价格便宜，在一般的照明电路和功率小于5.5kW的电动机的控制电路中仍可使用。

（2）铁壳开关

铁壳开关是在闸刀开关基础上改进设计的一种开关，又称封闭式负荷开关，其外形、结构及图形文字符号如图3-2所示。在铁壳开关的手柄转轴与底座之间装有一个速断弹簧，用钩子扣在转轴上，当扳动手柄分闸或合闸时，U形双刀片并不移动，只拉伸了弹簧，储存能量。当转轴转到一定角度时，弹簧力就使U形双刀片快速从夹座拉开或将刀片迅速嵌入夹座，电弧被很快熄灭。铁壳开关上装有机械联锁装置，当箱盖打开时不能合闸，闸刀合闸后箱盖不能打开。

(a) 外形

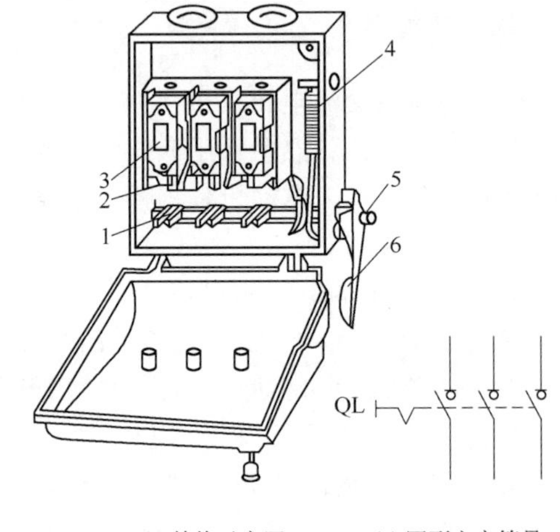

(b) 结构示意图　(c) 图形文字符号

图3-2　铁壳开关的外形、结构示意图及图形文字符号

1—U形双刀片；2—静夹座；3—熔断器；4—速断弹簧；5—转轴；6—手柄

认识低压断路器

（3）组合开关

组合开关又称转换开关，也是一种刀开关。它的刀片（动触片）是转动式的，比闸刀开关轻巧，结构紧凑而且组合性强。如图3-3所示为组合开关的外形、结构及图形文字符号。三极组合开关共有六个静触片和三个动触片。静触片的一端固定在胶木边框内，另一端伸出盒外，以便和电源及用电器相连接。三个动触片装在绝缘垫板上，并套在方轴上，通过手柄可使方轴做90°正反向转动，从而使动触片与静触片保持闭合或分断。

顶盖部分由滑板、凸轮、扭簧及手柄等零件构成操作机构。在开关的顶部采用了扭簧储能机构，使开关能快速闭合或分断，闭合和分断的速度与手动操作无关，提高了产品的通断能力。

2. 低压断路器

低压断路器又称自动空气开关或自动空气断路器，主要用于低压动力线路中。低压断路器相当于闸刀开关、熔断器、热继电器和欠电压继电器的组合，是一种自动切断故障电路的保护电器，其外形、图形文字符号及结构如图3-4所示。它主要由主触点、操作机构和保护元件三部分组成。主触点由耐弧合金制成，采用灭弧栅片灭弧；操作机构较复杂，其通断可

(a) 外形

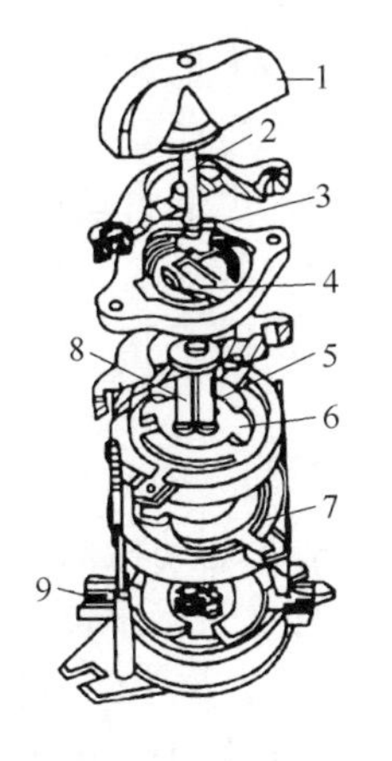

(b) 结构示意图

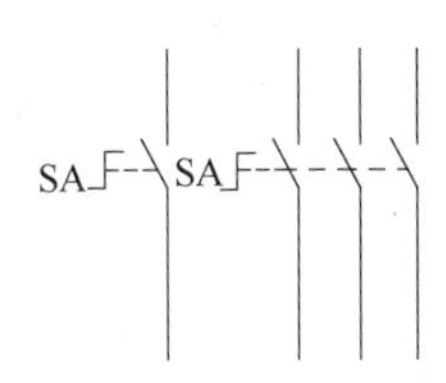

(c) 图形文字符号

图 3-3 组合开关的外形、结构示意图及图形文字符号

1—手柄；2—转轴；3—扭簧；4—凸轮；5—绝缘垫板；6—动触片；7—静触片；8—绝缘杆；9—接线柱

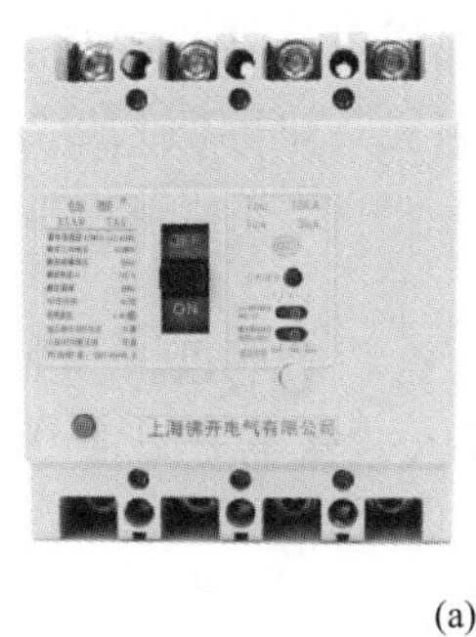

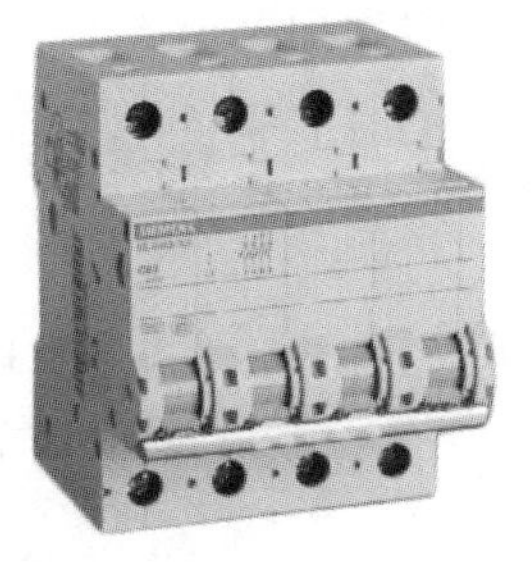

(a) 外形

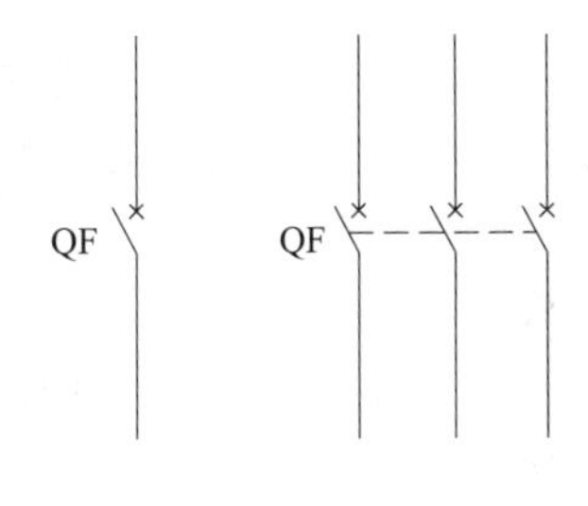

(b) 图形文字符号

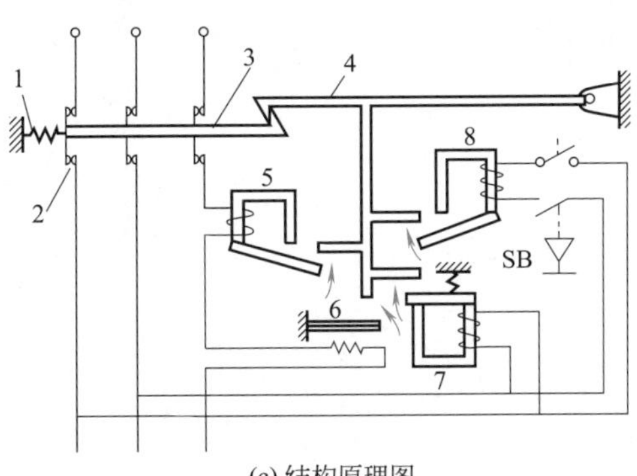

(c) 结构原理图

图 3-4 低压断路器的外形、图形文字符号及结构原理图

1—分闸弹簧；2—主触点；3—传动杆；4—锁扣；5—过电流脱扣器；
6—过载脱扣器；7—失压脱扣器；8—分励脱扣器

用操作手柄操作，也可用电磁机构操作，故障时自动脱扣，主触点通断瞬时动作与手柄操作速度无关。

低压断路器的主触点 2 是靠操作机构手动或电动合闸的，并由自动脱扣机构将主触点锁在合闸位置上。如果电路发生故障，自动脱扣机构在相关脱扣器的推动下动作，使钩子脱开，主触点在弹簧的作用下迅速分断。过电流脱扣器 5 的线圈和过载脱扣器 6 的线圈与主电路串联，失压脱扣器 7 的线圈与主电路并联。当电路发生短路或严重过载时，过电流脱扣器

5的衔铁被吸合，使自动脱扣机构动作将主触点2断开；当电路过载时，过载脱扣器6的热元件产生的热量增加，使双金属片向上弯曲，推动自动脱扣机构动作将主触点2断开；当电路失压时，失压脱扣器7的衔铁释放，也使自动脱扣机构动作。分励脱扣器8则作为远距离分断电路使用，根据操作人员的命令或其他信号使线圈通电，从而使低压断路器跳闸。低压断路器根据不同用途可配备不同的脱扣器。

低压断路器可按以下条件选用。

① 低压断路器的额定电压和额定电流应不小于电路正常工作电压和电流。

② 脱扣器的整定电流应与所控制的电动机的额定电流或负载的额定电流一致。

③ 电磁脱扣器的瞬时脱扣整定电流应大于负载电路正常工作时的峰值电流。

3. 熔断器

认识熔断器

熔断器是一种广泛应用的最简单有效的保护电器。熔断器的结构一般分成熔体座和熔体等部分。熔断器是串联在被保护电路中的，当电路电流超过一定值时，熔体因发热而熔断，使电路被切断，从而起到保护作用。熔体的热量与通过熔体电流的平方及持续通电时间成正比，当电路中电流值等于熔体额定电流时，熔体不会熔断，当电路短路时，电流急剧增大，熔体瞬间升温熔断，所以熔断器可用于短路保护。由于熔体在用电设备过载时所通过的过载电流能积累热量，当用电设备连续过载一定时间后熔体积累的热量也能使其熔断，所以熔断器也可作过载保护。熔断器的图形文字符号如图3-5所示。

（1）插入式熔断器

插入式熔断器主要用于交流380V及以下的电路末端作电路和用电设备的短路保护，在照明电路中还可起过载保护作用。如图3-6所示为常用的插入式熔断器，它由底座、动触点、熔体和静触点组成。

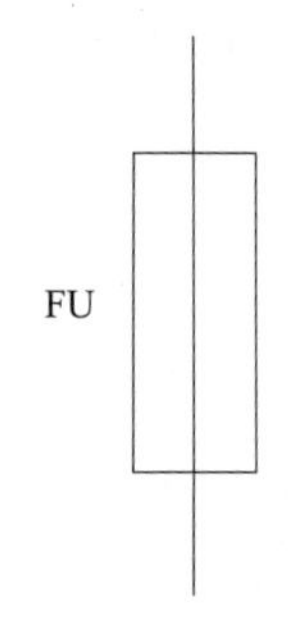

图3-5 熔断器的图形文字符号

(a) 外形

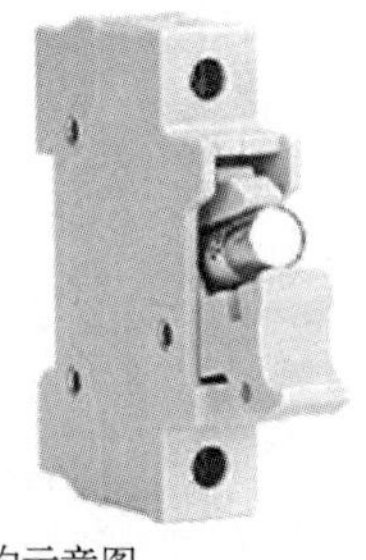

(b) 结构示意图

图3-6 插入式熔断器的外形及结构示意图

（2）螺旋式熔断器

如图3-7所示，螺旋式熔断器主要由瓷帽、熔断管和底座（包括瓷套、上接线端子、下接线端子及座子）组成。熔断管内装有熔丝，并装满作为灭弧介质的石英砂；同时还有熔体熔断的指示信号装置，熔体熔断后，带色标的铜片弹起，便于发现更换。螺旋式熔断器适用于电气电路中（如机床控制电路），作为供配电设备、电缆、导线过载和短路保护元件。

因为石英砂具有热稳定性好、熔点高、化学惰性高、热导率高和价格低等优点，在熔断器中被广泛用作灭弧介质填料。熔断器熔断时，产生的电弧在石英砂间的窄缝中受到强烈的消电离作用，同时产生的巨大能量被石英砂吸收，从而使电弧迅速熄灭。

（3）无填料密封管式熔断器

RM10无填料密封管式熔断器RM10系列如图3-8所示，由熔断管、熔体及插座组成。熔断管由钢管制成，两端为黄铜制成的可拆式管帽，管内熔体为变截面的熔片，更换熔体较方便。RM10 系列的极限分断能力比 RC1A 熔断器有所提高，适用于小容量配电设备。

（4）有填料密封管式熔断器

如图 3-9 所示为 RT0 系列有填料密封管式熔断器，它由熔断管、熔体及插座组成，熔断管为白瓷质，管内充填石英砂，石英砂在熔体熔断时起灭弧作用，在熔断管的一端还设有熔断指示器。该熔断器的分断能力比同容量的 RM10 型大 2.5～4 倍。RT0 系列熔断器适用于交流 380V 及以下、短路电流大的配电装置中，作为电路及电气设备的短路保护与过载保护。

（5）熔断器的选择

电路中熔断器的熔体额定电流可根据以下几种情况选择：对电炉、照明等阻性负载电路的短路保护，熔体的额定电流 I_{RN} 应大于或等于负载额定电流；对一台电动机负载的短路保护，熔体的额定电流 I_{RN} 应等于 1.5～2.5 倍电动机额定电流 I_N；对多台电动机的短路保护，熔体的额定电流应满足 $I_{RN}=(1.5\sim2.5)I_{Nmax}+\sum I_N$。

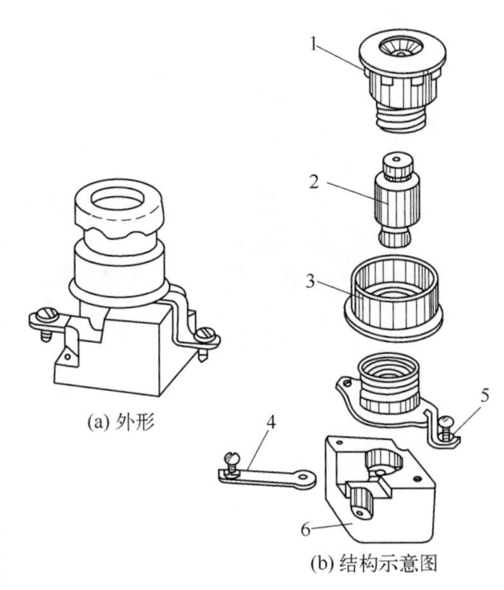

图 3-7 螺旋式熔断器的外形及结构示意图
1—瓷帽；2—熔断管；3—瓷套；4—下接线端子；5—上接线端子；6—座子

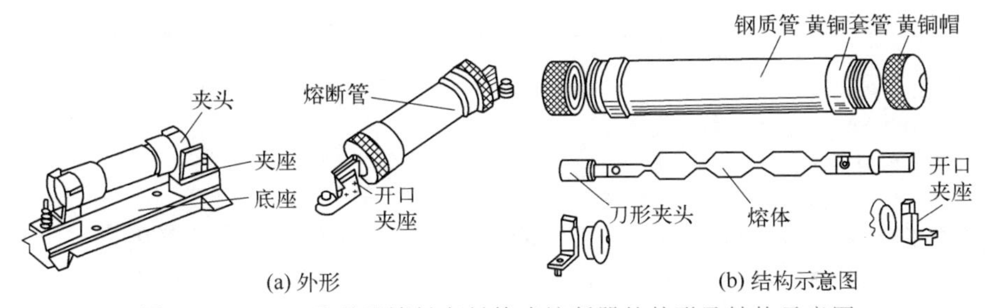

图 3-8 RM10 系列无填料密封管式熔断器的外形及结构示意图

认识按钮

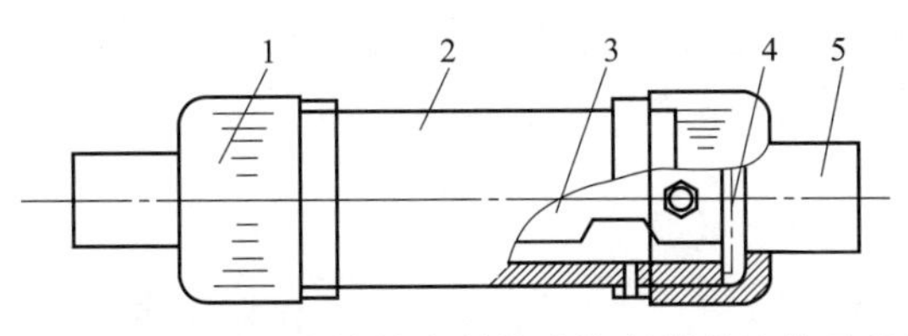

图 3-9 RT0 系列有填料密封管式熔断器的结构示意图
1—铜帽；2—绝缘管；3—熔体；4—垫片；5—接触刀

4. 控制按钮

控制按钮（简称按钮）是发出控制指令和信号的电器开关，是一种手动且可以自动复位的主令电器，用于对接触器、继电器及其他电气电路发出指令信号进行控制。它的额定电压为 500V，额定电流一般为 5A。按钮由按钮帽、复位弹簧、桥式触点和外壳等组成，其外形、结构原理示意图、图形文字符号分别如图 3-10～图 3-12 所示。按下按钮帽时，3 和 4 分断，3 和 5 接通；松开按钮帽时，在弹簧的作用下，按钮恢复到常态。按照按钮的用途和结构，可以分为启动按钮、停止按钮和复合按钮。

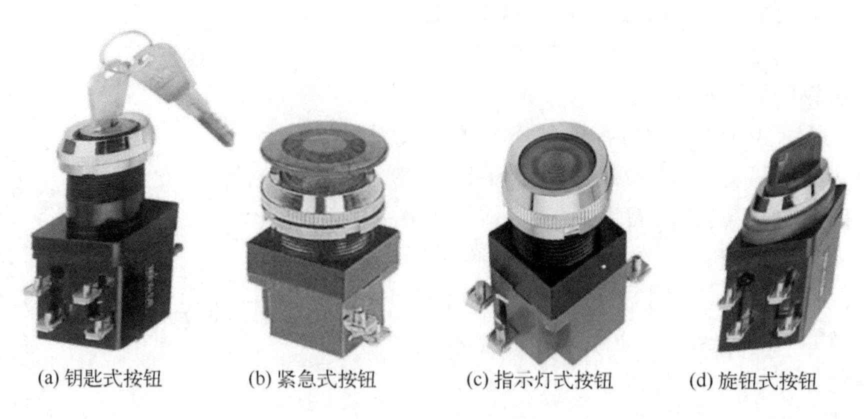

(a) 钥匙式按钮　(b) 紧急式按钮　(c) 指示灯式按钮　(d) 旋钮式按钮

图 3-10　常见按钮的外形

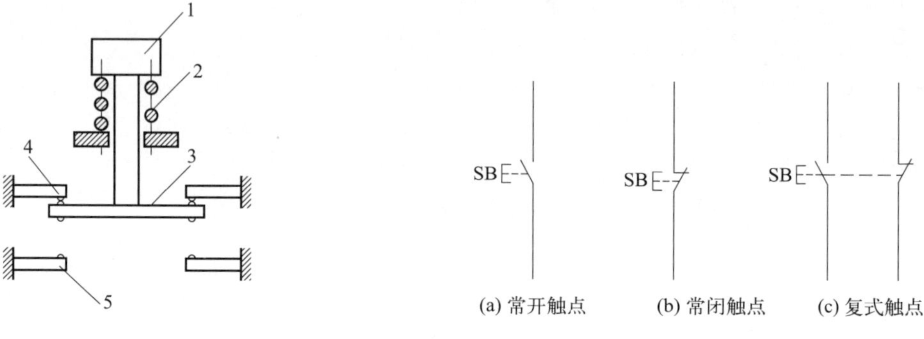

(a) 常开触点　(b) 常闭触点　(c) 复式触点

图 3-11　按钮的结构原理示意图

1—按钮帽；2—复位弹簧；3—动触点；
4—常闭静触点；5—常开静触点

图 3-12　按钮的图形文字符号

认识交流接触器

按钮在结构上有多种形式，适用于不同的场合。紧急式装有突出的蘑菇形按钮帽，便于紧急操作；旋钮式用于旋转操作；指示灯式在透明的按钮内装入信号灯，用作信号显示；钥匙式为了安全起见，须用钥匙插入方可旋转操作。为了标明各个按钮的作用，避免误操作，通常将按钮帽用红、绿、黑、黄、蓝、白等不同的颜色标识。一般以红色表示停止，绿色表示启动。

按钮的选用主要根据需要的触点对数、动作要求、是否需要带指示灯、使用场合以及颜色等。

5. 接触器

接触器是一种自动的电磁式开关，它通过电磁力作用下的吸合和反力弹簧作用下的释放使触点闭合和分断，实现电路的接通和断开。接触器主要用来自动接通或断开大电流。大多数情况下，其控制对象是电动机，也可用于其他电力负载，如电热器、电焊机、电炉变压器等。接触器不仅能自动地接通和断开电路，还具有控制容量大、低电压释放保护、寿命长、能远距离控制等优点，所以在电气控制系统中广泛应用。根据接触器主触点通过电流的种类，电磁式接触器又可分为交流接触器和直流接触器。接触器的外形、图形文字符号分别如图 3-13、图 3-14 所示。

(1) 接触器的结构与工作原理

交流接触器主要由触点系统、电磁机构和灭弧装置等组成。图 3-15 所示为 CJ20 系列交流接触器的结构示意图。

图 3-13　常用接触器的外形

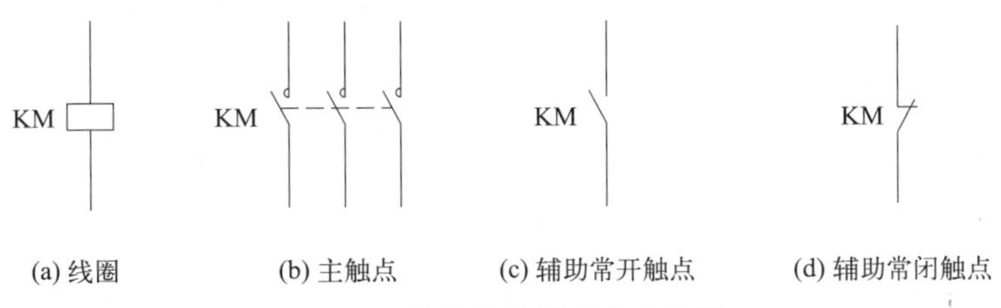

(a) 线圈　(b) 主触点　(c) 辅助常开触点　(d) 辅助常闭触点

图 3-14　接触器的图形文字符号

① 触点系统　触点是接触器的执行元件，用来接通和断开电路。交流接触器一般用双断点桥式触点，两个触点串于同一电路中，同时接通或断开。接触器的触点有主触点和辅助触点之分，主触点用以通断主电路，辅助触点用以通断控制电路。

② 电磁机构　电磁机构的作用是将电磁能转换成机械能，操纵触点的闭合或断开。交流接触器一般采用衔铁绕轴转动的拍合式电磁机构和衔铁做直线运动的电磁机构。由于交流接触器的线圈通入交流电，在铁芯中存在磁滞损耗和涡流损耗，会引起铁芯发热。为了减小涡流损耗、磁滞损耗，以免铁芯发热过甚，铁芯由硅钢片叠铆而成。同时，为了减小机械振动和噪声，在静铁芯极面上装有分磁环。

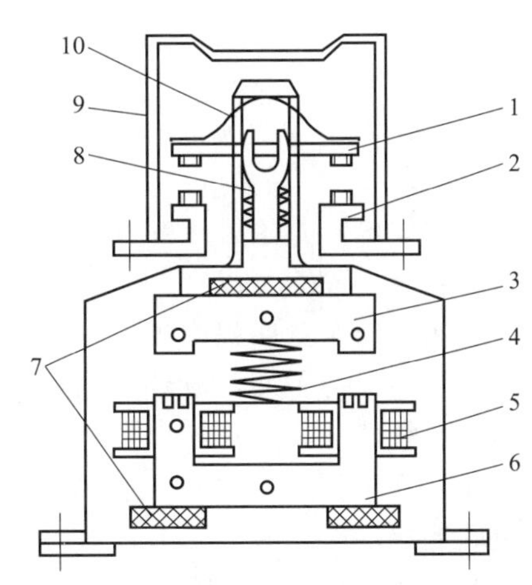

图 3-15　CJ20 系列交流接触器的结构示意图

1—动触点；2—静触点；3—衔铁；4—反力弹簧；5—电磁线圈；6—铁芯；7—垫毡；8—缓冲弹簧；9—灭弧罩；10—触点压力弹簧

③ 灭弧装置　交流接触器分断大电流电路时，往往会在动、静触点之间产生很强的电弧。电弧一方面会烧伤触点，另一方面会使电路切断时间延长，甚至会引起其他事故。因此，交流接触器必须有灭弧装置。容量较小（10A 以下）的交流接触器一般采用双断触点和电动力灭弧，容量较大（20A 以上）的交流接触器一般采用灭弧栅灭弧。

④ 其他部分　交流接触器的其他部分有底座、反力弹簧、缓冲弹簧、触点压力弹簧、传动机构和接线柱等。反力弹簧的作用是当吸引线圈失电时，迅速使主触点和辅助常开触点断开；缓冲弹簧的作用是缓冲衔铁在吸合时对静铁芯和外壳的冲击力；触点压力弹簧的作用是增加动、静触点之间的压力，增大接触面积以降低接触电阻，避免触点由于接触不良而过

热灼伤，并有减振作用。

（2）接触器的选择

① 额定电压　接触器铭牌上的额定电压是指触点的额定电压。选用接触器时，主触点所控制的电压应小于或等于它的额定电压。

② 额定电流　接触器铭牌上的额定电流是指触点的额定电流。选用时，主触点额定电流应大于电动机的额定电流。

③ 线圈的额定电压　同一系列同一容量的接触器，其线圈的额定电压有好几种规格。选用时，应使接触器吸引线圈的额定电压等于控制电路的电压。

6. 热继电器

热继电器是一种具有反时限（延时）过载保护特性的电流继电器，广泛用于电动机的保护，也可用于其他电气设备的过载保护。热继电器的外形及图形文字符号如图 3-16 所示。

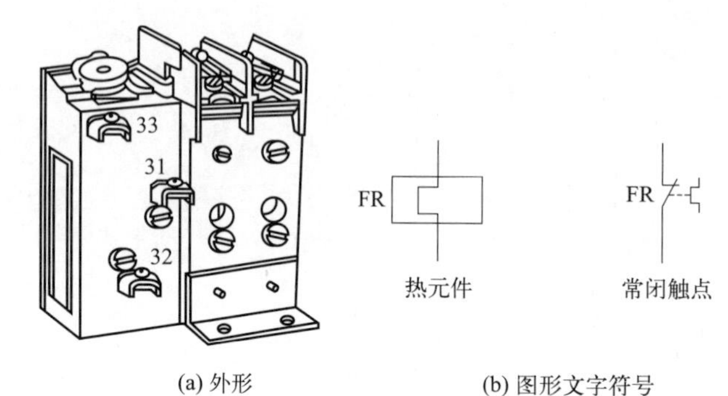

图 3-16　热继电器的外形及图形文字符号

（1）热继电器的结构与工作原理

如图 3-17 所示，热继电器由热元件、双金属片、动作机构、触点系统、整定调整装置和温度补偿元件等组成。当电动机或设备过载时，热元件发热量增多，双金属片的温度升高，双金属片 2 弯曲推动导板 4，并通过补偿双金属片 5 与推杆 14 将触点 9 和 6 分开，接触器线圈失电，其主触点断开电动机等负载回路，起到了保护电动机等负载的作用。

补偿双金属片 5 可以在规定范围内补偿环境对热继电器的影响。如果周围环境温度升高，双金属片向左弯曲程度加大，然而补偿双金属片 5 也向左弯曲，使导板 4 与补偿双金属片 5 之间距离保持不变，故热继电器特性不受环境温度升高的影响，反之亦然。有时可采用欠补偿，使补偿双金属片 5 向左弯曲的距离小于双金属片 2 因环境温度升高向左弯曲的变动值，以便在环境温度较高时，热继电器动作较快，更好地保护电动机。

调节旋钮 11 是一个偏心轮，与支撑杆 12 构成一个杠杆。转动偏心轮，即可改变补偿双金属片 5 与导板 4 的接触距离，从而达到调节整定动作电流值的目的。此外，依靠调节复位螺钉 8 来改变常开静触点 7 的位置使热继电器能工作在手动复位和自动复位两种工作状态。调试手动复位时，在故障排除后需按下复位按钮 10 才能使动触点 9 恢复与静触点 6 相接触的位置。

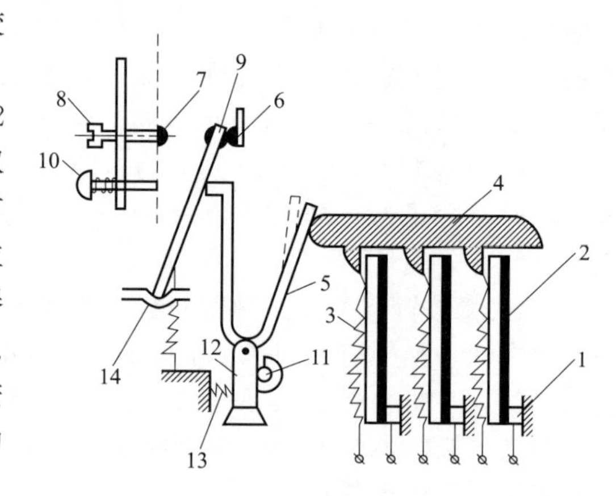

图 3-17　热继电器的结构原理图

1—固定柱；2—双金属片；3—热元件；4—导板；5—补偿双金属片；6，7—静触点；8—复位螺钉；9—动触点；10—复位按钮；11—调节旋钮；12—支撑杆；13—弹簧；14—推杆

（2）热继电器的选择

① 原则上应使热继电器的安秒特性尽可能接近甚至重合电动机的过载特性，或者在电动机的过载特性之下，同时在电动机短时过载和

启动的瞬间，热继电器应不受影响（不动作）。

② 当热继电器用于保护长期工作制或间断长期工作制的电动机时，一般按电动机的额定电流来选用。例如，热继电器的整定值可等于 0.95～1.05 倍的电动机额定电流，或者取热继电器整定电流的中值等于电动机额定电流，然后进行调整。

③ 当热继电器用于保护反复短时工作制的电动机时，热继电器仅有一定范围的适应性。如果短时间内操作次数很多，就要选用带速饱和电流互感器的热继电器。

二、电气图的识读

1. 电工用图的分类与作用

在电气控制系统中，首先由配电器将电能分配给不同的用电设备，再由控制电器使电动机按设定的规律运转，实现由电能到机械能的转换，满足不同生产机械的要求。在电工领域中安装、维修都要依靠电气原理图和施工图，施工图又包括电器元件布置图和电气安装接线图。电工用图的分类与作用如表 3-1 所示。

表 3-1　电工用图的分类与作用

电工用图			概　念	作　用	图中内容
电气控制图	电气原理图		是用国家统一规定的图形符号、文字符号和线条连接来表明各个电器的连接关系和电路工作原理的示意图，如图 3-18 所示	是分析电气控制原理、绘制及识读电气安装接线图和电器元件布置图的主要依据	电气控制电路中所包含的电器元件、设备、电路的组成与连接关系
	施工图	电器元件布置图	是根据电器元件在控制板上的实际安装位置，采用简化的外形符号(如方形等)绘制的一种简图，如图 3-19 所示	主要用于电器元件的布置和安装	项目代号、端子号、导线号、导线类型、导线截面等
		电气安装接线图	是用来表明电器或电路连接关系的简图，如图 3-20 所示	是安装接线、电路检查和电路维修的主要依据	电气电路中所含电器元件及其排列位置，各电器元件之间的接线关系

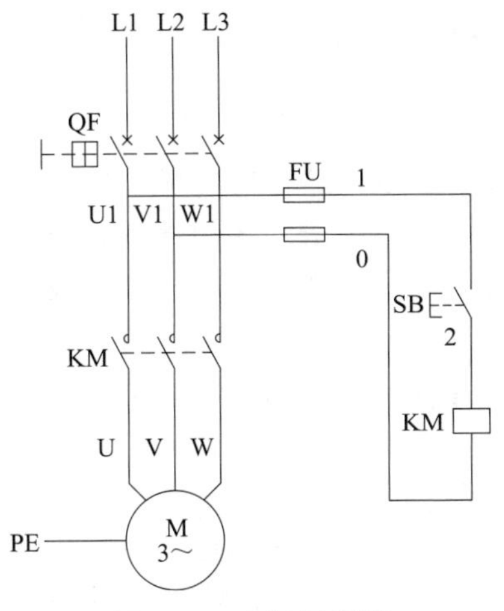

图 3-18　电气原理图

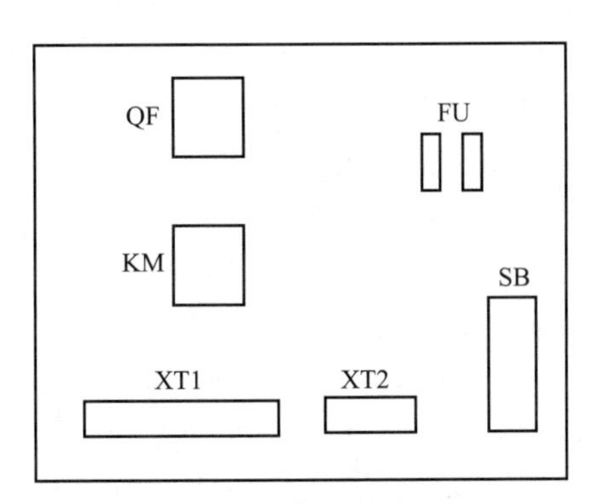

图 3-19　电器元件布置图

电气原理图是电气工程技术的通用语言。为了便于信息交流与沟通，在电气控制电路中，各种电器元件的图形符号和文字符号必须统一，即符合国家标准。我国颁布的标准有

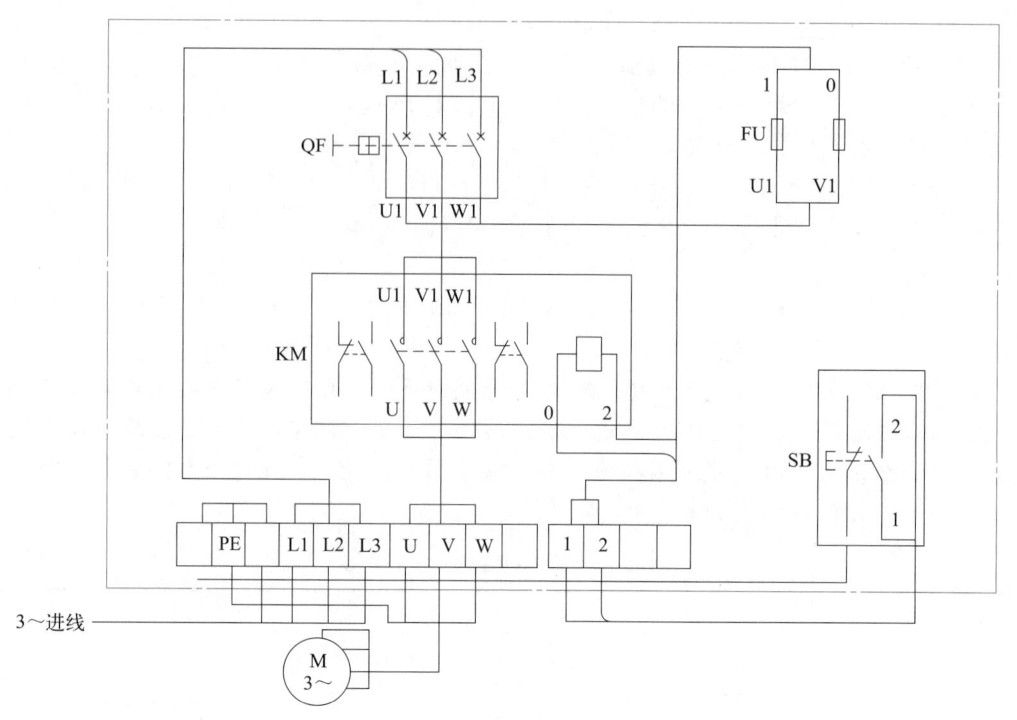

图 3-20　电气安装接线图

GB/T 4728.7—2022《电气简图用图形符号　第 7 部分：开关、控制和保护器件》、GB/T 4728.8—2022《电气简图用图形符号　第 8 部分：测量仪表、灯和信号器件》、GB/T 6988.1—2008《电气技术用文件的编制　第 1 部分：规则》等。

2. 读图的方法与步骤

电路和电气设备的设计、安装、调试与维修都要有相应的电气原理图作为依据或参考。电气原理图是根据国家标准规定的图形符号和文字符号，按照规定的画法绘制出的图样。

（1）电气原理图中常用的图形符号和文字符号

要识读电气原理图，必须首先明确电气原理图中常用的图形符号和文字符号所代表的含义，这是看懂电气原理图的前提和基础。

① 基本文字符号　基本文字符号又分为单字母文字符号和双字母文字符号两种。单字母文字符号是按拉丁字母将各种电气设备、装置和元器件划分为 23 类，每一大类电器用一个专用单字母符号表示，如“K”表示继电器、接触器类，“R”表示电阻器类。当单字母文字符号不能满足要求而需要将大类进一步划分，以便更为详尽地表述某一种电气设备、装置和元器件时采用双字母文字符号。双字母文字符号由一个表示种类的单字母符号与另一个字母组成，组合形式为单字母符号在前、另一个字母在后，如“F”表示保护器件类，“FU”表示熔断器，“FR”表示热继电器。

② 辅助文字符号　辅助文字符号用来表示电气设备、装置、元器件及电路的功能、状态和特征，如“DC”表示直流，“AC”表示交流。辅助文字符号也可放在表示类别的单字母文字符号后面组成双字母文字符号，如“KT”表示时间继电器。辅助文字符号也可单独使用，如“ON”表示接通，“N”表示中性线等。

（2）电气原理图的绘制和阅读方法

电气原理图是用于描述电气控制电路的工作原理、各电器元件的作用和相互关系，而不考虑各电路元件的实际位置和实际连线情况的图样。绘制和阅读电气原理图，一般遵循下面的规则。

① 原理图一般由主电路、控制电路和辅助电路三部分组成。主电路就是从电源到电动机绕组的大电流通过的路径；控制电路是指控制主电路工作状态的电路；辅助电路包括照明电路、信号电路及保护电路等。信号电路是指显示主电路工作状态的电路；照明电路是指实现机械设备局部照明的电路；保护电路是实现对电动机各种保护的电路。控制电路和辅助电路一般由继电器的线圈和触点、接触器的线圈和触点、按钮、照明灯、信号灯、控制变压器等电器元件组成，这些电路通过的电流都较小。一般主电路用粗实线表示，画在左边（或上部），电源电路画成水平线，三相交流电源相序 L1、L2、L3 由上而下依次排列画出，经电源开关后用 U、V、W 或“U、V、W＋数字”标识。中性线 N 和保护地线 PE 画在相线之下，直流电源则正端在上、负端在下画出。辅助电路用细实线表示，画在右边（或下部）。

② 所有的电器元件都采用国家标准规定的图形符号和文字符号来表示。属于同一电器的线圈和触点，都要用同一文字符号表示。当使用相同类型电器时，可在文字符号后加注阿拉伯数字或字母来区分，例如两个接触器用 KM1、KM2 表示或用 KMF、KMR 表示。

③ 同一电器的不同部件常常不绘在一起，而是绘在它们各自完成作用的地方。例如接触器的主触点通常绘在主电路中，而吸引线圈和辅助触点则绘在控制电路中，但它们都用 KM 表示。

④ 所有电器触点都按没有通电或没有外力作用时的常态绘出。如继电器、接触器的触点，按线圈未得电时的状态画；按钮、行程开关的触点按不受外力作用时的状态画等。

⑤ 在表达清楚的前提下，尽量减少线条，尽量避免交叉线的出现。两线需要交叉连接时需用黑色实心圆点表示，两线交叉不连接时可用空心圆圈表示。

⑥ 无论是主电路还是辅助电路，各电器元件一般应按动作顺序从上到下、从左到右依次排列，可水平或垂直布置。

三相异步电动机点动控制电路

⑦ 为了查线方便，在原理图中两条以上导线的电气连接处要打一圆点，且每个接点要标一个编号。编号的原则是：靠近左边电源线的用单数标注，靠近右边电源线的用双数标注，通常都以电器元件的线圈或电阻作为单、双数的分界线，故电器元件的线圈或电阻应尽量放在各行的一边（左边或右边）。

在阅读电气原理图以前，必须对控制对象有所了解，尤其对于机、液（或气）、电配合得比较密切的生产机械，单凭电气原理图往往不能完全看懂其控制原理，只有了解了有关的机械传动和液（气）压传动后，才能搞清全部控制过程。

阅读电气原理图的步骤：一般先看主电路，然后看控制电路，最后看信号及照明等辅助电路。先看主电路有几台电动机，各有什么特点，例如是否有正反转、采用何种方法启动、有无制动等；看控制电路时，一般从主电路的接触器入手，按动作的先后次序（通常自上而下）一个一个分析，搞清楚它们的动作条件和作用。控制电路一般都由一些基本环节组成，阅读时可把它们分解出来，便于分析。此外还要看有哪些保护环节。

三、三相异步电动机点动控制电路分析

如图 3-21 所示为三相异步电动机的点动及自锁控制电气原理图。其中，图 3-21（a）所示为三相异步电动机点动控制电路的主电路，图 3-21（b）所示为其控制电路。启动时，合上电源开关 QS 引入三相电源，按下启动按钮 SB2，KM 线圈得电，KM 衔铁吸合，KM 主触点闭合使电动机接通三相电源启动运转。松开按钮 SB2，接触器 KM 的吸引线圈失电，主

触点恢复到断开状态，电动机脱离电源停止运转。

这种依靠按钮的通断来控制电动机的运行、停止，而无法使电动机保持长时间运行的工作过程，称为电动机的点动运行。在实际生产和生活中，有些设备需要进行点动控制来满足工况需要，例如机床工作台位置的调整、家用绞馅机的运行等。

四、三相异步电动机自锁控制电路分析

如图 3-21（c）所示是三相异步电动机的自锁控制电路，其主电路同点动控制电路。合上电源开关 QS 引入三相电源。按下启动按钮 SB2，KM 线圈得电，KM 衔铁吸合，KM 主触点闭合使电动机接通电源启动运转，同时与 SB2 并联的 KM 辅助常开触点闭合，形成自锁。启动按钮 SB2 自动复位时，接触器 KM 的吸引线圈仍可通过其辅助常开触点继续供电，从而保证电动机的连续运行。这种依靠接触器自身辅助触点使其线圈保持通电的现象，称为自锁或自保持，又称为长动。停车时，按下停止按钮 SB1，KM 线圈失电，KM 主触点和自锁触点均恢复到断开状态，电动机脱离电源停止运转。

自锁控制电路原理

自锁控制电路安装与调试

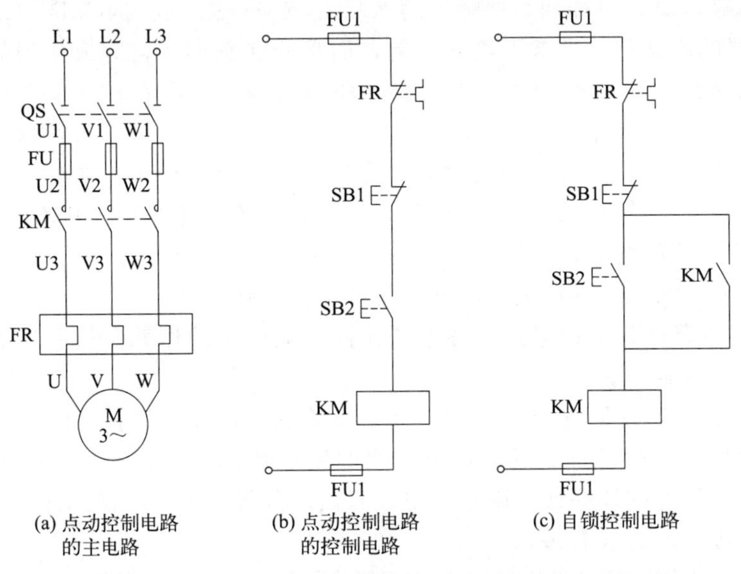

(a) 点动控制电路的主电路　(b) 点动控制电路的控制电路　(c) 自锁控制电路

图 3-21　三相异步电动机点动及自锁控制电路电气原理图

自锁控制电路运行过程中，应设置过载保护，用热继电器 FR 实现。当电动机出现长时间过载时，热继电器 FR 动作，其常闭触点断开，KM 线圈失电，电动机停止运转，实现电动机的过载保护。

任务实施

一、任务实施内容

三相异步电动机自锁控制电路的安装与调试。

二、任务实施要求

① 熟练识读三相异步电动机自锁控制电路电气原理图、电器元件布置图、电气安装接线图。

② 掌握三相异步电动机自锁控制电路所用电器元件的性能检测与安装方法。
③ 能够正确安装、调试三相异步电动机自锁控制电路。
④ 完成三相异步电动机自锁控制电路的安装与调试任务实施工单。

三、任务所需电器元件、工具及其他材料

1. 任务所需电器元件

所需电器元件明细如表 3-2 所示。

表 3-2　电器元件明细表

代号	名称	推荐型号	推荐规格	数量
M	三相异步电动机	Y112M-4	4kW、380V、△接法、8.8A、1440r/min	1
QS	组合开关	HZ10-25/3	三相、额定电流 25A	1
FU1	螺旋式熔断器	RL1-60/25	380V、60A、熔体额定电流 25A	3
FU2	螺旋式熔断器	RL1-15/2	380V、1.5A、熔体额定电流 2A	2
KM	交流接触器	CJ10-20	20A、线圈电压 380V	1
FR	热继电器	JR16-20/3	三极、20A、整定电流 8.8A	1
SB	按钮	LA10-3H	保护式、500V、5A、按钮数 3、复合按钮	1
XT1	端子排	JX2-1015	10A、15 节、380V	1
XT2	端子排	JX2-1010	10A、10 节、380V	1

2. 任务所需工具

万用表、测电笔、螺丝刀、尖嘴钳、斜口钳、剥线钳、电工刀等。

3. 任务所需材料

（1）控制板

采用尺寸为 600mm×500mm×20mm 的控制板一块。

（2）导线

主电路采用 BV1.5mm^2（红色、绿色、黄色），控制电路采用 BV1mm^2（黑色），按钮线采用 BVR0.75mm^2（红色），接地线采用 BVR1.5mm^2（黄绿双色）。导线数量由教师根据实际情况确定。

（3）线鼻子、紧固体和编码套管

按实际需要配发，简单电路可不用编码套管。

四、任务实施步骤与工艺要求

① 配齐工具仪表、器材及导线。

② 按照表 3-2 配置所用电器元件，并检验其型号及性能。

③ 按照如图 3-22 所示电器元件布置图，在控制板上安装电器元件，并给每个电器元件标注上醒目的文字符号。

④ 按照如图 3-23 所示电气安装接线图进行布线和套编码套管。

布线的工艺要求如下。

a. 布线通道尽可能少，同路并行导线按主电路、控制电路分类集中，单层密排，紧贴安装面布线。

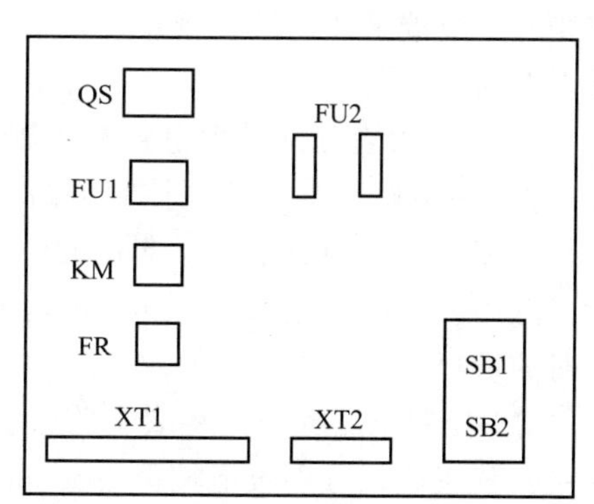
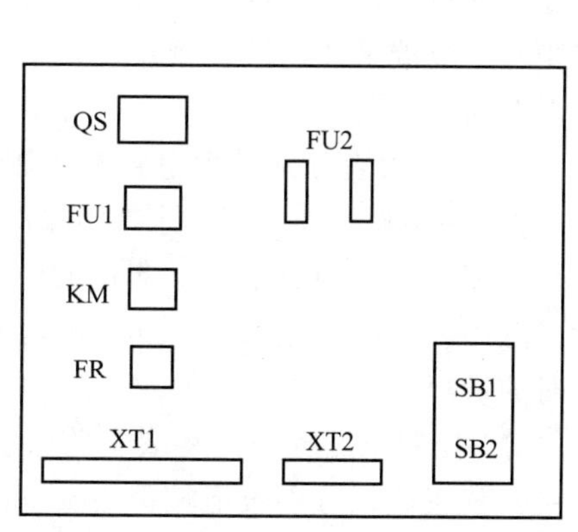

图 3-22　自锁控制电路电器元件布置图

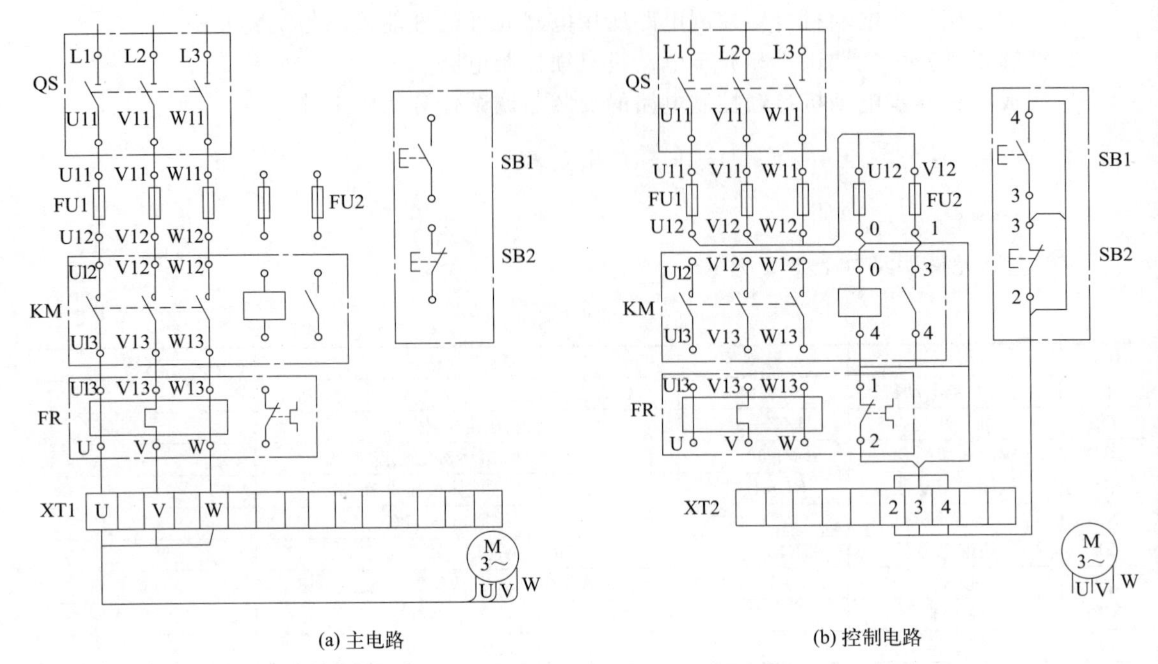

图 3-23 自锁控制电路电气安装接线图

b. 同一平面的导线应高低一致。

c. 布线应横平竖直，导线与接线螺栓连接时应打羊眼圈，并按顺时针旋转，不允许反圈。对瓦片式接点，导线连接时，直线插入接点固定即可。

d. 布线时不得损伤线芯和导线绝缘。所有从一个接线端子到另一个接线端子的导线必须连续，中间无接头。

e. 导线与接线端子或接线桩连接时，不得压绝缘层及露铜过长。在每根剥去绝缘层导线的两端套上编码套管。

f. 一个电器元件接线端子上的连接导线不得多于两根，每节接线端子排上的连接导线一般只允许连接一根。

g. 同一电器元件、同一回路的不同接点的导线间距离应一致。

⑤ 检查电路连接情况。

a. 用查线号法分别对主电路和控制电路进行常规检查，按电气原理图和电气安装接线图逐一查对线号有无错接、漏接。按电气原理图或电气安装接线图从电源端开始，逐段核对接线与接线端子处连接是否正确，有无漏接、错接之处。检查导线接点是否符合要求，压接是否牢固。

b. 用万用表分别对主电路和控制电路进行通路、断路检查。

ⅰ. 主电路检查。断开控制电路，分别测 U11、V11、W11 任意两端电阻应为∞，当按下交流接触器的触点架时，测得的值实际上是电动机两相绕组的串联直流电阻值（如果是指针式万用表，应调至 R×1 挡，并调零）。检查主电路时，可以手动来代替受电线圈励磁吸合时的情况。

ⅱ. 控制电路检查。将表笔跨接在控制电路两端，测得阻值为∞，说明启动、停止控制回路安装正确；分别按下按钮 SB2 和接触器 KM 的触点架，测得的电阻值均为接触器 KM 线圈的电阻值，说明自锁控制电路安装正确。

ⅲ. 检查电动机和按钮外壳的接地保护。

⑥ 通电试车。

通电前必须征得教师同意，并由教师接通电源和现场监护。如遇到异常情况，应立即停车，检查故障。通电试车完毕后，切断电源。

a. 电源测试。

合上电源开关 QS，用测电笔测 FU1、三相电源。

b. 控制电路试运行。

断开电动机与端子排的连接，合上电源开关 QS，按下按钮 SB2，接触器主触点立即吸合；松开按钮 SB2，接触器主触点仍保持吸合。按下按钮 SB1，接触器触点立即复位。

c. 带电动机试运行。

断开电源开关 QS，接上电动机接线。再合上电源开关 QS，按下按钮 SB2，电动机运转；按下按钮 SB1，电动机停转。

⑦ 注意事项

a. 不触摸带电部件，严格遵守"先接线后通电，先接电路部分后接电源部分；先接主电路，后接控制电路，再接其他电路；先断电源后拆线"的操作程序。

b. 接线时，必须先接负载端后接电源端，先接接地端后接三相电源相线。

c. 发现异常现象（如发响、发热、焦臭）时，应立即切断电源，保持现场，报告指导教师。

d. 电动机必须安放平稳，电动机与按钮金属外壳必须可靠接地。接至电动机的导线必须穿在导线通道内加以保护，或采取坚韧的四芯橡胶护套线进行临时通电校验。

e. 电源进线应接在螺旋式熔断器底座中心端上，出线应接在螺纹外壳上。

f. 按钮内接线时，用力不能过猛，以防止螺钉打滑。

五、完成任务实施工单

完成表 3-3 三相异步电动机自锁控制电路的安装与调试任务实施工单。

表 3-3 三相异步电动机自锁控制电路的安装与调试任务实施工单

班级：______ 组别：______ 学号：______ 姓名：______ 操作日期：______

安装前准备		
序号	准备内容	准备情况自查
1	知识准备	电气原理图是否熟悉 是□ 否□ 安装步骤是否掌握 是□ 否□ 安装注意事项是否熟悉 是□ 否□ 通电前需检查内容是否熟悉 是□ 否□
2	器材准备	工具是否齐全 是□ 否□ 仪表是否完好 是□ 否□ 电源开关是否完好 是□ 否□ 熔断器是否完好 是□ 否□ 交流接触器是否完好 是□ 否□ 热继电器是否完好 是□ 否□ 按钮是否完好 是□ 否□ 端子排是否完好 是□ 否□ 控制板大小是否合适 是□ 否□ 导线数量是否够用 是□ 否□ 电动机是否完好 是□ 否□

安装过程			
步骤			是否完成
1	电器元件安装	根据电器元件布置图，在控制板上正确安装电器元件，并给每个电器元件标注上醒目的文字符号	
2	布线	按照电气安装接线图进行布线和套编码管	

续表

调试过程		
步骤		
1	接线 检查	按电气原理图或电气安装接线图从电源端开始，逐段核对接线与接线端子处连接是否正确，有无漏接、错接之处。检查导线接点是否符合要求，压接是否牢固
2	主电路检查	断开控制电路，分别测 U11、V11、W11 任意两端电阻，记录电阻值为________。 注意：如按下交流接触器的触点架时，测得的是电动机两相绕组的串联直流电阻值。检查主电路时，可以手动来代替受电线圈励磁吸合时的情况
3	控制电路检查	(1)将表笔跨接在控制电路两端，测量两端电阻值，记录电阻值为________。 (2)分别按下按钮 SB2 和接触器 KM 触点架，测量接触器 KM 线圈电阻值，记录电阻值为________
4	通电 试车	(1)电源测试。合上电源开关 QS，用测电笔测 FU1、三相电源。 (2)断开电动机，记录控制电路试运行情况。 (3)连接电动机，记录试运行情况
验收及收尾工作		
任务实施开始时间：	任务实施结束时间：	实际用时：
控制电路正确装配完毕□	仪表挡位回位，工具归位□	台面与垃圾清理干净□
成绩： 教师签字：　　　日期：		

六、三相异步电动机自锁控制电路的安装与调试任务实施考核评价

三相异步电动机自锁控制电路的安装与调试任务实施考核评价参照表 3-4，包括技能考核、综合素质考核及安全文明操作等方面，定额时间由指导教师酌情增减。

表 3-4　三相异步电动机自锁控制电路的安装与调试任务实施考核评价

序号	项目内容	配分/分	评分标准		得分/分
1	器材准备	5	不清楚电器元件的功能及作用	扣 2 分	
2	工具、仪表的使用	5	(1)不会正确使用工具	扣 2 分	
			(2)不能正确使用仪表	扣 3 分	
3	安装前检查	10	(1)电动机质量检查	每漏一处扣 2 分	
			(2)电器元件漏检或错检	每处扣 2 分	
4	安装电器元件	10	(1)不按电器元件布置图安装	扣 5 分	
			(2)电器元件安装不紧固	每只扣 4 分	
			(3)电器元件安装不整齐、不匀称、不合理	每只扣 3 分	
			(4)损坏电器元件	扣 15 分	
5	布线	30	(1)不按电气原理图或电气安装接线图接线	扣 10 分	
			(2)布线不符合要求：主电路 控制电路	每根扣 4 分 每根扣 2 分	
			(3)接点松动、露铜过长、压绝缘层等	每个接点扣 1 分	
			(4)损伤导线绝缘或线芯	每根扣 5 分	
			(5)漏套或错套编码套管(教师要求)	每处扣 2 分	
			(6)漏接接地线	扣 10 分	

续表

序号	项目内容	配分/分	评分标准	得分/分
6	通电试车	25	通电试车,电路能实现电动机自锁控制功能。出现下面情况扣除相应分数。 (1)第一次试车不成功 扣5分 (2)第二次试车不成功 扣15分 (3)第三次试车不成功 扣25分	
7	综合素质	15	从课堂纪律、学习能力、团结协作意识、沟通交流、语言表达、6S管理几个方面综合评价	
8	安全文明操作		违反安全文明生产规程,扣5～40分	
9	定额时间2h	每超时5min,扣5分		
		合计		
备注:各分项最高扣分不超过配分数				

知识拓展——常用控制电路与继电器

一、常用的控制电路

在生产实践中，根据生产工艺的要求，经常要求各种运动部件之间或生产机械之间能够按顺序工作。例如车床主轴转动时，要求油泵先给润滑油进行润滑；在主轴停止后，油泵方可停止润滑。即要求油泵电动机先启动，主轴电动机后启动，主轴电动机停止后，才允许油泵电动机停止。实现这种控制功能的电路就是顺序控制电路。

在一些设备中，为了方便生产操作和预防突发事故，经常在设备的四周安装多处启动按钮或停止按钮以启动或停止设备，这种控制方式即为多地控制。下面介绍顺序控制电路和多地控制电路。

1. 顺序控制电路

（1）顺序启动、同时停车的控制电路

如图3-24所示为顺序启动、同时停车的控制电路。图中，控制电动机M2主电路的交流接触器KM2接在接触器KM1之后，只有KM1的主触点闭合后，电动机M2才可能通电，这样就保证了M1启动后M2才能启动的顺序控制要求。

该电路的工作过程为：合上电源开关QS，按下按钮SB1→KM1线圈得电→KM1主触

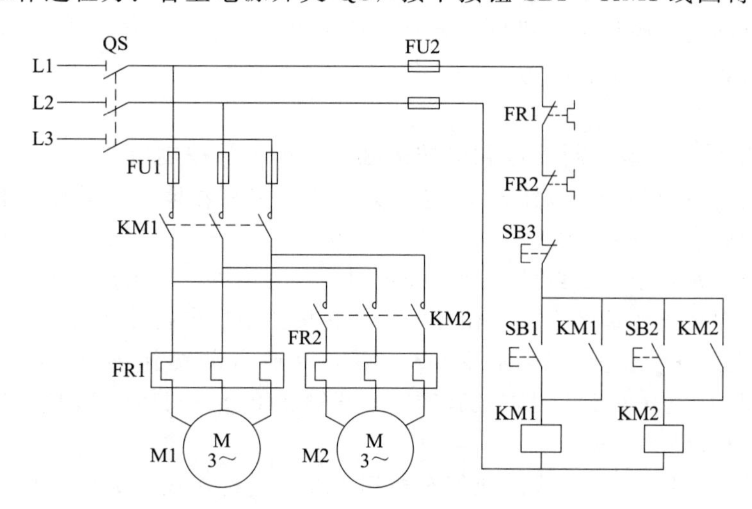

图3-24 顺序启动、同时停车的控制电路

点闭合→电动机 M1 启动连续运转→再按下按钮 SB2→KM2 线圈得电→KM2 主触点闭合→电动机 M2 启动连续运转。按下按钮 SB3→KM1 和 KM2 线圈失电，它们的主触点分断→电动机 M2 和 M1 同时停转。

（2）顺序启动、逆序停车的控制电路

如图 3-25 所示为顺序启动、逆序停车的控制电路图。图中电动机 M2 的控制电路中串联有接触器 KM1 的辅助常开触点，而 KM2 的常开触点与按钮 SB1 并联，这样就保证了 M1 启动后 M2 才能启动与 M2 停车后 M1 才能停车的顺序控制要求。

该电路的工作过程为：合上电源开关 QS，按下按钮 SB2→KM1 线圈得电→KM1 主触点闭合，电动机 M1 启动连续运转，KM1 辅助常开触点同时闭合（KM1 自锁，同时为 KM2 线圈得电做好准备）→再按下按钮 SB4→KM2 线圈得电→KM2 主触点闭合，电动机 M2 启动连续运转，KM2 辅助常开触点同时闭合（KM2 自锁，同时锁定 KM1 的停止按钮 SB1）。按下按钮 SB3→KM2 线圈失电→KM2 主触点分断、KM2 两个辅助常开触点断开→电动机 M2 停转→再按下按钮 SB1→KM1 主触点分断→电动机 M1 停转→KM1 两个辅助常开触点断开，为下次启动做好准备。

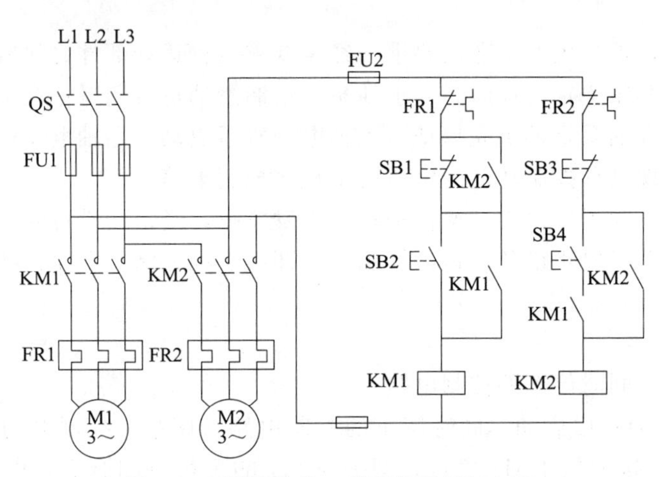

图 3-25　顺序启动、逆序停车控制电路

不同生产机械的控制要求不同，顺序控制电路有多种多样的形式，可以通过不同的电路来实现顺序控制功能，满足生产机械的要求，读者可自行总结。图 3-26 是某车床的顺序启动控制电路，读者可自行分析学习。

2. 多地控制电路

如图 3-27 所示为两地控制的过载保护接触器自锁正转控制电路。其中 SB12、SB11 为安装在甲地的启动按钮和停止按钮；SB22、SB21 为安装在乙地的启动按钮和停止按钮。电路的特点：两地的启动按钮 SB12、SB22 并联接在一起，停止按钮 SB11、SB21 串联接在一起，这样就可以分别在甲、乙两地启动和停止同一台电动机，达到操作方便之目的。对于三地或多地控制，只要把各地的启动按钮并接、停止按钮串接就可以实现。

该电路工作过程：合上电源开关 QS，按下甲地启动按钮 SB12（或乙地启动按钮 SB22）→KM 线圈得电→KM 主触点及其辅助常开触点闭合→电动机 M 启动连续运转，实现甲乙两地都可以启动。

按下甲地停车按钮 SB11（或乙地停车按钮 SB21）→KM 线圈失电→KM 主触点及其辅助常开触点断开→电动机 M 停止运转，实现甲乙两地都可以停车。

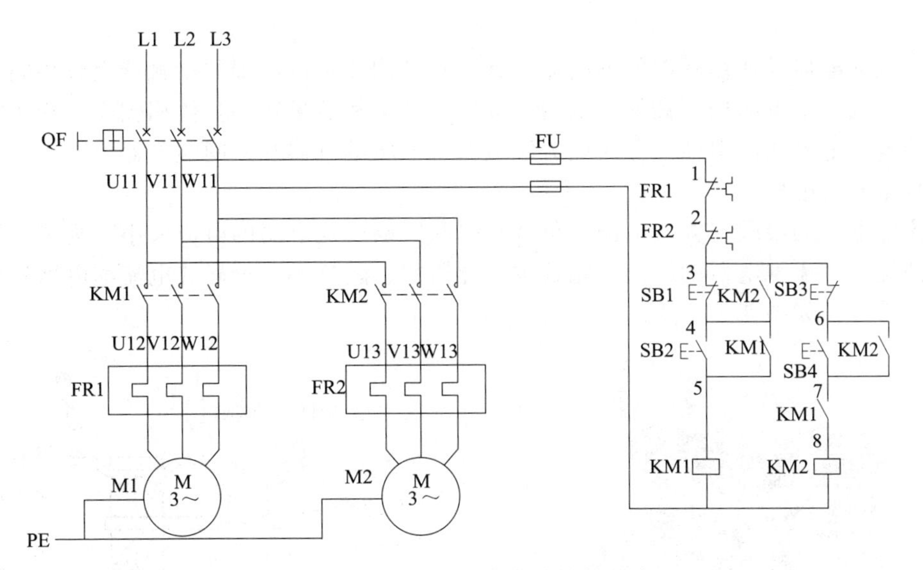

图 3-26 某车床的顺序启动控制电路

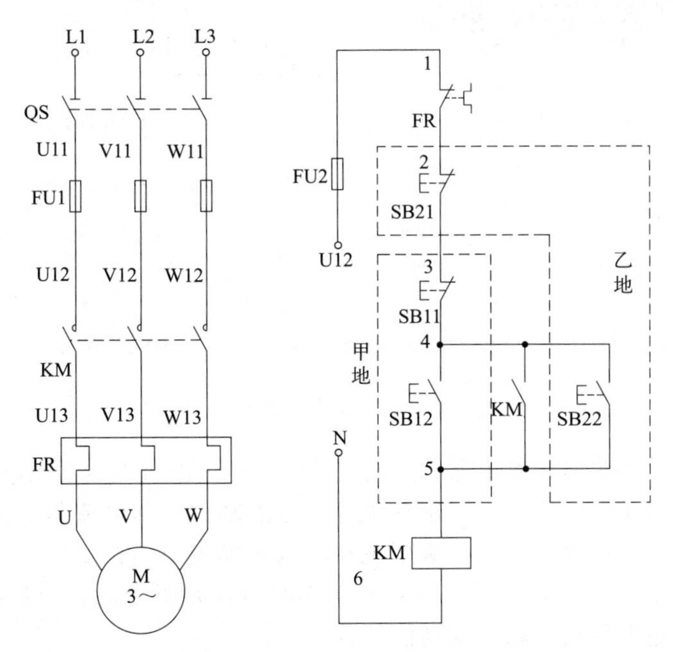

图 3-27 两地控制的过载保护接触器自锁正转控制电路

二、常用的继电器

继电器是根据某种输入物理量的变化来接通和分断控制电路的电器，通常应用于自动化控制电路中。它实际上是用小电流控制大电流的一种“自动开关”，故在电路中起着自动调节、安全保护、转换电路等作用。继电器的文字符号用字母 K 表示，细分时用双字母表示（如 KA、KI、KV、KS 等）。

继电器的种类很多，按用途分为控制继电器和保护继电器，按动作原理分为电磁式继电器、感应式继电器、电动式继电器、电子式继电器等，按输入信号分为电压继电器、中间继电器、时间继电器、速度继电器等。其中，时间继电器、速度继电器将会在后续任务中介绍。

1. 电磁式继电器

电磁式继电器是使用较多的继电器，其基本结构和工作原理与接触器大致相同。但由于它是用于切换小电流的控制和保护电器，其触点种类和数量较多，体积较小，动作灵敏，无须灭弧装置。电磁式继电器又分为电流继电器、电压继电器和中间继电器。

（1）电流继电器

电流继电器的线圈与被测电路（负载）串联，以反映电路的电流大小。为了不影响电路的工作情况，电流继电器的线圈应匝数少、导线粗、阻抗小。电磁式电流继电器外形、结构及图形文字符号如图 3-28 所示。

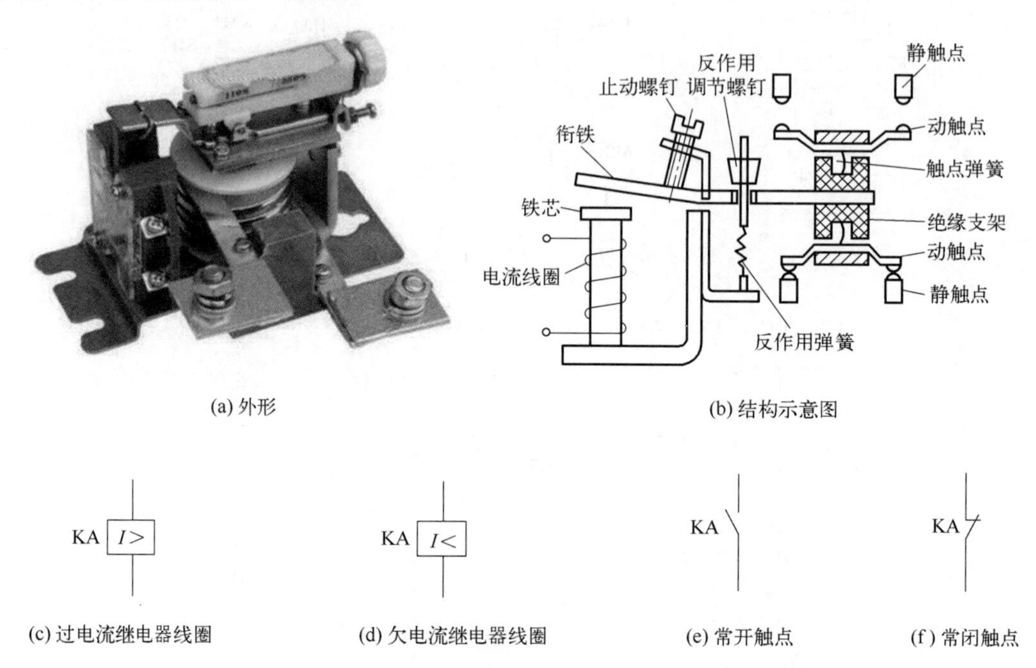

(a) 外形　(b) 结构示意图

(c) 过电流继电器线圈　(d) 欠电流继电器线圈　(e) 常开触点　(f) 常闭触点

图 3-28　电磁式电流继电器的外形、结构示意图及图形文字符号

电流继电器又分为过电流继电器和欠电流继电器。过电流继电器在电路正常工作时不动作，当负载电流超过某一整定值时，衔铁吸合、触点动作，其电流整定范围通常为 1～1.4 倍的线圈额定电流。欠电流继电器的吸引电流为线圈额定电流的 30%～65%，释放电流为额定电流的 10%～20%，因此，在电路正常工作时衔铁是吸合的，当负载电流降到某一整定值时，欠电流继电器释放，输出控制信号。

（2）电压继电器

电压继电器的结构与电流继电器相似，不同之处在于电压继电器反映电路电压的变化，其线圈是与负载并联的，线圈的匝数多、导线细、阻抗大。电压继电器有过电压继电器、欠电压继电器和零电压继电器之分。一般来说，过电压继电器在电压达到 110%～115%额定电压以上时动作，对电路进行过电压保护；而欠电压继电器在电压为 40%～70%额定电压时动作，对电路进行欠电压保护；零电压继电器在电压达到 5%～25%额定电压时动作，对电路进行零电压保护。电压继电器的具体动作值可根据实际情况进行整定。电压继电器的图形文字符号如图 3-29 所示。

（3）中间继电器

中间继电器是将一个输入信号变成一个或多个输出信号的继电器，其外形、结构及图形

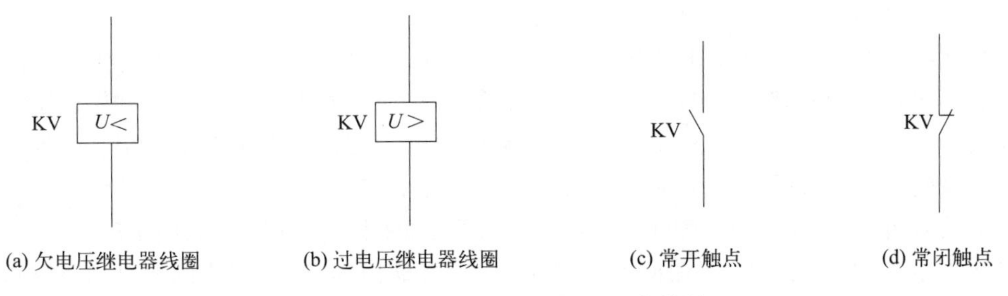

(a) 欠电压继电器线圈　(b) 过电压继电器线圈　(c) 常开触点　(d) 常闭触点

图 3-29　电压继电器的图形文字符号

文字符号如图 3-30 所示。它的原理与接触器完全相同，只是中间继电器的触点多、容量小（其额定电流一般为 5A）且无主辅触点之分，适用于在控制电路中把信号同时传递给几个有关的控制元件。其主要用途是当其他继电器的触点容量不够时，可借助中间继电器来扩大它们的触点数或触点容量。

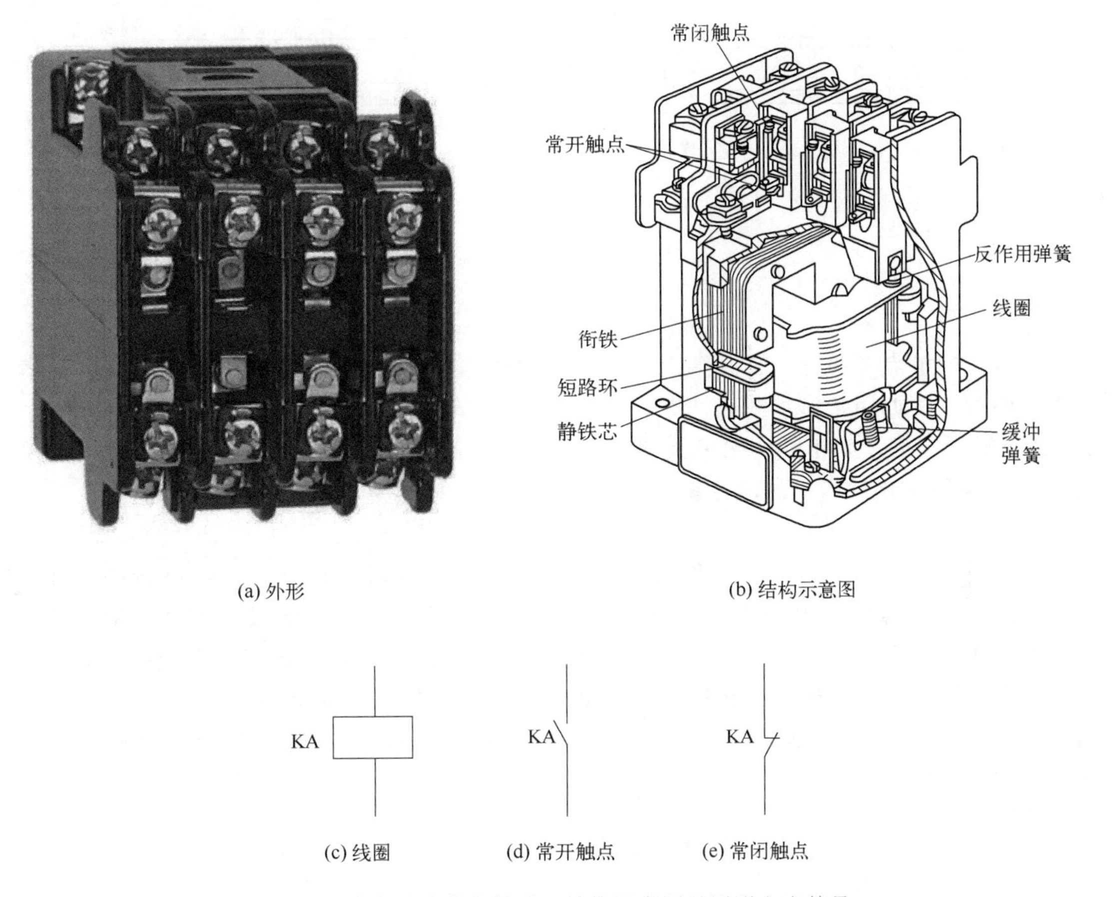

(a) 外形　(b) 结构示意图

(c) 线圈　(d) 常开触点　(e) 常闭触点

图 3-30　中间继电器的外形、结构示意图及图形文字符号

2. 干簧继电器

干式舌簧继电器简称干簧继电器，是一种密封触点的继电器。普通电磁式继电器由于动作部分惯量较大、动作速度不快，同时线圈电感较大，其时间常数也较大，因而对信号的反应不够灵敏。另外，普通电磁式继电器的触点暴露在外，易受污染，使触点接触不可靠。干簧继电器克服了普通电磁式继电器的上述缺点，具有快速动作、高度灵敏、稳定可靠和功耗

低等优点，被自动控制装置和通信设备广泛采用。

干簧继电器的主要部件是由铁镍合金制成的干簧片，它既能导磁又能导电，兼有普通电磁式继电器的触点和磁路系统的双重作用。干簧片装在密封的玻璃管内，管内充有纯净干燥的惰性气体，以防止触点表面氧化。为了提高触点的可靠性和减小接触电阻，通常在干簧片的触点表面镀有导电良好、耐磨的贵金属，如金、铂、铑等。

在干簧管外面套一个励磁线圈就构成一只完整的干簧继电器，如图 3-31（a）所示。当线圈通以电流时，在线圈的轴向产生磁场，该磁场使密封管内的两个干簧片被磁化闭合；当线圈电流消失后，两个干簧片也失去磁性，依靠其自身的弹性而恢复原位，使触点断开。

除了可以用通电线圈为干簧片励磁之外，还可以直接用一块永久磁铁靠近干簧片来励磁，如图 3-31（b）所示。当永久磁铁靠近干簧片时，其触点同样也被磁化而闭合；当永久磁铁离开干簧片时，其触点则断开。

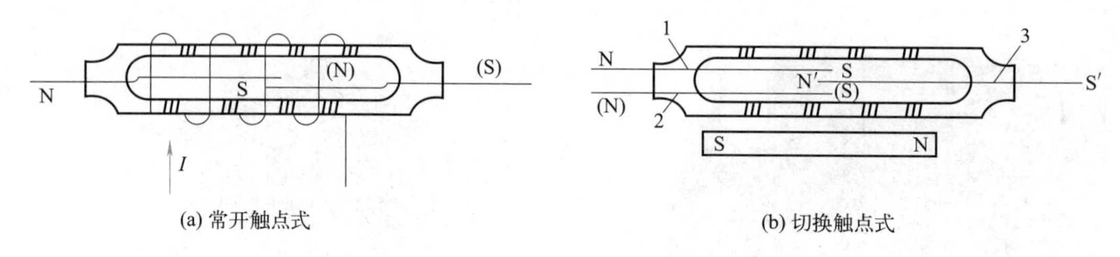

图 3-31　干簧继电器的结构示意图

1～3—干簧片

干簧片的触点有两种：常开触点［图 3-31（a）］与切换式触点［图 3-31（b）］。后者当给予励磁时（例如用条形永久磁铁靠近），干簧管中的三个干簧片均被磁化，其中干簧片 1、2 的触点被磁化后产生相同的磁极（图示为 S 极）而互相排斥，使常闭触点断开；而干簧片 1、3 的触点被磁化后产生的磁性相反而吸合。

3. 固态继电器

固态继电器简称 SSR，是一种无触点电子开关。因为可实现电磁式继电器的功能，所以称“固态继电器”；又由于其“断开”和“闭合”均无触点，因而又称为“无触点开关”。实际上，固态继电器以晶闸管或功率晶体管作为开关元件，用来接通或关断交流或直流负载的电子电路。与电磁式继电器相比，固态继电器具有体积小、重量轻、工作可靠、寿命长、对于外界干扰小、能与逻辑电路兼容、抗振动、防潮湿等特点。如图 3-32 为随机导通型固态继电器电气原理图。

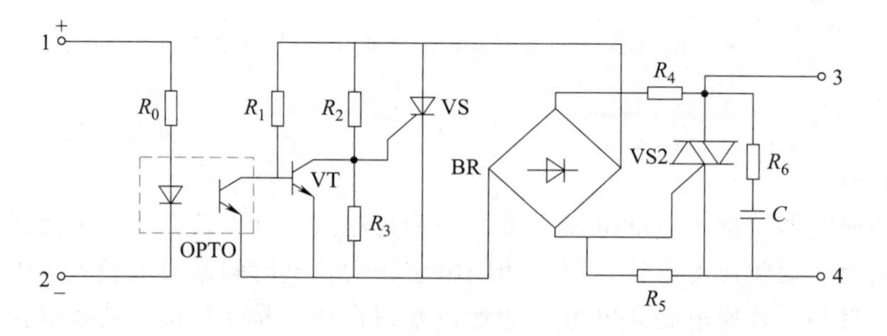

图 3-32　随机导通型固态继电器电气原理图

巩固提升

1. 自锁电路利用____________来保持输出动作，又称“自保持环节”。

2. 在机床电气控制电路中，异步电动机常用的保护环节有______、______和______。

3. 在机床电气控制电路中采用两地分别控制方式，其控制按钮连接的规律是（　　）。

A. 全为串联　　B. 全为并联

C. 启动按钮并联，停止按钮串联　　D. 启动按钮串联，停止按钮并联

4. 分析电气控制原理时应当（　　）。

A. 先机后电　　B. 先电后机　　C. 先辅后主　　D. 集零为整

5. 电磁机构中衔铁可靠地被吸住的条件是（　　）。

A. 电磁吸力大于弹簧反力

B. 电磁吸力等于弹簧反力

C. 电磁吸力小于弹簧反力

6. 欲使接触器 KM1 动作后接触器 KM2 才能动作，需要（　　）

A. 在 KM1 的线圈回路中串入 KM2 的常开触点

B. 在 KM1 的线圈回路中串入 KM2 的常闭触点

C. 在 KM2 的线圈回路中串入 KM1 的常开触点

D. 在 KM2 的线圈回路中串入 KM1 的常闭触点

7. 电气图有哪几种类型？其作用分别是什么？

8. 读电气原理图的步骤和方法是什么？

9. 试比较点动控制电路与自锁控制电路，从结构上看两者主要区别是什么？从功能上看两者主要区别是什么？

10. 自锁控制电路在长期工作后可能失去自锁作用，试分析原因。

11. 交流接触器线圈的额定电压为 220V，若误接到 380V 电源上会产生什么后果？反之，若交流接触器线圈额定电压为 380V，而电源线电压为 220V，其结果又如何？

知识闯关（请扫码答题）

项目三任务一　三相异步电动机自锁控制电路

任务二　三相异步电动机正反转控制电路的安装与调试

任务描述

在日常生活和工业生产中，很多机电设备都能可逆运行，例如电梯和起重机的升降、M7120 型磨床砂轮的升降等。它们的可逆运行一般都是由作为动力的三相异步电动机的正反转实现的。由三相异步电动机的工作原理可知，如果将其三相电源中的任意两相互换，就可以实现电动机的反转。

本任务通过学习、分析三相异步电动机正反转控制电路的工作原理，能够正确安装、调试三相异步电动机正反转控制电路。

电气互锁的三相异步电动机正反转控制电路

相关知识

一、三相异步电动机接触器互锁正反转控制电路分析

图 3-33 所示为接触器互锁的正反转控制电路。图中 KM1、KM2 分别为正、反转接触器，它们的主触点接线的相序不同，KM1 按 U→V→W 相序接线，KM2 按 V→U→W 相序接线。当按下按钮 SB2 时→KM1 线圈得电→KM1 主触点闭合（KM1 辅助常开触点同时闭合自锁）→电动机通电正转；按下按钮 SB1→KM1 线圈失电→KM1 主触点释放（KM1 辅助常开触点同时断开）→电动机断电停转。反转时，按下按钮 SB3→KM2 线圈得电→KM2 主触点闭合（KM2 辅助常开触点同时闭合自锁）→电动机通电反转；按下按钮 SB1→KM2 线圈失电→KM2 主触点释放（KM2 辅助常开触点同时断开）→电动机停转。

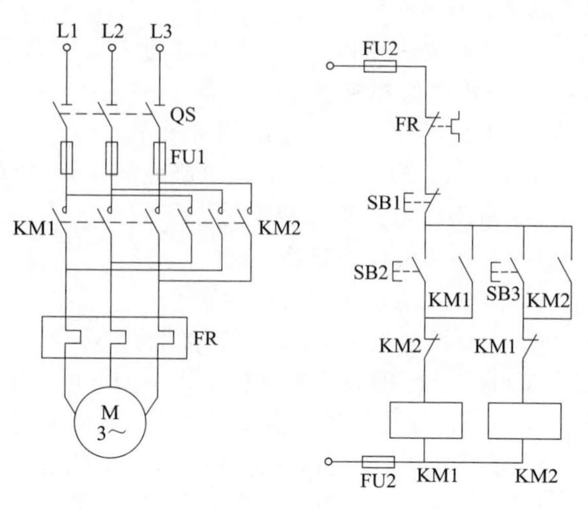

图 3-33　接触器互锁的正反转控制电路

为防止两个接触器同时得电而导致电源短路，在 KM1、KM2 线圈中互串一个对方的辅助常闭触点以构成相互制约关系，这种连接方式称为互锁或联锁，这对辅助常闭触点称为互锁触点或联锁触点。当电动机正转时，KM1 辅助常闭触点切断了 KM2 的线圈回路，而电动机反转时，KM2 辅助常闭触点切断了 KM1 线圈的回路。此时即便错按了反向启动按钮，也不会使 KM1、KM2 线圈同时得电，可以避免发生短路事故。

机械电气双重互锁的三相异步电动机正反转

二、三相异步电动机按钮、接触器双重互锁正反转控制电路分析

图 3-33 所示的接触器互锁正反转控制电路中，在正转过程中要求反转时必须先按下停

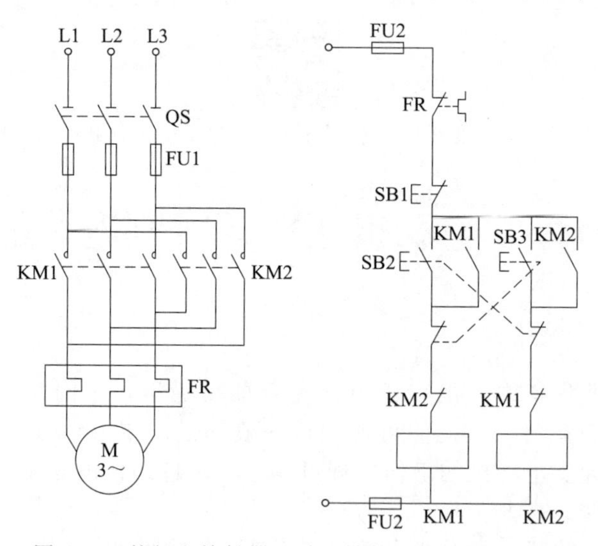

图 3-34　按钮和接触器双重互锁的正反转控制电路

止按钮 SB1，让 KM1 线圈失电后，才能按反转按钮使电动机反转，这给操作带来了不便。为了解决这个问题，在生产上常采用如图 3-34 所示的复式按钮和触点双重互锁的正反转控制电路。

双重互锁的正反转控制电路的单向启动运行原理与接触器互锁正反转控制电路的一样。当电动机正在正向运行时，按下 SB3 按钮，其常闭触点将会断开 KM1 线圈的回路，KM1 主触点释放、互锁触点恢复闭合，电动机断电，同时 SB3 的常开触点闭合接通 KM2 线圈，KM2 线圈得电自锁，KM2 主触点闭合，电动机通电反转。如果电动机正在反向运行，直接按下按钮 SB2 可以实现反转到正转的切换。

在图 3-34 中，接触器辅助常闭触点组成的互锁称为“电气互锁”，按钮 SB2 和 SB3 的常闭触点组成的互锁称为机械互锁。这种既有“电气互锁”又有“机械互锁”的电路，叫做“双重互锁”电路。在控制电路中，两种“互锁”同时发生故障的概率很低，确保两个接触器不会同时工作而使相间短路，所以这种电路可靠性高且操作方便，常用在电力拖动控制系统中。

任务实施

三相异步电动机正反转控制电路安装与调试

一、任务实施内容

三相异步电动机正反转控制电路的安装与调试。

二、任务实施要求

① 熟练识读三相异步电动机电气互锁正反转控制电路电气原理图。

② 能够设计三相异步电动机电气互锁正反转控制电路电器元件布置图和电气安装接线图。

③ 掌握三相异步电动机电气互锁正反转控制电路所用电器元件的性能检测与安装方法。

④ 能够正确安装、调试三相异步电动机电气互锁正反转控制电路。

⑤ 完成三相异步电动机电气互锁正反转控制电路的安装与调试任务实施工单。

三、任务所需电器元件、工具及其他材料

1. 任务所需电器元件

所需电器元件明细如表 3-5 所示。

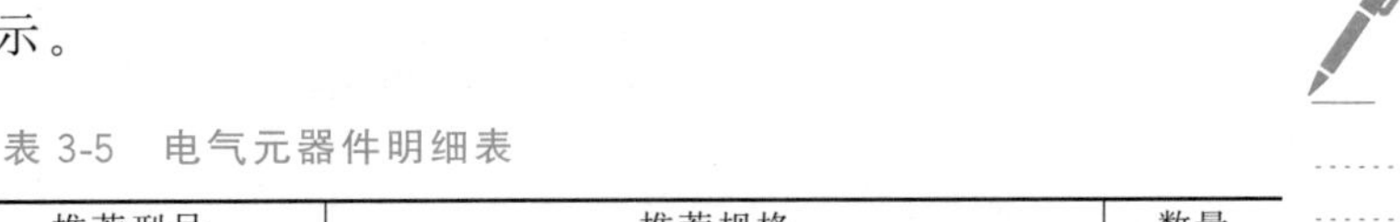

表 3-5　电气元器件明细表

代号	名称	推荐型号	推荐规格	数量
M	三相异步电动机	Y112M-4	4kW、380V、△接法、8.8A、1440r/min	1
QS	组合开关	HZ10-25/3	三相、额定电流 25A	1
FU1	螺旋式熔断器	RL1-60/25	380V、60A、熔体额定电流 25A	3
FU2	螺旋式熔断器	RL1-15/2	380V、15A、熔体额定电流 2A	2
KM	交流接触器	CJ10-20	20A、线圈电压 380V	2
FR	热继电器	JR16-20/3	三极、20A、整定电流 8.8A	1
SB	按钮	LA10-3H	保护式、500V、5A、按钮数 3、复合按钮	1
XT	端子排	JX2-1010	10A、10 节、380V	1

2. 任务所需工具

万用表、测电笔、螺丝刀、尖嘴钳、斜口钳、剥线钳、电工刀等。

3. 任务所需材料

(1) 控制板

采用尺寸为 600mm×500mm×20mm 控制板一块。

(2) 导线

主电路采用 BV1.5mm^2（红色、绿色、黄色），控制电路采用 BV1mm^2（黑色），按钮线采用 BVR0.75mm^2（红色），接地线采用 BVR1.5mm^2（黄绿双色）。导线数量由教师根据实际情况确定。

(3) 线鼻子和编码套管

按实际需要配发，简单电路可不用编码套管。

四、任务实施步骤与工艺要求

① 配齐工具仪表、器材及导线。

② 按照表 3-5 配置所用电器元件，并检验型号与性能。

③ 按照电器元件布置图，正确安装电器元件，并给每个电器元件贴上醒目的文字符号。

④ 设计绘制电气安装接线图。

⑤ 按照电气安装接线图进行布线和套编码管。

⑥ 安装完毕后，认真检查电路连接情况。

⑦ 在教师的监护下，通电试车。

闭合电源开关 QS，按下按钮 SB2，观察电动机启动情况与旋转方向。按下按钮 SB1，观察电动机是否停车，电动机停车后按下按钮 SB3，观察电动机是否运行，旋转方向是否发生反向。若遇到异常现象，应立即停车，检查故障。通电试车完毕后，切断电源。

五、完成任务实施工单

完成表 3-6 三相异步电动机正反转控制电路的安装与调试任务实施工单。

表 3-6　三相异步电动机正反转控制电路的安装与调试任务实施工单

班级：______　组别：______　学号：______　姓名：______　操作日期：______

安装前准备		
序号	准备内容	准备情况自查
1	知识准备	电气原理图是否熟悉　是□　否□　安装步骤是否掌握　是□　否□ 安装注意事项是否熟悉　是□　否□　通电前需检查内容是否熟悉　是□　否□ 绘制三相异步电动机电气互锁正反转控制电气原理图，并写出工作原理
2	器材准备	工具是否齐全　是□　否□　仪表是否完好　是□　否□ 组合开关是否完好　是□　否□　熔断器是否完好　是□　否□ 交流接触器是否完好　是□　否□　热继电器是否完好　是□　否□ 按钮是否完好　是□　否□　端子排是否完好　是□　否□ 控制板大小是否合适　是□　否□　导线数量是否够用　是□　否□ 电动机是否完好　是□　否□

续表

序号	准备内容	准备情况自查	
3	设计绘制电器元件布置图		
4	设计绘制电气安装接线图		
安装过程			
步骤			是否完成
1	电器元件安装	根据电器元件布置图，在控制板上正确安装电器元件，并给每个电器元件标注上醒目的文字符号	
2	布线	按照电气安装接线图进行布线和套编码管	
调试过程			
步骤			
1	接线检查	按电气原理图或电气安装接线图从电源端开始，逐段核对接线与接线端子处连接是否正确，有无漏接、错接之处。检查导线接点是否符合要求，压接是否牢固	
2	通电试车	合上电源开关 QS，连接电动机，记录三相异步电动机电气互锁正反转控制电路运行情况	
验收及收尾工作			
任务实施开始时间：	任务实施结束时间：	实际用时：	
控制电路正确安装完毕□	仪表挡位回位，工具归位□	台面与垃圾清理干净□	
成绩： 教师签字：　　日期：			

六、三相异步电动机正反转控制电路的安装与调试任务实施考核评价

三相异步电动机正反转控制电路的安装与调试任务实施考核评价参照表 3-7，包括技能考核、综合素质考核及安全文明操作等方面，定额时间由指导教师酌情增减。

表 3-7　三相异步电动机正反转控制电路的安装与调试任务实施考核评价

项目内容	配分/分	评分标准		得分/分
器材准备	5	不清楚电器元件的功能与作用	扣 2 分	
工具、仪表的使用	5	(1)不会正确使用工具	扣 2 分	
		(2)不能正确使用仪表	扣 3 分	
安装前检查	10	(1)电动机质量检查	每漏一处扣 2 分	
		(2)电器元件漏检或错检	每处扣 2 分	
安装电器元件	10	(1)不按电器元件布置图安装	扣 5 分	
		(2)电器元件安装不紧固	每只扣 4 分	
		(3)电器元件安装不整齐、不匀称、不合理	每只扣 3 分	
		(4)损坏电器元件	扣 15 分	

续表

项目内容	配分/分	评分标准		得分/分
布线	30	(1)不按电气原理图或电气安装接线图接线	扣10分	
		(2)布线不符合要求:主电路 控制电路	每根扣4分 每根扣2分	
		(3)接点松动、露铜过长、压绝缘层等	每个接点扣1分	
		(4)损伤导线绝缘或线芯	每根扣5分	
		(5)漏套或错套编码套管(教师要求)	每处扣2分	
		(6)漏接接地线	扣10分	
通电试车	25	通电试车,电路能实现电动机正反转控制功能。出现下面情况扣除相应分数。 (1)第一次试车不成功 (2)第二次试车不成功 (3)第三次试车不成功	 扣5分 扣15分 扣25分	
综合素质	15	从课堂纪律、学习能力、团结协作意识、沟通交流、语言表达、6S管理几个方面综合评价		
安全文明操作		违反安全文明生产规程	扣5~40分	
定额时间3h		每超时5min,扣5分		
		合计		
备注:各分项最高扣分不超过配分数				

七、常见故障分析

该电路故障发生率比较高,常见故障原因主要有以下几方面。

① 接通电源后,按启动按钮(SB2或SB3),接触器吸合,但电动机不转且发出“嗡嗡”声响;或者虽能启动,但转速很慢。

分析:这种故障大多是主电路一相断线或电源缺相。

② 控制电路时通时断,互锁不起作用。

分析:互锁触点接错,在正反转控制电路中均用自身接触器的常闭触点作为互锁触点。

③ 按下启动按钮,电路不动作。

分析:互锁触点用的是接触器辅助常开触点。

④ 电动机只能点动正转控制。

分析:自锁触点用的是另一接触器的辅助常开触点。

⑤ 按下按钮SB2,接触器KM1剧烈振动,不能稳定吸合。

分析:把辅助常闭触点误接到自身线圈的回路中。接触器KM1线圈吸合后常闭触点断开,接触器KM1线圈失电释放,常闭触点又接通,接触器KM1线圈又吸合,触点又断开,所以会出现接触器KM1不吸合的现象。

⑥ 在电动机正转或反转时,按下按钮SB1不能停车。

分析:原因可能是按钮SB1失效。

⑦ 合上电源开关QS后,熔断器FU2马上熔断。

分析:原因可能是KM1或KM2线圈、触点短路。

⑧ 合上电源开关QS后,熔断器FU1马上熔断。

分析:原因可能是KM1或KM2短路、电动机相间短路、正反转主电路换相线接错等。

⑨ 按下按钮SB2后电动机正常运行,再按下按钮SB3,熔断器FU1马上熔断。

分析:KM1、KM2辅助常闭触点联锁不起作用。

知识拓展——几种常用的开关

一、倒顺开关

倒顺开关是连通、断开电源或负载，可以使电动机正转或反转的低压电器元件，主要用于三相小功率电动机的正反转。常见的倒顺开关如图 3-35（a）所示。

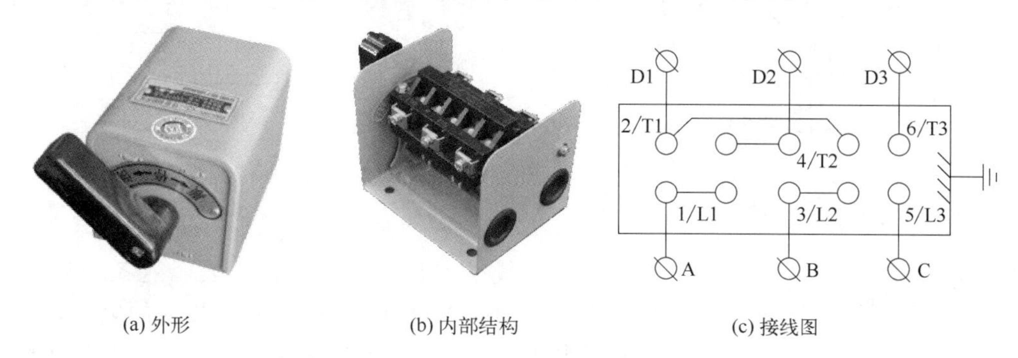

(a) 外形　　(b) 内部结构　　(c) 接线图

图 3-35　倒顺开关的外形、内部结构及接线图

一般三相倒顺开关有两排六个端子，调相通过中间触点换向接触，使三相电分别以 A→B→C 或 A→C→B 的顺序输出，从而达到换相目的。倒顺开关共有三个位置，即向左右转动时开关接通，转动到中间位置时三相电源断开。图 3-35（c）所示为倒顺开关的接线图。

二、万能转换开关

万能转换开关主要用于各种控制电路的转换、电压表与电流表的换相测量控制、配电装置电路的转换和遥控等。万能转换开关还可以用于直接控制小容量电动机的启动、调速和换向。如图 3-36 所示为不同型号的万能转换开关。

图 3-36　不同型号的万能转换开关

万能转换开关是由多组相同结构的触点组件叠装而成的多回路控制电器，它由操作机构、定位装置、触点、接触系统、转轴、手柄等部件组成，如图 3-37 所示。触点在绝缘基座内，为双断点触点桥式结构，动触点设计成自动调整式以保证通断时的同步性，静触点装在触点座内。使用时依靠凸轮和支架进行操作，控制触点的闭合和断开，具体为用手柄带动转轴和凸轮推动触点接通或断开。由于凸轮的形状不同，当手柄处在不同位置时，触点的吻合情况不同，从而达到转换电路的目的。

万能转换开关的手柄操作位置是以角度表示的。由于其触点的分合状态与操作手柄的位置有关，所以，除在电路图中画出触点图形符号外，还应画出操作手柄与触点分合状态的关系。如图 3-38 所示是 LW5 型万能转换开关的图形符号和触点通断表。图形符号中有 6 个回路，

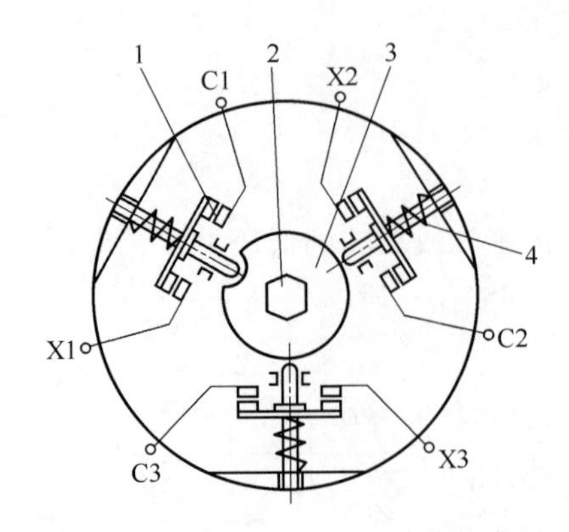

图 3-37　万能转换开关的结构示意图

1—触点；2—转轴；3—凸轮；4—触点弹簧

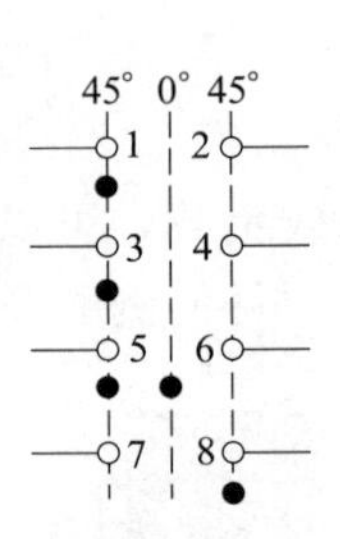

(a) 图形符号

LW5-15D0403/2				
触点编号		45°	0°	45°
—╱—	1-2	×		
—╱—	3-4	×		
—╱—	5-6	×	×	
—╱—	7-8			×

(b) 触点通断表

图 3-38　LW5 型万能转换开关的图形符号和触点通断表

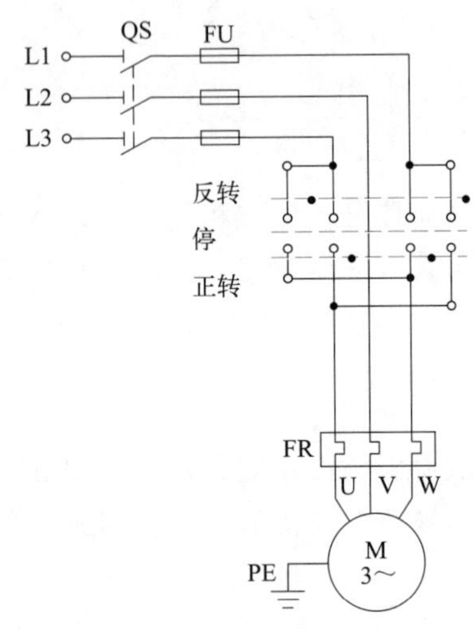

图 3-39　万能转换开关控制的正反转电路

3 个挡位连线下有黑点“·”的，表示这条电路是接通的。在触点通断表中用“×”表示被接通的电路，空格表示转换开关在该位置时此电路是断开的。当万能转换开关打向左 45°时，触点 1-2、3-4、5-6 闭合，触点 7-8 断开；打向 0°时，只有触点 5-6 闭合；打向右 45°时，触点 7-8 闭合，其余触点断开。

三、万能转换开关正反转控制电路

对于不频繁启动的小功率电动机可以采用万能转换开关来控制其正反转。这种控制电路简单，操作方便，如图 3-39 所示。图中万能转换开关处于“停”位时，三相电源没有接通，电动机停止。当开关手柄置于“正转”位时，接通了三相电源，电动机开始正转。当开关手柄置于“反转”位时，与处于“正转”位时相比较，进入电动机的电源线有两相进行了交换，即最左边和最右边互换了，从而改变了进入电动机的电源相序，使电动机反向运行。

巩固提升

1. 三相异步电动机正反转控制电路中，如果两个接触器同时得电，可能会造成________。

2. 三相异步电动机正反转控制电路中，为避免主电路的电源两相短路采取的措施是________。

3. 欲使接触器 KM1 和接触器 KM2 实现互锁控制，需要（　　）。

A. 在 KM1 的线圈回路中串入 KM2 的常开触点

B. 在 KM1 的线圈回路中串入 KM2 的常闭触点

C. 在两接触器的线圈回路中互相串入对方的常开触点

D. 在两接触器的线圈回路中互相串入对方的常闭触点

4. 在操作接触器联锁正反转控制电路时，要使电动机从正转变为反转，正确的方法是（　　）。

A. 可直接按下反转启动按钮　　B. 可直接按下正转启动按钮

C. 必须先按下停止按钮，再按下反转启动按钮　　D. 都可以

5. 电气控制电路的安装步骤和工艺要求是什么?

6. 什么是互锁? 互锁和自锁的区别是什么?

7. 在电动机正反转控制电路中，为什么必须保证两个接触器不能同时工作? 采用哪些措施可解决此问题?

知识闯关（请扫码答题）

项目三任务二　三相异步电动机正反转控制电路

任务三　三相异步电动机自动往返控制电路的安装与调试

任务描述

为提高生产效率，往往需要生产设备能够在两点之间做自动往复运转，例如工地自动往返运料车、机床自动往返工作台等。这些设备之所以能实现自动往返控制，除了利用任务二中电动机的正反转外，还引入了行程开关，用行程开关检测生产设备的运动位置，继而控制电动机实现正反转自动切换。

认识行程开关

本任务在熟练掌握三相异步电动机正反转控制的基础上，学习、分析其自动往返控制电路，能够正确安装、调试三相异步电动机自动往返控制电路。

相关知识

一、行程开关

行程开关又称位置开关或限位开关，它是依据生产机械的行程发出命令以控制生产机械运行方向或行程长短的主令电器。若将其安装于生产机械终点处，以限制生产机械行程，则称为行程开关或终点开关。行程开关按结构不同可以分为直动式、滚轮式和微动式，其结构基本相同，主要区别在于传动机构。常用行程开关的外形如图 3-40 所示，其图形文字符号如图 3-41 所示。

微动开关是具有瞬时动作和微小行程的行程开关，其结构原理图如图 3-42 所示。当推杆被压下时，弹簧片产生变形，储存能量并产生位移。当达到预定的临界点时，弹簧片连同触点一起动作。当外力消失时，推杆在弹簧片的作用下迅速复位，触点恢复原状。

直动式行程开关的结构、工作原理与按钮相同，有自动复位式和非自动复位式两种，如图 3-43 所示。单轮旋转式行程开关的结构原理图如图 3-44 所示。当运动机构的挡铁压到行程开关的滚轮时，传动杠杆连同转轴一起运动，凸轮推动撞块使常闭触点断开、常开触点闭合。挡铁移开后，复位弹簧使其复位（双轮旋转式不能自动复位）。

图 3-40　常用行程开关的外形

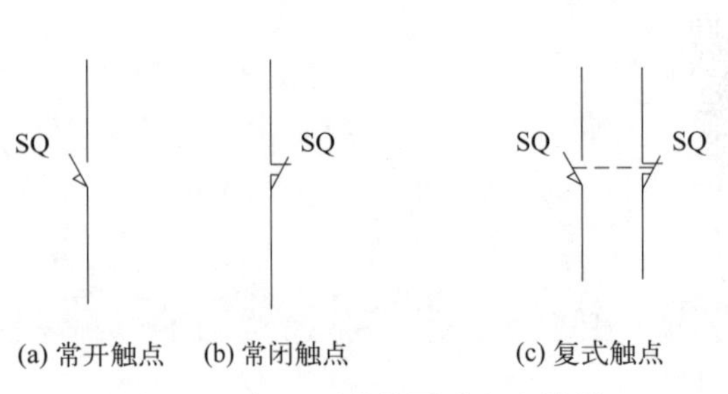

图 3-41　行程开关的图形文字符号

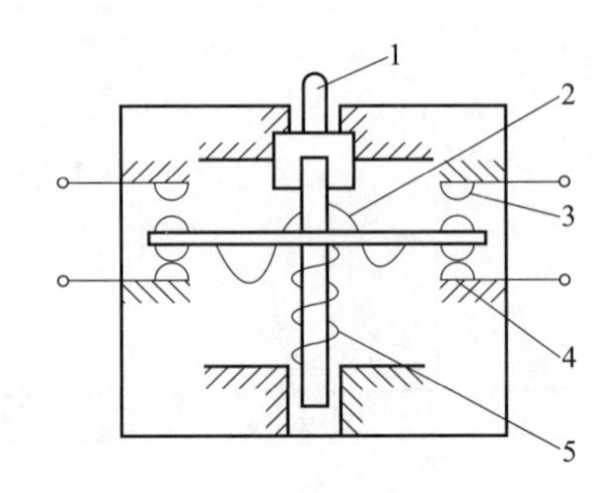

图 3-42　微动式行程开关的结构原理图

1—推杆；2—弯形片状弹簧；3—常开触点；4—常闭触点；5—复位弹簧

三相异步电动机自动返往控制电路

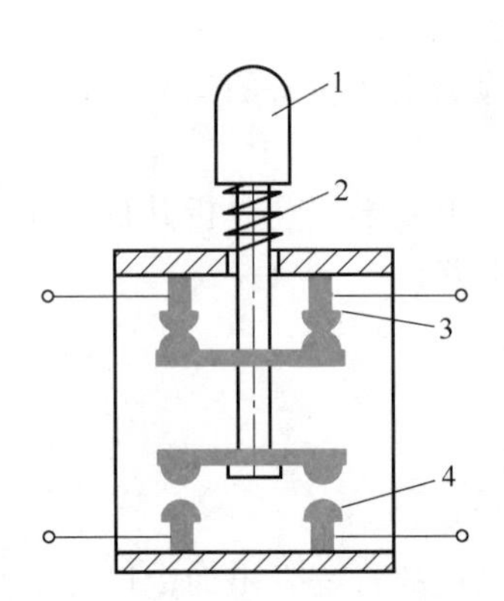

图 3-43　直动式行程开关的结构原理图

1—推杆；2—弹簧；3—常闭触点；4—常开触点

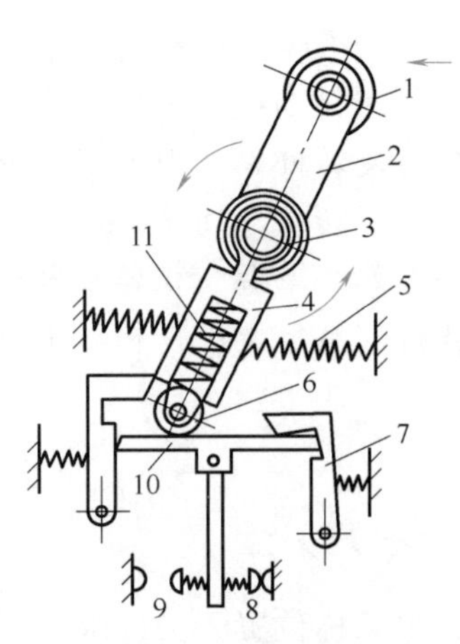

图 3-44　单轮旋转式行程开关的结构原理图

1—滚轮；2—上转臂；3—盘形弹簧；4—套架；5,11—弹簧；6—小滚轮；7—压板；8,9—触点；10—横板

二、三相异步电动机自动往返控制电路分析

行程开关控制的电动机正反转自动往返控制电路如图 3-45 所示。为了使电动机的正反转控制与工作台的左右运动相配合，在控制电路中设置了四个行程开关 SQ1～SQ4，并把它们安装在工作台需限位的地方。其中 SQ1、SQ2 用来自动换接电动机正反转控制电路，实现工作台的自动往返行程控制；SQ3、SQ4 用来作终端保护，以防止 SQ1、SQ2 失灵造成工作台越过限定位置而发生事故。在工作台边的 T 形槽中装有两块挡铁，挡铁 1 只能和 SQ1、SQ3 相碰撞，挡铁 2 只能和 SQ2、SQ4 相碰撞。当工作台运动到所限位置时，挡铁碰撞行

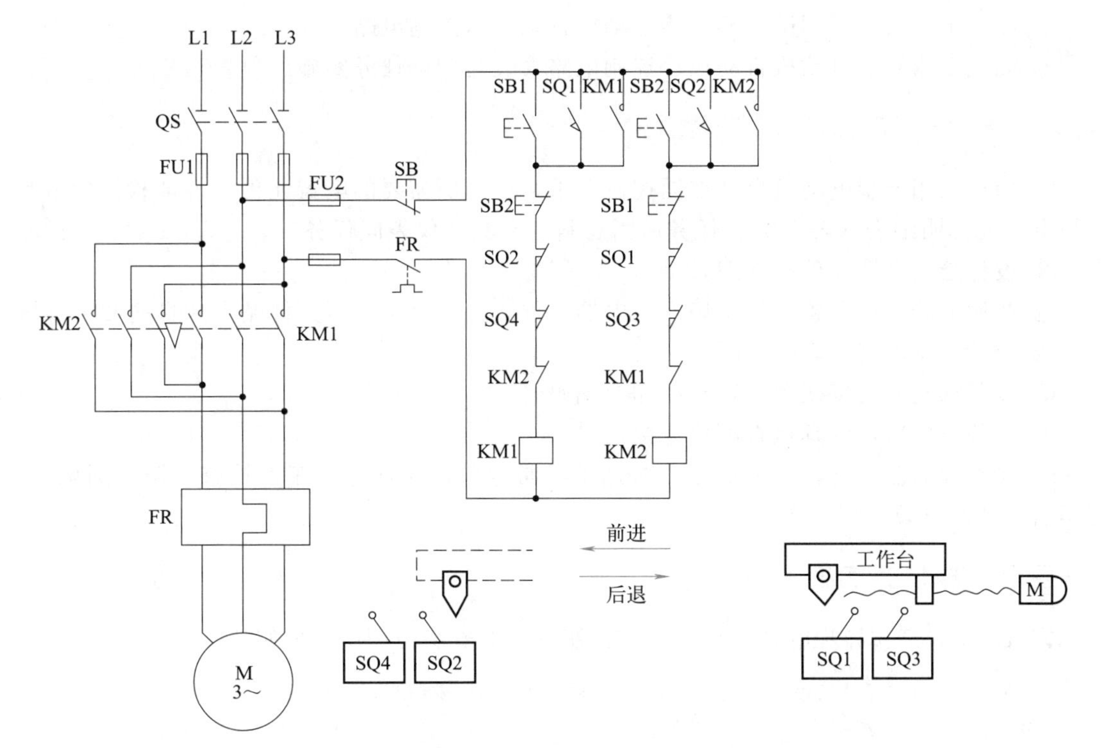

图 3-45 行程开关控制的三相异步电动机正反转自动往返控制电路

程开关，使其触点动作，自动换接电动机正反转控制电路，通过机械传动机构使工作台自动往返运动。工作台行程可通过移动挡铁位置来调节，如拉开两块挡铁间的距离，行程就短，反之则长。

三相异步电动机自动往返控制电路

三相异步电动机自动往返控制电路安装与调试

三相异步电动机自动往返控制电路工作过程：合上电源开关 QS，按下前进启动按钮 SB1→接触器 KM1 线圈得电→KM1 主触点和自锁触点闭合→电动机 M 正转→带动工作台前进→当工作台运行到 SQ2 位置时→挡铁压下 SQ2→其常闭触点断开（常开触点闭合）→使 KM1 线圈失电→KM1 主触点和自锁触点失开→KM2 线圈得电→KM2 主触点和自锁触点闭合→电动机 M 因电源相序改变而变为反转→拖动工作台后退→当挡铁又压下 SQ1 时→KM2 线圈失电→KM1 线圈又得电动作→电动机 M 正转→带动工作台前进，如此循环往复。按下停止按钮 SB，接触器 KM1 或 KM2 线圈失电释放，电动机从停止转动，工作台停止。

任务实施

一、任务实施内容

三相异步电动机自动往返控制电路的安装与调试。

二、任务实施要求

① 熟练识读三相异步电动机自动往返控制电路电气原理图。

② 能够正确选择三相异步电动机自动往返控制电路所需电器元件，并进行性能检测。

③ 能够设计三相异步电动机自动往返控制电路电器元件布置图和电气安装接线图。

④ 能够正确安装、调试三相异步电动机自动往返控制电路。

⑤ 完成三相异步电动机自动往返控制电路安装与调试任务实施工单。

三、任务实施步骤与工艺要求

① 根据三相异步电动机自动往返控制要求，选择所需要的电器元件。性能检测完好后，填写电器元件明细表（表 3-8）。任务所需材料、工具及仪表同任务二。

② 设计绘制电器元件布置图。

③ 按照电器元件布置图，正确安装电器元件，并给每个电器元件贴上醒目的文字符号。

④ 设计绘制电气安装接线图。

⑤ 按照电气安装接线图进行布线和套编码管。

⑥ 安装完毕后，认真检查电路连接情况。

⑦ 在教师的监护下，通电试车。若遇到异常现象，应立即停车，检查故障。通电试车完毕后，切断电源。

四、完成任务实施工单

完成表 3-8 三相异步电动机自动往返控制电路的安装与调试任务实施工单。

表 3-8　三相异步电动机自动往返控制电路的安装与调试任务实施工单

班级：______　组别：______　学号：______　姓名：______　操作日期：______

<table>
<tr><td colspan="3">安装前准备</td></tr>
<tr><td>序号</td><td>准备内容</td><td>准备情况自查</td></tr>
<tr><td>1</td><td>知识准备</td><td>电气原理图是否熟悉　是□　否□　安装步骤是否掌握　是□　否□
安装注意事项是否熟悉　是□　否□　通电前需检查内容是否熟悉　是□　否□
绘制三相异步电动机自动往返控制电气原理图，并写出工作原理</td></tr>
<tr><td>2</td><td>自动往返控制电路所需电器元件选择</td><td>自动往返控制电路电器元件明细表
<table>
<tr><td>代号</td><td>名称</td><td>型号、规格</td><td>数量</td></tr>
<tr><td></td><td></td><td></td><td></td></tr>
<tr><td></td><td></td><td></td><td></td></tr>
<tr><td></td><td></td><td></td><td></td></tr>
<tr><td></td><td></td><td></td><td></td></tr>
<tr><td></td><td></td><td></td><td></td></tr>
<tr><td></td><td></td><td></td><td></td></tr>
<tr><td></td><td></td><td></td><td></td></tr>
<tr><td></td><td></td><td></td><td></td></tr>
<tr><td></td><td></td><td></td><td></td></tr>
<tr><td></td><td></td><td></td><td></td></tr>
</table>
</td></tr>
</table>

续表

<table>
<tr><td>序号</td><td>准备内容</td><td colspan="2">准备情况自查</td></tr>
<tr><td>3</td><td>器材检查情况</td><td colspan="2">工具是否齐全 是□ 否□　仪表是否完好 是□ 否□
组合开关是否完好 是□ 否□　熔断器是否完好 是□ 否□
交流接触器是否完好 是□ 否□　热继电器是否完好 是□ 否□
按钮是否完好 是□ 否□　行程开关是否完好 是□ 否□
端子排是否完好 是□ 否□　控制板大小是否合适 是□ 否□
导线数量是否够用 是□ 否□　电动机是否完好 是□ 否□</td></tr>
<tr><td>4</td><td>设计绘制电器元件布置图</td><td colspan="2"></td></tr>
<tr><td>5</td><td>设计绘制电气安装接线图</td><td colspan="2"></td></tr>
<tr><td colspan="4">安装过程</td></tr>
<tr><td>步骤</td><td colspan="2"></td><td>是否完成</td></tr>
<tr><td>1</td><td>电器元件安装</td><td>根据电器元件布置图，在控制板上正确安装电器元件，并给每个电器元件标注上醒目的文字符号</td><td></td></tr>
<tr><td>2</td><td>布线</td><td>按照电气安装接线图进行布线和套编码管</td><td></td></tr>
<tr><td colspan="4">调试过程</td></tr>
<tr><td>步骤</td><td colspan="2"></td><td></td></tr>
<tr><td>1</td><td>接线检查</td><td colspan="2">按电气原理图或电气安装接线图从电源端开始，逐段核对接线与接线端子处连接是否正确，有无漏接、错接之处。检查导线接点是否符合要求，压接是否牢固</td></tr>
<tr><td>2</td><td>通电试车</td><td colspan="2">合上电源开关 QS，连接电动机，记录电动机自动往返控制电路运行情况</td></tr>
<tr><td colspan="4">验收及收尾工作</td></tr>
<tr><td colspan="4">任务实施开始时间：　　任务实施结束时间：　　实际用时：</td></tr>
<tr><td colspan="4">控制电路正确装配完毕□　　仪表挡位回位，工具归位□　　台面与垃圾清理干净□</td></tr>
<tr><td colspan="4">成绩：
教师签字：　　日期：</td></tr>
</table>

五、三相异步电动机自动往返控制电路的安装与调试任务实施考核评价

三相异步电动机自动往返控制电路的安装与调试任务实施考核评价参照表 3-9，包括技能考核、综合素质考核及安全文明操作等方面，定额时间由指导教师酌情增减。

表 3-9　三相异步电动机自动往返控制电路的安装与调试任务实施考核评价

<table>
<tr><td>项目内容</td><td>配分/分</td><td colspan="2">评 分 标 准</td><td>得分/分</td></tr>
<tr><td rowspan="2">器材准备</td><td rowspan="2">5</td><td>(1)不清楚电器元件的功能及作用</td><td>扣 2 分</td><td rowspan="2"></td></tr>
<tr><td>(2)不能正确选用电器元件</td><td>扣 3 分</td></tr>
<tr><td rowspan="2">工具、仪表的使用</td><td rowspan="2">5</td><td>(1)不会正确使用工具</td><td>扣 2 分</td><td rowspan="2"></td></tr>
<tr><td>(2)不能正确使用仪表</td><td>扣 3 分</td></tr>
<tr><td rowspan="2">安装前检查</td><td rowspan="2">10</td><td>(1)电动机质量检查</td><td>每漏一处扣 2 分</td><td rowspan="2"></td></tr>
<tr><td>(2)电气元器件漏检或错检</td><td>每处扣 2 分</td></tr>
</table>

续表

项目内容	配分/分	评分标准		得分/分
安装电器元件	10	(1)不按电器元件布置图安装	扣5分	
		(2)电器元件安装不紧固	每只扣4分	
		(3)电器元件安装不整齐、不匀称、不合理	每只扣3分	
		(4)损坏电器元件	扣15分	
布线	30	(1)不按电气原理图或电气安装接线图接线	扣10分	
		(2)布线不符合要求:主电路 控制电路	每根扣4分 每根扣2分	
		(3)接点松动、露铜过长、压绝缘层等	每个接点扣1分	
		(4)损伤导线绝缘或线芯	每根扣5分	
		(5)漏套或错套编码套管(教师要求)	每处扣2分	
		(6)漏接接地线	扣10分	
通电试车	25	通电试车,电路能实现电动机自动往返控制功能。出现下面情况扣除相应分数。 (1)第一次试车不成功 (2)第二次试车不成功 (3)第三次试车不成功	 扣5分 扣15分 扣25分	
综合素质	15	从课堂纪律、学习能力、团结协作意识、沟通交流、语言表达、6S管理几个方面综合评价		
安全文明操作		违反安全文明生产规程	扣5～40分	
定额时间2h	每超时5min,扣5分			
	合计			
备注:各分项最高扣分不超过配分数				

知识拓展——接近开关

接近开关又称无触点行程开关，它是一种无须与运动部件进行直接机械接触操作的位置开关。当金属检测体接近开关的感应区域时，接近开关就能无接触、无压力、无火花地发出电气指令，准确反映出运动机构的位置和行程，从而驱动直流电器或向计算机（PLC）装置提供控制指令。

不同种类的接近开关如图3-46所示，其图形文字符号如图3-47所示。

图3-46　不同种类的接近开关

SQ　　SQ

(a) 常开触点　　(b) 常闭触点

图3-47　接近开关的图形文字符号

接近开关由传感接收、信号处理、驱动输出三部分组成，是一种理想的电子开关量传感器。它既有行程开关、微动开关的特性，又有传感性能，具有动作可靠、性能稳定、频率响应快、应用寿命长、抗干扰能力强、防水、耐腐蚀等特点。

接近开关使用于一般的行程控制，其定位精度、操作频率、使用寿命、安装调整的方便性和对恶劣环境的适用能力是一般机械式行程开关所不能相比的，广泛应用于机床、冶金、化工、轻纺和印刷行业。在自动控制系统中，接近开关可作为限位、计数、定位控制和自动保护环节等。接近开关产品有电感式、电容式、霍尔式、光电式、热释电式等。

一、接近开关的类型

因为位移传感器可以根据不同的原理和不同的方法做成，而不同的位移传感器对物体的“感知”方法也不同，所以常见的接近开关有以下几种。

1. 无源接近开关

这种开关不需要电源，通过磁力感应控制开关的闭合状态。当磁铁或者铁质触发器靠近开关磁场时，和开关内部磁力作用控制闭合。该开关具有不需要电源、非接触式、免维护、环保等一系列的优点。

2. 涡流式接近开关

这种开关有时也称电感式接近开关。当导电物体接近这种开关时，开关的电磁场能使物体内部产生涡流。这个涡流反作用到接近开关，使开关内部电路参数发生变化，由此识别出有无导电物体移近，进而控制开关的通或断。这类开关具有抗干扰性能好、开关频率高（大于 200Hz）等优点，能应用在各种机械设备上作位置检测、计数信号拾取等。但这种接近开关所能检测的物体必须是导电体。

3. 电容式接近开关

这种开关通常是把检测量作为电容器的一个极板，而另一个极板是开关的外壳。开关的外壳在测量过程中通常接地或与设备的机壳相连接。当有物体移向接近开关时，不论它是否为导体，由于它的接近，总要使电容的介电常数发生变化，从而使电容量发生变化，使得和测量头相连的电路状态也随之发生变化，由此便可控制开关的接通或断开。这种接近开关检测的对象不限于导体，也可以是绝缘的液体或粉状物等。

4. 霍尔接近开关

霍尔元件是一种磁敏元件。利用霍尔元件做成的开关，称为霍尔开关。当磁性物体移近或远离霍尔开关时，开关检测面上的霍尔元件因产生霍尔效应而使开关内部电路状态发生变化，由此识别附近有无磁性物体存在，进而控制开关的通或断。这种接近开关的检测对象必须是磁性物体。

5. 光电式接近开关

利用光电效应做成的开关，称为光电开关。将发光器件与光电器件按一定方向装在同一个检测头内，当有反光面（被检测物体）接近时，光电器件接收到反射光后便有信号输出，由此便可“感知”有物体接近。

二、接近开关的主要作用

1. 检验距离

检测升降设备的停止、启动、通过位置；检测车辆的位置，防止两物体相撞；检测工作机械的设定位置，移动机器或部件的极限位置；检测回转体的停止位置，阀门的开或关的位置。

2. 尺寸控制

金属板冲剪的尺寸控制装置；自动选择、鉴别金属件长度；检测自动装卸时堆物高度；检测物品的长、宽、高和体积。

3. 检测物体在某处是否存在

检测生产包装线上有无产品包装箱，检测有无产品零件。

4. 转速与速度控制

控制传送带的速度；控制旋转机械的转速；与各种脉冲发生器一起控制转速和转数。

5. 计数及控制

检测生产线上流过的产品数；高速旋转轴或盘的转数计量；零部件计数。

6. 检测异常

检测瓶盖有无；判断产品合格与不合格；检测包装盒内的金属制品缺乏与否；区分金属与非金属零件；检测产品有无标牌；起重机危险区报警；安全扶梯自动启停。

7. 计量控制

产品或零件的自动计量；检测计量器、仪表的指针范围而控制数或流量；检测浮标控制测面高度、流量；检测不锈钢桶中的铁浮标；仪表量程上限或下限的控制、流量控制、水平面控制。

8. 识别对象

根据载体上的码识别是与非。

9. 信息传送

ASI（总线）连接设备上各个位置的传感器在生产线（50～100m）中的数据往返传送等。

三、接近开关的选用

① 根据应用场合与控制对象选择接近开关种类。

② 根据机械与限位开关的传力与位移关系选择合适的操作头形式。

③ 根据控制回路的额定电压和额定电流选择系列。

④ 根据安装环境选择防护形式。

巩固提升

1. 三相异步电动机自动往返控制电路中，将行程开关的________触点串联在正向控制接触器线圈的上方，将行程开关的________触点并联在反向启动按钮两端即可。

2. 行程开关在自动往返控制电路中的作用是________和________。

3. 在图 3-43 所示的三相异步电动机自动往返控制电路中，若要求工作台退回到原位停止，该怎么办？

SQ1　　SQ2

B　　A

图 3-48　往返控制工作台

4. 电路设计。如图 3-48 所示，在往返控制工作台中，小车向右移动到 A 点即换向左移，到 B 点自动停止。试设计主电路和控制电路。（电动机可采用直接启动）

知识闯关（请扫码答题）

项目三任务三　三相异步电动机自动往返控制电路

任务四 三相异步电动机星-三角降压启动控制电路的安装与调试

任务描述

在机电设备中，往往会用到多台电动机。例如，CA6140 型普通车床使用三台电动机，Z3040 型摇臂钻床使用四台电动机。这些电动机容量有小有大，对于小容量电动机可以直接启动，但对于大容量电动机则往往需要降压启动。三相异步电动机降压启动方式有很多，星-三角降压启动是较常用的一种。

本任务学习并熟练掌握星-三角降压启动原理，能够正确安装、调试三相异步电动机星-三角降压启动控制电路。

认识时间继电器

相关知识

一、时间继电器

三相异步电动机的降压启动过程一般是靠时间继电器的延时作用自动完成的。时间继电器的线圈得电或失电后其延时触点会经过一定延时才产生动作。时间继电器按动作原理与构造不同，可分为电磁式、电动式、空气阻尼式和电子式等多种，常用的为空气阻尼式和电子式。根据触点延时的特点，时间继电器可以分为通电延时型和断电延时型两种。时间继电器的图形文字符号如图 3-49 所示。

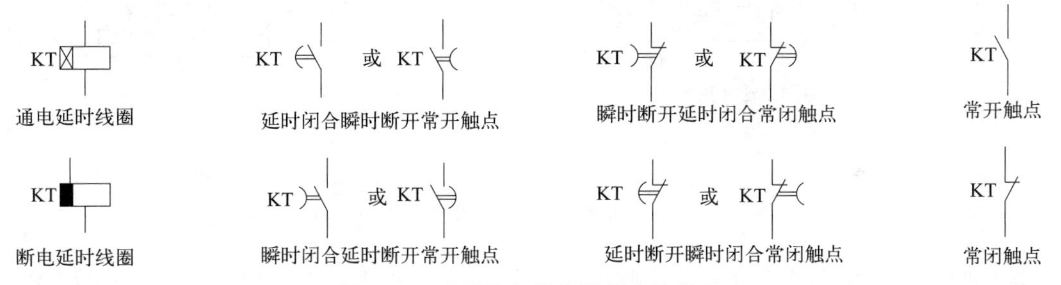

图 3-49 时间继电器的图形文字符号

1. 空气阻尼式时间继电器

空气阻尼式时间继电器（图 3-50）由电磁系统、工作触点、空气室及传动机构等四部分组成。它分为通电延时和断电延时两种类型，如图 3-51 所示。

（1）通电延时型时间继电器

如图 3-51（a）所示，当线圈 1 得电后，铁芯 2 将衔铁 3 吸合，同时推板 5 使微动开关 16 立即动作。活塞杆 6 在塔形弹簧 8 的作用下，带动活塞 12 与橡胶膜 10 向上移动。由于橡胶膜下方气室内空气稀薄，形成负压，因此活塞杆 6 不能迅速上移。当空气由进气孔 14 进入时，活塞杆才逐渐上移。活塞杆移到最上端时，杠杆 7 使微动开关 15 动作。延时时间即为自电磁铁吸引线圈得电时刻起到微动开关 15 动作止这段时间。通过调节螺杆 13 来改变进气孔的大小就可以调节延时时间。

当线圈 1 失电时，衔铁 3 在复位弹簧 4 的作用下将活塞 12 推向最下端。活塞被往下推

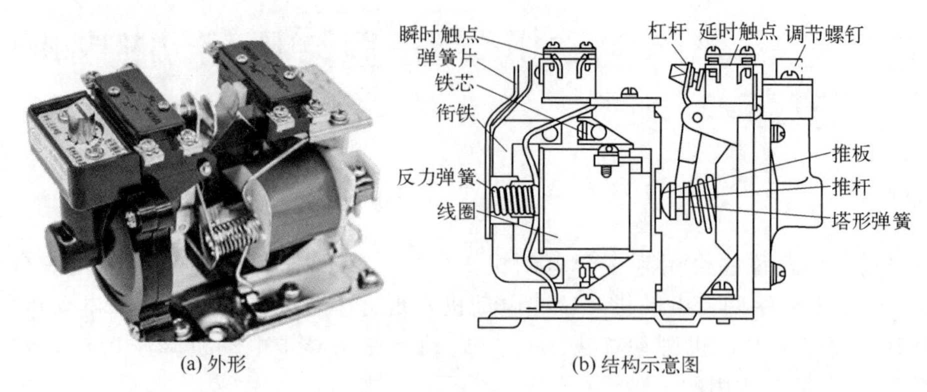

(a) 外形　　(b) 结构示意图

图 3-50　空气阻尼式时间继电器的外形及结构示意图

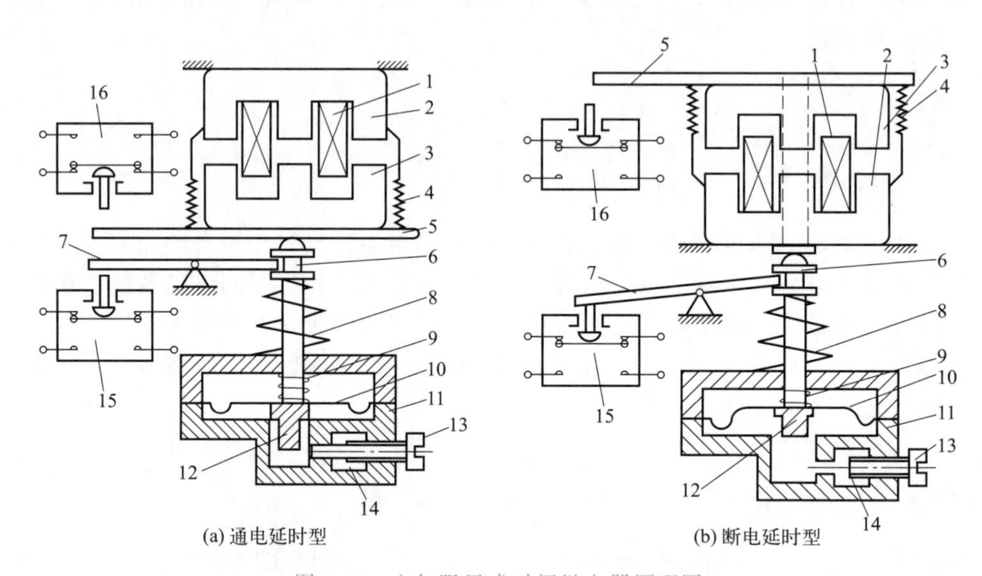
(a) 通电延时型　　(b) 断电延时型

图 3-51　空气阻尼式时间继电器原理图

1—线圈；2—铁芯；3—衔铁；4—复位弹簧；5—推板；6—活塞杆；7—杠杆；8—塔形弹簧；9—弱弹簧；10—橡胶膜；11—空气室壁；12—活塞；13—调节螺杆；14—进气孔；15,16—微动开关

时，橡胶膜下方气室内的空气通过橡胶膜 10、弱弹簧 9 和活塞 12 肩部所形成的单向阀，经上气室缝隙顺利排掉，因此延时与不延时的微动开关 15 与 16 都能迅速复位。

（2）断电延时型时间继电器

将图 3-51（a）所示的电磁机构翻转 180°安装后，可得到如图 3-51（b）所示的断电延时型时间继电器。它的工作原理与通电延时型相似，微动开关 15 是在吸引线圈失电后延时动作的。

空气阻尼式时间断电器的优点是结构简单、寿命长、价格低，还附有不延时的触点，所以应用较为广泛。其缺点是准确度低、延时误差大（±10%～±20%），在要求延时精度高的场合不宜采用。

2. 电子式时间继电器

电子式时间继电器按构成可分为 R-C 式晶体管时间继电器和数字式时间继电器。电子式时间继电器多用于电力传动、自动顺序控制及各种过程控制系统中，并以其延时范围宽、精度高、体积小、工作可靠的优势逐步取代传统的电磁式、空气阻尼式等时间继电器。常见的电子式时间继电器如图 3-52 所示。

图 3-52 常见的电子式时间继电器

JS20 型单结晶体管通电延时型时间继电器电路如图 3-53 所示。接通电源后，经 VD1 整流、C1 滤波、VZ 稳压后的直流电压，通过 RP2、R4、VD2 向电容器 C2 以极小的时间常数快速充电，与此同时也通过 RP1、R2 向电容器 C2 充电。电容器 C2 上的电压在预充电压的基础上，依指数规律逐渐升高，当此电压大于单结晶体管 VT 的峰点电压 U_P 时，单结晶体管 VT 导通，输出脉冲电压触发小型晶闸管 VS。VS 导通后使执行继电器 K 线圈得电、衔铁吸合，其触点将接通或分断外电路。利用执行继电器 K 的一个常开触点将 C2 短路，使电容器 C2 迅速放电。同时其常开触点断开，使氖指示灯 HL 启辉，表示延时完毕。切断电源时，K 释放，电路恢复原始状态，等待下次动作。电位器 RP1 用于调节延时时间。

晶体管时间继电器受延时原理限制，不易做成长延时，且延时精度易受电压、温度的影响，精度较低，延时过程也不能显示，因此应用范围较窄。

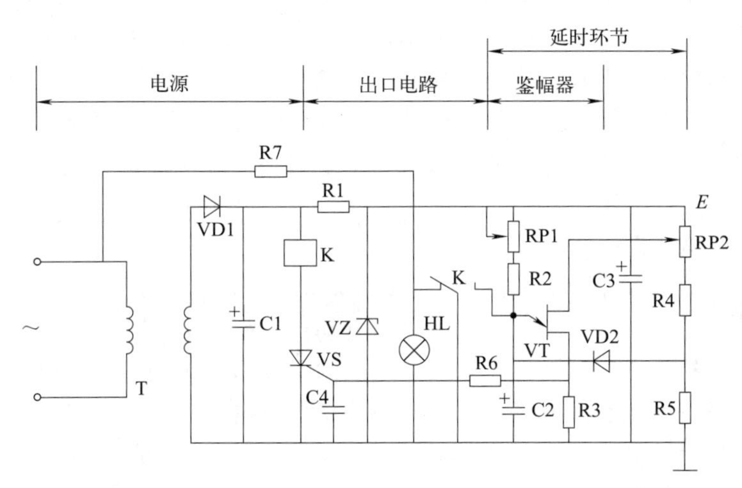

图 3-53 JS20 型单结晶体管通电延时型时间继电器电路

常用的电子式时间继电器还有 JS13、JS14、JS15 和 ST3P 系列，图 3-54 是 ST3P 系列时间继电器的接线图。

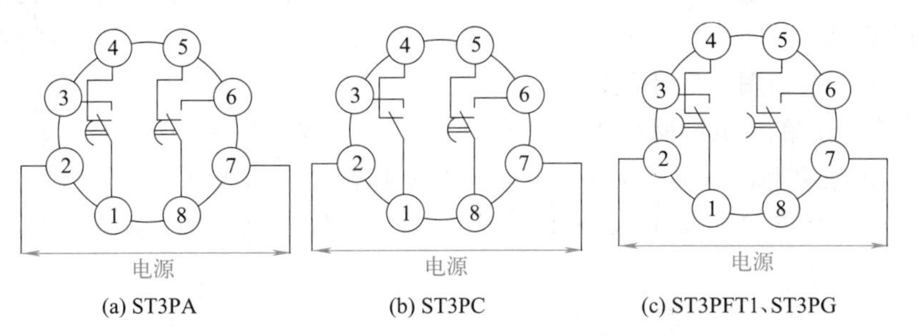

图 3-54 ST3P 系列时间继电器的接线图

3. 时间继电器的选用

① 根据控制电路的控制要求，选择时间继电器的延时类型。

② 根据对延时精度要求不同，选择时间继电器的类型。对延时精度不高的场合，一般选用电磁式时间继电器或空气阻尼式时间继电器；对延时精度要求高的场合，应选用晶体管式时间继电器或电动式时间继电器。

③ 考虑环境温度变化的影响。在环境温度变化较大的场合，不宜选用晶体管式时间继电器。

④ 考虑电源参数变化的影响。对于电源电压波动大的场合，选用空气阻尼式时间继电器比晶体管式时间继电器好；在电源频率波动大的场合，则不宜采用电动式时间继电器。

⑤ 考虑延时触点种类、数量和瞬动触点种类、数量是否满足控制要求。

星-三角降压启动电路原理

二、三相异步电动机星-三角降压启动控制电路分析

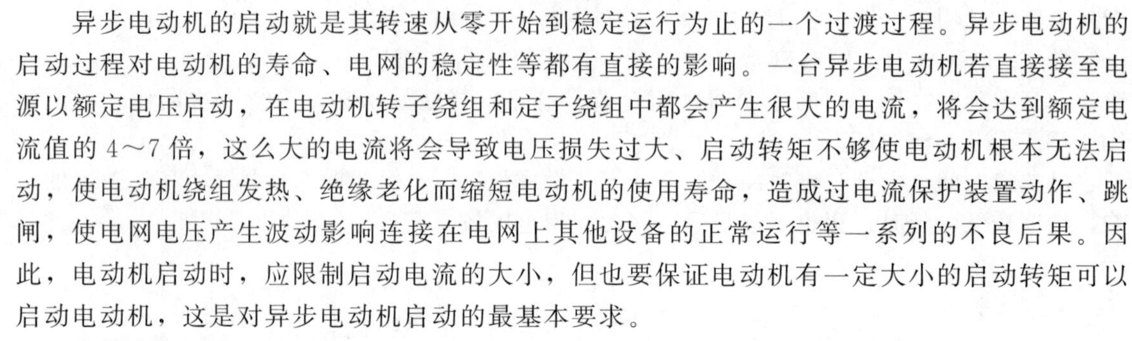

异步电动机的启动就是其转速从零开始到稳定运行为止的一个过渡过程。异步电动机的启动过程对电动机的寿命、电网的稳定性等都有直接的影响。一台异步电动机若直接接至电源以额定电压启动，在电动机转子绕组和定子绕组中都会产生很大的电流，将会达到额定电流值的 4～7 倍，这么大的电流将会导致电压损失过大、启动转矩不够使电动机根本无法启动，使电动机绕组发热、绝缘老化而缩短电动机的使用寿命，造成过电流保护装置动作、跳闸，使电网电压产生波动影响连接在电网上其他设备的正常运行等一系列的不良后果。因此，电动机启动时，应限制启动电流的大小，但也要保证电动机有一定大小的启动转矩可以启动电动机，这是对异步电动机启动的最基本要求。

在实际应用中，若是小型笼型异步电动机，并且电源容量相对足够大，可采用直接启动的方法。从电动机容量的角度讲，通常认为满足下列条件之一即可直接启动，否则应采用降压启动的方法。

① 容量在 10kW 以下。

② 符合经验公式：$\frac{I_{ST}}{I_N}<\frac{3}{4}+\frac{\text{供电变压器容量（kV·A）}}{4\times\text{启动电动机功率}}$。

降压启动的目的是减小启动电流以及对电网的不良影响，但它同时降低了启动转矩，所以这种启动方法只适用于空载或轻载启动时的笼型异步电动机。笼型异步电动机降压启动的方法通常有定子绕组串电阻或电抗器降压启动、定子绕组串自耦变压器降压启动、Y-△变换降压启动、延边三角形降压启动四种方法。绕线转子异步电动机可在转子回路中串接电阻器或频敏变阻器实现减小启动电流的目的。

1. 三相异步电动机的接线

三相异步电动机的定子绕组共有六个引线端，分别固定在接线盒内的接线柱上，各相绕组的首端分别用 U1、V1、W1 表示，末端用 U2、V2、W2 表示。定子绕组的首末端在机座接线盒内的排列次序如图 3-55 所示。

定子绕组有星形和三角形两种接法。若将 U2、V2、W2 接在一起，U1、V1、W1 分别接到 A、B、C 三相电源上，电动机为星形接法，其实际接线图与原理接线图如图 3-56 所示。

如果将 U1 接 W2、V1 接 U2、W1 接 V2，然后分别接到三相电源上，电动机就是三角形接法，如图 3-57 所示。

2. 星-三角的降压启动控制电路分析

凡是正常运行时定子绕组接成三角形且绕组六个抽头均引出的笼型异步电动机，都可采用星-三角的降压启动方法来达到限制启动电流的目的。Y 系列笼型异步电动机 4kW 以上者均为三角形接法，故都可以采用星-三角降压启动的方法。

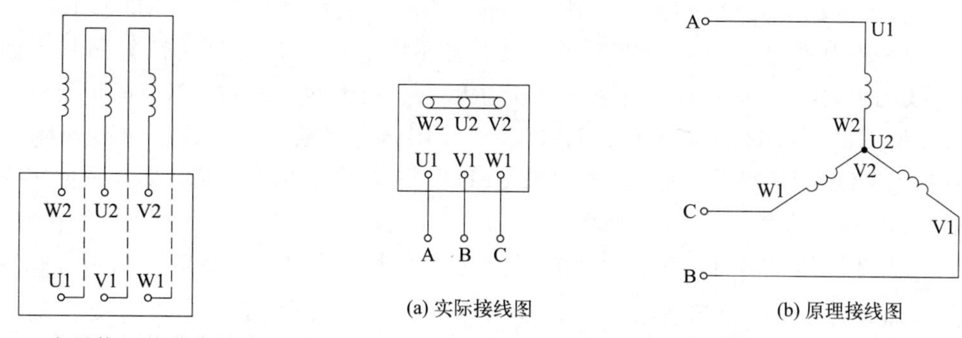

(a) 实际接线图　(b) 原理接线图

图 3-55　定子绕组的首末端在机座接线盒内的排列次序

图 3-56　三相异步电动机星形绕组接线图

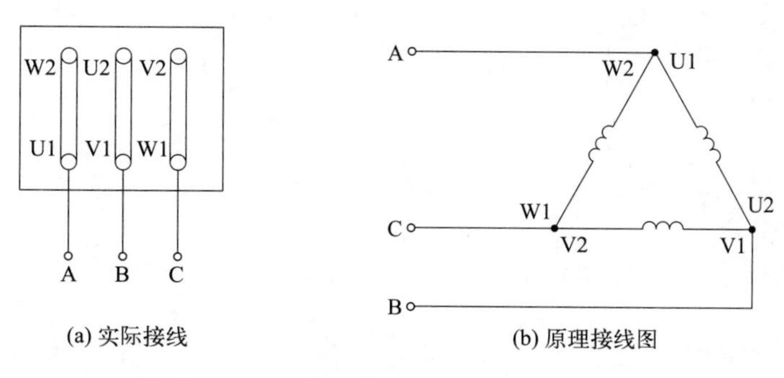

(a) 实际接线　(b) 原理接线图

图 3-57　三相异步电动机三角形绕组接线图

图 3-58 为三相异步电动机星-三角降压启动控制电路。图中，UU′、VV′、WW′为电动机三相绕组，当 KM3 的主触点闭合时，相当于将绕组的三个尾端 U′、V′、W′连接到了一起，此时为星形接法。当 KM2 的主触点闭合时，相当于把 U 与 V′、V 与 W′、W 与 U′分别连在一起，即三相绕组头尾相连，此时为三角形接法。

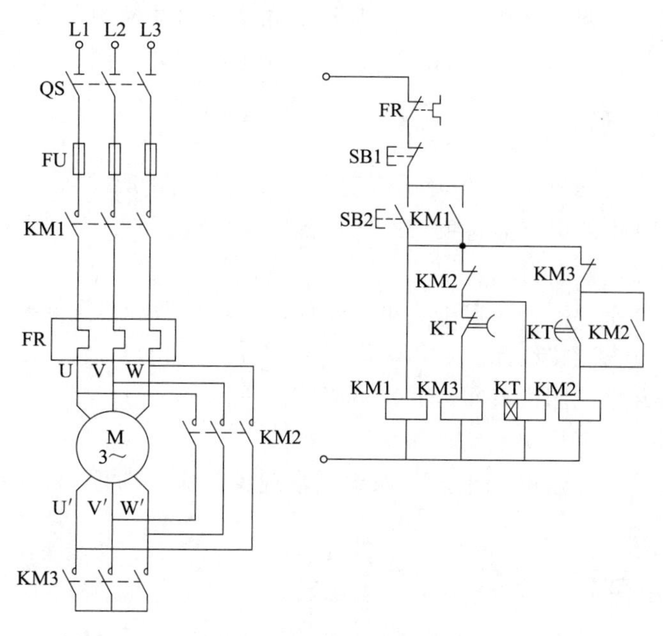

图 3-58　三相异步电动机星-三角降压启动控制电路

当合上电源开关QS以后，按下启动按钮SB2，接触器KM1、KM3和KT三线圈得电，KM1线圈得电并自锁，电动机星形启动。经KT延时，其延时断开常闭触点断开，切断KM3线圈电路，KM3线圈失电释放，其主触点和辅助触点复位。KT的延时动合常开触点闭合，使KM2线圈得电并自锁，KM2主触点闭合，将电动机接成三角形运行，KM2常闭触点将KT线圈从电路中断开。图中的KM2、KM3采用互锁控制，防止同时得电而造成电源短路。

星-三角降压启动时，定子绕组在星形连接状态下的启动电压为三角形直接启动电压的$1/\sqrt{3}$，启动转矩为三角形直接启动转矩的1/3，启动电流也为三角形直接启动电流的1/3。与其他降压启动相比，星-三角降压启动投资少、电路简单、操作方便，但电动机启动转矩较小。这种降压启动方法适合用于电动机的空载或轻载启动，故多在轻载或空载启动的机床电路中应用。

任务实施

星-三角降压启动电路安装与调试

一、任务实施内容

三相异步电动机星-三角降压启动控制电路的安装与调试。

二、任务实施要求

① 熟练识读三相异步电动机星-三角降压启动控制电路电气原理图。

② 能够正确选择三相异步电动机星-三角降压启动控制电路所需电器元件，并进行性能检测。

③ 能够设计三相异步电动机星-三角降压启动控制电路电器元件布置图和电气安装接线图。

④ 能够正确安装、调试三相异步电动机星-三角降压启动控制电路。

⑤ 完成表三相异步电动机星-三角降压启动控制电路安装与调试任务实施工单。

三、任务实施步骤

① 根据三相异步电动机星-三角降压启动控制要求，选择所需要的电器元件。性能检测完好后，填写表3-10中的电器元件明细表。任务所需材料、工具及仪表同任务二。

② 设计绘制电器元件布置图。

③ 按照电器元件布置图，正确安装电器元件，并给每个电器元件贴上醒目的文字符号。

④ 设计绘制电气安装接线图。

⑤ 按照电气安装接线图进行布线和套编码管。

⑥ 安装完毕后，认真检查电路连接情况。

⑦ 在教师的监护下，通电试车。若遇到异常现象，应立即停车，检查故障。通电试车完毕后，切断电源。

四、完成任务实施工单

完成三相异步电动机星-三角降压启动控制电路的安装与调试任务实施工单。

表 3-10 三相异步电动机星-三角降压启动控制电路的安装与调试任务实施工单

班级：______ 组别：______ 学号：______ 姓名：______ 操作日期：______

<table>
<tr><td colspan="3">安装前准备</td></tr>
<tr><td>序号</td><td>准备内容</td><td>准备情况自查</td></tr>
<tr><td>1</td><td>知识准备</td><td>电气原理图是否熟悉 是□ 否□ 安装步骤是否掌握 是□ 否□
安装注意事项是否熟悉 是□ 否□ 通电前需检查内容是否熟悉 是□ 否□
绘制三相异步电动机星-三角降压启动控制电路电气原理图，并写出工作原理</td></tr>
<tr><td>2</td><td>星-三角降压启动控制电路所需电器元件选择</td><td>星-三角降压启动控制电路电器元件明细表
<table><tr><td>代号</td><td>名称</td><td>型号、规格</td><td>数量</td></tr><tr><td></td><td></td><td></td><td></td></tr><tr><td></td><td></td><td></td><td></td></tr><tr><td></td><td></td><td></td><td></td></tr><tr><td></td><td></td><td></td><td></td></tr><tr><td></td><td></td><td></td><td></td></tr><tr><td></td><td></td><td></td><td></td></tr><tr><td></td><td></td><td></td><td></td></tr><tr><td></td><td></td><td></td><td></td></tr><tr><td></td><td></td><td></td><td></td></tr><tr><td></td><td></td><td></td><td></td></tr></table></td></tr>
<tr><td>3</td><td>器材检查情况</td><td>工具是否齐全 是□ 否□ 仪表是否完好 是□ 否□
组合开关是否完好 是□ 否□ 熔断器是否完好 是□ 否□
交流接触器是否完好 是□ 否□ 热继电器是否完好 是□ 否□
按钮是否完好 是□ 否□ 时间继电器是否完好 是□ 否□
端子排是否完好 是□ 否□ 控制板大小是否合适 是□ 否□
导线数量是否够用 是□ 否□ 电动机是否完好 是□ 否□</td></tr>
<tr><td>4</td><td>设计绘制电器元件布置图</td><td></td></tr>
<tr><td>5</td><td>设计绘制电气安装接线图</td><td></td></tr>
</table>

<table>
<tr><td colspan="4">安装过程</td></tr>
<tr><td>步骤</td><td colspan="2"></td><td>是否完成</td></tr>
<tr><td>1</td><td>电器元件安装</td><td>根据电器元件布置图，在控制板上正确安装电器元件，并给每个电气元器件标注上醒目的文字符号</td><td></td></tr>
<tr><td>2</td><td>布线</td><td>按照电气安装接线图进行布线和套编码管</td><td></td></tr>
</table>

续表

调试过程			
步骤			是否完成
1	接线检查	按电气原理图或电气安装接线图从电源端开始，逐段核对接线与接线端子处连接是否正确，有无漏接、错接之处。检查导线接点是否符合要求，压接是否牢固	
2	通电试车	合上电源开关 QS，连接电动机，记录电动机星-三角降压启动控制电路运行情况	
验收及收尾工作			
任务实施开始时间：	任务实施结束时间：	实际用时：	
控制电路正确装配完毕□	仪表挡位回位，工具归位□	台面与垃圾清理干净□	
成绩： 教师签字：　　　　日期：			

五、三相异步电动机星-三角降压启动控制电路的安装与调试任务实施考核评价

三相异步电动机星-三角降压启动控制电路的安装与调试任务实施考核评价参照表 3-11，包括技能考核、综合素质考核及安全文明操作等方面，定额时间由指导教师酌情增减。

表 3-11　三相异步电动机星-三角降压启动控制电路的安装与调试任务实施考核评价

项目内容	配分/分	评分标准		得分/分
器材准备	5	(1)不清楚电器元件的功能与作用	扣 2 分	
		(2)不能正确选用电器元件	扣 3 分	
工具、仪表的使用	5	(1)不会正确使用工具	扣 2 分	
		(2)不能正确使用仪表	扣 3 分	
安装电气前检查	10	(1)电动机质量检查	每漏一处扣 2 分	
		(2)电器元件漏检或错检	每处扣 2 分	
安装电器元件	10	(1)不按电器元件布置图安装	扣 5 分	
		(2)电器元件安装不紧固	每只扣 4 分	
		(3)电器元件安装不整齐、不匀称、不合理	每只扣 3 分	
		(4)损坏电器元件	扣 15 分	
布线	30	(1)不按电气原理图或电气安装接线图接线	扣 10 分	
		(2)布线不符合要求：主电路 控制电路	每根扣 4 分 每根扣 2 分	
		(3)接点松动、露铜过长、压绝缘层等	每个接点扣 1 分	
		(4)损伤导线绝缘或线芯	每根扣 5 分	
		(5)漏套或错套编码套管(教师要求)	每处扣 2 分	
		(6)漏接接地线	扣 10 分	
通电试车	25	通电试车，电路能实现电动机星-三角降压启动控制功能。出现下面情况扣除相应分数。 (1)第一次试车不成功 (2)第二次试车不成功 (3)第三次试车不成功	 扣 5 分 扣 15 分 扣 25 分	
综合素质	15	从课堂纪律、学习能力、团结协作意识、沟通交流、语言表达、6S 管理几个方面综合评价		
安全文明操作		违反安全文明生产规程	扣 5～40 分	
定额时间 2h	每超时 5min，扣 5 分			
	合计			
备注：各分项最高扣分不超过配分数				

六、电路的故障分析

① 按下启动按钮 SB2，电动机不能启动。

分析：主要原因可能是接触器接线有误，自锁、互锁没有实现。

② 由星形接法无法正常切换到三角形接法，要么不切换，要么切换时间太短。

分析：主要原因是时间继电器接线有误或时间调整不当。

③ 启动时主电路短路。

分析：主要原因是主电路接线错误。

④ 星形启动过程正常，但三角形运行时电动机发出异常声音，转速也急剧下降。

分析：接触器切换动作正常，表明控制电路接线无误。问题出现在接上电动机后，从故障现象分析，很可能是电动机主电路接线有误，使电路由 Y 接转到△接时，送入电动机的电源顺序改变了，电动机由正常启动突然变成了反序电源制动，强大的反向制动电流造成了电动机转速急剧下降和异常声音。

处理故障：核查主电路接触器及电动机接线端子的接线顺序。

七、注意事项

① 电动机必须安放平稳，以防止在可逆运转时产生滚动而引起事故，并将其金属外壳可靠接地。进行星-三角自动降压启动的电动机必须有 6 个出线端子且定子绕组在三角形接法时的额定电压为 380V。

② 电路星-三角自动降压启动换接时，电动机只能进行单向运转。

③ 接触器的触点不能错接，否则会造成主电路短路事故。

④ 接线时，不能将接触器的辅助触点进行互换，否则会造成电路短路等事故。

⑤ 通电校验时，应先合上电源开关 QS，检验按钮 SB2 的控制是否正常，并在按按钮 SB2 后 6s，观察星-三角自动降压启动作用。

知识拓展——常用的降压启动方式

一、定子绕组回路串电阻或电抗器降压启动

定子绕组回路串电阻或电抗器降压启动是指在电动机启动时，把电阻或电抗器串接在电动机定子绕组与电源之间，通过电阻或电抗器的分压作用来降低定子绕组上的启动电压；待电动机启动后，再将电阻或电抗器短接，使电动机在额定电压下正常运行。串电阻或电抗器降压启动的缺点是减小了电动机的启动转矩，同时启动时在电阻或电抗器上功率消耗也较大，如果启动频繁，则电阻或电抗器的温度很高，对于精密的机床会产生一定影响，故这种降压启动方法在实际生产中的应用正逐步减少。

如图 3-59 所示为三相异步电动机定子串电阻降压启动控制电路。

在图 3-59（a）中，合上电源开关 QS，按下启动按钮 SB2，KM1 线圈立即得电吸合并自锁，其主触点闭合使电动机在串接电阻 R 的情况下启动。与此同时，时间继电器 KT 线圈得电，经延时后其延时闭合的常开触点闭合，使 KM2 线圈得电吸合，KM2 的主触点闭合将启动电阻短接，电动机在额定电压下运行。

由图 3-59（a）可以看出，本电路在启动结束后，KM1、KT 一直得电动作，这是不必要的。如果能使 KM1、KT 在电动机启动结束后失电，可减少能量损耗，延长接触器、继电器的使用寿命。如图 3-59（b）所示的电路很好地解决了这个问题。接触器 KM2 得电后，其常闭触点将 KM1 和 KT 的线圈断开，使之失电，同时 KM2 自锁。

由于电动机启动时要通过较大电流，该启动方法中的启动电阻一般采用由电阻丝绕制的

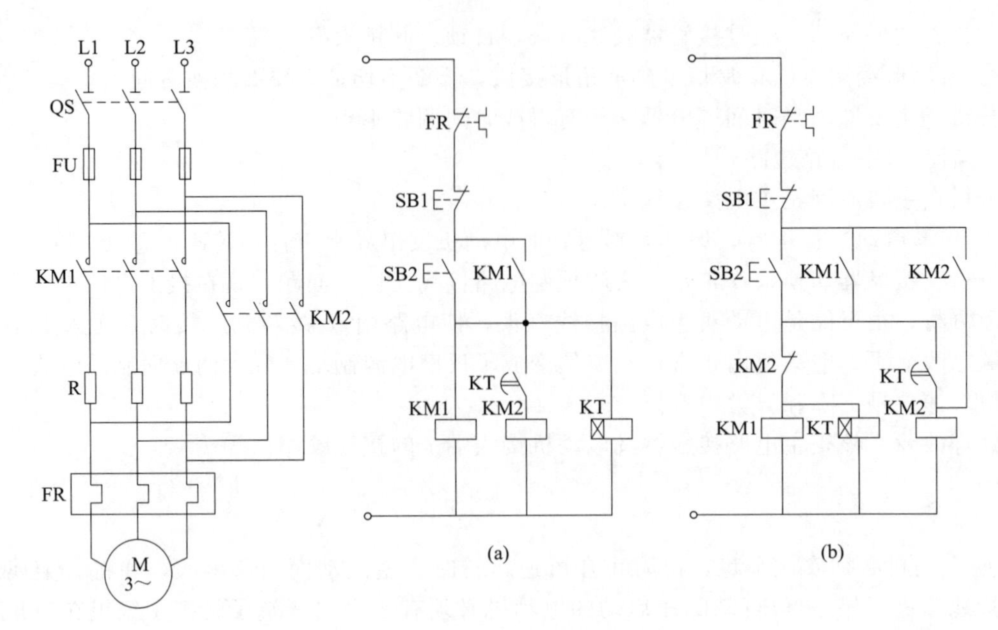

图 3-59 三相异步电动机定子串电阻降压启动控制电路

板式电阻或铸铁电阻，能量消耗较大。为了节省能量，可采用电抗器代替电阻，但其价格较贵，成本较高。

二、自耦变压器降压启动控制电路

自耦变压器按星形接线，启动时将电动机定子绕组接到自耦变压器二次侧。这样，电动机定子绕组得到的电压即为自耦变压器的二次电压。当启动完毕时，自耦变压器被切除，额定电压直接加到电动机定子绕组上，电动机进入全压正常运行。改变自耦变压器抽头的位置，可以获得不同启动电压，在实际应用中自耦变压器一般有 65%、85%等抽头。

图 3-60 所示为自耦变压器降压启动控制电路。KM1、KM2 为降压接触器，KM3 为正常运行接触器，KT 为时间继电器，K 为中间继电器。

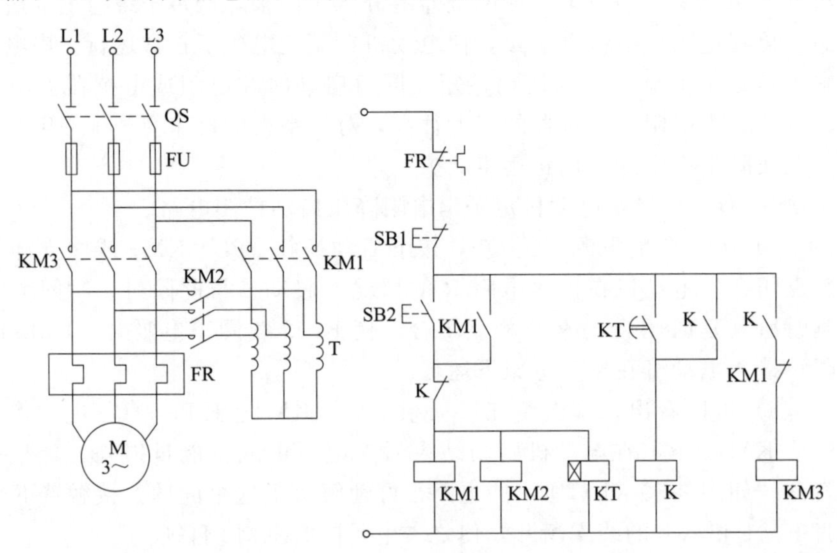

图 3-60 自耦变压器降压启动控制电路

合上电源开关 QS，按下启动按钮 SB2，KM1、KM2 及 KT 线圈得电并通过 KM1 的辅助常开触点自锁，KM1、KM2 主触点闭合将自耦变压器接入，电动机降压启动。经过 KT 延时，其延时闭合常开触点闭合，中间继电器 K 得电动作并自锁，K 的常闭触点将 KM1、KM2、KT 的线圈断开，KM1、KM2 失电，KM1、KM2 主触点断开，将自耦变压器切除。同时，K 的常开触点闭合使 KM3 线圈得电动作，KM3 主触点闭合，电动机通电全压运行。

自耦变压器降压启动适用于容量较大的电动机，其绕组可以是星形连接或三角形连接。启动转矩可以通过改变自耦变压器抽头的连接位置得到改变。它的缺点是自耦变压器价格较贵，而且不允许频繁启动。

三、延边三角形降压启动

1. 延边三角形降压启动控制电路工作原理

延边三角形降压启动控制电路适用于笼型异步电动机。电动机启动时，把定子绕组的一部分接成“△”形，另一部分接成“Y”形，使整个绕组接成延边三角形，如图 3-61（a）所示。待电动机启动后，再把定子绕组改接成三角形全压运行的控制电路，如图 3-61（b）所示。这种启动方法称为延边三角形降压启动。图 3-62 所示是用由时间继电器实现的电气

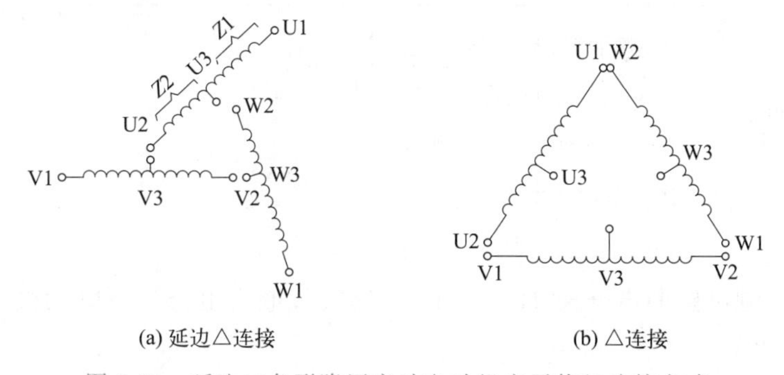

图 3-61　延边三角形降压启动电动机定子绕组连接方式

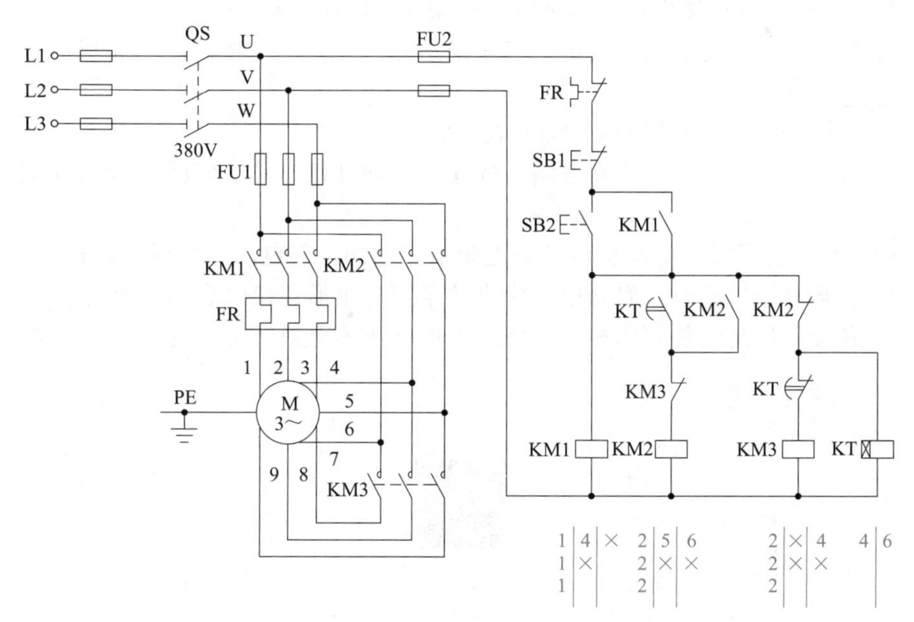

图 3-62　延边三角形降压启动控制电路

自动控制电路，图中 1—2—3、4—5—6、7—8—9 分别与图 3-52 中的 U1—V1—W1、U2—V2—W2、U3—V3—W3 相对应。

延边三角形降压启动是在 Y-△降压启动的基础上加以改进而形成的启动方式，它把 Y 和△两种接法结合起来，使电动机每相定子绕组承受的电压小于△连接时的相电压，而大于 Y 连接时的相电压，并且每相绕组电压的大小可随电动机绕组抽头 U3、V3、W3 位置的改变而调节，从而克服了 Y-△降压启动时启动电压偏低、启动转矩偏小的缺点。

2. 延边三角形降压启动控制电路的工作过程

（1）延边三角形降压启动△运行

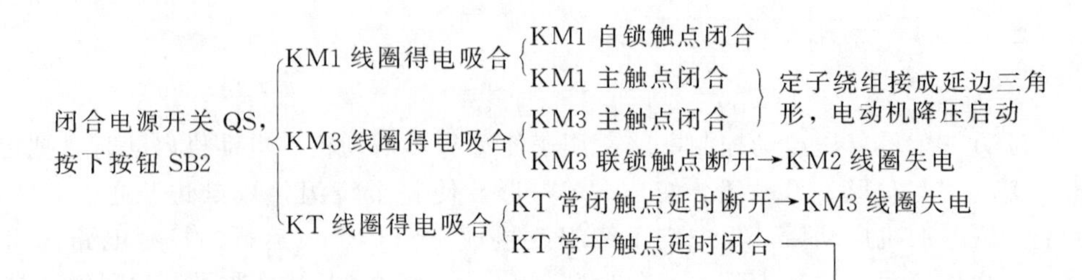

→KM2 线圈得电吸合
- KM2 自锁触点闭合
- KM2 主触点闭合
  （定子绕组接成△，电动机全压运行）
- KM2 辅助常开触点断开
- KT 线圈失电

（2）停止

按下 SB1→控制电路断电→KM1、KM2、KM3 线圈失电释放→电动机 M 断电停车。

巩固提升

1. 哪种电动机可以直接启动？哪种电动机需采用降压启动？

2. 星-三角降压启动是启动时把定子三相绕组做________连接，启动完成后把定子三相绕组做________连接。

3. 三相异步电动机有哪些降压启动方式？

4. 画出星-三角降压启动的控制电路，描述其控制过程，并指出星-三角降压启动的控制电路的特点。

5. 试画出绕线转子异步电动机转子串电阻器启动的控制电路，并说明其控制过程。

6. 用星-三角降压启动时，启动电流为直接采用三角形连接时启动电流的________倍。

7. 星-三角降压启动时加在每相定子绕组上的电压为电源线电压的________倍。

知识闯关（请扫码答题）

项目三任务四　三相异步电动机星-三角降压启动控制电路

任务五　三相异步电动机制动控制电路的安装与调试

任务描述

由于机械部件的惯性，高速旋转的三相异步电动机在切除电源后往往要经过一段时间才能停止。为保证机床的加工精度与生产安全，一些设备要求电动机切除电源后能够快速停转，这就需要对电动机采用制动。三相异步电动机在切断电源后，通过机械装置或电气装置为其施加一个外力或产生一个与电动机实际旋转方向相反的电磁力矩，迫使电动机迅速停转，即为制动。例如，X62W 型万能铣床的主轴电动机制动，C5225 型双柱立式车床的工作台制动等。为达到准确制动的目的，需要用到时间继电器或速度继电器。

本任务学习、掌握速度继电器的工作原理与三相异步电动机制动控制电路，能够正确安装、调试三相异步电动机反接制动控制电路。

相关知识

三相异步电动机的制动方法一般有两大类，即机械制动和电气制动。在切断电源后，利用机械装置使三相笼型异步电动机迅速准确地停车的制动方法称为机械制动，应用较普遍的机械制动装置有电磁抱闸和电磁离合器两种。在切断电源后，产生和电动机实际旋转方向相反的电磁力矩（制动力矩），使三相笼型异步电动机迅速准确地停车的制动方法称为电气制动。常用的电气制动方法有反接制动、能耗制动和发电反馈制动等。研究并掌握三相异步电动机的各种常用制动方法，才能更好地为生产服务。

认识速度继电器

一、速度继电器

速度继电器常用于对笼型异步电动机进行反接制动，也称为反接制动继电器。常用的速度继电器有 JY1 型和 JFZ0 型两种。

速度继电器由转子、定子及触点三部分组成，其外形及结构如图 3-63 所示，工作原理及图形文字符号如图 3-64 所示。速度继电器的轴与电动机的轴相连接。转子固定到轴上，定子与轴同心。当电动机转动时，带动速度继电器的转子转动，在空间产生旋转磁场，定子绕组切割磁力线产生感应电动势与感应电流。感应电流在永久磁场的作用下产生转矩，使定子随永久磁铁的转动方向旋转并带动杠杆推动触点动作。当转速小于一定值时反力弹簧通过杠杆返回原位。

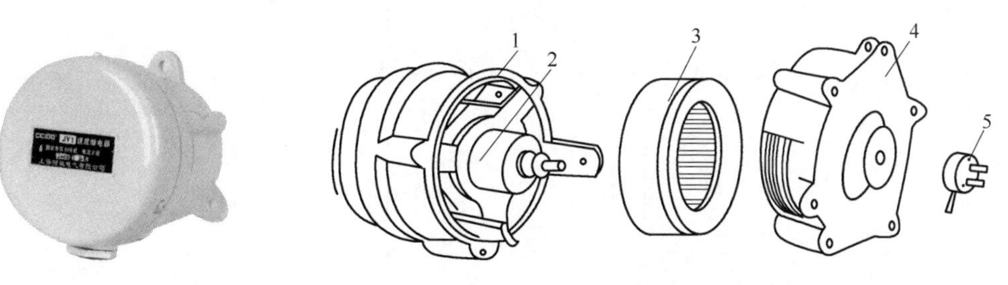

(a) 外形　　(b) 结构示意图

图 3-63　速度继电器的外形及结构示意图

1—可动支架；2—转子；3—定子；4—端盖；5—连接头

速度继电器一般都有两对触点，一对应用于正转，一对用于反转。触点额定电压为380V，额定电流为2A。动作转速为120r/min，复位转速在100r/min以下。

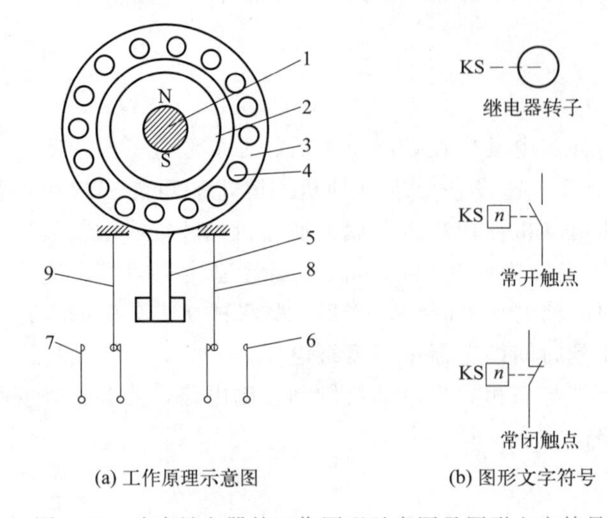

图 3-64 速度继电器的工作原理示意图及图形文字符号

1—转轴；2—转子；3—定子；4—绕组；

5—摆锤；6,7—静触点；8,9—动触点

三相异步电动机反接制动电路

二、三相异步电动机反接制动控制电路分析

图3-65为三相笼型异步电动机单向运转反接制动的控制电路。按下启动按钮SB1，KM1线圈得电并自锁，电动机启动。当电动机在全压下正常运行时，速度继电器KS的常开触点处于闭合状态。按下停止按钮SB2，KM1线圈失电释放，KM2线圈得电并自锁，KM2的主触点闭合，电动机定子绕组经限流电阻R接入反向电源，电动机开始制动。当转速低于100r/min时，速度继电器KS常开触点断开，KM2线圈失电释放，制动过程结束。

反接制动的优点是制动能力强、制动时间短，缺点是能量损耗大、制动时冲击力大、制动准确度差。但是采用以转速为变化参量，用速度继电器检测转速信号，能够准确地反映转速，不受外界因素干扰，有很好的制动效果。反接制动适用于要求制动迅速、制动不频繁（如各种机床的主轴制动）的场合。容量较大（4.5kW以上）的电动机采用反接制动时，必须在主电路中串联限流电阻。但是，由于反接制动时，振动和冲击力较大，影响机床的精度，所以使用时受到一定限制。

图3-65所示的控制电路只能实现单方向的反接制动，如果生产设备要求电动机正反向运转并能双向制动，图3-65电路已经不能满足生产要求。本书只介绍单方向的制动控制，双向制动控制可由学生课外自行设计。

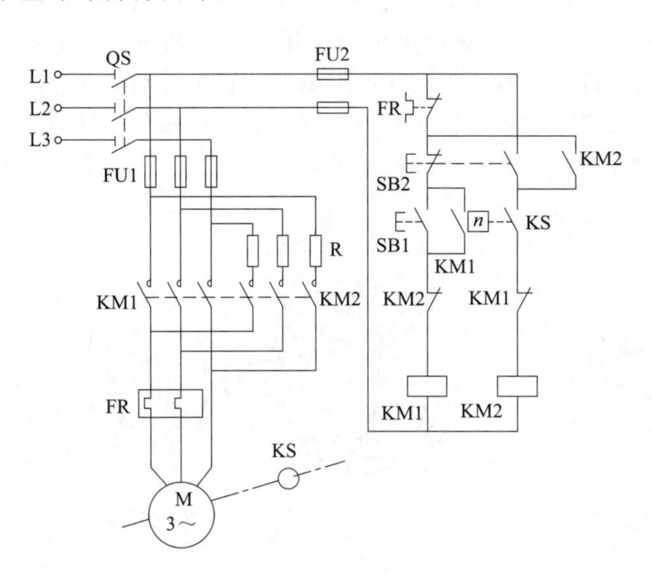

图 3-65 按速度原则控制的单向运行反接制动控制电路

反接制动的关键是电动机电源相序的改变，且当转速下降接近于零时，必须自动将反向电源切除，防止反向再启动。

三相异步电动机制动电路安装与调试

任务实施

一、任务实施内容

三相异步电动机制动控制电路的安装与调试。

二、任务实施要求

① 熟练识读三相异步电动机反接制动控制电路电气原理图、电器元件位置图、电气安装接线图。

② 掌握三相异步电动机反接制动控制电路所用电器元件检测方法与安装方法。

③ 掌握三相异步电动机反接制动控制电路安装、调试。

④ 完成三相异步电动机反接制动控制电路安装与调试任务实施工单。

三、任务实施步骤

① 根据三相异步电动机反接制动控制要求，选择所需要的电器元件。性能检测完好后，填写表 3-12 中的电器元件明细表。任务所需材料、工具及仪表同任务二。

② 设计绘制电器元件布置图。

③ 按照电器元件布置图，正确安装电器元件，并给每个电器元件贴上醒目的文字符号。

④ 设计绘制电气安装接线图。

⑤ 按照电气安装接线图进行布线和套编码管。

⑥ 安装完毕后，认真检查电路连接情况。

⑦ 在教师的监护下，通电试车。若遇到异常现象，应立即停车，检查故障。通电试车完毕后，切断电源。

四、完成任务实施工单

完成三相异步电动机制动控制电路的安装与调试任务实施工单。

表 3-12　三相异步电动机制动控制的电路安装与调试任务实施工单

班级：______　组别：______　学号：______　姓名：______　操作日期：______

安装前准备		
序号	准备内容	准备情况自查
1	知识准备	电气原理图是否熟悉　是□　否□　安装步骤是否掌握　是□　否□ 安装注意事项是否熟悉　是□　否□　通电前需检查内容是否熟悉　是□　否□ 绘制三相异步电动机反接制动控制电气原理图，并写出工作原理

续表

<table>
<tr><th>序号</th><th>准备内容</th><th>准备情况自查</th></tr>
<tr><td>2</td><td>反接制动控制电路所需电器元件选择</td><td>
<table>
<tr><th colspan="4">反接制动控制电路电器元件明细表</th></tr>
<tr><th>代号</th><th>名称</th><th>型号、规格</th><th>数量</th></tr>
<tr><td></td><td></td><td></td><td></td></tr>
<tr><td></td><td></td><td></td><td></td></tr>
<tr><td></td><td></td><td></td><td></td></tr>
<tr><td></td><td></td><td></td><td></td></tr>
<tr><td></td><td></td><td></td><td></td></tr>
<tr><td></td><td></td><td></td><td></td></tr>
<tr><td></td><td></td><td></td><td></td></tr>
<tr><td></td><td></td><td></td><td></td></tr>
<tr><td></td><td></td><td></td><td></td></tr>
<tr><td></td><td></td><td></td><td></td></tr>
</table>
</td></tr>
<tr><td>3</td><td>器材检查情况</td><td>工具是否齐全 是□ 否□ 仪表是否完好 是□ 否□
组合开关是否完好 是□ 否□ 熔断器是否完好 是□ 否□
交流接触器是否完好 是□ 否□ 热继电器是否完好 是□ 否□
按钮是否完好 是□ 否□ 速度继电器是否完好 是□ 否□
端子排是否完好 是□ 否□ 控制板大小是否合适 是□ 否□
导线数量是否够用 是□ 否□ 电动机是否完好 是□ 否□</td></tr>
<tr><td>4</td><td>设计绘制电器元件布置图</td><td></td></tr>
<tr><td>5</td><td>设计绘制电气安装接线图</td><td></td></tr>
<tr><th colspan="4">安装过程</th></tr>
<tr><th>步骤</th><th colspan="2"></th><th>是否完成</th></tr>
<tr><td>1</td><td>电器元件安装</td><td>根据电器元件布置图，在控制板上正确安装电器元件，并给每个电器元件标注上醒目的文字符号</td><td></td></tr>
<tr><td>2</td><td>布线</td><td>按照电气安装接线图进行布线和套编码管</td><td></td></tr>
<tr><th colspan="4">调试过程</th></tr>
<tr><th>步骤</th><th colspan="2"></th><th>是否完成</th></tr>
<tr><td>1</td><td>接线检查</td><td colspan="2">按电气原理图或电气安装接线图从电源端开始，逐段核对接线及接线端子处连接是否正确，有无漏接、错接之处。检查导线接点是否符合要求，压接是否牢固</td></tr>
<tr><td>2</td><td>通电试车</td><td colspan="2">合上电源开关QS，连接电动机，记录电动机反接制动控制电路运行情况</td></tr>
<tr><th colspan="4">验收及收尾工作</th></tr>
<tr><td colspan="4">任务实施开始时间： 任务实施结束时间： 实际用时：</td></tr>
<tr><td colspan="4">控制电路正确装配完毕□ 仪表挡位回位，工具归位□ 台面与垃圾清理干净□</td></tr>
<tr><td colspan="4">成绩：
教师签字： 日期：</td></tr>
</table>

五、三相异步电动机制动控制电路的安装与调试任务实施考核评价

三相异步电动机制动控制电路的安装与调试任务实施考核评价参照表 3-13，包括技能考核、综合素质考核及安全文明操作等方面，定额时间由指导教师酌情增减。

表 3-13 三相异步电动机制动控制电路的安装与调试任务实施考核评价

项目内容	配分/分	评分标准		得分/分
器材准备	5	(1)不清楚电器元件的功能与作用	扣 2 分	
		(2)不能正确选用电器元件	扣 3 分	
工具、仪表的使用	5	(1)不会正确使用工具	扣 2 分	
		(2)不能正确使用仪表	扣 3 分	
安装前检查	10	(1)电动机质量检查	每漏一处扣 2 分	
		(2)电器元件漏检或错检	每处扣 2 分	
安装电器元件	10	(1)不按电器元件布置图安装	扣 5 分	
		(2)电器元件安装不紧固	每只扣 4 分	
		(3)电器元件安装不整齐、不匀称、不合理	每只扣 3 分	
		(4)损坏电器元件	扣 15 分	
布线	30	(1)不按电气原理图或电气安装接线图接线	扣 10 分	
		(2)布线不符合要求：主电路 控制电路	每根扣 4 分 每根扣 2 分	
		(3)接点松动、露铜过长、压绝缘层等	每个接点扣 1 分	
		(4)损伤导线绝缘或线芯	每根扣 5 分	
		(5)漏套或错套编码套管(教师要求)	每处扣 2 分	
		(6)漏接接地线	扣 10 分	
通电试车	25	通电试车，电路能实现电动机反接制动控制功能。出现下面情况扣除相应分数。 (1)第一次试车不成功 (2)第二次试车不成功 (3)第三次试车不成功	 扣 5 分 扣 15 分 扣 25 分	
综合素质	15	从课堂纪律、学习能力、团结协作意识、沟通交流、语言表达、6S 管理几个方面综合评价		
安全文明操作		违反安全文明生产规程	扣 5～40 分	
定额时间 2h	每超时 5min，扣 5 分			
	合计			
备注：各分项最高扣分不超过配分数				

知识拓展——常见的制动方式

一、机械制动

机械制动是用电磁铁操纵机械机构进行制动（电磁抱闸制动、电磁离合器制动等）。电磁抱闸的基本结构示意图如图 3-66 所示，它的主要工作部分是电磁铁和闸瓦制动器。

电动机的电磁抱闸制动控制电路如图 3-67 所示。电磁线圈由 380V 交流电供电。

电磁抱闸的控制电路的工作过程：按下启动按钮 SB2，接触器 KM 线圈得电，其自锁触点和主触点闭合，电动机 M 通电。同时，抱闸电磁线圈得电，电磁铁产生磁场力吸合衔铁，带动制动杠杆动作，推动闸瓦松开闸轮，电动机启动运转。

停车时，按下停止按钮 SB1，KM 线圈失电，电动机绕组和电磁抱闸线圈同时失电，电磁铁衔铁释放，弹簧的弹力使闸瓦紧紧抱住闸轮，电动机立即停止转动。电磁抱闸的特点是断电时制动闸处于“抱住”状态。电磁抱闸主要适用于升降机械，防止发生电路断电或电气故障时重物自行下落。

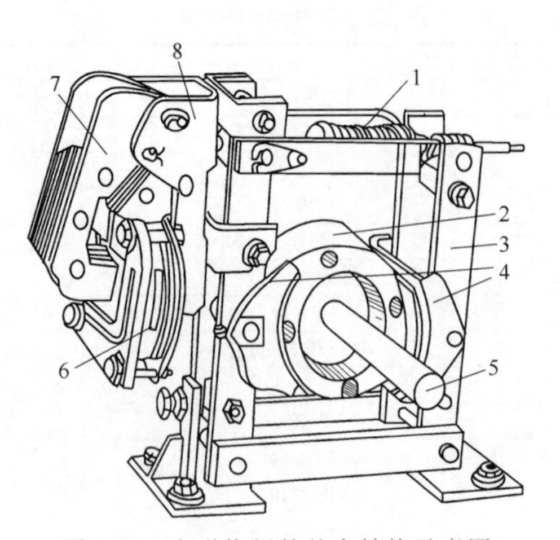

图 3-66 电磁抱闸的基本结构示意图

1—弹簧；2—闸轮；3—制动杠杆；4—闸瓦；
5—轴；6—线圈；7—衔铁；8—铁芯

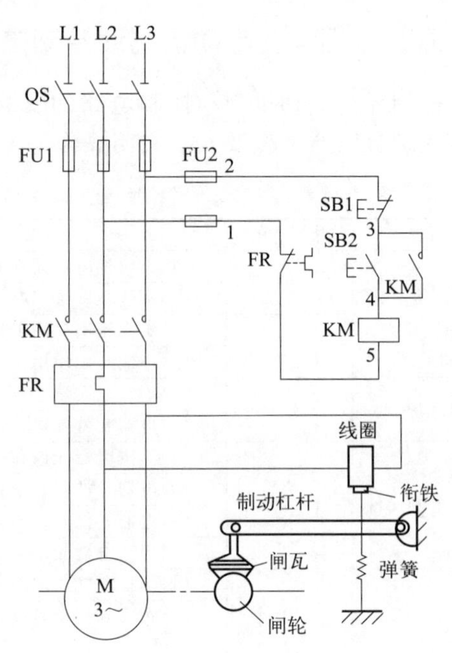

图 3-67 电动机的电磁抱闸制动控制电路

二、能耗制动控制电路

三相笼型异步电动机能耗制动是把储存在转子中的机械能转变为电能，又消耗在转子电阻上的一种制动方法。将正在运转的三相笼型异步电动机从交流电源上切除，向定子绕组通入直流电流，便在空间产生静止的磁场，此时电动机转子顺惯性而继续运转，切割磁力线，产生感应电动势和转子电流，转子电流与静止磁场相互作用，产生制动转矩，使电动机迅速减速停车。

1. 按时间原则控制的单向能耗制动控制

图 3-68 所示为按时间原则控制的单向能耗制动控制电路。在电动机正常运行时，若按下停止按钮 SB1，KM1 线圈失电，电动机电源被切断，KM2、KT 线圈得电并经 KM2 的辅

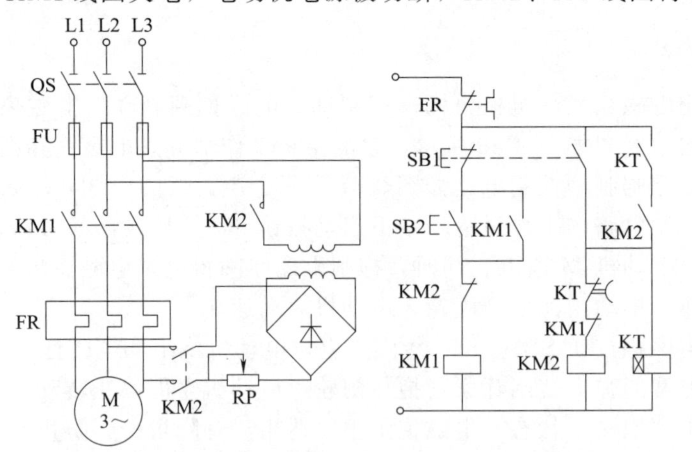

图 3-68 按时间原则控制的单向能耗制动控制电路

助常开触点和KT的瞬时常开触点自锁，KM2主触点闭合，给电动机两相定子绕组通入直流电源，电动机进入能耗制动状态。当电动机转速接近零时，KT延时动断常闭触点断开，KM2线圈失电释放，直流电源被切断，KM2辅助常开触点复位，KT线圈也被断开，能耗制动结束。由以上分析可知，时间继电器KT的整定值即为制动过程的时间。

能耗制动的特点是制动电流小、能量损耗小、制动准确，但需要直流电源、制动速度较慢，所以它适用于要求平稳制动的场合。

2. 按速度原则控制的能耗制动控制

图3-69所示为按速度原则控制的可逆运行能耗制动控制电路。图中KM1、KM2分别为正、反转接触器，KM3为制动接触器，KS为速度继电器，KS1、KS2分别为正、反转时对应的常开触点。

在电动机正常运行时，按下停止按钮SB1，使KM1或KM2线圈失电，KM3线圈得电自锁，电动机定子绕组接入直流电源进行能耗制动，转速迅速下降。当转速下降到小于100r/min时，速度继电器KS的常开触点KS1或KS2断开，KM3线圈失电，能耗制动结束。

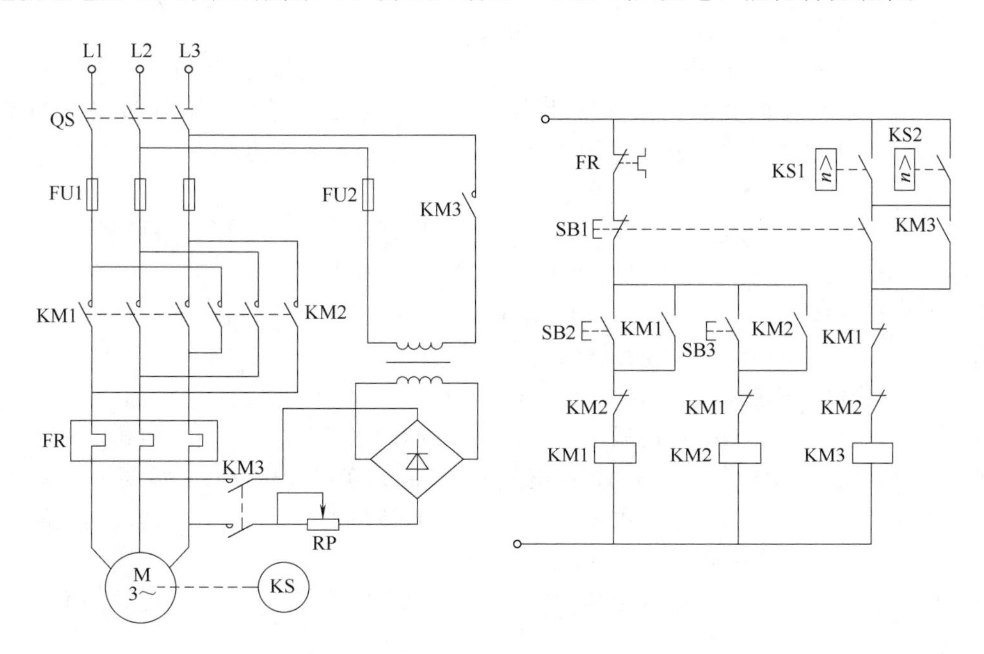

图3-69 按速度原则控制的可逆运行能耗制动控制电路

与反接制动相比，能耗制动能耗小，制动电流小，制动准确度较高，制动转矩平滑；缺点是需要直流电源整流装置，设备费用高，制动力较弱，制动转矩与转速成比例减小。

能耗制动一般适用于电动机能量较大且要求制动平稳、制动频繁以及停位准确的场合。能耗制动是一种应用很广泛的电气制动方法，常用在铣床、龙门刨床及组合机床的主轴定位等。

需要说明的是：主电路中的RP用于调节制动电流的大小，能耗制动结束后应及时切除直流电源。

三、回馈制动

回馈制动又称再生发电制动，只适用于电动机转子转速n高于同步转速n_1的场合。下面以起重机从高处下降重物为例来说明，如图 3-70 所示。

电动机的转子转速 n 与定子旋转磁场的旋转方向相同，当电动机转轴上受外力作用且转子转速比定子旋转磁场的转速高时（如起重机吊着重物下降，此时 $n>n_1$），转子绕组切割旋转磁场，产生的感应电流的方向与原来电动机状态相反，电磁转矩方向也与转子旋转方向相反，电磁转矩变为制动转矩，使重物不致下降太快。

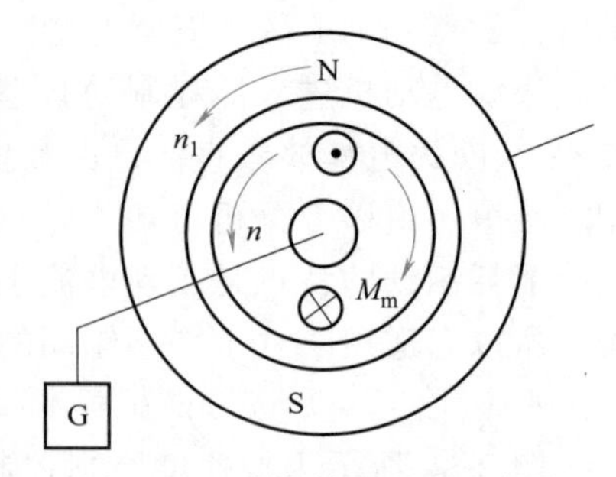

图 3-70　回馈制动原理示意图

因为当转子转速大于定子旋转磁场的转速时，有电能从电动机的定子返回给电源，实际上这时电动机已经转入发电机运行状态，所以这种制动称为发电回馈制动。

巩固提升

1. 速度继电器的主要作用是以旋转速度的快慢作为指令信号，与接触器配合实现对电动机的________控制，故又称为________继电器。

2. 速度继电器的动作转速一般不低于________ r/min，复位转速约在________ r/min。

3. 虽然能耗制动能量消耗较少，但其________较长，且需要附加设备，制动力较________，对某些制动要求迅速、系统惯性较大的场合则不能满足要求，需采用________制动的方法。

4. 三相异步电动机的能耗制动可以按________原则和________原则来控制。

5. 反接制动时，当电动机转速接近于________时，应及时________。

6. 三相异步电动机常用的电气制动方法有________和________。

7. 电动机采用制动措施的目的是什么？

8. 三相异步电动机反接制动的优点是（　　）。

A. 制动平稳　　B. 耗能较小　　C. 制动迅速　　D. 定位准确

9. 在三相异步电动机的反接制动控制电路中，为了避免电动机反转，需要用到（　　）。

A. 制动电阻　　B. 中间继电器　　C. 直流电源　　D. 速度继电器

10. 异步电动机的反接制动是指改变（　　）。

A. 电源电流　　B. 电源电压　　C. 电源相序　　D. 电源频率

知识闯关

项目三任务五　三相异步电动机反接制动控制电路

任务六　三相异步电动机调速控制电路的安装与调试

任务描述

在生产实践中，许多生产机械的运行速度需要根据加工工艺要求而人为调节。这种负载不变而人为调节转速的过程称为调速。通过改变传动机构转速比的调速方法称为机械调速，通过改变电动机参数的转速方法称为电气调速。在不同的生产要求下，选择合适的调速方法，既能节省成本又能提高生产效率。

本任务学习各种常用的调速方法，能够正确安装、调试三相异步电动机调速控制电路。

相关知识

一、三相异步电动机调速方式

由三相异步电动机转速公式 $n=60f(1-s)/p$ 可知，三相异步电动机调速有改变定子绕组极对数 p、改变转差率 s 和改变电源频率 f 三种调速方法。

1. 变极调速

在电源频率恒定的条件下，改变异步电动机的磁极对数，可以改变其同步转速，从而使电动机在某一负载下的稳定运行转速发生变化，达到调速目的。因为只有当定子、转子极对数相等时才能产生平均电磁转矩。对于绕线转子异步电动机，在改变定子绕组接线来改变极对数的同时，也应改变转子绕组接线，以保持定子、转子极对数相同，这将使绕线转子异步电动机变极接线和控制复杂化。对于三相笼型异步电动机来说，其转子绕组的极对数是感应产生的，当改变定子绕组极对数时，其转子极对数可自动跟随定子变化而保持相等。因此，变极调速一般用于笼型异步电动机。

交流电动机定子绕组磁通势的极对数，取决于绕组中电流的方向，因此改变绕组接线使绕组内电流方向改变，就能够改变极对数 p。常用的单绕组变极电动机的定子上只装一套绕组，就是利用改变绕组连接方式来达到改变极对数 p 的目的。

因为在电动机定子的圆周上，电角度是机械角度的 2 倍，当极对数改变时，必然引起三相绕组的空间相序发生变化。此时若不改变外接电源相序，则变极后，不仅电动机转速发生变化，而且电动机的旋转方向也发生变化。所以，为保证变极调速前后电动机旋转方向不变，在改变三相异步电动机定子绕组接线的同时，必须将三相电中的两相给予调换，使电动机接入的电源相序改变。

如图 3-71 所示为 4/2 极双速异步电动机△/YY 三相定子绕组接线示意图。定子绕组引出 6 根出线端，当定子绕组的 U1、V1、W1 三个接线端接三相交流电源，而将 U2、V2、W2 三个接线端悬空不接时，三相定子绕组接成三角形连接，电动机以 4 极低速运行，如图 3-71（a）所示。当定子绕组的 U2、V2、W2 三个接线端接三相交流电源，而 U1、V1、W1 三个接线端连接在一起时，则原来三相定子绕组的三角形连接变为双星形连接，电动机以 2 极高速运行，如图 3-71（b）所示。为保证电动机旋转方向保持不变，从一种连接变为另一

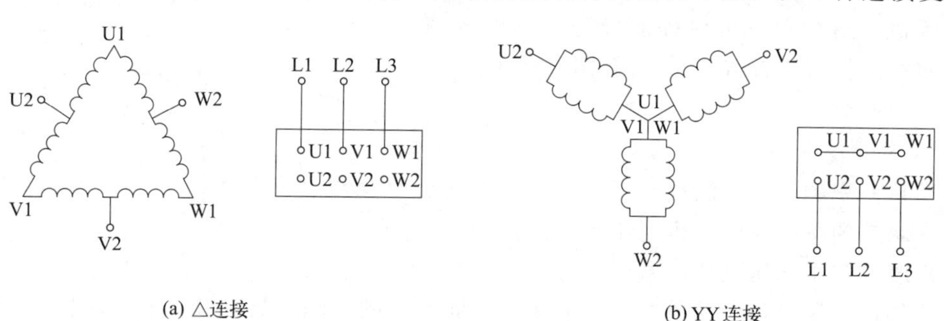

图 3-71　4/2 极双速异步电动机△/YY 三相定子绕组接线示意图

种连接时，应改变电源的相序。

2. 变频调速

三相异步电动机变频调速具有优异的性能，调速范围大，调速的平滑性好，可实现无级调速；调速时异步电动机的机械特性硬度不变，稳定性好；变频时电压按不同规律变化可实现恒转矩或恒功率调速，以适应不同负载的要求。变频调速是现代电力传动的一个主要发展方向，已广泛应用于工业自动控制和日常生活中。根据转速计算式可知，当转差率 s 变化不大时，异步电动机的转速 n 基本上与电源频率 f 成正比。连续调节电源频率，就可以平滑地改变电动机的转速。但是，电动机正常运行时，由计算式 $U_1 \approx E_1 = 4.44 f N_1 k_{w1} \Phi_0$ 可以看出，若端电压 U_1 不变，则当频率 f 减小时，主磁通 Φ_0 将增加，这将导致磁路过分饱和，励磁电流增大，功率因数降低，铁芯损耗增大；而当 f 增大时，Φ_0 将减小，电磁转矩与最大转矩下降，过载能力降低，电动机的容量也得不到充分利用。所以单一地调节电源频率，将导致电动机运行性能的恶化。因此，为使电动机保持较好的运行性能，要求在调节 f 的同时，改变定子电压 U_1，以维持 Φ_0 不变，保持电动机的过载能力不变。一般认为在任何类型负载下调速时，若能保持电动机的过载能力不变，则电动机的运行性能较为理想。电动机的额定频率为基频。变频调速时，可以从基频向上调，也可以从基频向下调。

（1）基频以下调速

从基频向下调速降低电源频率时，必须同时降低电源电压，保持 U_1/f 为常数，即 Φ_0 为常数，这种调速为恒转矩调速。

（2）基频以上调速

对于电器元件来讲，升高电压（$U_1 > U_N$）是不允许的。因此，升高频率向上调速时，只能保持电压为 U_N 不变，频率升高，磁通 Φ_0 降低。这种调速近似为恒功率调速。

要实现异步电动机的变频调速，必须有能够同时改变电压和频率的供电电源。现有的交流供电电源都是恒压恒频型，所以必须通过变频装置才能获得变压变频电源。变频装置可分为间接变频和直接变频两类。间接变频装置先将工频交流电通过整流器变成直流电，然后再经过逆变器将直流电变为可控频率的交流电，称为交-直-交变频装置；直接变频装置是将工频交流电一次变换成可控频率的交流电，没有中间直流环节，称为交-交变频装置。目前应用较多的是间接变频装置。

如图 3-72 所示为变频器调速控制电路，将变频器的控制端子 FWD 与 CM 短接时电动机启动，断开则停机。运行频率可以提前设定，也可以在运行中通过面板按键或调节可调电阻的大小完成速度高低的调节。

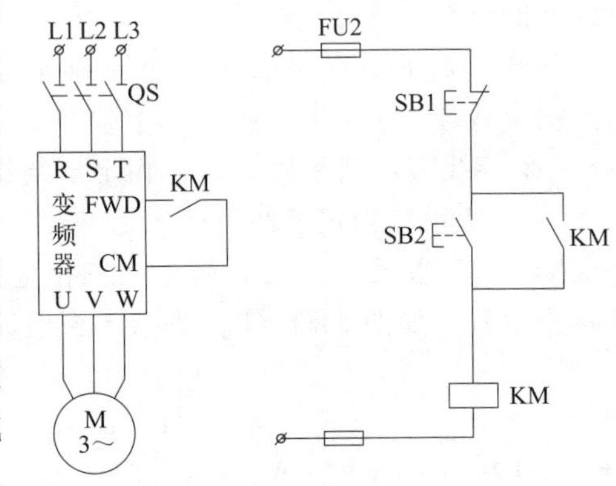

图 3-72　变频器调速点动控制电路

3. 改变转差率调速

改变转差率调速的方法有改变定子电压调速、改变转子回路电阻调速和串级调速等。改变转差率调速的特点是电动机同步转速保持不变。

（1）改变定子电压调速

改变外加电压时，电动机的同步转速 n_1 是不变的，临界转差率 s_m 也保持不变。由于 $T_m \propto U_1^2$，电压降低时，最大转矩 T_m 按平方比例下降。当负载转矩不变时，电压下降，转速也将下降（转差率 s 上升）。对于这种调速方法，当转子电阻较小时，能调节速度的范围不大；当转子电阻大时，可以有较大的调节范围，但损耗也随之增大。

（2）改变转子回路电阻调速

绕线转子异步电动机转子串电阻后，同步转速不变，最大转速不变，临界转差率增大，机械特性的斜率变大，且电阻越大，曲线越偏向下方。在一定的负载转矩下，电阻越大，转速越低。这种调速为有级调速，调速平滑性差，损耗较大，调整范围有限，但调速方法简单，调速电阻可兼作制动电阻使用。这种调速方法适用于重载下调速（例如起重机的拖动系统）。

（3）串级调速

串级调速就是在电动机的转子回路中串入一个三相对称的附加电动势 $\dot{E}_{ad}$，其频率与转子电动势 $\dot{E}_{2s}$ 相同，改变 $\dot{E}_{ad}$ 的大小和相位就可以对电动机进行调速，这种调速方法适用于绕线转子异步电动机。

串级调速有低同步串级调速和超同步串级调速。低同步串级调速是 $\dot{E}_{ad}$ 和 $\dot{E}_{2s}$ 相位相反，串入 $\dot{E}_{ad}$ 后转速降低，串入的 $\dot{E}_{ad}$ 越大，转速降得越多，$\dot{E}_{ad}$ 装置从转子回路吸收电能回馈到电网。超同步串级调速是 $\dot{E}_{ad}$ 和 $\dot{E}_{2s}$ 相位相同，串入 $\dot{E}_{ad}$ 后转速升高，$\dot{E}_{ad}$ 装置和电源一起向转子回路输入电能。

串级调速性能较好，但附加电动势装置比较复杂。但随着晶闸管技术的发展，现已广泛应用于水泵和风机节能调速，应用于不可逆轧钢机、压缩机等生产机械的调速。

二、三相异步电动机调速控制电路分析

变极多速电动机的转速有双速、三速和四速等多种，较常用的是双速和三速两种。下面仅以三角形改为双星形双速异步电动机的控制为例。

1. 三相异步电动机手动调速控制电路

图 3-73 为双速异步电动机手动调速控制电路。图中 KM1 为电动机三角形连接接触器，KM2、KM3 为电动机双星形连接接触器，SB2 为低速启动按钮，SB3 为高速启动按钮。

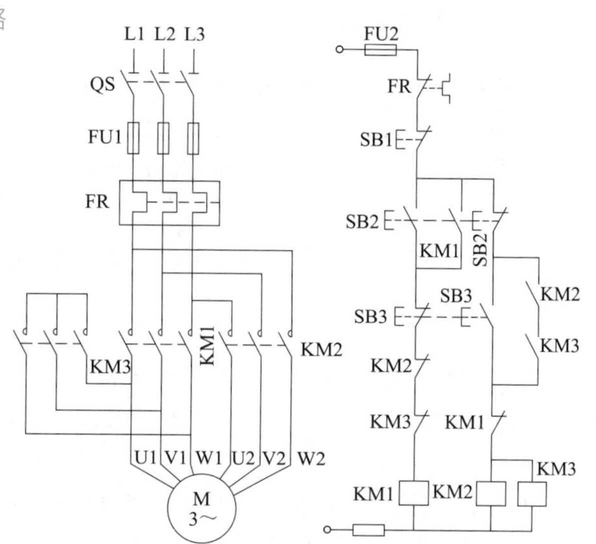

图 3-73　双速异步电动机手动调速控制电路

合上三相电源开关 QS，接通控制电路电源。当需低速运转时，按下低速启动按钮 SB2，接触器 KM1 线圈得电并自锁，KM1 主触点闭合，电动机定子绕组做三角形连接，电动机低速运行。当需高速运转时，按下高速启动按钮 SB3，KM1 线圈失电释放，其主触点与辅助常开触点断开，辅助常闭触点闭合。当 SB3 按到底时，KM2、KM3 线圈同时得电吸合并自锁，KM2、KM3 主触点闭合，将电动机定子绕组接成双星形，电动机以高速旋转。此时，因电源相序已改变，电动机转向相同。若在高速运行下按下低速启动按钮 SB2，又可使电动机由高速运行改成低速运行，且转向仍不变。若按下停止按钮 SB1，接触器线圈

失电释放，电动机停转。

该电路也可直接按下高速启动按钮 SB3，使电动机定子绕组接成双星形连接，以获得双速异步电动机控制电路高速启动运转。此时按下停止按钮 SB1，电动机停转。

2. 三相异步电动机自动调速控制电路

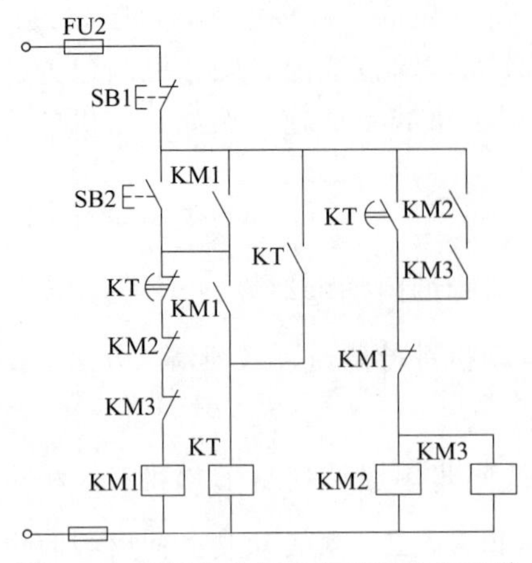

图 3-74　双速电动机自动调速控制电路

利用时间继电器可使电动机在低速启动后自动切换至高速状态。如图 3-74 所示为双速电动机自动调速控制电路，其主电路与图 3-73 一致。合上三相电源开关 QS，接通控制电路电源。按下低速启动按钮 SB2，接触器 KM1 线圈得电并自锁，KM1 主触点闭合，电动机定子绕组做三角形连接，电动机低速运行。同时，KT 线圈得电，其瞬时常开触点闭合自锁。经过延时，时间继电器延时断开触点断开，KM1 线圈失电，KM1 主触点断开，电动机断电。同时，时间继电器延时闭合触点闭合，KM2、KM3 线圈得电，其辅助常开触点闭合自锁，其主触点同时闭合，电动机被连接成 YY 高速运行。若按下停止按钮 SB1，接触器 KM2 和 KM3 线圈失电释放，电动机停转。

任务实施

一、任务实施内容

三相异步电动机调速控制电路的安装与调试。

二、任务实施要求

① 熟练识读双速电动机调速控制电路电气原理图。
② 能够正确选择双速电动机调速控制电路所需电器元件并进行性能检测。
③ 能够设计双速电动机调速控制电路电器元件布置图和电气安装接线图。
④ 能够正确安装、调试双速电动机调速控制电路。
⑤ 完成双速电动机调速控制电路安装与调试任务实施工单（表 3-14）。

三、任务实施步骤

① 根据双速电动机调速控制要求，选择所需要的电器元件。性能检测完好后，填写表 3-14 中的电器元件明细表。任务所需材料、工具及仪表同任务二。

② 设计绘制电器元件布置图。

③ 按照电器元件布置图，正确安装电器元件，并给每个电器元件贴上醒目的文字符号。

④ 设计绘制电气安装接线图。

⑤ 按照电气安装接线图进行布线和套编码管。

⑥ 安装完毕后，认真检查电路连接情况。

⑦ 在教师的监护下，通电试车。若遇到异常现象，应立即停车，检查故障。通电试车完毕后，切断电源。

四、完成任务实施工单

完成表 3-14 三相异步电动机调速控制电路的安装与调试任务实施工单。

表 3-14　三相异步电动机调速控制电路的安装与调试任务实施工单

班级：______　组别：______　学号：______　姓名：______　操作日期：______

<table>
<tr><td colspan="3">安装前准备</td></tr>
<tr><td>序号</td><td>准备内容</td><td>准备情况自查</td></tr>
<tr><td>1</td><td>知识准备</td><td>电气原理图是否熟悉　是□　否□　安装步骤是否掌握　是□　否□
安装注意事项是否熟悉　是□　否□　通电前需检查内容是否熟悉　是□　否□
绘制双速电动机调速控制电气原理图，并写出工作原理</td></tr>
<tr><td>2</td><td>双速电动机调速控制电路所需电器元件选择</td><td>双速电动机调速控制电路电器元件明细表
<table><tr><td>代号</td><td>名称</td><td>型号、规格</td><td>数量</td></tr><tr><td></td><td></td><td></td><td></td></tr><tr><td></td><td></td><td></td><td></td></tr><tr><td></td><td></td><td></td><td></td></tr><tr><td></td><td></td><td></td><td></td></tr><tr><td></td><td></td><td></td><td></td></tr><tr><td></td><td></td><td></td><td></td></tr><tr><td></td><td></td><td></td><td></td></tr><tr><td></td><td></td><td></td><td></td></tr><tr><td></td><td></td><td></td><td></td></tr><tr><td></td><td></td><td></td><td></td></tr></table></td></tr>
<tr><td>3</td><td>器材检查情况</td><td>工具是否齐全　是□　否□　仪表是否完好　是□　否□
组合开关是否完好　是□　否□　熔断器是否完好　是□　否□
交流接触器是否完好　是□　否□　热继电器是否完好　是□　否□
按钮是否完好　是□　否□　时间继电器是否完好　是□　否□
端子排是否完好　是□　否□　控制板大小是否合适　是□　否□
导线数量是否够用　是□　否□　电动机是否完好　是□　否□</td></tr>
<tr><td>4</td><td>设计绘制电器元件布置图</td><td></td></tr>
<tr><td>5</td><td>设计绘制电气安装接线图</td><td></td></tr>
</table>

<table>
<tr><td colspan="4">安装过程</td></tr>
<tr><td>步骤</td><td colspan="2"></td><td>是否完成</td></tr>
<tr><td>1</td><td>电器元件安装</td><td>根据电器元件布置图，在控制板上正确安装电器元件，并给每个电器元件标注上醒目的文字符号</td><td></td></tr>
<tr><td>2</td><td>布线</td><td>按照电气安装接线图进行布线和套编码管</td><td></td></tr>
</table>

续表

调试过程			
步骤			是否完成
1	接线检查	按电气原理图或电气安装接线图从电源端开始，逐段核对接线与接线端子处连接是否正确，有无漏接、错接之处。检查导线接点是否符合要求，压接是否牢固	
2	通电试车	合上电源开关 QS，连接电动机，记录双速电动机调速控制电路运行情况	
验收及收尾工作			
任务实施开始时间：	任务实施结束时间：	实际用时：	
控制电路正确装配完毕□	仪表挡位回位，工具归位□	台面与垃圾清理干净□	
成绩： 教师签字：　　　　日期：			

五、三相异步电动机调速控制电路的安装与调试任务实施考核评价

三相异步电动机调速控制电路的安装与调试任务实施考核评价参照表 3-15，包括技能考核、综合素质考核及安全文明操作等方面，定额时间由指导教师酌情增减。

表 3-15　三相异步电动机调速控制的电路安装与调试任务实施考核评价

项目内容	配分/分	评分标准		得分/分
器材准备	5	(1)不清楚电器元件的功能及作用	扣 2 分	
		(2)不能正确选用电器元件	扣 3 分	
工具、仪表的使用	5	(1)不会正确使用工具	扣 2 分	
		(2)不能正确使用仪表	扣 3 分	
安装前检查	10	(1)电动机质量检查	每漏一处扣 2 分	
		(2)电器元件漏检或错检	每处扣 2 分	
安装电器元件	10	(1)不按电器元件布置图安装	扣 5 分	
		(2)电器元件安装不紧固	每只扣 4 分	
		(3)电器元件安装不整齐、不匀称、不合理	每只扣 3 分	
		(4)损坏电器元件	扣 15 分	
布线	30	(1)不按电气原理图或电气安装接线图接线	扣 10 分	
		(2)布线不符合要求：主电路 控制电路	每根扣 4 分 每根扣 2 分	
		(3)接点松动、露铜过长、压绝缘层等，每个接点	扣 1 分	
		(4)损伤导线绝缘或线芯	每根扣 5 分	
		(5)漏套或错套编码套管(教师要求)	每处扣 2 分	
		(6)漏接接地线	扣 10 分	
通电试车	25	通电试车，电路能实现双速电动机调速控制功能。出现下面情况扣除相应分数 (1)第一次试车不成功 (2)第二次试车不成功 (3)第三次试车不成功	 扣 5 分 扣 15 分 扣 25 分	
综合素质	15	从课堂纪律、学习能力、团结协作意识、沟通交流、语言表达、6S 管理几个方面综合评价		
安全文明操作		违反安全文明生产规程	扣 5～40 分	
定额时间 2h		每超时 5min，扣 5 分		
		合计		
备注：各分项最高扣分不超过配分数				

知识拓展——电磁转差离合器

电动机和生产机械之间一般都是用机械连接起来的。前面讲述的调速方法都是调节电动机本身的转速，能否不用调节电动机本身的转速实现调速呢？电磁转差离合器就是一种利用电磁方法来实现调速的联轴器。如图 3-75 所示为电磁转差离合器的调速系统。

当感应子（即指磁极）上的励磁线圈没有电流通过时，主动轴与从动轴之间无任何的联系，显然主动轴以转速旋转，但从动轴却不动，相当于离合器脱开。当通入励磁电流以后，建立了磁场，形成如图 3-75 所示的磁极，使得电枢与感应子之间有了电磁联系，当两者之间有相对运动时，便在电枢铁芯中产生涡流，电流方向由右手定则确定。根据载流导体在磁场中受力作用原理，电磁转差离合器电枢受力作用方向由左手定则确定。但由于电枢已由异步电动机拖动旋转，根据作用力与反作用力大小相等、方向相反的原理，该电磁力形成的转矩要迫使感应子连同负载沿着电枢同方向旋转，将异步电动机的转矩传给生产机械（负载）。

由上述电磁离合器工作原理可知，感应子转速要小于电枢转速，即 $n_2<n_1$，这一点完全与异步电动机的工作原理相同，故称这种电磁离合器为电磁转差离合器。由于电磁转差离合器本身不产生转矩与功率，只能与异步电动机配合使用，起着传递转矩的作用。通常异步电动机和电磁转差离合器装为一体，故又统称为转差电动机或电磁调速异步电动机。如图 3-76 所示为 YCT 系列电磁调速电动机，电磁调速电动机通过如图 3-77 所示的控制器可在较广范围内进行无级调速，广泛应用于机床、起重机、冶金等生产机械上。

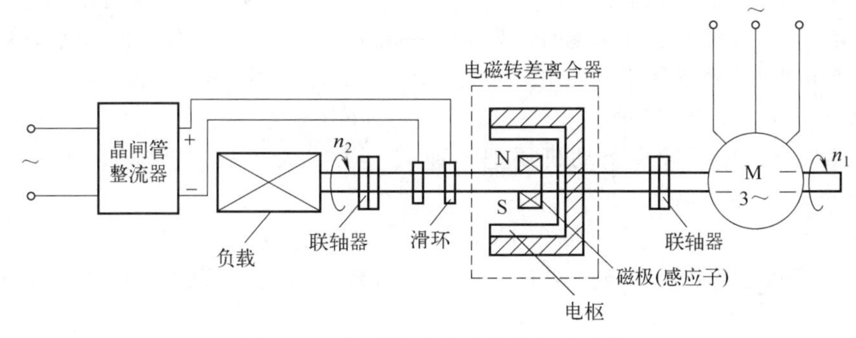

图 3-75 电磁转差离合器的调速系统

图 3-76 YCT 系列电磁调速电动机

图 3-77 滑差电动机控制器

电磁转差离合器的磁极转速 n_2 取决于励磁电流的大小，其转速 n_2 必定小于电枢转速 n_1，即有一定的转差率，若没有 n_1-n_2 这个转差，电枢中就不能产生涡流，也就没有电磁转矩，则电枢与磁极就没有相对运动。若改变励磁电流，即改变磁通，电磁转差离合器在一定负载下的转差率也随之改变，从而改变了输出轴的转速，实现了速度调节。因此改变励磁电流的大小，就可以达到调速的目的。

电磁调速电动机的特点如下。

① 调速范围广，启动性能好，启动转矩大，控制功率小，便于手控、自动和遥控，适用范围广。调速范围可达 1∶10，功率为 0.6～100kW。

② 调速平滑，可以进行无级调速。但应注意，在一般情况下，电磁转差离合器在不同的励磁电流下的机械特性是很软的，励磁电流越小，特性越软。为了得到比较硬的机械特性、增大调速范围与提高调速的平滑性，应该采用带转速负反馈的闭环调速系统。

③ 结构简单，运行可靠，维修方便，价格便宜。

④ 电磁转差离合器适用于通风机负载和恒转矩负载，而不适用于恒功率负载。

⑤ 在低速时效率和输出功率比较低，在一般情况下，电磁转差离合器传递效率的最大值约为 90%，故电磁转差离合器最大输出功率为传动电动机功率的 80%～90%。但随着输出转速的降低，传递效率亦相应降低，这是因为电枢中的涡流损失与转差（即离合器的输出转速和输入转速之差）成正比，所以这种调速系统不适合用于长时期处于低速的生产机械。

⑥ 存在不可控区。由于摩擦和剩磁的存在，当负载转矩小于 10%额定转矩时可能失控。

⑦ 机械特性软，稳定性差。

巩固提升

1. 三相异步电动机的转速取决于________、________和磁场极对数 p。

2. 三相异步电动机的调速方法有________、________和转子回路串电阻调速。

3. 三相异步电动机采用变频调速时，为保持主磁通 Φ 不变，则在变频的同时改变________。

4. 在异步电动机负载转矩不变的情况下调速，当转速下降时，电动机输出功率会（　　）。

A. 增大　　B. 减少　　C. 不变

5. 一台两极绕线转子异步电动机要把转速调上去（大于额定转速），则（　　）调速可行。

A. 变极　　B. 转子回路串电阻　　C. 变频

6. 三相异步电动机采用变极调速时，若把极对数 p 由 2 变为 1，则电动机的同步转速将（　　）。

A. 增加一倍　　B. 减小一半　　C. 不变

7. 笼型异步电动机和绕线转子异步电动机各有哪些调速方法？各有何特点？

8. 变频调速中，当变频器输出频率从额定频率降低时，输出电压应如何变化？为什么？

知识闯关

项目三任务六　三相异步电动机调速控制电路

知识点总结

1. 低压电器通常是指在交流电压小于 1200V，直流电压小于 1500V 的电路中起通断、保护、控制或调节作用的电气设备。低压电器按用途和控制对象不同，可分为配电电器和控制电器，如低压开关、接触器；按操作方式不同，可分为自动电器和手动电器，如接触器、控制按钮；按工作原理可分为电磁式电器和非电量控制电器，如接触器、行程开关。

2. 靠按钮的通、断来控制电动机的运行、停止，使电动机短时间运行的控制方式叫做点动。把接触器自身辅助常开触点并联到启动按钮两端使其接触器线圈保持通电的现象，称为自锁或自保持，又叫做长动。

3. 电路图分为电气原理图和施工图，施工图又包括电器元件布置图和电气安装接线图。电气原理图是用国家统一规定的图形符号、文字符号和线条连接来表明各个电器的连接关系和电路工作原理的示意图。电器元件布置图是根据电器元件在控制板上的实际安装位置，采用简化的外形符号（如方形等）而绘制的一种简图。电气安装接线图是用来表明电气设备或电路连接关系的简图。

4. 读图的方法和步骤是一般先看主电路，再看控制电路，最后看信号及照明等辅助电路。

5. 在两个接触器线圈中互串一个对方的辅助动断触点或控制按钮的常闭触点以构成相互制约关系的连接方式称之为互锁或联锁。接触器辅助动断触点组成的互锁称为“电气互锁”，按钮动断触点组成的互锁称之为机械互锁。既有“电气互锁”，又有“机械互锁”的电路，叫做“双重互锁”。

6. 行程开关又称位置开关或限位开关，按结构不同可以分为直动式、滚轮式和微动式。利用行程开关可以实现电动机正、反转的自动切换循环。

7. 异步电动机以额定电压启动时，转子绕组和定子绕组中都会产生很大的电流，会导致电压损失过大、启动转矩不够等一系列不良后果。一般情况下，10kW以上的电动机要降压启动。笼型异步电动机降压启动的方法有定子绕组串电阻或电抗器降压启动、定子绕组串自耦变压器降压启动、Y-△变换降压启动、延边三角形降压启动。绕线型异步电动机采用转子回路中串接电阻器或频敏变阻器降压启动。

8. 三相异步电动机的制动方法有机械制动和电气制动。机械制动装置有电磁抱闸和电磁离合器制动两种。电气制动方法有反接制动、能耗制动和发电反馈制动等。速度继电器常用于对笼型异步电动机进行反接制动。

9. 电动机的调速有机械调速和电气调速。通过改变传动机构转速比的调速方法称为机械调速，通过改变电动机参数而改变转速的方法称为电气调速，电气调速又分为改变定子绕组极对数 P、改变转差率 s 和改变电源频率 f 等三种调速方法。

项目四

单相异步电动机控制电路安装与调试

知识目标：

1. 掌握单相异步电动机的工作原理和基本结构。
2. 了解常用单相异步电动机的种类。
3. 熟悉常用单相异步电动机的控制电路。

技能目标：

1. 能熟练拆装、检验单相异步电动机。
2. 能熟练安装单相异步电动机的常用控制电路。
3. 能够熟练处理单相异步电动机的常见故障。

素养目标：

1. 培养学生吃苦耐劳、坚持不懈、开拓进取的奋斗精神。
2. 树立学生劳动光荣观念，践行劳动精神。

劳动精神　创造幸福

知识导图

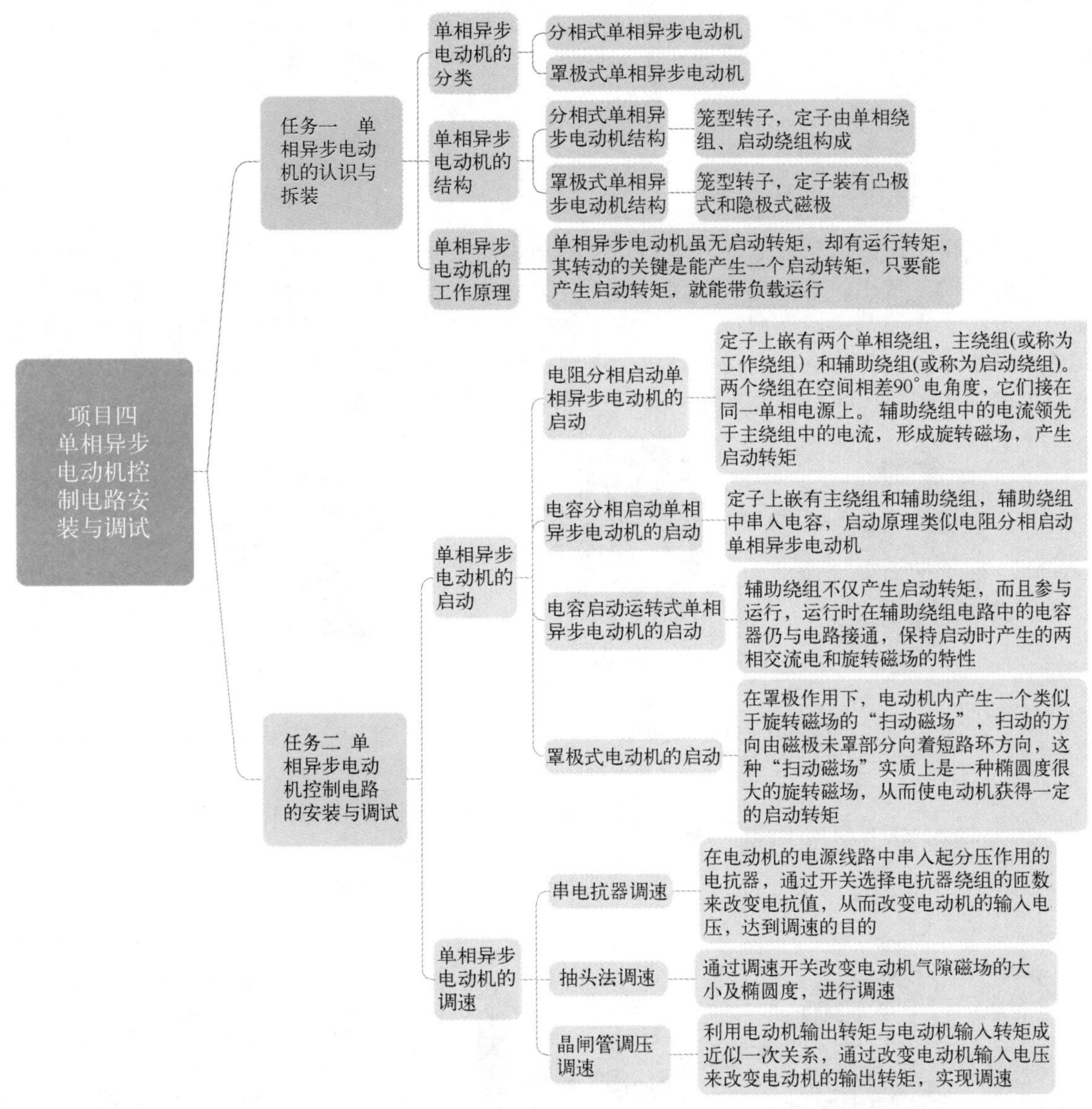

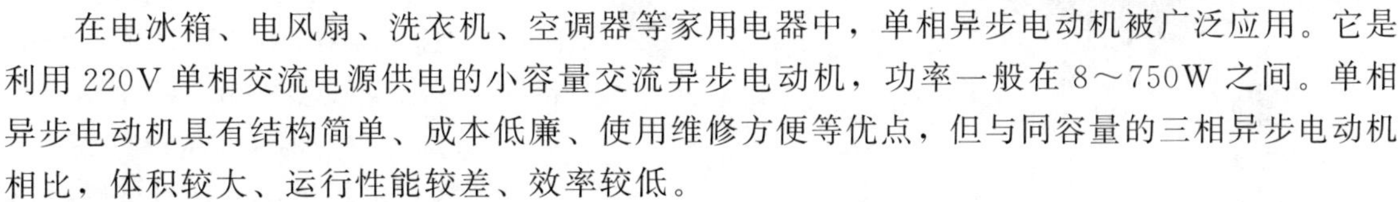

在电冰箱、电风扇、洗衣机、空调器等家用电器中，单相异步电动机被广泛应用。它是利用220V单相交流电源供电的小容量交流异步电动机，功率一般在8～750W之间。单相异步电动机具有结构简单、成本低廉、使用维修方便等优点，但与同容量的三相异步电动机相比，体积较大、运行性能较差、效率较低。

任务一　单相异步电动机的认识与拆装

任务描述

通过拆装单相异步电动机，能够直观熟悉其内部结构，促进学生对其工作原理的学习，同时也能够锻炼学生电工工具和仪表的使用能力。在拆卸单相异步电动机之前，要做好各种电工工具、仪表的准备，在线头、端盖、螺栓等处做好标记，按照规范拆装程序对单相异步电动机进行拆卸、测量及检查，记录铭牌数据及槽数、线径等相关数据，按照拆卸的逆序进行装配，再次进行必要检查，最后通电试验。本任务主要了解单相异步电动机的种类，掌握单相异步电动机的结构和工作原理，能够拆装、检测单相异步电动机。

相关知识

一、单相异步电动机的分类

为了获得所需的启动转矩，对单相异步电动机的定子进行了特殊设计。根据获得旋转磁场方式的不同，常用的单相异步电动机主要分为分相式单相异步电动机和罩极式单相异步电动机两大类。它们都采用笼型转子，但定子结构不同。根据交流电流分相方法的不同，分相式单相异步电动机分为电容启动电动机、电容运转电动机、电容启动运转电动机和电阻分相电动机四种类型。图 4-1 所示为各种不同种类的单相异步电动机。

(a) 分相式单相异步电动机　　(b) 罩极式单相异步电动机

图 4-1　各种不同种类的单相异步电动机

二、单相异步电动机的结构

1. 分相式单相异步电动机的结构

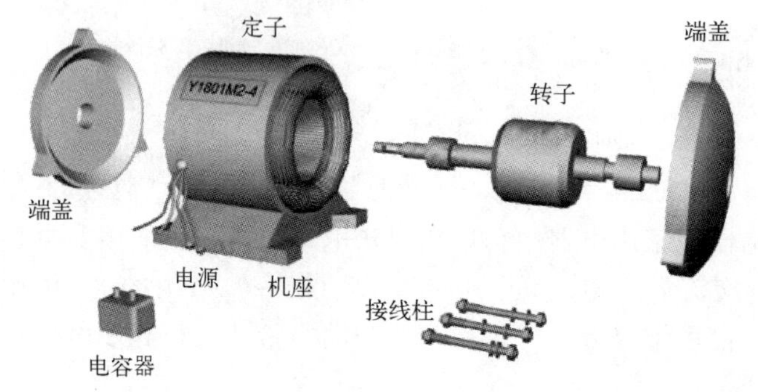

图 4-2　分相式单相异步电动机的结构示意图

分相式单相异步电动机在结构上与三相笼型异步电动机类似，转子绕组也为笼型转子。定子上有一个单相工作绕组（又称主绕组）和一个启动绕组（又称副绕组），为了能产生旋转磁场，在启动绕组中还串联了一个电容器，其结构示意图如图 4-2 所示。

2. 罩极式单相异步电动机的结构

罩极式单相异步电动机按磁极形式的不同，其结构可分为凸极式和隐极式两种。凸极式结构应用较为广泛。

凸极式罩极电动机的定子铁芯、转子铁芯用厚度为 0.5mm 的硅钢片叠成，定子做成凸极铁芯，组成磁极，在每个磁极 1/3～1/4 处开一个小槽，将磁极表面分为两块，在较小的一块磁极上套入短路铜环，套有短路铜环的磁极称为罩极。整个磁极上绕有单相定子绕组，它的转子仍为笼型转子，其结构示意图如图 4-3（a）所示，其等效电路如图 4-3（b）所示。

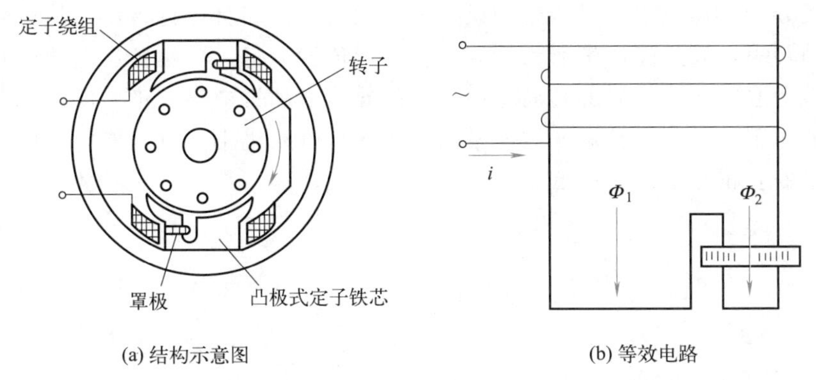

图 4-3 凸极式罩极电动机的结构示意图与等效电路

三、单相异步电动机的工作原理

在定子绕组中通入单相交流电时，电动机内部产生一个大小与方向随时间沿定子绕组轴线方向变化的磁场，称为脉动磁场，如图 4-4 所示。

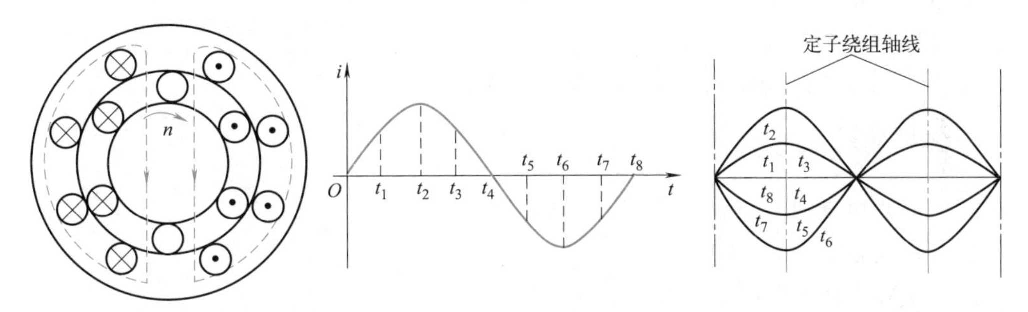

图 4-4 单相脉动磁场

若单相异步电动机定子铁芯只有单相绕组，则由其产生的脉动磁场的轴线在空间上是固定不变的，这种磁通不可能使转子启动旋转。这是因为，随时间变化的脉动磁场可以分解为两个转速大小相同、方向相反的旋转磁场，两个旋转磁场的磁感应强度 B_1 与 B_2 数值相等，如图 4-5 所示。顺时针方向转动的旋转磁场对转子产生顺时针方向的电磁转矩，逆时针方向转动的旋转磁场对转子产生逆时针方向的电磁转矩。由于在任何时刻这两个电磁转矩都大小相等、方向相反，所以电动机转子的合力为零，转子不会转动，也就是说单相异步电动机的启动转矩为零。但是，如果用外力使转子顺时针转动一下，这时顺时针方向电磁转矩大于逆时针方向电磁转矩，转子就会按顺时针方向不停地旋转。当然，反方向旋转也是如此。

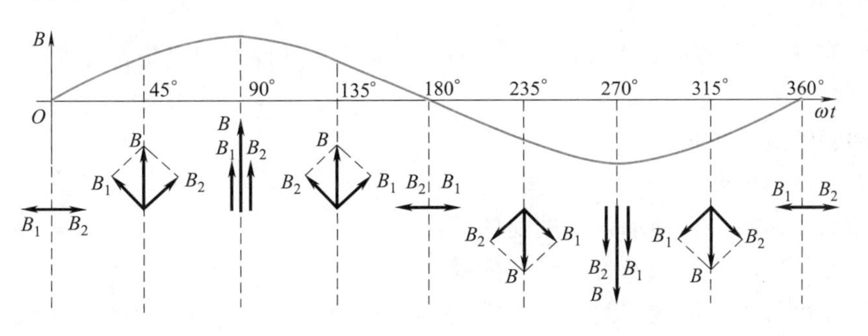

图 4-5 脉动磁场的分解

通过上述分析可知，单相异步电动机虽无启动转矩，却有运行转矩，其转动的关键是能产生一个启动转矩，只要能产生启动转矩，就能带负载运行。单相异步电动机的转向是不固定的，它的转向取决于启动时的转向。由于单相异步电动机中存在正、反向两个磁场，在反向电磁转矩的作用下，合成转矩比同容量的三相异步电动机小，过载能力、功率因数和效率也都比同容量的三相异步电动机低。

任务实施

一、任务实施内容

单相异步电动机的认识与拆装。

二、任务实施要求

① 熟练掌握单相异步电动机的结构与工作原理。
② 熟练掌握单相异步电动机的拆装步骤。
③ 熟练掌握拆装工具的使用。
④ 熟练掌握相关仪表的使用。
⑤ 完成单相异步电动机的认识与拆装任务实施工单。

三、任务所需主要工具、仪表及器材

① 单相异步电动机	1 台
② 任务所需仪表	
ZC7（500V）型兆欧表	1 块
MF500 或 DT980 型万用表	1 块
DT-9700 型钳形电流表	1 块
③ 电工工具	1 套

（含拉马（拆卸器）、扳手、锤子、螺丝刀、紫铜棒、钢套筒、毛刷、电工钳、钢尺、记号笔等）。

四、任务实施步骤与工艺要求

1. 拆卸前的准备工作

整理工作环境，清理电动机表面的油污、尘土，做好现场拆卸标记并做文字记录。

2. 电动机解体拆卸的记录

检查转轴在解体前转动是否灵活，记下其松紧程度，并注意观察是否有轴端弯翘等现象。

3. 单相异步电动机的拆卸程序

① 拆卸联轴器或带轮。
② 拆卸风罩与风叶。
③ 拆卸前（输出端）轴承盖和端盖的螺栓。
④ 拆卸后（风叶端）轴承盖和端盖的螺栓。
⑤ 在后端盖与机座接缝之间，用平凿将其敲楔开，但最好在对称位置同时进行。用硬木板（或铜、铝等）垫住轴前端面用锤子敲击，使后端盖脱离机座止口，前轴承脱离前端盖

轴承室。

⑥ 拆卸前端盖，再将转子连同后端盖一起退出定子。

⑦ 拆卸后轴承小盖螺栓，取下轴承盖，然后将后端盖从转轴上拆下。

⑧ 将拆卸的所有零部件归拢放好备用。

拆卸过程中，观察定子绕组的连接形式、前后端部的形状、引线连接形式以及绝缘材料的放置等，工作绕组、启动绕组都要保留一只完整的线圈，测量定子长度和直径并连同铭牌数据及槽数、线径等相关数据记录到表 4-1 中。

4. 单相异步电动机的装配

(1) 装配前准备工作

① 先将电动机定、转子内外表面的灰尘、油污、锈斑等清理干净。

② 把浸漆后凝留在定子内腔表面、止口上的绝缘漆刮除干净（非重绕电动机免此项）。

③ 检查槽楔应无松动，绕组绑扎无松脱、无过高现象。

④ 检查绕组绝缘电阻应符合质量要求。

(2) 装配程序

按照拆卸的相反顺序进行装配。

5. 装配后的检测

(1) 机械检查

检查机械部分的装配质量，紧固螺钉是否拧紧，转子转动是否灵活，有无扫膛、松动现象，轴承是否有杂声等。

(2) 电气性能检查

检测工作绕组和启动绕组的直流电阻是否正常，测量绕组的绝缘电阻与绕组对地的绝缘电阻，并将测量数据记录到表 4-1 中。要求绝缘电阻阻值不得小于 0.5MΩ。按铭牌要求接好电源线，在机壳上接好保护接地线，接通电源，用钳形电流表检测空载电流是否符合允许值。检查电动机温升是否正常，运转中有无异响。

五、完成任务实施工单

完成表 4-1 单相异步电动机的认识与拆装任务实施工单。

表 4-1 单相异步电动机的认识与拆装任务实施工单

班级：______ 组别：______ 学号：______ 姓名：______ 操作日期：______

拆装前准备		
序号	准备内容	准备情况自查
1	知识准备	单相异步电动机基本结构是否了解 是□ 否□ 电动机拆装方法与拆装步骤是否掌握 是□ 否□ 拆装工具的使用方法是否掌握 是□ 否□
2	材料准备	工具是否齐全 是□ 否□ 电动机是否完好 是□ 否□ 万用表是否完好 是□ 否□ 钳形电流表是否完好 是□ 否□ 兆欧表是否完好 是□ 否□
拆装过程记录		
步骤	内容	数据记录
1	拆卸前准备	工作环境是否整理 是□ 否□ 是否做好拆卸标记 是□ 否□ 转轴在解体前转动是否灵活 是□ 否□ 是否有轴端弯翘 是□ 否□ 电动机表面的油污、尘土是否清理 是□ 否□ 记录转轴的松紧程度：

续表

<table>
<tr><th>步骤</th><th>内容</th><th>数据记录</th></tr>
<tr><td>2</td><td>拆卸过程</td><td>(1)记录单相异步电动机参数
<table>
<tr><th>拆卸过程</th><th>记录项目</th><th>记录内容</th><th colspan="2">拆卸过程</th><th>记录项目</th><th>记录内容</th></tr>
<tr><td rowspan="8">电动机铭牌</td><td>电动机型号</td><td></td><td rowspan="6">定子绕组</td><td rowspan="3">工作绕组</td><td>导线规格</td><td></td></tr>
<tr><td>额定转速</td><td></td><td>每槽匝数</td><td></td></tr>
<tr><td>额定功率</td><td></td><td>绕组形式</td><td></td></tr>
<tr><td>额定电压</td><td></td><td rowspan="3">启动绕组</td><td>导线规格</td><td></td></tr>
<tr><td>额定电流</td><td></td><td>每槽匝数</td><td></td></tr>
<tr><td>额定效率</td><td></td><td>绕组形式</td><td></td></tr>
<tr><td>防护等级</td><td></td><td rowspan="6" colspan="2">定子铁芯</td><td>定子外径</td><td></td></tr>
<tr><td>绝缘等级</td><td></td><td>定子内径</td><td></td></tr>
<tr><td rowspan="4">绝缘材料</td><td>端部绝缘</td><td></td><td>定子长度</td><td></td></tr>
<tr><td>槽绝缘</td><td></td><td>定子槽数</td><td></td></tr>
<tr><td>绝缘厚度</td><td></td><td>定子槽型</td><td></td></tr>
<tr><td>槽楔尺寸</td><td></td><td></td><td></td></tr>
</table>
(2)记录拆卸程序：</td></tr>
<tr><td>3</td><td>装配过程</td><td>记录装配步骤：</td></tr>
<tr><td>4</td><td>装配后的检测</td><td>记录电动机绝缘电阻测量值
<table>
<tr><th colspan="3">工作绕组</th><th colspan="3">启动绕组</th></tr>
<tr><td>直流电阻</td><td>绝缘电阻</td><td>对地绝缘电阻</td><td>直流电阻</td><td>绝缘电阻</td><td>对地绝缘电阻</td></tr>
<tr><td></td><td></td><td></td><td></td><td></td><td></td></tr>
</table></td></tr>
<tr><td colspan="3">验收及收尾工作</td></tr>
<tr><td colspan="3">任务实施开始时间：　　任务实施结束时间：　　实际用时：</td></tr>
<tr><td colspan="3">单相异步电动机是否复原并能正常运转□　　仪表挡位回位，工具归位□　　台面与垃圾清理干净□</td></tr>
<tr><td colspan="3">成绩：
教师签字：　　日期：</td></tr>
</table>

六、单相异步电动机的认识与拆装任务实施考核评价

单相异步电动机的认识与拆装任务实施考核评价参照表 4-2，包括技能考核、综合素质考核及安全文明操作等方面。

表 4-2　单相异步电动机的认识与拆装任务实施考核评价

序号	内容	配分/分	评分细则	得分/分
1	仪器仪表使用	25	仪器仪表操作不规范,每次扣 5 分	
			量程错误,每次扣 5 分	
			读数错误,每次扣 5 分	
2	拆装与性能测试	60	不能按操作顺序拆装单相异步电动机,扣 20 分	
			不会检测单相异步电动机及其性能,扣 10 分	
			紧固螺钉没有拧紧,扣 5 分	
			转子转动不灵活,有扫膛、松动现象,扣 10 分	
			轴承有杂声,扣 5 分	
			不按铭牌要求接电源线,扣 5 分	
			没有连接保护接地线,扣 5 分	
3	综合素质	15	从课堂纪律、学习能力、团结协作意识、沟通交流、语言表达、6S 管理几个方面综合评价	
4	安全文明操作		违反安全文明生产规程,扣 5～40 分	
5	定额时间 2h		每超时 5min,扣 5 分	
			合计	
备注:各分项最高扣分不超过配分数				

知识拓展——常用家电单相异步电动机的故障检修

单相异步电动机若使用不当或使用日久，发生故障是不可避免的，严重时会发生人身触电事故。下面以家用电器中常用的电风扇、洗衣机、空调器的电动机为例，介绍其常见故障产生的原因与排除方法。

一、电风扇、洗衣机、空调器的电动机常见故障类型

家用电风扇、洗衣机、空调器的电动机在日常使用中发生的故障很多，主要故障有电动机过热、电动机转动时噪声大或振动大、电动机转速低于正常转速、电动机通电无法启动、启动转矩小或启动缓慢且转向不定、电动机外壳带电、电动机绕组短路或断路、电动机绕组接地等。

二、电风扇、洗衣机、空调器的电动机故障检修技巧

1. 电风扇电动机故障检修

(1) 通电后电动机不转且无“嗡嗡”声

这种故障现象一般在线路、电动机和电器元件方面。用万用表检测是否存在电源无电，电动机引线及插头损坏或接线断开、脱落，按键开关或定时器接触不良，电抗器内部断路或外部接线点虚焊、脱焊以及其他各连接线断路、脱焊等故障。查出故障后，再逐一修复。

(2) 通电后电动机不转，且转动转子手感沉重，细听有较大的电磁声

这种故障多是电压过低或机械传动部分的问题所致。修复方法：先在转动部分及电动机前后加油孔注入适量的石蜡油，然后试转，若是轴承问题应进行更换。

(3) 通电后电动机不转，但有“嗡嗡”声，断电后用手转动转子灵活

此种故障多产生在电动机内部工作绕组和启动绕组及其外部电路上。修复方法：首先确

定故障在工作绕组或启动绕组。接通电源，用力旋动转轴，如能转动，则故障在启动绕组。其次，用万用表细查，先查外部器件，如电容器是否良好；再拆卸电动机，检查内部绕组接线是否断开、脱焊。查出故障后，逐一修复。

（4）电风扇电动机低速转动困难

故障原因是电抗器的压降太大，加在电风扇电动机的电压过低。修复方法：更换与电动机匹配的电抗器。

（5）电动机启动困难，而一经启动却运转正常

在电风扇最大仰角低速挡下“点动”电动机，风扇叶自由停止的位置即为启动困难点。用手转动如果有“较紧”感觉，可能是电动机前后端盖或轴承不同心。修复方法：拆下前后端盖和轴承，按照正确方法重新安装，保证端盖与轴承同心。

（6）不通电时转子转动灵活，通电后启动困难

故障原因可能是电动机转子被定子“吸住”。转子被定子“吸住”的原因较多，如定转子的气隙偏差，椭圆形磁场产生单边磁拉力，机械故障，轴承严重磨损等。查明是哪种故障，逐个修复。

（7）转速不正常，时转时停

故障原因可能是绕组内部及其连接电路存在接触不良或脱焊。修复方法：找到接触不良点，重新绕制绕组或重新焊接脱焊点。

（8）转速太慢，调速失灵

故障原因可能是轴承损坏，轴承缺油，电压过低，调速开关、调速绕组及调速电抗器本身或其连接线路出现故障。修复方法：更换轴承，加注轴承润滑油，接入正常电源，更换调速开关、调速绕组或调速电抗器，修复连接线路。

（9）转速过高

故障原因可能是电源电压过高。修复方法：接入正常电压。

（10）电动机外壳带电及绕组碰壳

故障原因可能是电动机长期过热或受潮使绝缘下降造成漏电。修复方法：可做浸漆处理，提高绝缘性能；若无法找到故障，应更换绕组。

（11）插座（或插头）接线错误

电风扇电源线一般为三芯，分别是相线、零线和接地线，若零线代替接地线，会将220V交流电加到电风扇的外壳，引起触电事故。可用测电笔检查后按正确接法更正接线。

（12）定子绕组短路

故障原因可能是定子绕组匝间、层间绝缘击穿、短路，工作绕组、启动绕组匝间短路，绕组接地，绕组严重受潮或浸水等。查明是哪种故障，若损坏严重应更换绕组。

常用的检修方法：用测电笔测试检查电动机是否漏电；观察电风扇的转速，看电动机能否启动运转，如不能，则说明电动机启动转矩小；检查电风扇的温升，若电动机绕组与轴承故障，通电1h左右，温度会升高到烫手，如运转1h后，手放在电动机外壳上仅有热感，则说明电动机正常；检查电动机噪声情况，若电风扇在各挡转速下运转，一般能听到正常“沙沙”声，而没有机械声与电磁噪声。

2. 洗衣机电动机故障检修

（1）洗涤电动机不启动，指示灯不亮

用测电笔或万用表检查电源电压是否正常，检查电源插头接触是否良好，熔断器是否熔

断；检查电压是否过低；检查洗涤方式选择按钮是否按下或接触不良，如接触不良，应适当调节簧片位置；检查定时器内部触点是否接触不良或断路。修复方法：如电源不正常，更换或修复电源；如电源插头接触不良，重新插拔或更换；如熔断器熔断，更换好的熔断器；如电压过低，查找原因进行修复或接入正常电源；如按钮接触不良或断路，应修复定时器触点或更换定时器。带进水阀的洗衣机有水位开关，当进水量未达到限定水位高度时，洗涤电动机不启动，应使进水量达到限定高度，电动机方能正常运转；若电动机引线断路、电容器损坏，应进行更换。

（2）洗涤电动机不转，且有“嗡嗡”声

波轮被异物卡死，应清除波轮上的异物；电容器引出线脱开或虚焊，应将开焊处重新焊接好；电动机转子被卡住，拆开电动机，清除异物或更换轴承；电动机两组绕组中有一组断线，拆开电动机检查，仔细查出断点，重新焊好，如断在槽内，应更换绕组。

（3）波轮不能自动正反转或转动不停

此故障多是定时器失灵、接触不良或触点烧结黏合无法断开电路所致。检修方法：应检修定时器内部的弹簧片和触点，损坏严重时应更换新定时器。

（4）电动机转速变慢

检查电动机重修后绕组接线是否错误，检查接错处，重新焊接；电容器容量变小，应更换一只新电容器；电动机转子导条断裂，将电动机解体修复或更换；电动机绕组短路，在有负载时转速变低，重绕绕组。

（5）电动机运转时噪声过大

检查整机安放是否不平或支架未固定，若是，应进行调整和固定；波轮安装不正，转动时碰擦洗衣桶桶壁，应松开主轴套的螺母，将波轮校正到合适位置固定紧；若带自动排水阀结构的洗衣机的牵引电磁铁的间隙过大，可修复牵引电磁铁以减小噪声；电动机底座或后盖板等多处螺钉松动，应紧固松动螺钉。电动机本身噪声一般多为轴瓦或轴承磨损、电动机壳固定螺钉以及电动机端盖紧固螺钉松动所致。拆下电动机的传动带，空载试运转，判断噪声来源予以解决。严重损坏的电动机应更换，以免造成整机带电，发生触电事故。传动带装配太紧，应调整到使传动带松紧适宜为止。

（6）电动机每次启动均烧断熔断器

若是电动机绕组烧毁或损坏，应更换绕组；若是局部故障，则局部修复。电动机定子绕组部分短路，需找出短路点，若在端部，可做绝缘处理；如在槽内，应更换绕组。电动机定子绕组对地绝缘损坏，应查出碰壳短路处，做绝缘处理，严重时应更换绕组。

（7）电动机过热

洗衣量过多应拿出部分衣物，以减轻负载；电动机转子与定子相摩擦，应拆修电动机；电动机定子绕组局部短路，应排除短路故障；转子导条断裂，应予以修补或更换。

（8）电动机漏电

用万用表检查电动机接线端头、电容器、调速开关及定时开关等，查出故障后进行干燥处理，以后每次使用后应用干布擦干。如属电动机绕组对地故障，应修理电动机；若漏电属接地保护问题，应加接接地线；如原有接地螺钉松动，应除锈后固紧。

3. 空调器电动机故障检修

（1）空调器电动机不启动

检查有无电源，检查熔断器、插头、插座是否良好，如无电源，重新连接电源；如熔断器熔断，更换熔断器；如插头、插座损坏，更换。用万用表检查主控开关是否失灵，开关开合是否正常，如主控开关失灵，应更换。

检查温控器是否失灵：用导线将温控器的相应两触点短接，若电动机运转，则故障在温控器本身，再查看温控器触点、弹簧、感温包、波纹管是否损坏，若损坏应更换或修复。启动继电器故障：检查继电器线圈、触点，如损坏，应更换或修复。过载保护器失灵：检查过载保护器有无电阻值，若损坏，应更换。电动机电容器损坏，应更换。电动机绕组损坏，应按修理异步电动机绕组故障的方法进行修复。

（2）压缩机有异响但不运转

若是启动电容器击穿，拆下电容器，换上同容量电容器；若是电源电压过低，接入电压正常的电源或待电压恢复正常时使用；启动继电器出现故障，应修复或更换；压缩机电动机"抱轴"，导致电动机绕组烧坏，应更换电动机绕组或更换新压缩机；压缩机电动机绕组断路或短路，应更换电动机绕组或更换新压缩机。

（3）压缩机运转不停

若是温控器触点粘连，应修理或更换；若是温控器中感温管的感温剂检漏后补漏，更换干燥过滤器；若是二次抽真空泄漏，应重新注感温剂或更换新感温器；若是制冷剂泄漏，应抽真空后重注制冷剂。

三、单相异步电动机修复后的检验

单相异步电动机若更换绕组，则需要检验重绕后的绕组质量，一般的检查试验项目有以下几项。

1. 测量直流电阻

测量工作绕组、启动绕组的电阻值，并与原有数据比较。正反转的洗衣机电动机两绕组参数相同。

2. 测量绝缘电阻

工作绕组和启动绕组未连接之前，用500V兆欧表检查绕组对地的绝缘电阻应不小于0.5MΩ，工作绕组和启动绕组之间的绝缘电阻应为∞。

3. 测量电容器的端电压

对于单相电容运转电动机、双电容电动机，额定状态下运行时电容器两端的电压值不应超过电容器额定电压的一半。

4. 测量空载电流

电动机外加额定电压，正常运转后测量一次空载电流，空转15～20min后再次测量一次空载电流，两次测量值应基本相同。

5. 交流耐压试验

单相异步电动机如有离心开关，电容器与绕组的连接应处于正常工作状态。对工作绕组回路试验时，启动绕组回路应和铁芯与机壳相连接；对启动绕组试验时，高电压只能加在启动绕组回路的绕组端，主电路应和铁芯与机壳相连接。

巩固提升

1. 单相异步电动机按启动方式可分为哪几类？
2. 单相异步电动机的工作原理是什么？
3. 拆装一台吊扇，写出操作过程。
4. 分相式单相异步电动机分为________、________、________和________四种类型。

5. 罩极式单相异步电动机按磁极形式的不同，其结构可分为________和________两种。

6. 凸极式罩极单相异步电动机定子铁芯通常用________叠成，每极在________处开个小槽，在小部分极上套有________。

7. 单相异步电动机的转向是不固定的，它的转向取决于________。

8. 由于单相异步电动机中存在正反向两个磁场，在正反向电磁转矩的作用下，合成转矩比同容量的三相异步电动机小，过载能力、功率因数和效率也都比同容量的三相异步电动机________。

知识闯关（请扫码答题）

项目四任务一　单相异步电动机的认识与拆装

任务二　单相异步电动机控制电路的安装与调试

任务描述

电风扇、洗衣机、空调器等是现代家庭中常用的家用电器。熟悉这些家用电器中单相异步电动机控制电路的工作原理，将有助于人们更好地利用单相异步电动机为生活服务。本任务通过对常用家电单相异步电动机控制电路的分析研究，完成其控制电路的安装、调试。

相关知识

一、单相异步电动机的启动

单相异步电动机不能自启动，但若能有一个启动转矩，则可使电动机按启动转矩方向转动。不能产生启动转矩的根本原因在于单相绕组只产生脉动磁场。为了产生启动转矩，气隙磁动势必须是旋转磁动势，设法使电动机启动时产生一个旋转磁场，是解决单相异步电动机启动的出发点。常用的方法是在定子上另装一个空间轴线与工作绕组有一定角度差的启动绕组。按启动方法不同，可以分为几种不同的类型。

1. 电阻分相启动单相异步电动机的启动

电阻分相启动单相异步电动机的定子上嵌有两个单相绕组，一个称为工作绕组（或称为主绕组），一个称为启动绕组（或称为副绕组）。两个绕组在空间相差90°电角度，它们接在同一单相电源上，等效电路如图4-6（a）所示。

电动机的启动绕组一般要求阻值较大，因此采用较细的导线绕成，以增大电阻（匝数可以与工作绕组相同，也可以不同）。由于工作绕组和启动绕组的阻抗不同，流过两个绕组的电流的相位也不同，一般使启动绕组中的电流领先于工作绕组中的电流，从而形成了一个两相电流系统。这样就在电动机中形成旋转磁场，从而产生启动转矩。

通常启动绕组是按短时运行设计的。为了避免启动绕组长期工作而过热，在启动后，当电动机转速达到一定数值时，平时处于闭合状态的离心开关S自动断开，把启动绕组从电源

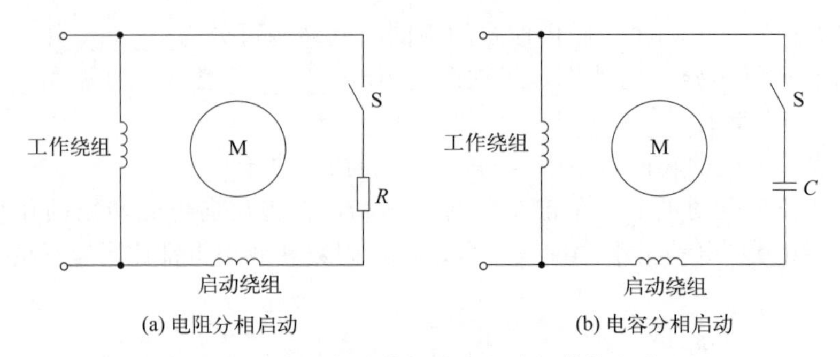

图 4-6 分相启动单相异步电动机等效电路

切断。由于工作绕组、启动绕组的阻抗都是感性的，因此两相电流的相位差不可能很大，更不可能达到 90°，由此而产生的旋转磁场椭圆度较大，所以产生的启动转矩较小、启动电流较大。

电阻分相启动单相异步电动机一般用于小型鼓风机、研磨搅拌机、小型钻床、医疗器械、电冰箱等设备中。其特点是启动结束后，启动绕组被自动切断。

2. 电容分相启动单相异步电动机的启动

在结构上，电容分相启动单相异步电动机和电阻分相启动单相异步电动机相似，只是在启动绕组中串入一个电容器，如图 4-6（b）所示。

当电动机静止不动或转速较低时，装在电动机后端盖上的离心开关 S 处于闭合状态，因而启动绕组连同电容器与电源接通。当电动机启动完毕后，转速接近同步转速的 75%～80%时，由于离心力的作用，自动将开关 S 切断，此时切断启动绕组电路，电动机便作为单相电动机稳定运转。同理，这种电动机的启动绕组也只在启动过程中短时间工作，因此导线选择得也较细。

电容分相启动单相异步电动机一般用于小型水泵、空调器、电冰箱、洗衣机等设备中。

3. 电容启动运转式单相异步电动机的启动

如果将上述电动机的启动绕组由原来较细的导线改为较粗的导线，并使启动绕组不仅产生启动转矩，而且参加运行，运行时在启动绕组电路中的电容器仍与电路接通，保持启动时产生的两相交流电和旋转磁场的特性，即可以保持一台两相异步电动机的运行，这样不仅可以得到较大的转矩，而且电动机的功率因数、效率、过载能力都比普通单相电动机要高，如图 4-7（a）所示。这种带电容器运行的电动机，称为电容式单相异步电动机，或称电容运转式单相异步电动机。

为了提高电容式电动机的功率因数和改善启动性能，电容式电动机常备有两个容量不同的电容器，如图 4-7（b）所示。在启动时，并联一个容量较大的启动电容器 C_1。启动完毕，离心开关 S 自动断开，使启动电容器 C_1 脱离电源，而启动绕组与容量较小的电容器 C_2 仍串联在电路中参与正常运行。电容启动运转式单相异步电动机的电容容量比电容分相启动电动机的电容容量要小，启动转矩也小，因此启动性能不如电容分相启动单相异步电动机。

4. 罩极式单相异步电动机的启动

凸极式罩极单相异步电动机的绕组中通以单相交流电时，同样会产生一个脉动磁场。脉动磁场的一部分通过磁极的未罩部分，一部分通过短路环。后者在短路环中感生电动势，并产生电流。根据楞次定律，电流的作用总是阻止磁通变化，在绕组电流 i 从 0 向上增至 a 点这段时间内［图 4-8（a）］，由于 i 与磁通 Φ 上升得较快，在短路环中感应出较大的电流 i_k，

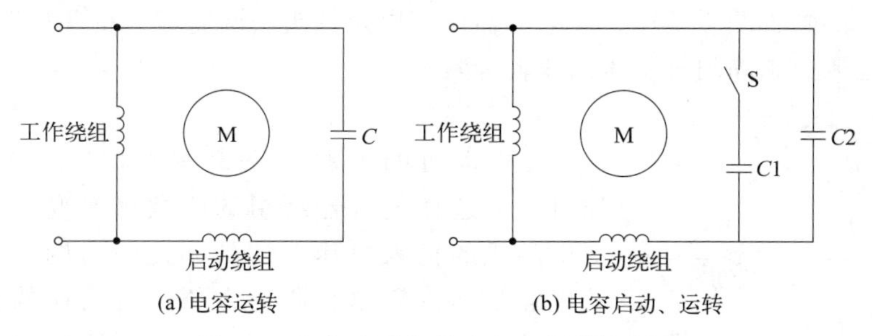

图 4-7　电容式单相异步电动机等效电路

其方向与 i 的方向相反，以阻碍短路环中磁通的增加；罩极部分的磁通密度小于未罩部分的磁通密度。因此，整个磁极的磁场中心线偏向未罩部分的磁极。

在绕组电流 i 从 a 点变化到 b 点这段时间内［图 4-8（b)］，由于 i 的变化率很小，在短路环中感应出的电流 i_k 便接近于 0，整个磁极的磁力线接近均匀分布，整个磁极的磁场中心线位于磁极的中心。

在绕组电流 i 从 b 点下降到零这段时间内［图 4-8（c)］，由于 i 与 Φ 的数值减小得较快，在短路环中感应出较大的电流，其方向与 i 的方向相同，因而罩极部分的磁通密度较大，这样整个磁极的磁场中心线偏向罩极部分。

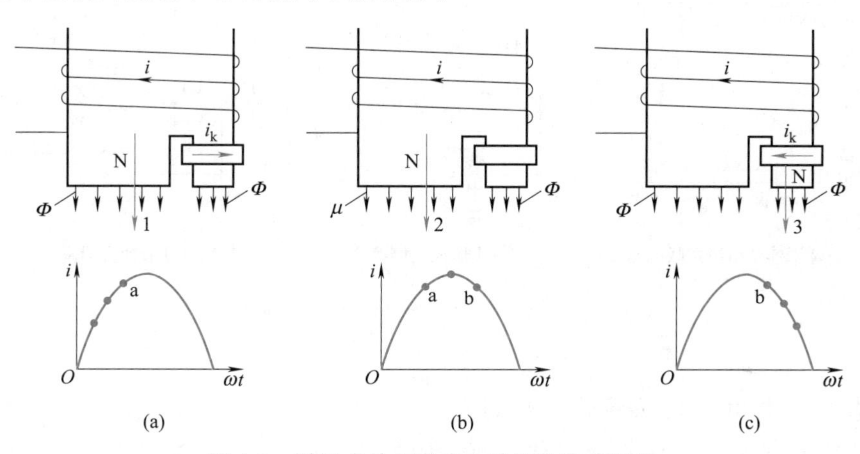

图 4-8　罩极式单相异步电动机的启动原理

由此可见，随着电流 i 的变化，磁场的中心线从磁极的未罩部分移向罩极部分，使通过短路环部分的磁通与通过磁极未罩部分的磁通在时间上不同相，并且总要滞后一个角度。于是就会在电动机内产生一个类似于旋转磁场的“扫动磁场”，扫动的方向由磁极未罩部分向着短路环方向。这种“扫动磁场”实质上是一种椭圆度很大的旋转磁场，从而使电动机获得一定的启动转矩。

罩极式单相异步电动机的主要优点是结构简单、成本低、维护方便。由于罩极式单相异步电动机启动性能和运行性能较差，所以主要用于小功率电动机的空载启动场合，如电风扇、微波炉、吸顶式空调器等。

二、单相异步电动机的调速

单相异步电动机在很多时候有不同的转速要求，例如家用落地扇一般有三挡风速，吊扇一般有五挡转速，家用空调器也有多挡风速。单相异步电动机的调速方法主要有变频调速、串电抗器调速、晶闸管调压调速、串电容器调速以及抽头法调速等。在日常生活中，串电抗器调速、抽头法调速和晶闸管调压调速较为常见。

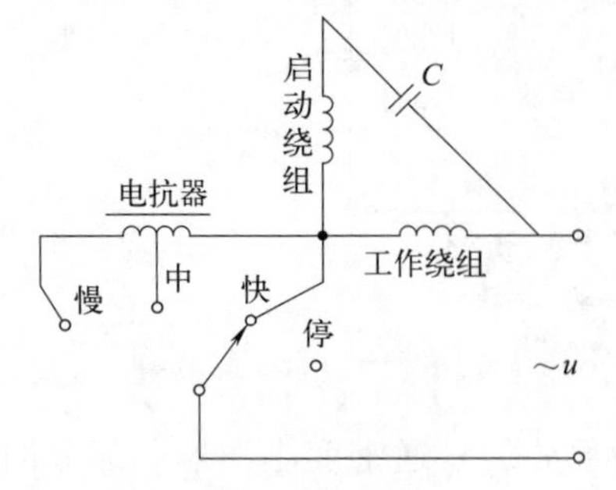

图 4-9　单相异步电动机串电抗器调速的接线图

1. 串电抗器调速

在电动机的电源线路中串入起分压作用的电抗器，通过开关选择电抗器绕组的匝数来改变电抗值，从而改变电动机的输入电压，达到调速的目的。串电抗器调速的优点是结构简单、调速方便，但消耗的材料较多，吊扇电动机常采用此方法调速。串电抗器调速的接线图如图 4-9 所示。

2. 抽头法调速

在电动机定子铁芯的工作绕组上多嵌放一个调速绕组，调速绕组与工作绕组的接线如图 4-10 所示。由调速开关 S 改变调速绕组串入工作绕组支路的匝数，达到改变气隙磁场的目的，从而改变电动机的转速。抽头调速法与串电抗器调速法相比较，节省材料、耗电少，但绕组嵌放和接线较复杂。

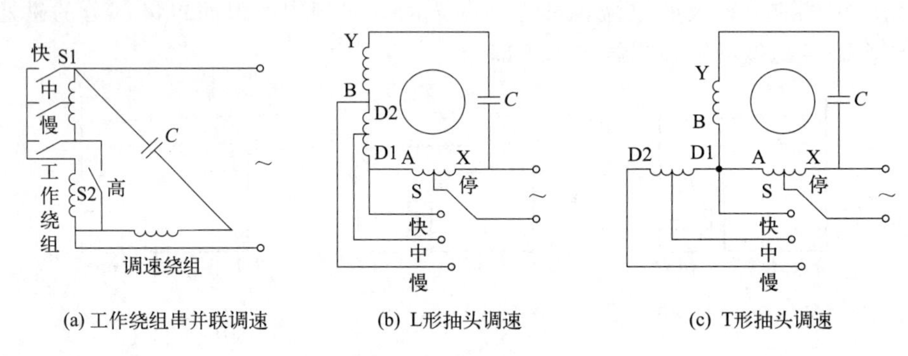

(a) 工作绕组串并联调速　(b) L形抽头调速　(c) T形抽头调速

图 4-10　单相异步电动机抽头调速的接线图

3. 晶闸管调压调速

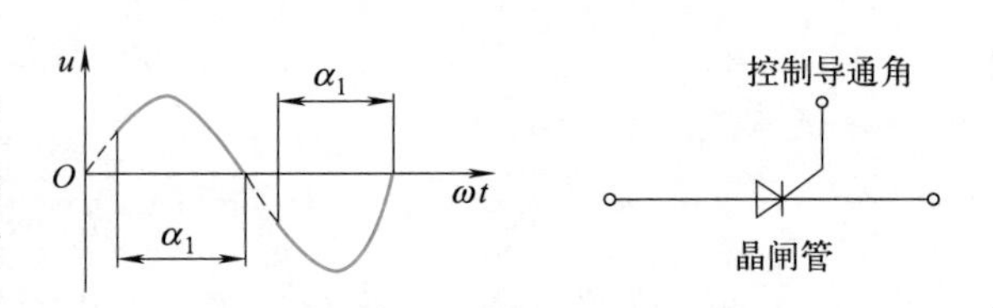

图 4-11　单相异步电动机晶闸管调速

空调器中最常用的是晶闸管（塑封）调压调速。晶闸管调压调速是通过改变晶闸管导通角的方法，改变电动机端电压的波形，从而改变电动机端电压的有效值。如图 4-11 所示，晶闸管导通角 $\alpha_1=180°$时，电动机端电压为额定值，$\alpha_1<180°$时电压波形如图 4-11 实线部分，电动机端电压有效值小于额定值，α_1 越小，电压越低。

晶闸管调速是利用电动机输出转矩与电动机输入电压成近似一次关系，通过改变电动机输入电压来改变电动机的输出转矩，起到调节电动机转速的目的。

任务实施

一、任务实施内容

① 电风扇用单相异步电动机控制电路的安装与调试。

② 洗衣机用单相异步电动机控制电路的安装与调试。

二、任务实施要求

① 掌握电风扇、洗衣机用单相异步电动机控制电路所用电器元件性能检测与安装方法。

② 能够正确安装、调试电风扇、洗衣机用单相异步电动机控制电路。

③ 完成电风扇用单相异步电动机控制电路的安装与调试任务实施工单。

④ 完成洗衣机用单相异步电动机控制电路的安装与调试任务实施工单。

三、任务实施步骤

1. 电风扇用单相异步电动机控制电路的安装与调试

(1) 任务所需电器元件、工具及其他材料

① XDT-180 型单相异步电动机	1 台
② CBB61 1.5μF/450V 台风扇用电容器	1 个
CBB61 2.4μF/450V 吊扇用电容器	1 个
③ 万用表	1 块
④ 风扇用定时器	1 台
⑤ 指示灯	1 个
⑥ 调速开关	1 个
⑦ 电抗器	1 个
⑧ 电工工具	1 套

(2) 电风扇用单相异步电动机控制电路的安装与调试任务实施步骤

① 配置所用电器元件，并检验型号及其性能。

② 按图 4-12 和图 4-13 连接各电器元件，并将连线整理好。

③ 连接电源、电动机等控制板外部的导线。

④ 自检。检查电路时，按电气原理图或电气安装接线图从电源端开始，逐段核对接线有无漏接、错接之处。检查导线接点是否符合要求，压接是否牢固。

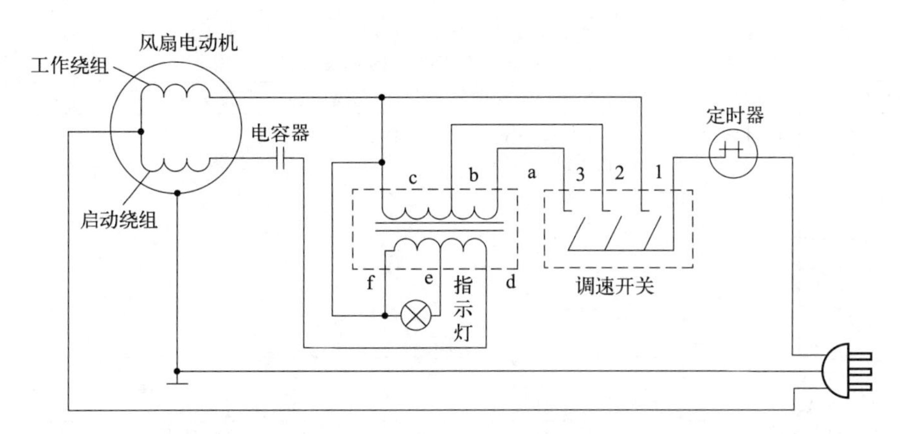

图 4-12　台风扇电抗器调速电路

⑤ 通电试车。通电前必须征得教师同意，做好现场监护。做好线路的安装检查后，按安全操作规定进行试运行。如遇到异常情况，应立即停车，检查故障。通电试车完毕后，切断电源。

(3) 完成表 4-3 电风扇用单相异步电动机控制电路安装与调试任务实施工单

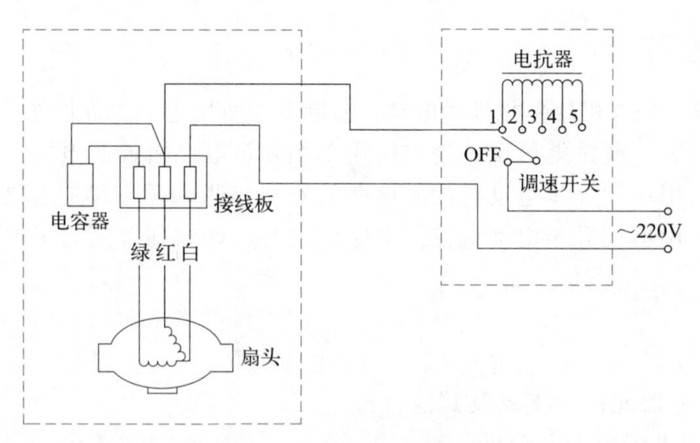

图 4-13 吊扇电抗器调速电路

表 4-3 电风扇用单相异步电动机控制电路的安装与调试任务实施工单

班级：______ 组别：______ 学号：______ 姓名：______ 操作日期：______

安装前准备			
序号	准备内容	准备情况自查	
1	知识准备	电气原理图是否熟悉 是□ 否□ 安装步骤是否掌握 是□ 否□ 安装注意事项是否熟悉 是□ 否□ 通电前需检查内容是否熟悉 是□ 否□	
2	器材准备	工具是否齐全 是□ 否□ 仪表是否完好 是□ 否□ 调速开关是否完好 是□ 否□ 电抗器是否完好 是□ 否□ 定时器是否完好 是□ 否□ 电动机是否完好 是□ 否□ 控制板大小是否合适 是□ 否□ 导线数量是否够用 是□ 否□	
安装过程			
步骤			是否完成
1	电器元件安装	根据电器元件布置图，在控制板上正确安装电器元件，并给每个电器元件标注上醒目的文字符号	
2	布线	按照电气原理图或电气安装接线图进行布线	
调试过程			
步骤			
1	接线检查	按电气原理图或电气安装接线图从电源端开始，逐段核对接线与接线端子处连接是否正确，有无漏接、错接之处。检查导线接点是否符合要求，压接是否牢固	
2	电路检查	断开电源开关，闭合调速器、定时器开关，测电路两端电阻，记录电阻值为________。	
3	通电试车	(1)电源测试。插上电源，用测电笔测电源情况。 (2)接通电动机，记录试运行情况	
验收及收尾工作			
任务实施开始时间：		任务实施结束时间：	实际用时：
控制电路正确装配完毕□		仪表挡位回位，工具归位□	台面与垃圾清理干净□
成绩：			
教师签字：		日期：	

（4）电风扇用单相异步电动机控制电路的安装与调试任务实施考核评价

电风扇用单相异步电动机控制电路的安装与调试任务实施考核评价参照表 4-4，包括技能考核、综合素质考核及安全文明操作等方面。

表 4-4 电风扇用单相异步电动机控制电路的安装与检测任务实施考核评价

序号	内容	配分/分	评分标准		得分/分
1	器材准备	5	不清楚电器元件的功能与作用	扣 2 分	
2	工具、仪表的使用	5	(1)不会正确使用工具	扣 2 分	
			(2)不能正确使用仪表	扣 3 分	
3	安装前检查	10	(1)电动机质量检查	每漏一处扣 2 分	
			(2)电器元件漏检或错检	每处扣 2 分	
4	安装电器元件	10	(1)不按电器元件布置图安装	扣 5 分	
			(2)电器元件安装不紧固	每处扣 4 分	
			(3)电器元件安装不整齐、不匀称、不合理	每处扣 3 分	
			(4)损坏电器元件	扣 15 分	
5	布线	30	(1)不按电气原理图或电气安装接线图接线	扣 10 分	
			(2)布线不符合要求	每根扣 4 分	
			(3)接点松动、露铜过长、压绝缘层等	每个接点扣 1 分	
			(4)损伤导线绝缘或线芯	每根扣 5 分	
			(5)漏套或错套编码套管(教师要求)	每处扣 2 分	
			(6)漏接接地线	扣 10 分	
6	通电试车	25	通电试车,出现下面情况扣除相应分数。 (1)第一次试车不成功 (2)第二次试车不成功 (3)第三次试车不成功	 扣 5 分 扣 15 分 扣 25 分	
7	综合素质	15	从课堂纪律、学习能力、团结协作意识、沟通交流、语言表达、6S 管理、安全文明生产几个方面综合评价		
8	安全文明操作		违反安全文明生产规程	扣 5～40 分	
9	定额时间 1h	每超时 5min,扣 5 分			
	合计				
备注:各分项最高扣分不超过配分数					

2. 洗衣机用单相异步电动机控制电路的安装与调试

洗衣机种类很多，其控制电路也不完全相同。单桶洗衣机简单控制电路如图 4-14 所示，双桶洗衣机典型控制电路如图 4-15 所示。

(1) 任务所需电器元件、工具及其他材料

① XDT-180 型单相异步电动机　　1 台

② CBB60 8μF/450V 电容器　　1 个

　 CBB60 4μF/450V 电容器　　1 个

③ 万用表　　1 块

④ 洗衣机用定时器　　2 个

⑤ 选择开关　　1 个

⑥ 电工工具　　1 套

⑦ 筒盖开关　　1 个

(2) 洗衣机用单相异步电动机控制电路的安装与调试任务实施步骤

① 配置所用电器元件，并检验型号及其性能。

② 按图 4-14 和图 4-15 连接各电器元件，并将连线整理好。

③ 连接电源、电动机等控制板外部的导线。

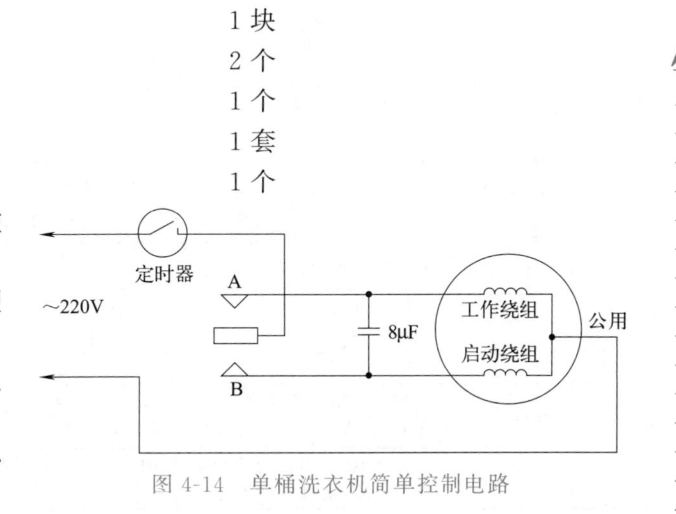

图 4-14 单桶洗衣机简单控制电路

④ 自检。检查电路时，按电气原理图或电气安装接线图从电源端开始，逐段核对接线有无漏接、错接之处。检查导线接点是否符合要求，压接是否牢固。

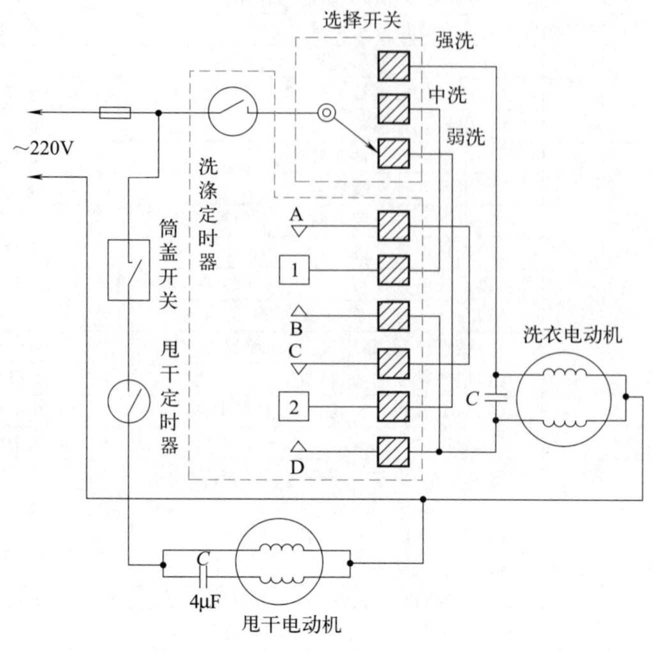

图 4-15 双桶洗衣机典型控制电路

⑤ 通电试车。通电前必须征得教师同意，做好现场监护。做好线路的安装检查后，按安全操作规定进行试运行。如遇到异常情况，应立即停车，检查故障。通电试车完毕后，切断电源。

（3）完成表 4-5 洗衣机用单相异步电动机控制电路的安装与调试任务实施工单

表 4-5 洗衣机用单相异步电动机控制电路的安装与调试任务实施工单

班级：______ 组别：______ 学号：______ 姓名：______ 操作日期：______

安装前准备			
序号	准备内容	准备情况自查	
1	知识准备	电气原理图是否熟悉 是□ 否□ 安装步骤是否掌握 是□ 否□ 安装注意事项是否熟悉 是□ 否□ 通电前需检查内容是否熟悉 是□ 否□	
2	器材准备	工具是否齐全 是□ 否□ 仪表是否完好 是□ 否□ 选择开关是否完好 是□ 否□ 洗涤定时器是否完好 是□ 否□ 甩干定时器是否完好 是□ 否□ 电动机是否完好 是□ 否□ 控制板大小是否合适 是□ 否□ 导线数量是否够用 是□ 否□ 筒盖开关是否完好 是□ 否□ 电容器是否完好 是□ 否□	
安装过程			
步骤			是否完成
1	电器元件安装	根据电器元件布置图，在控制板上正确安装电器元件，并给每个电器元件标注上醒目的文字符号	
2	布线	按照电气安装接线图进行布线	
调试过程			
步骤			
1	接线检查	按电气原理图或电气安装接线图从电源端开始，逐段核对接线与接线端子处连接是否正确，有无漏接、错接之处。检查导线接点是否符合要求，压接是否牢固	
2	电路检查	断开电源，闭合选择开关、定时器开关等，分别测量洗涤电动机、甩干电动机所在控制电路的接线端电阻，记录电阻值分别为________、________	

续表

步骤		
3	通电试车	(1)电源测试。插上电源,用测电笔测电源情况。 (2)接通电动机,记录试运行情况
验收及收尾工作		
任务实施开始时间:	任务实施结束时间:	实际用时:
控制电路正确装配完毕□	仪表挡位回位,工具归位□	台面与垃圾清理干净□
成绩: 教师签字: 日期:		

(4) 洗衣机用单相异步电动机控制电路的安装与调试任务实施考核评价

洗衣机用单相异步电动机控制电路的安装与调试任务实施考核评价参照表4-6，包括技能考核、综合素质考核及安全文明操作等方面。

表4-6 洗衣机用单相异步电动机控制电路安装与调试任务实施考核评价

序号	内容	配分/分	评分标准		得分/分
1	器材准备	5	不清楚电器元件的功能与作用	扣2分	
2	工具、仪表的使用	5	(1)不会正确使用工具	扣2分	
			(2)不能正确使用仪表	扣3分	
3	安装前检查	10	(1)电动机质量检查	每漏一处扣2分	
			(2)电器元件漏检或错检	每处扣2分	
4	安装电器元件	10	(1)不按电器元件布置图安装	扣5分	
			(2)电器元件安装不紧固	每处扣4分	
			(3)电器元件安装不整齐、不匀称、不合理	每处扣3分	
			(4)损坏电器元件	扣15分	
5	布线	30	(1)不按电气原理图或电气安装接线图接线	扣10分	
			(2)布线不符合要求	每根扣4分	
			(3)接点松动、露铜过长、压绝缘层等	每个接点扣1分	
			(4)损伤导线绝缘或线芯	每根扣5分	
			(5)漏套或错套编码套管(教师要求)	每处扣2分	
			(6)漏接接地线	扣10分	
6	通电试车	25	通电试车,出现下面情况扣除相应分数。 (1)第一次试车不成功 (2)第二次试车不成功 (3)第三次试车不成功	 扣5分 扣15分 扣25分	
7	综合素质	15	从课堂纪律、学习能力、团结协作意识、沟通交流、语言表达、6S管理、安全文明生产几个方面综合评价		
8	安全文明操作		违反安全文明生产规程	扣5～40分	
9	定额时间1h		每超时5min,扣5分		
			合计		
备注:各分项最高扣分不超过配分数					

知识拓展——单相异步电动机的其他启动方式与电风扇的无级调速

一、单相异步电动机其他启动方法

1. 单相异步电动机的继电器启动

有些单相异步电动机，如电冰箱的电动机与压缩机组装在一起并放在密封的罐子里，不便于安装离心开关，就用启动继电器代替。继电器的铁芯线圈串联在工作绕组回路中，电动机启动时工作绕组电流很大，衔铁动作，使串联在启动绕组回路中的常开触点闭合。启动绕组接通，电动机处于两相绕组运行状态。随着转子转速上升，工作绕组电流不断下降，继电器电磁铁吸引线圈的吸力下降。当电动机到达一定的转速时，电磁铁的吸力小于触点的反作用弹簧的拉力，触点被断开，启动绕组就脱离电源，电动机完成了启动。

2. 单相异步电动机的 PTC 启动器启动

利用 PTC 启动器启动是单相异步电动机的一种新的启动方式。PTC 是一种能“通或断”的热敏电阻。PTC 是一种新型的半导体元件，可用作延时型启动开关。使用时将 PTC 与电容启动电动机或电阻启动电动机的启动绕组串联。在启动初期，因 PTC 尚未发热，其阻值很低，电动机启动绕组处于通路状态，电动机开始启动。随着时间的推移，电动机的转速不断增加，PTC 的温度因本身的焦耳热而上升，当超过居里点 T_C（即电阻急剧增加的温度点）时，其电阻剧增，电动机启动绕组电路相当于断开。但此时还有一个很小的维持电流，并有 2～3W 的损耗，使 PTC 的温度维持在居里点 T_C 以上。当电动机停止运行后，PTC 的温度不断下降，2～3min 后其温度降到 T_C 以下，这时又可以重新启动了。这一时间正好是电冰箱和空调器所规定的两次开机间的停机时间。

PTC 启动器的优点是无触点、运行可靠、无噪声、无电火花、防火防爆性能好，并且耐振动、耐冲击、体积小、重量轻、价格低。

二、电风扇的无级调速

电风扇无级调速器在日常生活中随处可见，这是单相异步电动机调压调速电路的典型应用之一。图 4-16 所示为电风扇无级调速电路原理图。

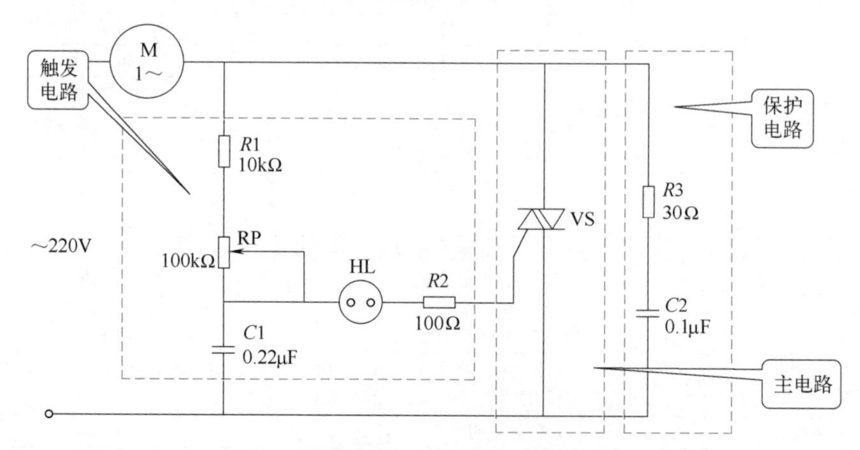

图 4-16　电风扇无级调速电路原理图

接通电源后，电容 $C1$ 充电，当电容 $C1$ 两端电压的峰值达到氖管 HL 的阻断电压时，HL 亮，双向晶闸管 VS 被触发导通，电风扇转动。改变电位器 RP 的大小，即改变了 $C1$ 的充电时间常数，使 VS 的导通角发生变化，也就改变了电动机两端的电压，因此电风扇的转速发生改变。由于 RP 是无级变化的，因此电风扇的转速也是无级变化的。

巩固提升

1. 给单相异步电动机加额定电压时，离心开关没有闭合，电动机能否启动？原因是什么？
2. 如何用万用表判别吊扇电动机的工作绕组和启动绕组？

3. 改变单相异步电动机的转向有几种方法？分别是如何实现的？

4. 在单相异步电动机达到额定转速时，离心开关不能断开，会有什么后果？

5. 家用吊风扇电容电动机有三个出线头 a、b、c，如何判断它们中哪两个端子直接接电源？

6. 单相异步电动机启动绕组和工作绕组上的电流在相位上相差________度。

7. 为解决单相异步电动机的启动问题，通常在单相异步电动机定子上安装两套绕组，一套是____________（又称主绕组），另一套是____________（又称副绕组）。

8. 双电容单相异步电动机中的两个电容器是________和________，其中________电容容量较大，两个电容器分别________联后与启动绕组________联。

9. 家用台扇最常用的调速方法是（　　）。

A. 抽头法调速　　B. 串电抗器调速　C. 晶闸管调压调速　D. 自耦变压器调速

10. 单相异步电动机中电容器容量变小，会使电动机（　　）。

A. 转速变慢　　B. 烧毁　　C. 没有任何影响

知识闯关（请扫码答题）

项目四任务二　单相异步电动机控制电路的安装与调试

知识点总结

1. 单相异步电动机具有结构简单、成本低廉、使用维修方便等优点，在电冰箱、电风扇、洗衣机等家用电器中被广泛应用。单相异步电动机与同容量的三相异步电动机相比，体积较大、运行性能较差、效率较低。

2. 根据获得旋转磁场方式的不同，常用的单相异步电动机主要分为分相式单相异步电动机和罩极式单相异步电动机两大类。根据交流电流分相方法的不同，分相式异步电动机分为电容启动电动机、电容运转电动机、电容启动运转电动机和电阻分相电动机四种类型。罩极式单相异步电动机按磁极形式的不同，其结构可分为凸极式和隐极式两种。分相式单相异步电动机在结构上与三相笼型异步电动机类似。

3. 在定子绕组中通入单相交流电时，电动机内部产生一个大小与方向随时间沿定子绕组轴线方向变化的磁场，称为脉动磁场。单相异步电动机无启动转矩，有运行转矩；单相异步电动机的转向是不固定的，它的转向取决于启动时的转向。

4. 单相异步电动机不能自启动，在定子上另装一个空间轴线与工作绕组空间相差 90°电角度的辅助绕组（或称为启动绕组），在电动机中形成旋转磁场，从而产生启动转矩。

5. 罩极式电动机“扫动磁场”的方向由磁极未罩部分向着短路环方向。这种“扫动磁场”实质上是一种椭圆度很大的旋转磁场，从而使电动机获得一定的启动转矩。

6. 单相异步电动机的调速方法主要有变频调速、串电抗器调速、晶闸管调压调速、串电容器调速以及抽头法调速等。在日常生活中，串电抗器调速、抽头法调速和晶闸管调压调速最为常见。

项目五

直流电动机控制电路安装与调试

知识目标：

1. 了解直流电动机的特点、用途和分类，掌握直流电动机的工作原理。
2. 认识直流电动机的外形和内部结构，熟悉电动机各部件的作用。
3. 了解直流电动机铭牌中型号和额定值的含义，掌握额定值的计算方法。
4. 掌握他励式直流电动机的机械特性，了解生产机械的负载特性。
5. 掌握直流电动机常用的启动方法、反转方法和制动方法。
6. 掌握直流电动机的三种调速方法，理解调速指标的含义。

能力目标：

1. 会正确拆装常见小型直流电动机。
2. 能熟练进行直流电动机的检测、接线和操作。
3. 会直流电动机常用启动、反转、制动和调速方法的操作。
4. 能进行直流电动机的常见故障判别和处理。

素养目标：

1. 培养学生爱岗敬业、无私奉献的敬业精神。
2. 培养学生养成遵守操作规程、安全文明工作的习惯。

电机“土专家”用
热爱书写匠心故事

知识导图

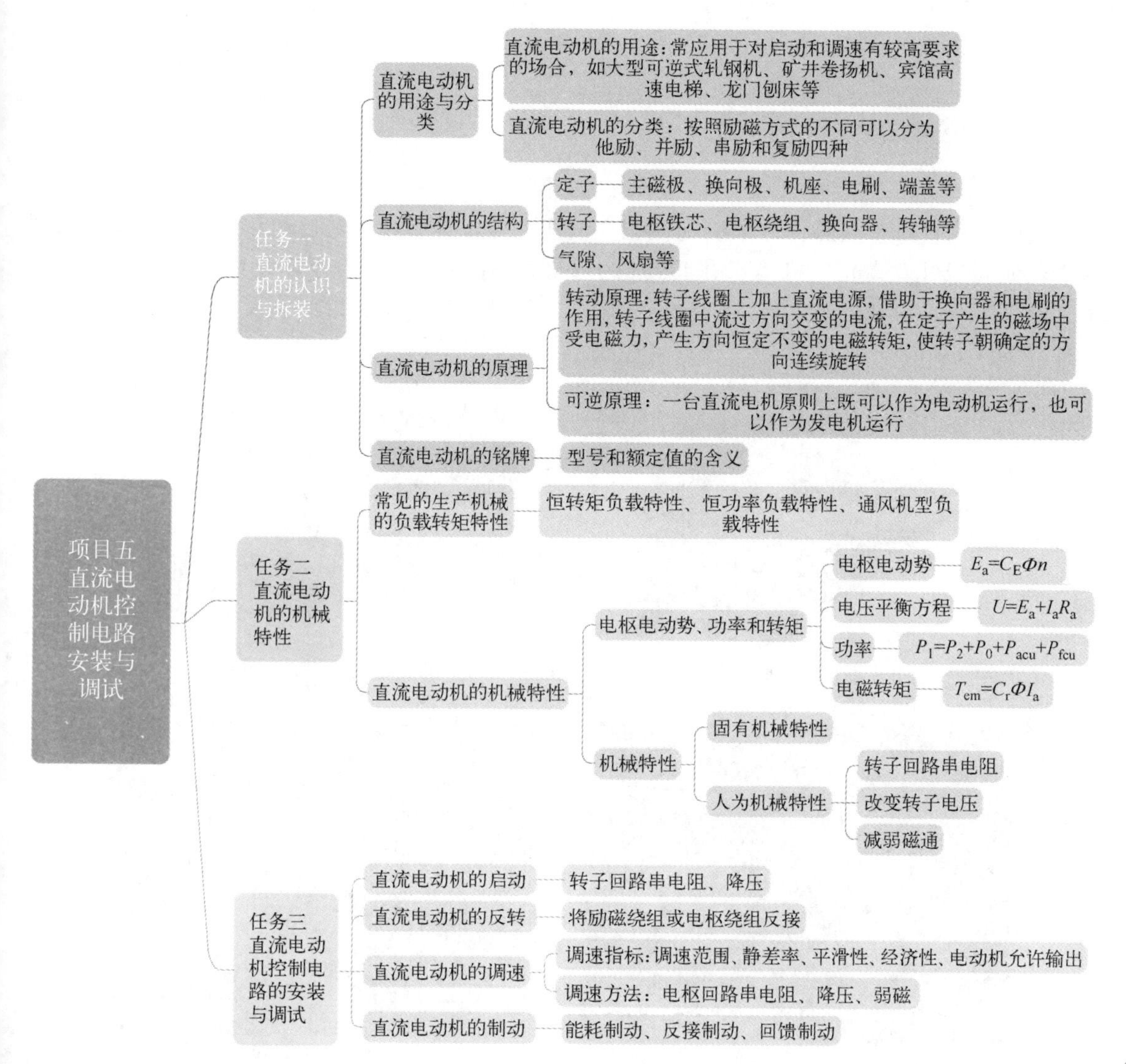

电动机有直流电动机和交流电动机两大类。直流电动机虽不及交流电动机结构简单、制造容易、维护方便、运行可靠，但由于长期以来交流电动机的调速问题未能得到满意解决，在此之前，直流电动机具有交流电动机所不能比拟的良好启动特性和调速性能，在速度调节方面要求较高、正反转和启/制动频繁或多单元同步协调运转的生产机械上，仍采用直流电动机拖动。

任务一　直流电动机的认识与拆装

任务描述

在电动机发展历史上，直流电动机发明较早，具有调速性能好、过载能力强、启动转矩大和易于控制等特点，在工业领域里仍然被使用。通过本任务的学习要认识直流电动机的结构部件，掌握直流电动机的工作原理，认识直流电动机的铭牌数据，并会正确拆装常见小型直流电动机。

相关知识

一、直流电动机的用途和分类

1. 直流电动机的用途

直流电动机由于具有良好的启动性能和调速性能，常应用于对启动和调速有较高要求的场合，如大型可逆式轧钢机、矿井卷扬机、宾馆高速电梯、龙门刨床、电力机车、内燃机车、城市电车、地铁列车、电动自行车、造纸和印刷机械、船舶机械、大型精密机床和大型起重机等，如图 5-1 所示。

(a) 地铁列车

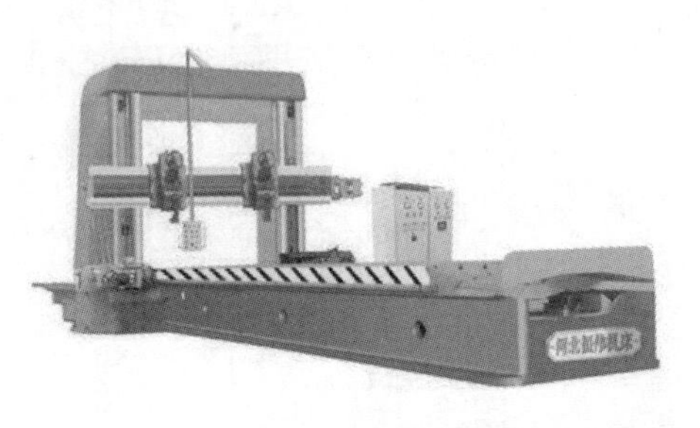

(b) 龙门刨床

(c) 矿井卷扬机

(d) 造纸机

图 5-1　直流电动机的用途

2. 直流电动机的分类

励磁方式是指励磁绕组中获得励磁电流的方式。直流电动机按照励磁方式的不同可以分为他励、并励、串励和复励四种，其中复励又分为短复励和长复励。直流电动机采用不同的励磁方式时，电动机的运行性能差别很大。

（1）他励方式

他励方式中，电枢绕组和励磁绕组电路相互独立，分别由两个不同的电源供电，电枢电压与励磁电压彼此无关，其接线图如图 5-2（a）所示。他励直流电动机具有较硬的机械特性，励磁电流与转子电流无关，不受转子回路的影响。这种励磁方式的直流电动机一般用于大型和精密直流电动机控制系统中。

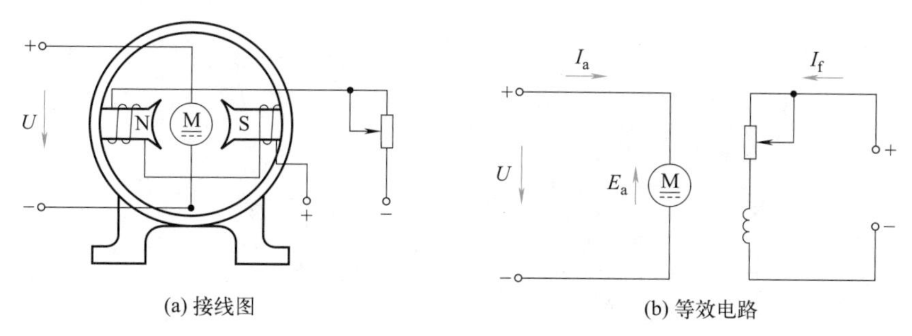

图 5-2　他励直流电动机的接线图与等效电路

(2) 自励方式

自励方式又分为并励方式、串励方式和复励方式。

① 并励方式　并励方式中，电枢绕组和励磁绕组由同一个电源供电，其接线图如图 5-3 (a) 所示。并励直流电动机的特性与他励直流电动机的特性基本相同，但比他励直流电动机节省了一个电源。中小型直流电动机多为并励直流电动机。

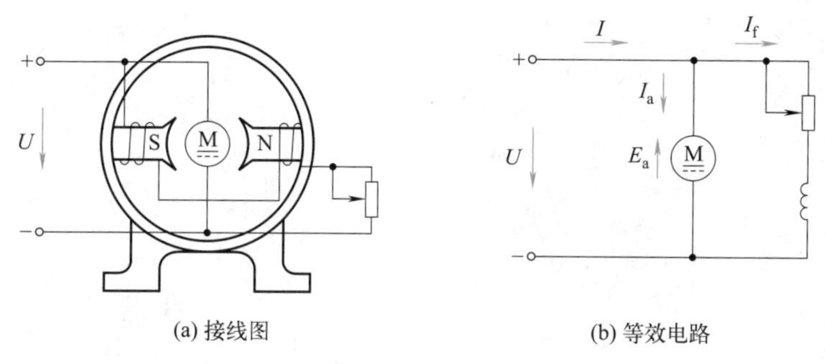

图 5-3　并励直流电动机的接线图与等效电路

② 串励方式　串励方式中，电枢绕组和励磁绕组串联，其接线图如图 5-4 (a) 所示。串励直流电动机具有很大的启动转矩，常用于启动转矩要求很大且转速有较大变化的负载，如电瓶车、起货机、起锚机、电动车、电传动机车等。但其机械特性很软，空载时有极高的转速，因此禁止其空载或轻载运行。

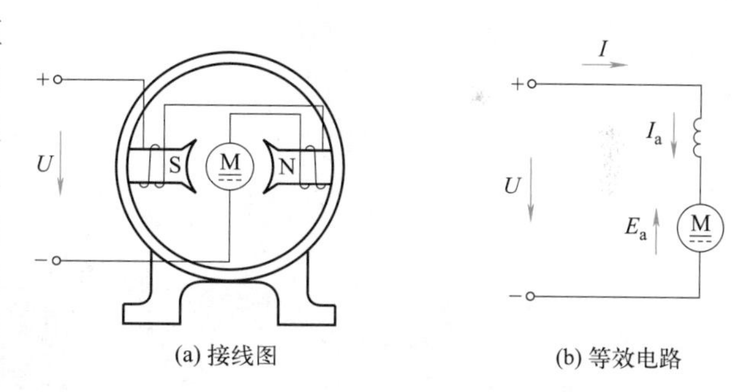

图 5-4　串励直流电动机接线图与等效电路

③ 复励方式　复励直流电动机的励磁绕组分为两部分，一部分与电枢绕组并联，是主要部分，另一部分与电枢绕组串联，其接线图如图 5-5 所示。当两部分励磁绕组产生的磁通方向相同时，称为积复励，反之称为差复励。

直流电动机按结构形式分类，还可分为开启式、防护式、封闭式和防爆式；按功率大小分类，可分为小型、中型和大型。

二、直流电动机的结构

直流电动机结构根据用途、环境等不同，可以分为很多种类，下面通过一台普通小型直流电动机的例子做简要分析，其装配结构如图 5-6 所示。

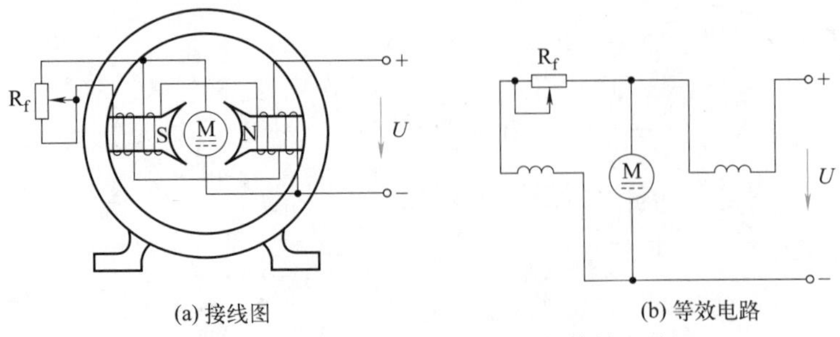

图 5-5　复励直流电动机接线图与等效电路

直流电动机主要由定子部分、转子部分、气隙、电刷装置和风扇等零部件组成。如图 5-7 所示是一台常用的小型直流电动机纵剖面示意图，如图 5-8 所示是一台两极直流电动机横剖面示意图。

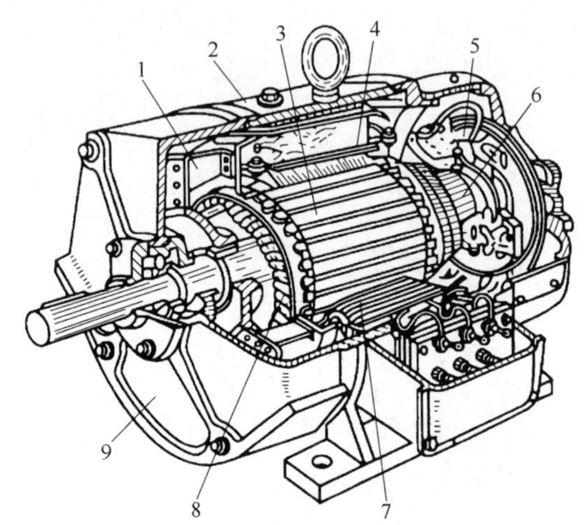

图 5-6　小型直流电动机的装配结构

1—风扇；2—机座；3—电枢铁芯；4—主磁极；5—电刷装置；6—换向器；7—换向极；8—电枢绕组；9—端盖

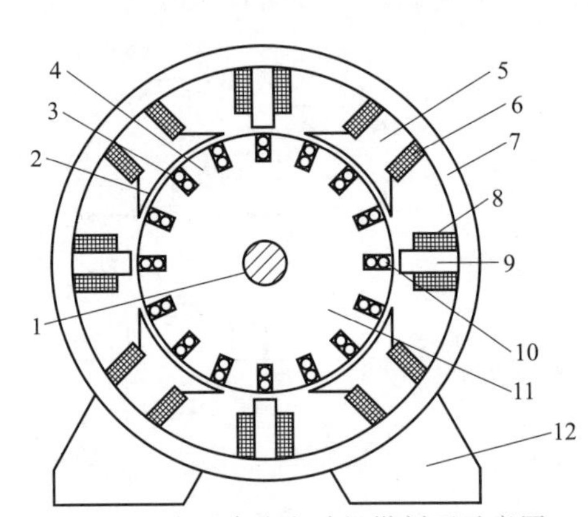

图 5-7　小型直流电动机纵剖面示意图

1—转轴；2—极靴；3—电枢槽；4—电枢齿；5—主磁极铁芯；6—励磁绕组；7—定子磁轭；8—换向极绕组；9—换向极铁芯；10—电枢绕组；11—电枢铁芯；12—底脚

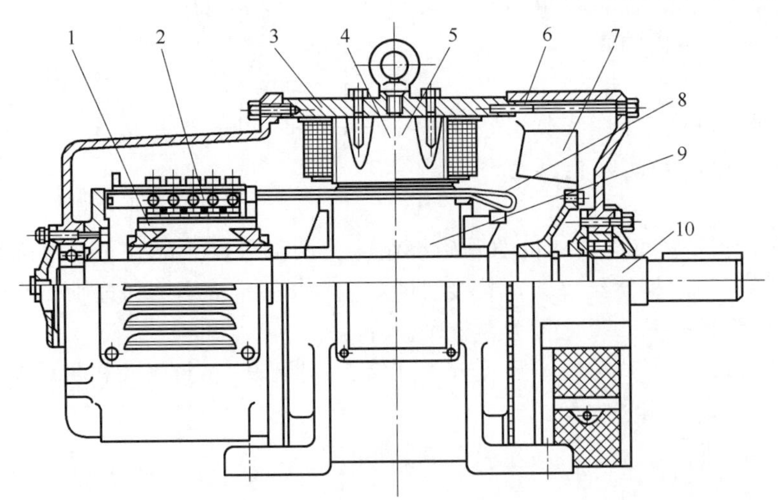

图 5-8　两极直流电动机横剖面示意图

1—换向器；2—电刷装置；3—机座；4—主磁极；5—换向极；6—前端盖；7—风扇；8—电枢绕组；9—电枢铁芯；10—转轴

1. 定子部分

直流电动机的定子主要用于安放磁极和电刷，并作为机械支撑，包括机座、主磁极、换向极、电刷装置和端盖等。

（1）主磁极

直流电动机主磁极的结构示意图如图 5-9 所示。主磁极用来产生气隙磁场，并使电枢表面的气隙磁通密度按一定波形沿空间分布。主磁极包括主磁极铁芯和励磁绕组。主磁极铁芯由 1～1.5mm 厚的低碳钢薄板冲片叠压而成。励磁绕组用圆形或矩形纯铜绝缘电磁线制成，各磁极的励磁绕组串联连接成一路，以保证各主磁极励磁绕组的电流相等。

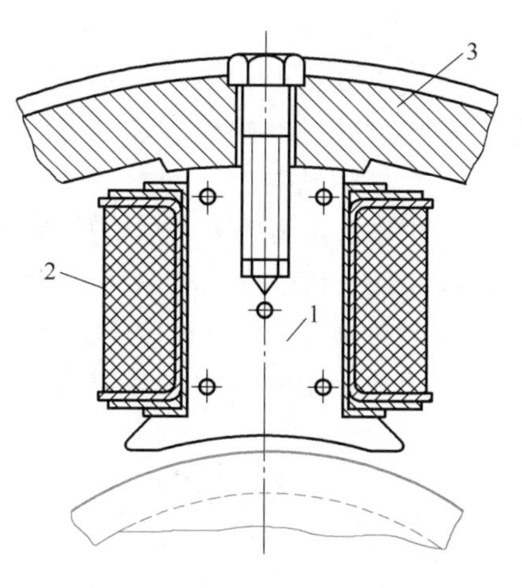

图 5-9　主磁极的结构示意图

1—主磁极铁芯；2—励磁绕组；3—机座

（2）换向极

换向极也称为附加极，用于改善直流电动机的换向性能。换向极由换向极铁芯和换向极绕组组成。换向极铁芯一般也用 1～1.5mm 厚的低碳钢薄板冲片叠压而成。换向极绕组必须和电枢绕组相串联，由于要通过的电枢电流较大，通常采用较粗的矩形截面导体绕制而成。换向极安装在两相邻主磁极之间，其数目一般与主磁极数目相等。微型直流电动机一般不装设换向极，大多数电动机容量超过 1kW 的小型或中大型直流电动机装设换向极。换向极示意图如图 5-10 所示。

（3）机座

直流电动机的机座用来固定主磁极、换向极和端盖等，并借助底脚将电动机固定在基础上。同时，直流电动机的机座是磁极间的磁通路径（称为磁轭），用导磁性好、机械强度较高的铸钢或厚钢板制成，不能采用铸铁。

（4）电刷装置

电刷装置由电刷、刷握、压紧弹簧和刷辫等组成，如图 5-11 所示。电刷放在刷握上的刷盒内，用压紧弹簧将电刷压紧并与换向器表面紧密接触，保证电枢转动时电刷与换向器表面有良好的接触。电刷装置与换向器配合和静止的外电路连通。

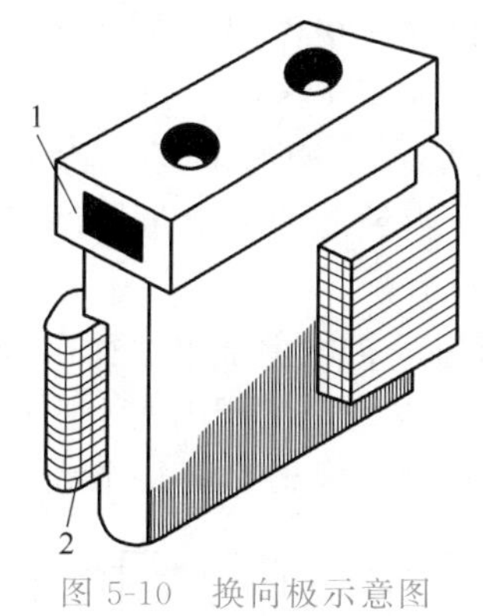

图 5-10　换向极示意图

1—换向极铁芯；2—换向极绕组

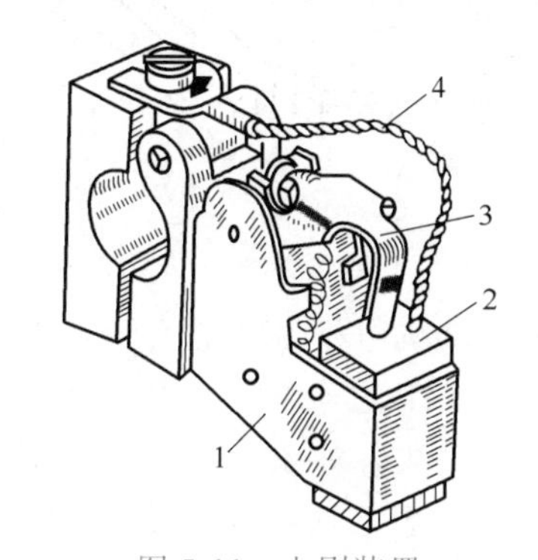

图 5-11　电刷装置

1—刷握；2—电刷；3—压紧弹簧；4—刷辫

（5）端盖

直流电动机中的端盖主要起支撑作用。端盖固定于机座上，其上放置轴承支撑直流电动机的转轴，使直流电动机能够旋转。

2. 转子部分

直流电动机的转子是电动机的转动部分，又称为电枢，由电枢铁芯、电枢绕组、换向器、电动机转轴和轴承等部分组成。

（1）电枢铁芯

电枢铁芯主要用来嵌放电枢绕组和作为直流电动机磁路的一部分。电枢铁芯表面有均匀分布的齿和槽，槽中嵌放电枢绕组。由于转子在定子主磁极产生的恒定磁场内旋转，因此，电枢铁芯内的磁通是交变的，为减小涡流损耗和磁滞损耗，通常用两面涂绝缘漆的 0.5mm 硅钢片叠压而成，电枢冲片上有均匀分布的嵌放电枢绕组的槽和轴向通风孔，如图 5-12 所示。

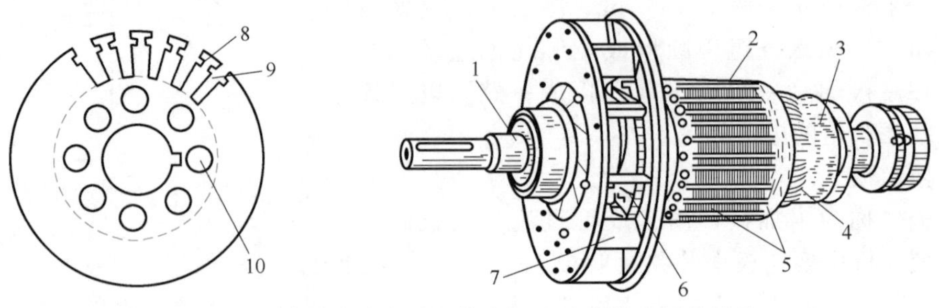

图 5-12 小型直流电动机的电枢冲片形状和转子结构

1—转轴；2—电枢铁芯；3—换向器；4—电枢绕组；5—镀锌钢丝；6—电枢绕组；7—风扇；8—齿；9—槽；10—轴向通风孔

（2）电枢绕组

电枢绕组是产生感应电动势和电磁转矩，实现机电能量转换的关键部件。容量较小的直流电动机的电枢绕组用圆形电磁线绕制而成，而大多数直流电动机的电枢绕组用矩形绝缘导线绕制成定形线圈，然后嵌入电枢铁芯的槽中。

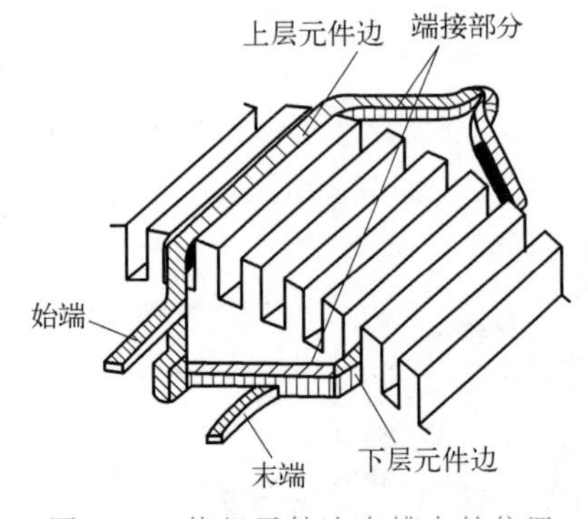

图 5-13 绕组元件边在槽中的位置

在电动机中，每一只线圈称为一个元件，多个元件有规律地连接起来形成电枢绕组。绕制好的绕组或成形绕组放置在电枢铁芯上的槽内，放置在铁芯槽内的直线部分在电动机运转时将产生感应电动势，称为元件的有效部分；在电枢槽两端把有效部分连接起来的部分称为端接部分，端接部分仅起连接作用，在电动机运行过程中不产生感应电动势。为便于嵌线，每个元件的一个元件边放在电枢铁芯的某一个槽的上层（称为上层边），另一个元件边则放在电枢铁芯的另一个槽的下层（称为下层边），如图 5-13 所示。

直流电动机电枢铁芯上实际开出的槽称为实槽。直流电动机电枢绕组往往由较多的元件构成，但由于工艺等原因，电枢铁芯开的槽不能太多，通常在每个实槽内的上、下层并列嵌放若干个元件边，如图 5-14 所示。这样把每个实槽划分为 μ 个虚槽，而每个虚槽的上、下层有一个元件边，这样实槽数为 Z，总虚槽数为 Z_i，则 $Z_i=\mu Z$。

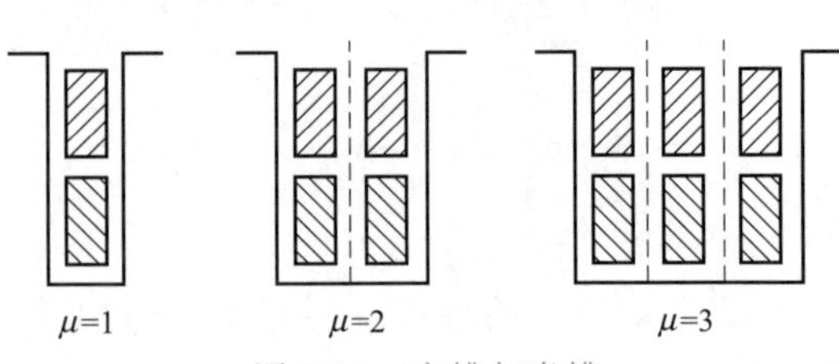

图 5-14 实槽与虚槽

铁芯与线圈之间以及上、下层线圈之间都必须妥善绝缘。为了减弱电枢旋转时离心力的作用，绕组在槽内部分用绝缘槽楔固定，而伸到槽外的端接部分则用非磁性钢丝扎紧在支架上。

（3）换向器

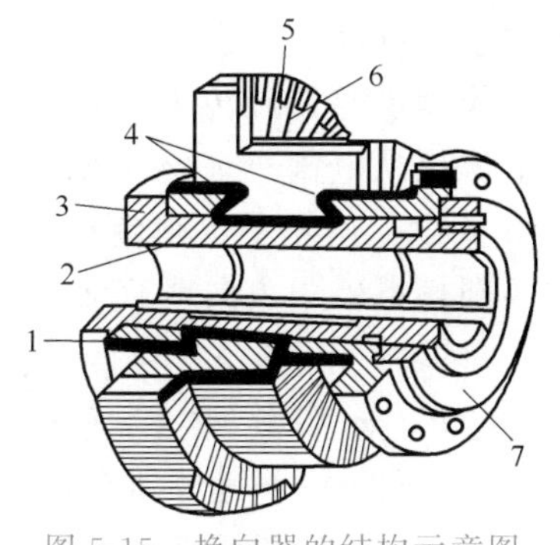

图 5-15　换向器的结构示意图

1—绝缘套；2—钢套筒；3—V 形钢套筒；4—V 形云母环；5—云母片；6—换向片；7—钢压圈

换向器又称为整流子。在直流电动机中，换向器配以电刷，能将外加直流电流转换为电枢绕组中的交变电流，使电磁转矩的方向恒定不变。在直流发电机中，换向器配以电刷，能将电枢绕组中感应产生的交变电动势转换为正、负电刷上引出的直流电动势。换向器是由许多换向片组成的圆柱体，换向片之间用云母片绝缘，如图 5-15 所示。换向片的下部做成鸽尾形，两端用钢制 V 形套筒和 V 形云母环固定，再用螺母锁紧。

3. 气隙

定、转子之间的气隙是主磁路的一部分，其大小直接影响运行性能。由于气隙磁场由直流励磁产生，因此，直流电动机的气隙要比异步电动机大得多。小型直流电动机的气隙为 1～3mm，大型直流电动机的气隙可达 12mm。

4. 转轴

转轴在转子旋转时起支撑作用，需要有一定的机械强度和刚度，一般用圆钢加工而成。

三、直流电动机的原理

1. 直流电动机的转动原理

在直流电动机的电枢绕组上加上直流电源，借助于换向器和电刷的作用，电枢绕组中流过方向交变的电流，在定子产生的磁场中受电磁力，产生方向恒定不变的电磁转矩，使转子朝确定的方向连续旋转，这就是直流电动机的转动原理。可以用一个简单的模型来说明，如图 5-16 所示。

图 5-16 中，N 和 S 是一对固定的磁极，磁极之间有一个可以转动的线圈 abcd，线圈的两端分别接到相互绝缘的弧形铜片（换向片）上，在换向片上放置固定不动而与换向片滑动接触的电刷 A 和 B，线圈 abcd 通过换向片和电刷接通外电路。

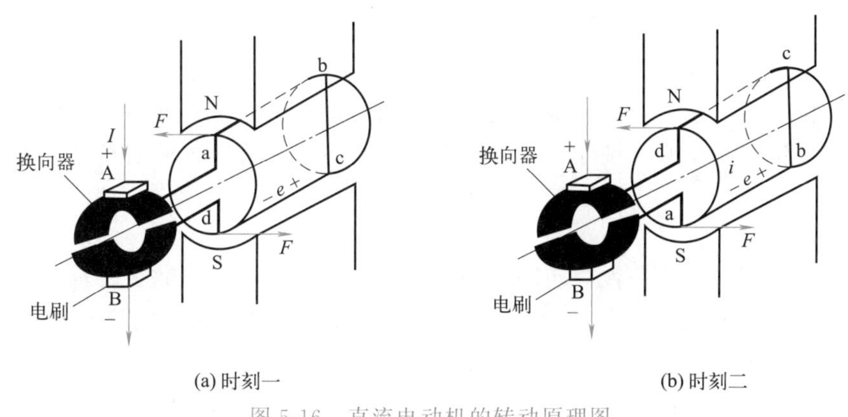

图 5-16　直流电动机的转动原理图

此模型作为直流电动机运行时，电源加于电刷 A 和 B。例如，将直流电源正极加于电刷 A，电源负极加于电刷 B，如图 5-16（a）所示。线圈 abcd 中流过电流，在导体 ab 中，电流由 a 流向 b；在导体 cd 中，电流由 c 流向 d。导体 ab 和 cd 均处于 N、S 极之间的磁场中，受电磁力作用，导体、换向片随转轴一起转动，电磁力的方向（即直流电动机转向）可用左手定则确定，经判定该转向为逆时针。

线圈逆时针旋转 180°，导体 cd 转到 N 极下，ab 转到 S 极上，如图 5-16（b）所示。由于电流仍从电刷 A 流入，使 cd 中的电流变为由 d 流向 c，而 ab 中的电流由 b 流向 a，从电刷 B 流出，用左手定则判断，转向仍是逆时针。

即：电磁力方向或直流电动机的转向可按左手定则判断。电磁力可用下式确定。

$$F = BIL \tag{5-1}$$

式中 F——作用在线圈导体上的电磁力；

B——线圈导体所在位置的磁感应强度；

L——线圈导体在磁场中的长度；

I——线圈导体中的电流。

2. 直流电动机的可逆原理

直流电动机能实现直流电能和机械能互相转换，可以说是电动机，也可以说是发电机。当它作为电动机运行时是直流电动机，能够将电能转换为机械能；当它作为发电机运行时是直流发电机，可以将机械能转换为电能。一台直流电动机原则上既可以作为电动机运行，也可以作为发电机运行，这种原理在电机理论中称为可逆原理。

（1）直流发电机

当发电机带负载以后，就有电流流过负载，同时也流过线圈，其方向与感应电动势方向相同。根据电磁力定律，载流导体 ab 和 cd 在磁场中会受力的作用，形成的电磁转矩方向为顺时针方向，与转速方向相反。这意味着，电磁转矩阻碍发电机旋转，是制动转矩。

为此，原动机必须用足够大的拖动转矩来克服电磁转矩的制动作用，以维持发电机的稳定运行。此时发电机从原动机中吸取机械能，转换成电能向负载输出。

（2）直流电动机

当电动机旋转起来后，导体 ab 和 cd 切割磁力线，产生感应电动势，用右手定则判断出其方向与电流方向相反。这意味着，此电枢电动势是一个反电动势，它阻碍电流流入电动机。

所以，直流电动机要正常工作，就必须施加直流电源以克服反电动势的阻碍作用，把电流送入电动机。此时，电动机从直流电源中吸取电能，转换成机械能输出。

四、直流电动机的铭牌

直流电动机制造厂在每台直流电动机机座的明显位置钉有一块标牌，这块标牌就是直流电动机的铭牌。铭牌上标明了型号、额定数据等与直流电动机有关的信息，供用户选择和使用直流电动机时参考。

1. 型号

直流电动机的型号一般用大写印刷体的汉语拼音字母和阿拉伯数字表示。其中汉语拼音字母是根据直流电动机的全名称选择有代表意义的汉字，再从该字的拼音中选出。下面以 Z2-72 为例进行说明。

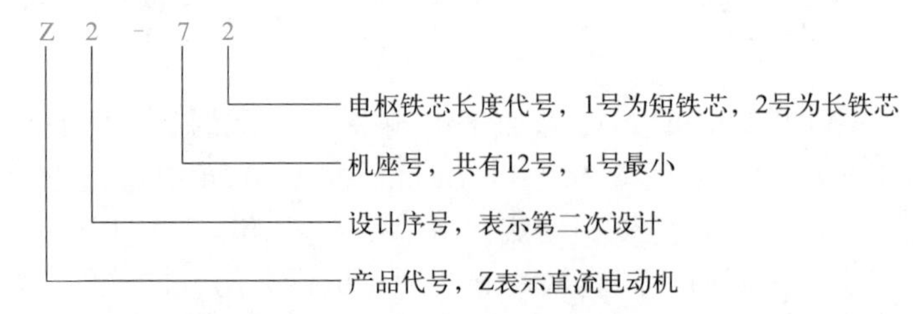

产品代号的含义为：Z 系列，一般用途直流电动机，如 Z2 、Z3 、Z4 等系列；ZJ 系列，精密机床用直流电动机；ZT 系列，广调速直流电动机；ZQ 系列，牵引直流电动机；ZH 系列，船用直流电动机；ZA 系列，防爆安全型直流电动机；ZKJ 系列，挖掘机用直流电动机；ZZJ 系列，冶金起重机用直流电动机。

2. 额定值

额定值是电机生产企业按国家标准对电机产品在指定工作条件下（即额定工作条件）所规定的一些量值。下面介绍直流电动机铭牌上标注的额定值。

（1）额定功率 P_N(kW)

额定功率也称额定容量，是指电动机额定状态下运行时，电动机的输出功率。

对于直流发电机，P_N 是指输出的电功率，它等于额定电压和额定电流的乘积，即 $P_N = U_N I_N$。对于直流电动机，P_N 是指输出的机械功率，$P_N = U_N I_N \eta_N$。

（2）额定电压 U_N(V)

额定电压是指额定状态下电枢出线端的电压。

（3）额定电流 I_N(A)

额定电流是指直流电动机在额定电压、额定功率时的电枢电流值。

（4）额定转速 n_N(r/min)

额定转速是指额定状态下直流电动机运行时转子的转速。

（5）额定转矩 T_N(N · m)

额定转矩是指直流电动机带额定负载运行时，输出的机械功率与转子额定角速度的比值。

（6）额定效率 η_N

额定效率是指直流电动机带额定负载运行时，输出的机械功率与输入的电功率之比。

（7）额定励磁电流 I_{fN}(A)

额定励磁电流是指直流电动机带额定负载运行时，励磁回路所允许的最大励磁电流。

此外，还有一些物理量的额定值，如额定温升等，不一定标在直流电动机铭牌上。

3. 其他有关信息

直流电动机的铭牌上还标有励磁方式、绝缘等级、防护等级、工作制、质量、出厂日期、出厂编号、生产单位等。

任务实施

一、任务实施内容

直流电动机的认识与拆装。

二、任务实施要求

① 熟练掌握小型直流电动机的结构与工作原理。
② 熟悉小型直流电动机的拆装步骤。
③ 熟练掌握拆装工具的使用。
④ 熟练掌握相关仪表的使用。
⑤ 完成直流电动机的认识与拆装任务实施工单。

三、任务所需设备

① 直流电动机　　1台
② 1.5～3V 直流电源　　1台
③ 兆欧表　　1块
④ 万用表　　1块
⑤ 电工工具　　1套
（含拉马、扳手、锤子、螺丝刀、紫铜棒、钢套筒、毛刷、电工钳子等。）

四、任务实施步骤

1. 拆卸前准备工作

① 配齐工具仪表。

② 观察直流电动机的结构，抄录电动机的铭牌数据，将有关数据填入表 5-1 中。

③ 用手拨动电动机的转子，观察其转动情况是否良好。

2. 按照顺序拆装小型直流电动机

① 拆除电动机外部连接导线，并做好线头对应连接标记。用利器或油漆等在端盖与机座止口处做好明显的标记；对于有联轴器的电动机，要做好电动机轴伸端与联轴器上的尺寸标记。

② 拆除电动机的地脚螺栓；拆除与电动机相连接的传动装置；拆去轴伸端的联轴器或带轮。

③ 拆去换向器端的轴承外盖；打开换向器端的视察窗，从刷盒中取出电刷，再拆下刷杆上的连接线；拆下换向器端的端盖，取出刷架；用纸板或白布把换向器包好。

④ 对于小型直流电动机，可先把轴伸端端盖固定螺栓松掉，用木锤敲击前轴端。有退端盖螺孔的用螺栓插入螺孔，使端盖止口与机座脱开。把带有端盖的电动机转子从定子内小心地抽出。注意：防止碰伤换向器和电枢绕组。

⑤ 将带后端盖的转子放在木架上，再拆除轴伸端的轴承盖螺钉，取下轴承外盖与端盖。如发现轴承已经损坏，则用拉马将轴承取下；如无特殊原因，则不要拆卸。

⑥ 电动机的转子、定子的零部件如有损坏，则还需继续拆卸，并做好记录。

⑦ 清除电动机内部的灰尘和杂物，如轴承润滑油脂已脏，则需要更换润滑油脂；测量电动机各绕组的对地绝缘电阻。

3. 装配

直流电动机的装配步骤按拆卸的相反顺序进行。

① 操作中，各部件应按复位标记和记录进行复位，装配刷架、电刷时更需细心认真，并按标记矫正电刷的位置，调整电刷中性线和电刷压力。

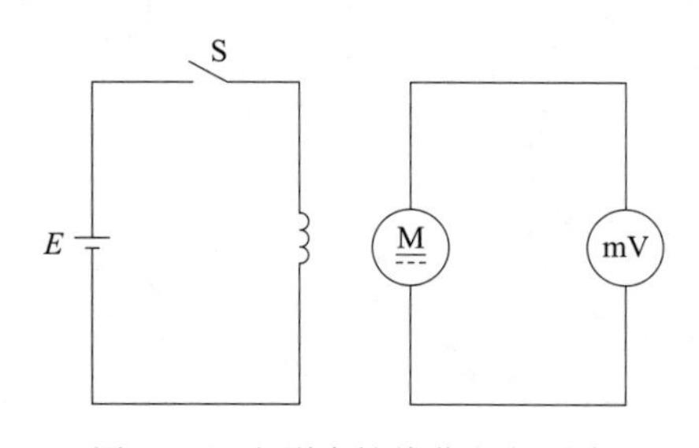

图 5-17　电刷中性线位置的测定

② 电刷中性线位置的调整方法

a. 按照图 5-17 所示接线，当转子静止时，将毫伏表接到相邻的两组电枢上（转子与换向器接触一定要良好）。励磁绕组通过开关 S 接到 1.5～3V 的直流电压源上。

b. 频繁地闭合和断开开关 S，同时将电刷架向左或向右慢慢移动，观察毫伏表的摆动情况，直至毫伏表指针不动或摆动很小时，转子位置就是中性线位置。

c. 将刷架固紧后再复测一次。

③ 装配时，拧紧端盖螺栓，必须四周用力均匀，按对角上、下、左、右反复逐步拧紧。

④ 断开/闭合开关、转动刷架的位置与观察直流毫伏表指针的摆动情况这三者应同时进行。

4. 检验

电动机装配后进行数据检验。

① 使用兆欧表检测励磁绕组和换向绕组的对地绝缘，将数据详细记录于表 5-1 中。

② 使用兆欧表检测励磁绕组和换向绕组之间的绝缘，并将结果记录在表 5-1 中。

③ 使用万用表检查各绕组的直流电阻，并将结果记录在表 5-1 中。

表 5-1　直流电动机的认识与拆装任务实施工单

班级：______　组别：______　学号：______　姓名：______　操作日期：______

试验前准备		
序号	准备内容	准备情况自查
1	知识准备	直流电动机结构是否熟悉　是□　否□ 直流电动机的工作原理是否了解　是□　否□ 电动机拆装方法是否掌握　是□　否□
2	材料准备	直流电动机是否完好　是□　否□ 电工工具是否齐全　是□　否□ 兆欧表是否完好　是□　否□ 万用表是否完好　是□　否□
小型直流电动机拆装过程记录		
步骤	内容	数据记录
1	抄录电动机铭牌数据	型号：　励磁方式：　额定功率：　励磁电压： 额定电压：　励磁电流：　额定电流：　工作方式： 额定转速：　温升：
2	拆装前的准备	(1)拆卸地点： (2)拆卸前做记号： ① 联轴器与带轮及轴台的距离______mm； ② 端盖与机座间做记号于______(地方)； ③ 前后轴承记号的形状______； ④ 机座在基础上的记号______
3	拆卸顺序记录	
4	拆卸过程数据记录	(1)定子铁芯内径______mm，铁芯长度______mm。 (2)电枢铁芯内径______mm，铁芯长度______mm，转子总长______mm。 (3)轴承内径______mm，外径______mm。 (4)键槽长______mm，宽______mm，深______mm。 (5)用兆欧表测量电动机各绕组的对地绝缘电阻； 励磁绕组：______MΩ；换向绕组：______MΩ。

续表

步骤	内容	数据记录
5	装配完成后数据检测	(1)用兆欧表检测绝缘电阻： ①对地绝缘电阻。 励磁绕组对机壳：__________ MΩ；换向绕组对机壳：__________ MΩ。 ②励磁绕组、换向绕组之间的绝缘电阻。 U、V之间：__________ MΩ；V、W之间：__________ MΩ。 (2)用万用表检查各绕组直流电阻。 励磁绕组：__________ Ω；换向绕组：__________ Ω
验收及收尾工作		
任务实施开始时间：　　　任务实施结束时间：　　　实际用时：		
小型直流电动机拆装试验顺利完成□　　　仪表挡位回位，工具归位□ 台面与垃圾清理干净□		
成绩： 教师签字：　　　日期：		

五、直流电动机的认识与拆装任务实施考核评价

直流电动机的认识与拆装任务实施考核评价参照表5-2，包括技能考核、综合素质考核及安全文明操作等方面。

表5-2　直流电动机的认识与拆装试验任务实施考核评价

序号	内容	配分/分	评分细则	得分/分
1	直流电动机的拆卸	35	端盖处不做标记，每处扣5分	
			抽转子时碰伤定子绝缘，每处扣10分	
			损坏部件，每次扣5分	
			拆卸步骤、方法不正确，每次扣5分	
2	直流电动机的装配	35	装配前未清理电动机内部，扣5分	
			不按标记装端盖，扣5分	
			碰伤定子绝缘，扣5分	
			装配后转子转动不灵活，扣10分	
			紧固件未拧紧，每处扣5分	
3	装配后检测	15	不能正确使用兆欧表检测绝缘电阻，扣10分	
			不能正确使用万用表检查各绕组直流电阻，扣5分	
4	综合素质	15	从课堂纪律、学习能力、团结协作意识、沟通交流、语言表达、6S管理几个方面综合评价	
5	安全文明操作		违反安全文明生产规程，扣5～40分	
6	定额时间1.5h		每超时5min，扣5分	
			合计：	
备注：各分项最高扣分不超过配分数				

巩固提升

1. 直流电动机具有________性，既可作为发电机运行，又可作为电动机运行。作为发电机运行时，将________变成________输出；作为电动机运行时，将________变成________输出。

2. 直流电动机中，转子的作用是（　　）。

A. 将交流电变为直流电　　B. 实现直流电能和机械能之间的转换

C. 在气隙中产生主磁通　　D. 将直流电变为交流电

3. 直流电动机中，换向极的作用是改善换向，所以只要装设换向极都能起到改善换向的作用。（　　）

4. 换向器是直流电动机特有的装置。(　　)

5. 直流电动机的基本结构由哪些部件组成?

6. 直流电动机的励磁方式有哪几种?

知识闯关(请扫码答题)

项目五任务一　直流电动机的认识与拆装

任务二　直流电动机的机械特性

任务描述

直流电动机的电动势、转矩和功率对于直流电动机的运行起着重要的作用。本任务主要学习直流电动机的电动势、转矩、功率及机械特性,重点掌握直流电动机的电动势、转矩、功率的意义和直流电动机的电动势平衡方程、机械特性。

相关知识

一、常见的生产机械的负载转矩特性

生产机械的负载转矩随着转速变化的规律,可使用负载转矩特性来表征,即生产机械的转速与负载转矩之间的关系。各种生产机械的负载转矩特性大致可分为以下三类。

1. 恒转矩负载特性

恒转矩负载特性是指负载转矩的大小为一个恒定值,也就是常数,与转速大小无关。恒转矩负载可分为反抗性恒转矩负载和位能性恒转矩负载。

反抗性恒转矩负载特性曲线如图 5-18 所示,负载转矩的大小不变,但负载转矩的方向始终与生产机械运动的方向相反。例如,电动车在平地行驶中所受的负载转矩。

位能性恒转矩负载特性曲线如图 5-19 所示,是指不论生产机械运动的方向是否发生变化,负载转矩的大小和方向始终不变。例如,起重机、提升机等提升设备在工作中由重物产生的负载转矩。

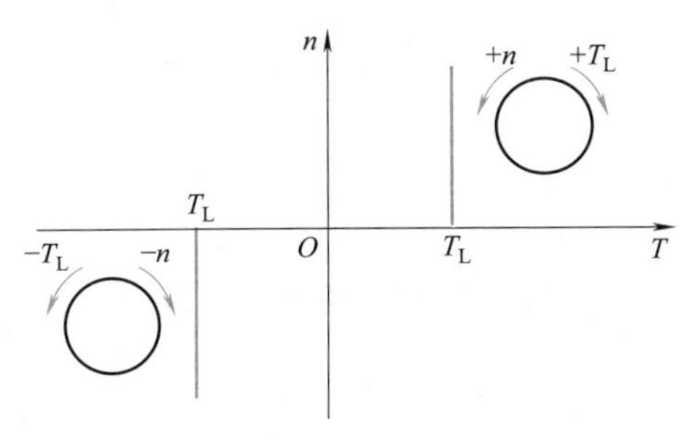

图 5-18　反抗性恒转矩负载特性曲线

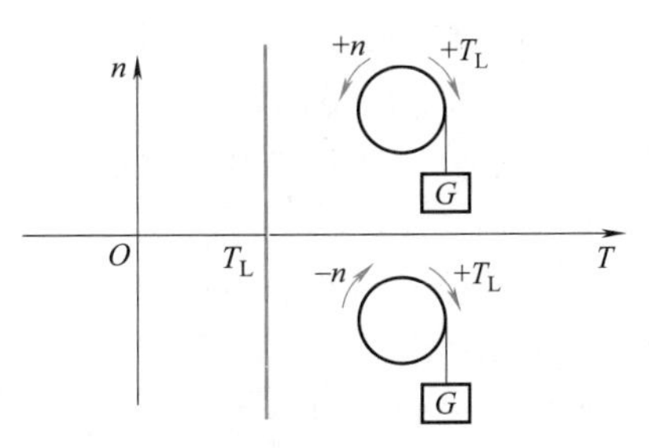

图 5-19　位能性恒转矩负载特性曲线

2. 恒功率负载特性

恒功率负载特性是指当转速发生变化时，负载从电动机吸收的功率为恒定值，其负载特性曲线如图 5-20 所示。在不同的转速下，负载转矩基本上与转速成反比，而机械功率 $P_2=T_Ln$ 为常数。例如，车床在切削金属过程中，粗加工时，切削量大，用低速；精加工时，切削量小，用高速。

3. 通风机型负载特性

通风机型负载特性是指负载转矩 T_L 的大小与转速 n 的平方成正比，其负载特性曲线如图 5-21 所示。例如，鼓风机、水泵和油泵等的叶片所受的阻转矩。

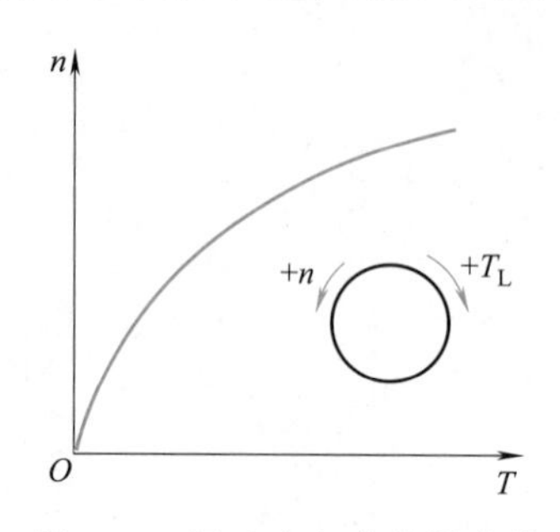

图 5-20 恒功率负载特性曲线

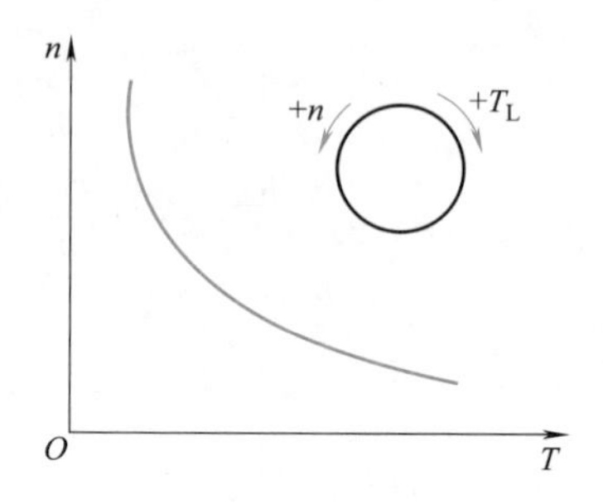

图 5-21 通风机型负载特性曲线

以上三类是典型的负载特性，但实际生产机械的负载特性常为几种类型负载的综合。例如，起重设备提升重物时，电动机除受到位能性恒转矩负载外，还要克服系统机械摩擦所造成的反抗性恒转矩负载，所以电动机轴上的负载应是上述两种负载之和。

二、直流电动机的机械特性

1. 直流电动机的电枢电动势、功率和转矩

(1) 电枢电动势

直流电动机的磁场是由主磁极产生的励磁磁场和电枢绕组电流产生的电枢磁场合成的气隙磁场。当转子旋转时，转子导体切割合成气隙磁场，产生转子电动势 E_a。在直流电动机中，此电动势的方向与转子电流 I_a 的方向相反，称为反电动势。此感应电动势为

$$E_a=C_E\Phi n \tag{5-2}$$

式中 C_E——电动势常数，仅与电动机的结构有关；

Φ——气隙每极磁通，Wb；

n——直流电动机的转速，r/min；

E_a——电动机的转子感应电动势，V。

可见，对于已经制造好的直流电动机，其感应电动势大小正比于每极磁通 Φ 和转速 n。感应电动势的方向可由直流电动机转向和主磁场方向决定。在直流电动机中电枢绕组产生的感应电动势相当于反电动势，与外电源电流方向相反。

根据所设各量的正方向，对他励、并励直流电动机来说，电压平衡方程为

$$U=E_a+I_aR_a \tag{5-3}$$

式中 R_a——转子回路的总电阻，其中包括电刷和换向器之间的接触电阻。

(2) 功率与效率

① 直流电动机的功率 对于他励、并励直流电动机有

$$P_1=P_2+P_0+P_{aCu}+P_{fCu} \tag{5-4}$$

式中　P_1——电源给电动机提供的总功率，即输入功率 $P_1=UI$，$I=I_a+I_f$ 为电源给电动机提供的输入电流；

P_{fCu}——励磁回路内部消耗的功率，即励磁回路的铜损耗；

P_{aCu}——电枢回路的铜损耗。

② 直流电动机的效率　直流电动机的效率是指输出功率占输入功率的百分比，即

$$\eta=\frac{P_2}{P_1}\times 100\% \tag{5-5}$$

（3）电磁转矩

根据直流电动机的工作原理，由于电枢绕组中有电流流过，电枢电流与气隙磁场相互作用将产生电磁力，从而对转轴产生电磁转矩。电磁转矩计算式为

$$T_{em}=C_T\Phi I_a \tag{5-6}$$

式中　T_{em}——电磁转矩，N·m；

C_T——转矩常数，仅与电动机的结构有关；

Φ——气隙每极磁通，Wb；

I_a——电枢电流，A。

可见，对于已经制造好的直流电动机，其电磁转矩大小正比于每极磁通 Φ 和电枢电流 I_a。电磁转矩的方向由主磁极磁场方向和电枢电流方向决定，根据左手定则可以确定电磁转矩的方向。在直流电动机中电磁转矩的方向与直流电动机的转向相同，起驱动作用。

电磁转矩与转子电动势同时存在于同一台直流电动机中，转子电动势常数和转矩常数存在以下的关系

$$C_T=9.55C_E \tag{5-7}$$

2. 直流电动机的机械特性

表示电动机运行状态的两个主要物理量是转速和电磁转矩，电动机的机械特性就是电动机的转速 n 和电磁转矩 T_{em} 之间的关系，即 $n=f(T_{em})$。机械特性可分为固有机械特性和人为机械特性。

若他励直流电动机的转子回路的电阻为 R_a，转子电压为 U，磁通为 Φ，则他励直流电动机的机械特性表达式为

$$n=\frac{U}{C_E\Phi}-\frac{R_a}{C_EC_T\Phi^2}T_{em}=n_0-\beta T_{em}=n_0-\Delta n \tag{5-8}$$

$$n_0=\frac{U}{C_E\Phi}$$

$$\Delta n=\frac{R_a}{C_EC_T\Phi^2}T_{em}=\beta T_{em}$$

式中　n_0——理想空载转速，r/min；

Δn——转速降；

β——机械特性的斜率。

① 固有机械特性　转子两端加额定电压、气隙磁通为额定值、转子回路不串电阻时的机械特性称为固有机械特性。

固有机械特性表达式为

$$n=\frac{U_N}{C_E\Phi_N}-\frac{R_a}{C_EC_T\Phi_N^2}T_{em} \tag{5-9}$$

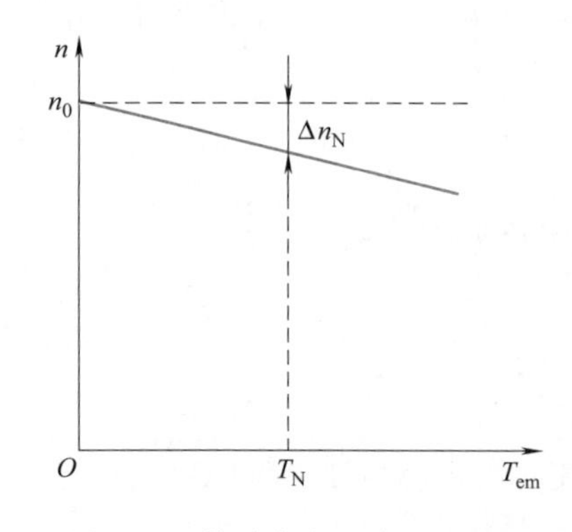

图 5-22　他励直流电动机的固有机械特性曲线

他励直流电动机的固有机械特性曲线如图 5-22 所示。

他励直流电动机固有机械特性具有如下特点。

a. 随着电磁转矩 T_{em} 的增大，转速 n 降低，其特性是略微下斜的直线。

b. 当 $T_{em}=0$ 时，$n=n_0$ 为理想空载转速。因为 T_{em} 是不可能为零的，电动机要旋转起来，必须要克服一定的摩擦力，所以 n_0 是理想化的状态。

c. 机械特性斜率的值很小，特性较平，习惯称为硬特性；若其值较大，则称为软特性。

d. 当 $T_{em}=T_N$ 时，转速 $n=n_N$，此点为电动机的额定工作点。此时，转速差 $\Delta n=n_0-n_N=\beta T_N$，称为额定转速差。一般 $\Delta n \approx 0.05n_N$。

e. 当 $n=0$（即电动机启动）时，$E_a=C_E\Phi n=0$。此时，电枢电流称为启动电流，电磁转矩称为启动转矩。由于电枢电阻很小，启动电流和启动转矩都比额定值大很多（可达额定值的几十倍），这会给电动机和传动机构带来危害。

② 人为机械特性　一台直流电动机只有一条固有机械特性，对于某一负载转矩，只有一个固定的转速，这显然无法达到实际拖动对转速变化的要求。为了满足生产机械加工工艺（例如启动、调速和制动等各种工作状态）的要求，还需要人为地改变直流电动机的参数，如转子电压、转子回路串电阻和气隙磁通，相应地得到三种人为机械特性。

a. 转子回路串电阻的人为机械特性。转子加额定电压 U_N，每极磁通为额定值，转子回路串入电阻 R_{pa} 后的人为机械特性表达式为

$$n=\frac{U_N}{C_E\Phi_N}-\frac{R_a+R_{pa}}{C_EC_T\Phi_N^2}T_{em} \tag{5-10}$$

转子串入不同电阻时的人为机械特性曲线如图 5-23 所示。

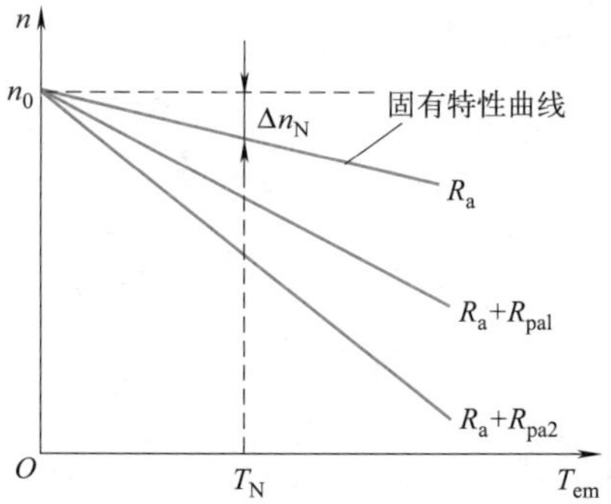

图 5-23　转子串入不同电阻时的人为机械特性曲线

这种人为机械特性的特点：理想空载转速 n_0 不变；特性斜率与转子回路串入的电阻有关，电阻越大，斜率越大。故转子回路串电阻的人为机械特性曲线是一组通过理想空载转速点的放射性直线。

b. 改变转子电压的人为机械特性。保持每极磁通额定值不变，转子回路不串电阻，只改变转子电压大小和方向，其人为机械特性表达式为

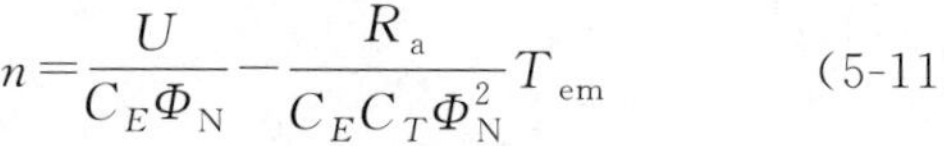

$$n=\frac{U}{C_E\Phi_N}-\frac{R_a}{C_EC_T\Phi_N^2}T_{em} \tag{5-11}$$

改变转子电压的人为机械特性曲线如图 5-24 所示。

改变转子电压的人为机械特性的特点：理想空载转速 n_0 与转子电压 U 成正比，且 U 为负值时，n_0 也为负值；特性斜率不变，与固有机械特性相同。因此改变转子电压的人为机械特性是一组平行于固有机械特性的直线。

c. 减弱磁通的人为机械特性。减弱磁通的人为机械特性是指转子电压为额定值不变，转子回路不串电阻，仅减弱磁通的人为机械特性。减弱磁通是通过减小励磁电流（如增大励磁回路的调节电阻）来实现的。其人为机械特性表达式为

$$n=\frac{U_N}{C_E\Phi}-\frac{R_a}{C_E C_T \Phi^2}T_{em} \tag{5-12}$$

减弱磁通的人为机械特性曲线如图 5-25 所示。

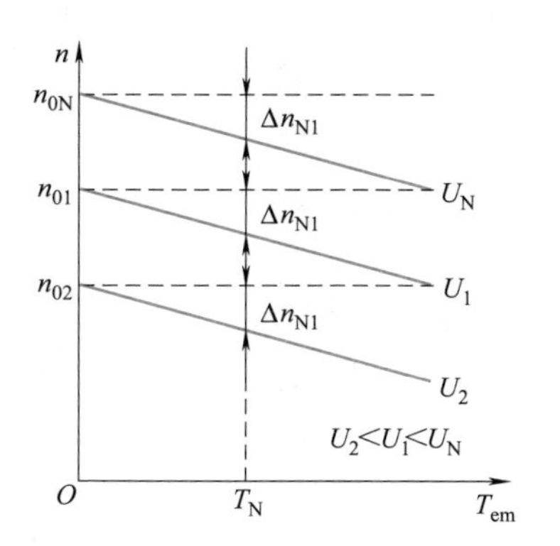

图 5-24　改变转子电压的人为机械特性曲线

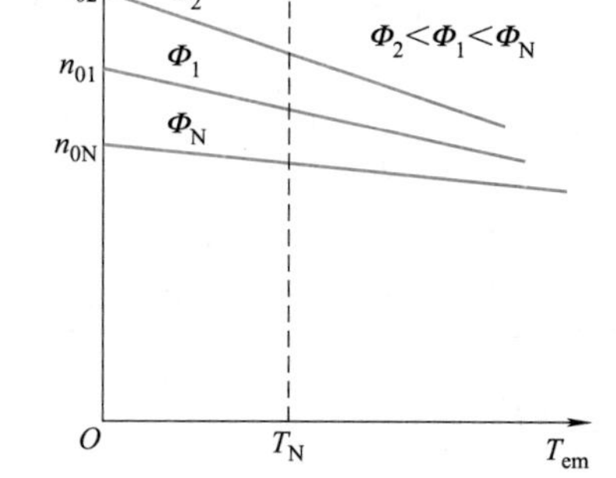

图 5-25　减弱磁通的人为机械特性曲线

减弱磁通的人为机械特性的特点：理想空载转速随磁通的减弱而上升；减弱磁通，机械特性变软。对于一般直流电动机，当 $\Phi=\Phi_N$ 时，磁路已经饱和，再要增加磁通已不容易，所以人为机械特性一般只能在额定值的基础上减弱磁通。

任务实施

一、任务实施内容

直流电动机的机械特性。

二、任务实施要求

① 了解常见的生产机械的负载转矩特性。
② 熟悉直流电动机的电枢电动势、功率和转矩参数的含义和计算方法。
③ 掌握直流电动机的机械特性。
④ 完成认识直流电动机的机械特性任务实施工单。

三、任务实施步骤

完成表 5-3 任务实施工单。

表 5-3　直流电动机的机械特性任务实施工单

班级：______　组别：______　学号：______　姓名：______　操作日期：______

任务实施前准备		
序号	准备内容	准备情况自查
1	知识准备	常见生产机械的负载机械特性是否了解　是□　否□ 直流电动机的机械特性是否掌握　是□　否□
任务实施过程记录		
步骤	内容	内容记录
1	常见生产机械的负载机械特性	1. 常见的生产机械的负载转矩特性可以分为三类，分别为__________负载特性、__________负载特性和__________负载特性。 2. 反抗性恒转矩负载特性和位能性恒转矩负载特性的区别是什么？ 3. 恒功率负载特性是指当转速发生变化时，负载从电动机吸收的功率为__________

续表

步骤	内容	内容记录
2	直流电动机的机械特性	1. 直流电动机的电枢电动势与哪些参数有关，写出计算公式。 2. 直流电动机的电磁转矩与哪些参数有关，写出计算公式。 3. 直流电动机的机械特性是__________和__________之间的关系。机械特性可分为两大类，分别是__________机械特性和__________机械特性。 4. 他励直流电动机的机械特性表达式是________________。 5. 当转子两端加额定电压、气隙磁通为额定值、转子回路不串电阻时的机械特性称为__________机械特性。 6. 写出他励直流电动机固有机械特性的特点。 7. 他励直流电动机的三种人为机械特性分别是__________机械特性、__________机械特性和__________机械特性 8. 和固有机械特性相比，他励直流电动机转子回路串电阻的人为机械特性是一组__________的直线，改变转子电压的人为机械特性是一组__________的直线
验收及收尾工作		
任务实施开始时间：	任务实施结束时间：	实际用时：
直流电动机的运行特性认知任务实施工单是否完成□		台面与垃圾清理干净□
成绩： 教师签字：　　　　日期：		

四、认识直流电动机的机械特性任务实施考核评价

认识直流电动机的机械特性任务实施考核评价参照表 5-4，包括技能考核、综合素质考核及安全文明操作等方面。

表 5-4　认识直流电动机的机械特性任务实施考核评价

序号	内容	配分/分	评分细则	得分/分
1	常见生产机械的负载机械特性	30	不能正确写出三种常见生产机械的负载特性，每个扣 5 分 不能正确写出两种恒转矩负载的区别，扣 10 分 不能正确写出恒功率负载特性，扣 5 分	
2	直流电动机的机械特性	55	不能正确写出电枢电动势和电磁转矩计算式，每个扣 5 分	
			不能正确写出他励直流电动机的固有机械特性表达式，扣 5 分	
			不能正确写出他励直流电动机的固有机械特性特点，扣 10 分	
			不能正确写出他励直流电动机的人为机械特性分类，扣 5～10 分	
			不能正确写出他励直流电动机的人为机械特性特点，扣 5～10 分	
3	综合素质	15	从课堂纪律、学习能力、团结协作意识、沟通交流、语言表达、6S 管理几个方面综合评价	
4	安全文明操作		违反安全文明生产规程，扣 5～40 分	
5	定额时间 1.5h		每超时 5min，扣 5 分	
			合计	
备注：各分项最高扣分不超过配分数				

巩固提升

1. 直流电动机的电磁转矩 $T_{em}=C_T\Phi I_a$。计算式中各物理量的含义：C_T 表示________，

Φ 表示________，I_a 表示________。

2. 他励直流电动机的固有机械特性是指在电枢电压、励磁磁通为额定值，且转子回路不串电阻的条件下，________和________的关系。

3. 在直流电动机的三种人为机械特性中，(　　) 的硬度不变。

A. 电枢串电阻的人为机械特性　　　B. 改变电枢电压的人为机械特性

C. 减弱磁通的人为机械特性　　　D. 以上三种都不对

4. 直流电动机的人为机械特性都比固有机械特性软。(　　)

5. 什么是直流电动机的机械特性？写出他励直流电动机的机械特性表达式。

知识闯关（请扫码答题）

项目五任务二　直流电动机的运行特性认知

任务三　直流电动机控制电路的安装与调试

任务描述

在电力拖动系统中，电动机是原动机，作为主要的拖动设备。直流电动机的启动、调速与制动特性是衡量电动机运行性能的重要性能指标。本任务以他励直流电动机控制电路为例，分析直流电动机的启动、调速和制动过程中电流和转矩的变化规律，从而使学生能够安装、调试直流电动机控制电路。

相关知识

一、直流电动机的启动和反转

1. 直流电动机的启动

直流电动机的启动是指转子从静止状态加速到稳定运行状态的过程。为了使直流电动机在启动过程中达到最佳状态，应注意以下几点要求：为了提高生产率，尽量缩短启动时间；要求直流电动机有足够大的启动转矩。

从 $T_{em}=C_T\Phi I_a$ 可知，要使转矩足够大，磁通和启动时的转子电流要足够大。因此在启动时，应将励磁回路中外接的励磁调节电阻全部切除，使励磁电流达到最大值，保证磁通最大。但是如果启动电流过大，会使电网电压波动，造成换向恶化，甚至产生环火损坏电动机。另外，启动转矩过大也容易损坏直流电动机的传动机构，因此一般控制启动电流 $I_s \leqslant (2\sim2.5)I_N$，启动转矩 $T_s \geqslant (1.1\sim1.2)T_N$，这样整个系统才能顺利启动。

对于他励直流电动机，为了避免启动电流过大，可采用转子回路串电阻和降低电源电压启动两种方法。

(1) 转子回路串电阻启动

转子回路串电阻启动就是在转子回路中串接附加电阻启动，启动结束后再将附加电阻切除。为了限制启动电流，启动时在转子回路中串入的启动电阻一般是一个多级切换的可变电阻，如图 5-26（a）所示。一般在转速上升过程中逐级短接切除附加电阻。下面以三级电阻启动为例说明启动过程。

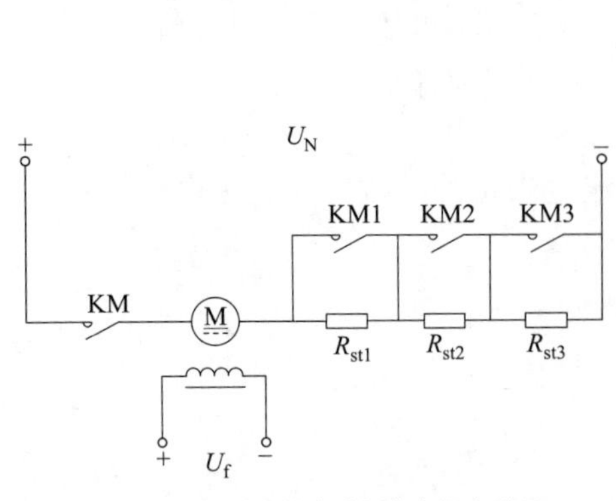

(a) 他励直流电动机串电阻启动图

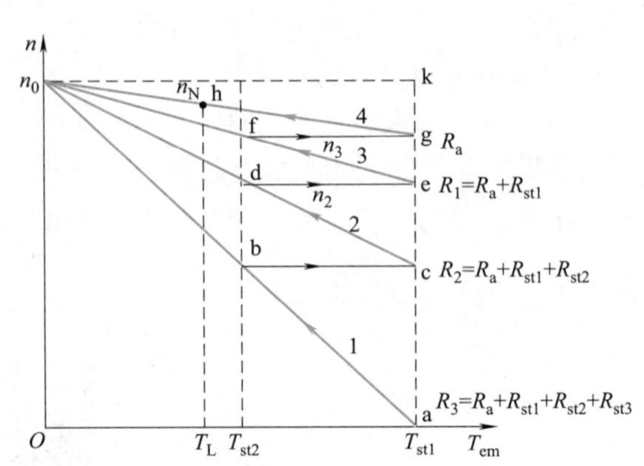

(b) 他励直流电动机串电阻启动时的机械特性曲线

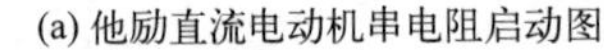

图 5-26　他励直流电动机串电阻启动

启动开始瞬间，串入全部启动电阻，使启动电流不超过允许值：

$$I_{st}=\frac{U_N}{R_a+R_{st1}+R_{st2}+R_{st3}} \tag{5-13}$$

式中　$R_a+R_{st1}+R_{st2}+R_{st3}$——转子回路总电阻。

启动过程的机械特性曲线如图 5-26（b）所示。启动过程是工作点由起始点 a 沿转子总电阻为 R_3 的人为机械特性上升，转子电动势随之增大，而转子电流和电磁转矩随之减小至图中 b 点，启动电流和启动转矩下降至 I_{s2} 和 T_{st2}，因 T_{st2} 与 T_L 之差已经很小，加速已经很慢。为加速启动过程，应切除启动电阻 R_{st3}，此时电流称为切换电流。切换后，转子回路总电阻变为 $R_a+R_{st1}+R_{st2}$。由于机械惯性的影响，在电阻切换瞬间，直流电动机转速和反电动势不能突变，转子回路总电阻减小，将使启动电流和启动转矩突增，拖动系统的工作点由 b 点过渡到转子总电阻为 R_2 的特性曲线的 c 点，再依次切除启动电阻 R_{st2} 和 R_{st1}，直流电动机工作点最后稳定运行在 h 点，直流电动机启动结束。

这种启动方法广泛应用于中小型直流电动机。技术标准规定，额定功率小于 2kW 的直流电动机，允许采用一级电阻启动；功率大于 2kW 的直流电动机，应采用多级电阻启动或降低转子电压启动。

（2）降低转子电压（降压）启动

降低转子电压启动，即启动前先调好励磁，将施加在直流电动机转子两端的电压降低，最低电压所对应的人为机械特性的启动转矩 $T_1>T_2$ 时，直流电动机就开始启动。直流电动机启动后，再逐渐提高转子电压，使启动电磁转矩维持在一定数值，保证直流电动机按需要的加速度升速，其接线原理图如图 5-27（a）所示，降压启动的机械特性曲线如图 5-27（b）所示。

较早的降压启动是采用直流发电机、直流电动机组合（G-M）实现电压调节，现已逐步被晶闸管可控整流电源所取代。降低转子电压启动，需要专用电源且投资较大，但启动电流小，启动转矩容易控制，启动平稳，启动能耗小，多用于要求经常启动的场合和中大型直流电动机的启动。

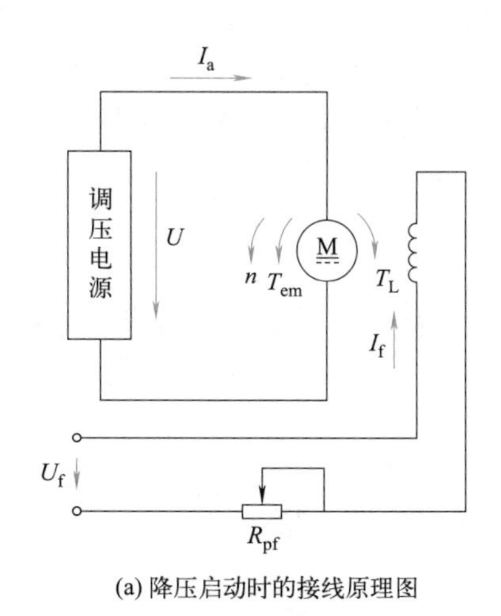

(a) 降压启动时的接线原理图

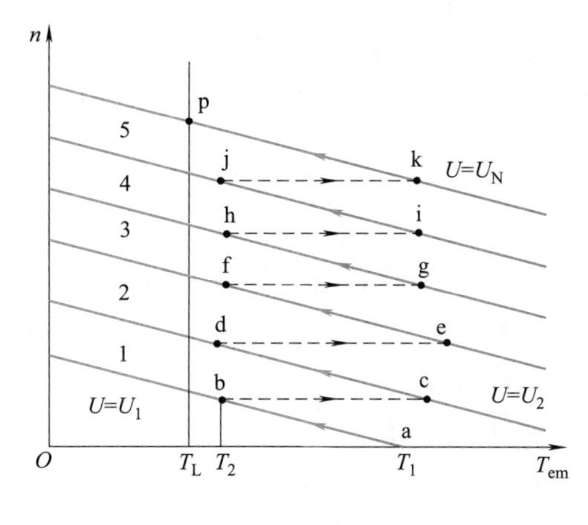

(b) 降压启动的机械特性曲线

图 5-27　他励直流电动机的降压启动

在手动调节转子电压时应注意电压不能升得太快，否则会产生较大的冲击电流。在实际的拖动系统中，转子电压的升高是由自动控制环节自动调节的，它能保证电压连续升高，并在整个启动过程中保持转子电流为最大允许值，从而使系统在恒定的加速转矩下迅速启动。这是一种比较理想的启动方法。

2. 直流电动机的反转

直流电动机反转即改变电磁转矩的方向。由电磁转矩计算式（$T_{em}=C_T\Phi I_a$）可知，欲改变电磁转矩，只需改变励磁磁通方向或电枢电流方向即可。所以，改变直流电动机转向的方法有以下两个。

① 保持电枢绕组两端极性不变，将励磁绕组反接。

② 保持励磁绕组两端极性不变，将电枢绕组反接。

二、直流电动机的调速

许多生产机械的运行速度，随具体工作情况不同而不同。例如，龙门刨床刨切时，刀具切入和切出工件用较低的速度，而工作台返回时用高速。人为地改变电动机的速度以满足生产工艺要求的操作过程，简称为调速。

调速中通常有机械调速和电气调速两种。在电动机转速不变的情况下，改变传动机械速度比的调速方法称为机械调速。通过改变电动机参数而改变系统运行转速的调速方法称为电气调速。下面只介绍电气调速的相关方法。

1. 调速及其指标

电动机调速性能的好坏，常用下列各项指标来衡量。

（1）调速范围

调速范围是指电动机在额定负载转矩 $T_{em}=T_N$ 时，其最高转速与最低转速之比，用 D 表示。$T_{em}=T_N$ 时有

$$D=\frac{n_{max}}{n_{min}} \tag{5-14}$$

例如，车床要求调速范围在 20～100，龙门刨床要求调速范围在 10～140，轧钢机要求

调速范围在3～120。

（2）静差率（又称相对稳定性）

静差率是指电动机在某机械特性上运转时，由理想空载至满载时的转速差与理想空载转速的百分比，即

$$\delta=\frac{n_0-n_N}{n_0}\times 100\% \tag{5-15}$$

δ 越小，相对稳定性越好；δ 与机械特性硬度和 n_0 有关。D 与 δ 相互制约，δ 越小，D 越小，相对稳定性越好；在保证一定的 δ 指标的前提下，要扩大 D，须减小转速降，即提高机械特性的硬度。

（3）调速的平滑性

在一定的调速范围内，调速的级数越多，调速越平滑。高一级转速 n_i 与低一级转速 n_{i-1} 之比称为调速的平滑性（平滑系数）。平滑系数为

$$\phi=\frac{n_i}{n_{i-1}} \tag{5-16}$$

ϕ 越接近1，平滑性越好。当 $i\to\infty$ 且 $\phi\to 1$ 时，称为无级调速，即转速可以连续调节。调速不连续时，级数有限，称为有级调速。

（4）调速的经济性

主要指调速设备的投资、运行效率及维修费用等。

（5）调速时电动机的容许输出

是指电动机得到充分利用的情况下，在调速过程中所能输出的功率和转矩。

2. 直流电动机的调速方法

根据直流电动机的转速计算式

$$n=\frac{U-I_a(R_a+R_{sp})}{C_E\Phi} \tag{5-17}$$

可知，当电枢电流 I_a 不变时，只要电枢电压 U、电枢回路串入附加电阻 R_{sp} 和励磁磁通 Φ 三个量中任一个发生变化，都会引起转速变化。因此，他励直流电动机有三种调速方法，即改变电枢电压调速（降压调速）、改变串入电枢回路的电阻调速（串电阻调速）和改变励磁电流调速（弱磁调速）。

（1）电枢回路串电阻调速

电枢回路串入调节电阻 R_{sp} 后，新的机械特性变软，即速度下降。此外，调速前后负载转矩不变（设为恒转矩负载），因此调速前后的电枢电流保持不变，这也是串电阻调速的特点。

他励直流电机拖动负载运行时，保持电源电压与磁通为额定值不变，在电枢回路中串入不同的电阻时，电动机运行于不同的转速。如图5-28所示，负载是恒转矩负载。例如，原来没有串入电阻时，工作点为A，转速为 n，当电枢回路串入电阻 R_{sp1} 的瞬间，因转速和电动势不能突变，电枢电流相应地减小，工作点由A点过渡到A′点。此时，$T_{em}<T_L$，系统应减速，工作点A′沿串入电阻后的新机械特性下移，转速也随着下降，直至稳定工作在B点。电枢回路串入的电阻若加大为 R_{sp2}，工作点会稳定工作在C点上（过渡过程与上述分析类似）。

从以上的分析可知，转子回路串电阻调速时，串电阻越大，稳定运行转速越低，此方法只能在低于额定转速范围内调速，一般称为由基速（额定转速）向下调速。另外，这种多级

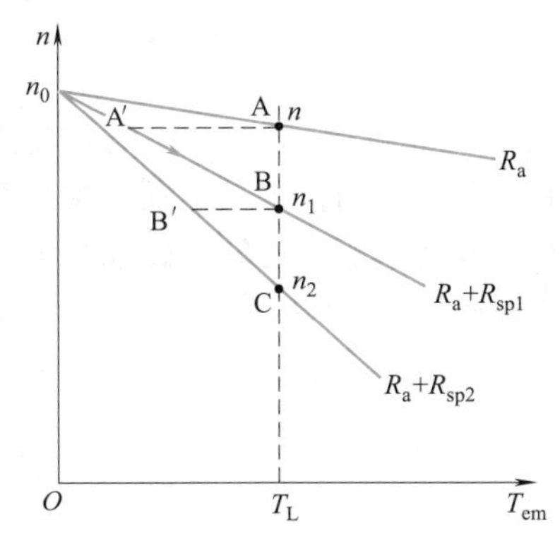

图 5-28　串电阻调速时机械特性曲线

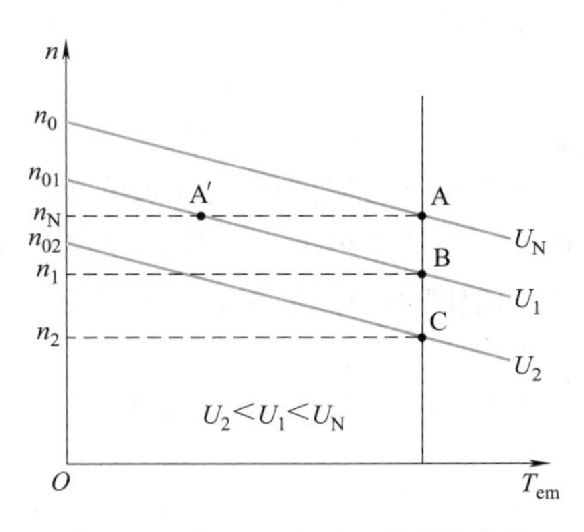

图 5-29　降压调速时机械特性曲线

电阻调速的方法不能实现连续调节，所以这种方法主要用于对调速性能要求不高且不经常调速的设备上，如起重机、运输牵引机等。

（2）降压调速

电动机的工作电压不允许超过额定电压，因此电枢电压只能在额定电压以下进行调节。降压调速时机械特性曲线如图 5-29 所示。

设电动机拖动恒转矩负载 T_L 在固有特性曲线 A 点运行，其转速为 n_N。若电源电压 U_N 下降到 U_1，达到新稳态后，工作点将移动到对应人为特性曲线上的 B 点，其转速下降为 n_1。从图中可以看出，电压越低，稳态转速也越低。改变电源电压调速方法的调速范围也只能在额定转速与零转速之间。

降压调速的优点：当电枢电源电压连续调节时，转速变化也是连续的，故这种调节为无级调速；调速前后机械特性的斜率不变，机械特性硬度较高，负载变化时速度稳定性好；无论轻载还是重载，调速范围相同，一般可达 $D=2.5\sim12$；降压调速是通过减小输入功率来降低转速的，故调速时损耗减小，调速经济性好。

降压调速的缺点：需要一套电压可连续调节的直流电源，如晶闸管-电动机系统（简称 SCR-M 系统）。

降压调速多用在对调速性能要求较高的生产机械上，如机床、造纸机等。

（3）弱磁调速

保持他励直流电动机转子电压不变、转子回路电阻不变、减小直流电动机的励磁磁通，可使直流电动机的转速升高，这种方法称为减弱主磁通调速。额定工况运行的电动机，其磁路已基本饱和，即使励磁电流增加很多，磁通也增加很少。从电动机的性能考虑，也不允许磁路过饱和。因此，改变磁通只能从额定值往下调。

减小主磁通调速的优点是设备简单、调节方便、运行效率高，适用于恒功率负载；缺点是励磁过弱时，机械特性斜率大，转速稳定性差，拖动恒转矩负载时可能会使转子电流过大。

三、直流电动机的制动

在电动机拖动中，无论是电动机停转还是由高速进入低速运行，都需要对电动机进行制动，即强行减速。制动的物理本质就是在电动机转轴上施加一个与旋转方向相反的力矩。这个力矩若以机械方式产生（如摩擦片、制动闸等），则称为机械制动；若以电磁方式产生，则称为电磁制动。本任务中所讲的制动主要是指电磁制动，分为能耗制动、反接制动、回馈制动三种形式。

1. 能耗制动

如图 5-30 所示，开关合向 1 的位置时，电动机为电动状态。电枢电流、电磁转矩、转速及电动势的方向如图所示。如果开关从电源断开，迅速合向 2 的位置，电动机被切断电源并接到一个制动电阻上。在拖动系统机械惯性的作用下，电动机继续旋转，转速的方向来不及改变。由于励磁保持不变，因此电枢仍具有感应电动势，其大小和方向与处于电动状态相同。

由于 $U=0$，因此电枢电流为

$$I_a=\frac{U-E_a}{R}=-\frac{E_a}{R} \tag{5-18}$$

式中的负号说明，电流与原来电动机状态时的电流方向相反（图 5-30），这个电流叫做制动电流。制动电流产生的制动转矩也和原来的方向相反，使电动机很快减速以至停转。这种制动是把存储在系统中的动能变换成电能，消耗在制动电阻中，故称能耗制动。

2. 反接制动

反接制动分为电枢反接制动和倒拉反接制动。

（1）电枢反接制动

电枢反接制动的接线图如图 5-31 所示。当电动机正转运行时，KM1 闭合（KM2 断开）。当采用电枢反接制动时，KM2 闭合（KM1 断开），加到电枢绕组两端的电压极性与电动机正转时相反。因为旋转方向与磁场方向未变，所以感应电动势方向不变。

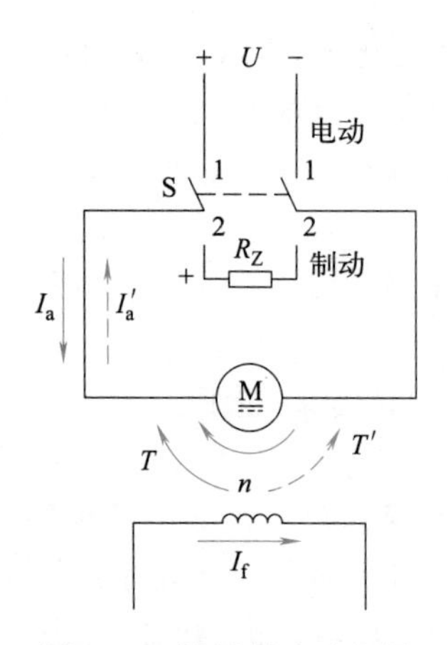

图 5-30 能耗制动示意图

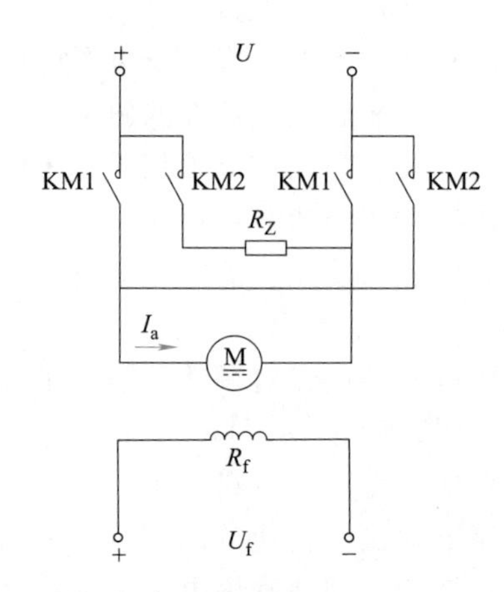

图 5-31 电枢反接制动示意图

电枢电流为

$$I_a=\frac{-U_N-E_a}{R}=-\frac{U_N+E_a}{R} \tag{5-19}$$

电流为负值时，表明其方向与正转时相反。由于电流方向改变，磁通方向未变，因此，电磁转矩方向改变了。电磁转矩与转速方向相反，产生制动作用，使转速迅速下降。这种因电枢两端电压极性的改变而产生的制动，称为电枢反接制动。

（2）倒拉反接制动

以电动机提升重物为例，电枢电流 I_a、电磁转矩 T_{em} 和转速 n 的方向如图 5-32 中的箭头所示。

它的接线使电动机逆时针旋转，此时电动机稳定运行于固有机械特性曲线的A点。若在电枢回路串入大电阻，使电枢电流大大减小，电动机将过渡到对应的串电阻的人为机械特性曲线的B点。此时，电磁转矩小于负载转矩，电动机的转速沿人为机械特性曲线下降。随着转速的下降，反电势能的减小，电枢电流和电磁转矩又有所上升。当转速降至零时，电动机的电磁转矩仍小于负载转矩时，电动机便在负载位能转矩作用下开始反转，电动机变为下放重物，最终稳定运行在C点，如图5-33所示。电动机反转后，感应电动势方向也随之改变，变为与电源电压方向相同。由于电枢电流方向与磁通方向未变，所以电磁转矩方向也未变，但因旋转方向改变，所以电磁转矩变成制动转矩，这种制动称为倒拉反接制动。

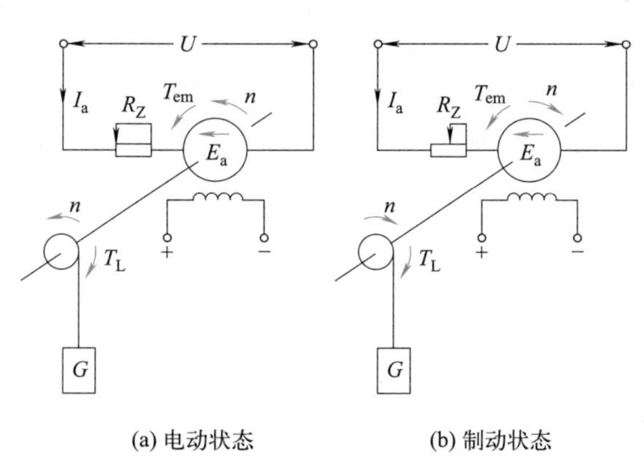

图 5-32　倒拉反接制动示意图

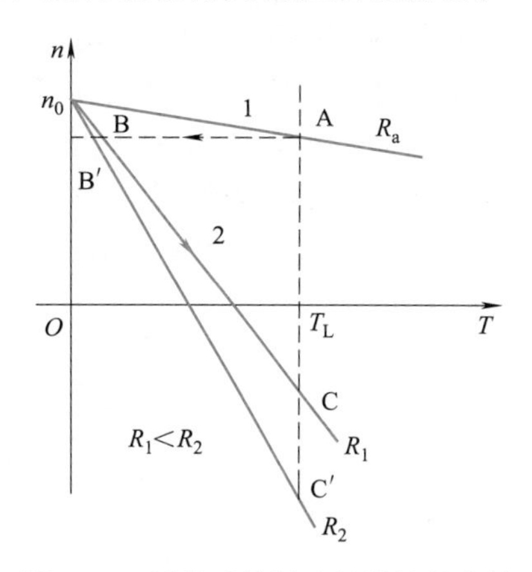

图 5-33　倒拉反接制动机械特性曲线

3. 回馈制动

电动机在电动运行状态下，由于某种条件的变化（如带位能性负载下降、降压调速等），使电枢转速超过理想空载转速 n_0，则进入回馈制动。回馈制动时，转速方向并未改变，而 $n>n_0$，使 $E_a>U$，电枢电流 $I_a<0$（反向），电磁转矩 $T_{em}<0$（反向，为制动转矩）。制动时 n 未改变方向，而 I_a 已反向为负，电源输入功率为负，而电磁功率亦小于零，表明电动机处于发电状态，将电枢转动的机械能变为电能并回馈到电网。

任务实施

一、任务实施内容

直流电动机控制电路的安装与调试。

二、任务实施要求

① 掌握他励直流电动机的启动、反转、调速与制动方法。
② 完成他励直流电动机的启动、反转、调速和制动试验任务实施工单。

三、任务所需设备

设备	数量
① 他励直流电动机	1台
② 导轨、测速发电机及转速表	1套
③ 校正直流测功机	1台
④ 直流电压表	2块

⑤ 直流电流表　　　　　　　　　　　　4 块

⑥ 可调电阻器　　　　　　　　　　　　3 个

四、任务实施步骤

1. 他励直流电动机的启动

（1）电动机启动前检查

按图 5-34 接线。图中他励直流电动机 M 用 DJ15，其功率 $P_N=185W$，额定电压 $U_N=220V$，额定电流 $I_N=1.2A$，额定转速 $n_N=1600r/min$，额定励磁电流 $I_{fN}<0.16A$。校正直流测功机 MG 作为测功机使用，TG 为测速发电机。直流电流表 A1、A2 选用 200mA 挡，A3、A4 选用 5A 挡。直流电压表 V1、V2 选用 1000V 挡。他励直流电动机励磁回路串接的电阻 $R_{f1}=1800\Omega$（用 $900\Omega+900\Omega$）。MG 励磁回路串接的电阻 $R_{f2}=1800\Omega$（用 $900\Omega+900\Omega$）。他励直流电动机的启动电阻 $R1=180\Omega$（用 $90\Omega+90\Omega$），MG 的负载电阻 $R2=2250\Omega$（用 $900\Omega+900\Omega+900\Omega$ 并联 900Ω）。接好线后，检查 M、MG 及 TG 间是否用联轴器直接连接好。

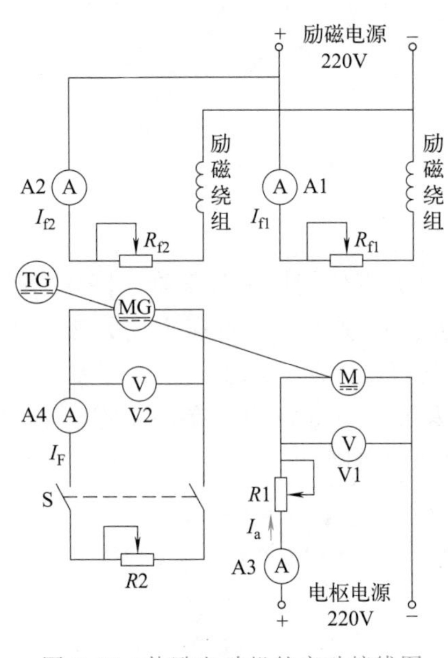

图 5-34　他励电动机的启动接线图

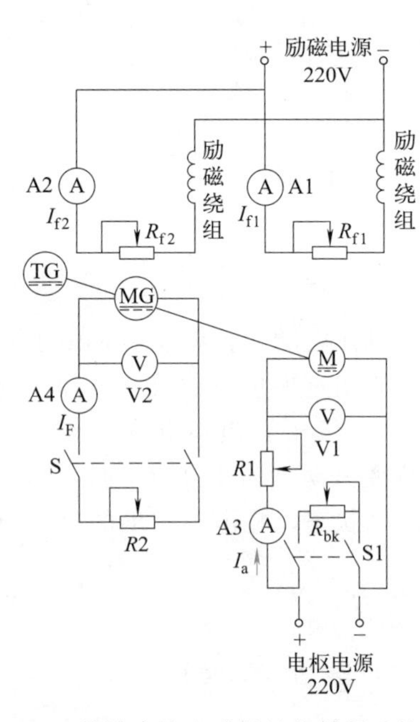

图 5-35　他励直流电动机的能耗制动接线图

（2）他励直流电动机启动步骤

① 启动前检查：检查按图 5-34 的接线是否正确，电表的极性、量程选择是否正确，电动机励磁回路接线是否牢靠。然后将电动机电枢串联启动电阻 R1、测功机 MG 的负载电阻 R2 及 MG 的磁场回路电阻 R_{f2} 调到阻值最大位置，M 的磁场调节电阻 R_{f1} 调到最小位置。断开开关 S，并断开控制屏下方右边的励磁电源开关、电枢电源开关，做好启动准备，并将启动准备工作过程中的相关参数记录到表 5-5 中。

② 接通励磁电源：开启控制屏上的电源总开关，按下其上方的“开”按钮，接通其下方左边的励磁电源开关，观察并记录 M 及 MG 的励磁电流值，调节 R_{f2} 使 I_{f2} 等于校正值（100mA）并保持不变，再接通控制屏右下方电枢电源开关，使 M 启动。

③ 接通电枢电源：M 启动后观察转速表指针偏转方向，应为正向偏转，若不正确，可

拨动转速表上的正、反向开关来纠正。调节控制屏上电枢电源“电压调节”旋钮，使电动机端电压为220V。减小启动电阻$R1$的阻值，直至短接$R1$，合上校正直流测功机MG的负载开关S，调节$R2$的阻值，使MG的负载电流I_F改变，即直流电动机M的输出转矩T_2改变，并将结果记录在表5-5中。

2. 他励直流电动机的调速

（1）电枢回路串电阻（改变电枢电压U_a）调速

保持$U=U_N$、$I_f=I_{fN}$=常数、T_L=常数，测取$n=f(U_a)$。按图5-34接线，直流电动机M运行后，将电阻$R1$的阻值调至零，I_{f2}调至校正值，再调节负载电阻$R2$阻值、电枢电压及磁场电阻R_{f1}阻值，使M的$U=U_N$、$I_a=0.5I_N$、$I_f=I_{fN}$，记下此时MG的I_F值。保持此时的I_F值（即T_2值）和$I_f=I_{fN}$不变，逐次增加$R1$的阻值，降低电枢两端的电压U_a，使$R1$阻值从零调至最大值，每次测取电动机的端电压U_a、转速n和电枢电流I_a，并将结果记录到表5-5中。

（2）改变励磁电流调速

保持$U=U_N$、T_L=常数，测取$n=f(I_f)$。按图5-34接线。直流电动机运行后，将M的电枢串联电阻$R1$和磁场调节电阻R_{f1}阻值调至零，将MG的磁场调节电阻R_{f2}阻值调整至使I_{f2}等于校正值，再调节M的电枢电源调压旋钮和MG的负载，使电动机M的$U=U_N$、$I=0.5I_N$，记下此时的I_F值。保持此时MG的I_F值（T_L值）和M的$U=U_N$不变，逐次增加磁场电阻R_{f1}阻值，直至$n=1.3n_N$，每次测取电动机的n、I_f和I_a，并将结果记录于表5-5中。

3. 他励直流电动机的反转

将电枢串联启动变阻器$R1$的阻值调回到最大值，先切断控制屏上的电枢电源开关，然后切断控制屏上的励磁电源开关，使他励直流电动机停机。在断电情况下，将电枢（或励磁绕组）的两端接线对调后，再按他励直流电动机的启动步骤启动电动机，并观察电动机的转向及转速表指针偏转的方向，并将结果记录在表5-5中。

4. 他励直流电动机的能耗制动

① 按图5-35接线。能耗制动电阻R_{bk}选用2250Ω（用900Ω＋900Ω＋900Ω并联900Ω）。把M的R_{f1}调至零，使电动机的励磁电流最大。把M的电枢串联启动电阻$R1$阻值调至最大，把S1合至电枢电源，合上控制屏下方励磁电源、电枢电源开关使电动机启动。

② 运转正常后，将开关S1合向中间位置，使电枢开路。由于电枢开路，电动机处于自由停机状态，记录停机时间。

③ 将$R1$阻值调回最大位置，重新启动电动机，待运转正常后，把S1合向R_{bk}端，记录停机时间。

④ 选择R_{bk}不同的阻值，观察对停机时间的影响。

⑤ 将结果记录在表5-5中。

5. 注意事项

① 他励直流电动机启动时，必须将励磁回路串联的电阻R_{f1}阻值调至最小，先接通励磁电源，使励磁电流最大，同时必须将电枢串联启动电阻$R1$阻值调至最大，然后方可接通电枢电源，使电动机正常启动。启动后，将启动电阻$R1$阻值调至零，使电动机正常工作。

② 他励直流电动机停机时，必须先切断电枢电源，然后断开励磁电源（与启动的顺序相反）。同时必须将电枢串联的启动电阻$R1$阻值调回最大值，励磁回路串联的电阻R_{f1}阻值调回到最小值，为下次启动做好准备。

③ 测量前注意仪表的量程、极性及其接法是否符合要求。

④ 若要测量电动机的转矩 T_L，必须将校正直流测功机 MG 的励磁电流调整到校正值（100mA）。

6. 完成任务实施工单

完成表 5-5 直流电动机控制电路的安装与调试任务实施工单。

表 5-5　直流电动机控制电路的安装与调试任务实施工单

班级：______　组别：______　学号：______　姓名：______　操作日期：______

测试前准备

序号	准备内容	准备情况自查
1	知识准备	他励直流电动机的工作特性是否清楚　是□　否□ 注意事项是否了解　是□　否□ 本次测试接线图是否明白　是□　否□
2	材料准备	所需仪表是否完好　是□　否□ 测试过程中需要调节的电阻是否会调： 励磁回路串联的电阻 R_{f1}□　电动机电枢回路串联的启动电阻 $R1$□ 测功机 MG 的负载电阻 $R2$□　MG 磁场回路电阻 R_{f2}□ 测量时各仪表的量程是否会选择　是□　否□

测试过程记录

步骤	内容	数据记录
1	直流电动机的启动	(1)电动机启动前检查： 接线检查□　M、MG 及 TG 之间用联轴器直接连接好 □ 电动机励磁回路接线牢靠 □　$R1$、$R2$、R_{f2} 的阻值调到最大 □ R_{f1} 阻值调到最小 □　开关 S 断开□　励磁电源、电枢电源开关关闭 □ (2)接通励磁电源： 电动机 M 的励磁电流值__________A　MG 的励磁电流值__________A 调节 R_{f2} 阻值使 I_{f2} 达到校正值 100mA □ (3)接通电枢电源： 转速表指针正偏 □　调节电枢电压至 220V □ 逐渐减小 $R1$ 的阻值直至短接 □ 合上负载开关 S，调节 $R2$ 阻值，MG 的负载电流 I_F 是否改变　是□　否□
2	电枢回路串电阻调速	他励直流电动机电枢串电阻调速 $I_f=I_{fN}=$________mA，$I_F=$________A（$T_2=$________N·m），$I_{f2}=100$mA
3	改变励磁电流调速	他励直流电动机改变励磁电流调速 $I_f=I_{fN}=$________mA，$I_F=$________A（$T_L=$________N·m），$I_{f2}=100$mA
4	直流电动机的反转	将 $R1$ 阻值调到最大值，切断电枢电源开关，再切断励磁电源开关，使电动机停机，将电枢两端（或励磁绕组两端）接线对调，按照启动步骤启动。 电动机反向□　转速表指针偏转方向__________
5	能耗制动	接线检查 □　自由停机时间__________s 接入 R_{bk} 后停机时间__________s，选择不同的 R_{bk} 值，观察停机时间。

步骤 2 数据表：

U_a									
n									
I_a									

步骤 3 数据表：

U_a									
n									
I_a									

步骤 5 数据表：

R_{bk}				
停机时间				

验收及收尾工作

任务实施开始时间：　任务实施结束时间：　实际用时：

$R1$ 阻值调回到最大值□　R_{f1} 阻值调回到最小值 □　仪表挡位回位，工具归位□

他励直流电动机启动、反转、调速和制动试验顺利完成□　台面与垃圾清理干净□

成绩：

教师签字：　日期：

五、直流电动机控制电路的安装与调试任务实施考核评价

直流电动机控制电路的安装与调试任务实施考核评价参照表 5-6，包括技能考核、综合素质考核及安全文明操作等方面。

表 5-6　直流电动机控制电路的安装与调试任务实施考核评价

序号	内容	配分/分	评分细则	得分/分
1	他励直流电动机的启动	20	启动前检查工作是否完整，不完整的每处扣 5 分，顺序错误的每处扣 10 分	
			线路连接错误，每处扣 5 分	
			不能正确使用直流测功机，扣 10 分	
2	他励直流电动机的调速	20	调速过程数据记录不完整，每处扣 5 分	
			不会测量数据，每次扣 5 分	
3	他励直流电动机的反转	15	线路连接错误，每处扣 5 分	
			电动机不能反向，扣 10 分	
4	他励直流电动机的能耗制动	15	线路连接错误，每处扣 5 分	
			停机时间记录不完整，每处扣 5 分	
5	他励直流电动机的停止	15	未先切断电枢电源，扣 5 分	
			电枢串联的启动电阻、励磁回路串联的电阻未复位，每处扣 5 分	
6	综合素质	15	从课堂纪律、学习能力、团结协作意识、沟通交流、语言表达、6S 管理几个方面综合评价	
7	安全文明操作		违反安全文明生产规程，扣 5～40 分	
8	定额时间 2h		每超时 5min，扣 5 分	
			合计	
备注：各分项最高扣分不超过配分数				

知识拓展——直流电动机的常见故障与检修方法

直流电动机的常见故障与检修方法如表 5-7～表 5-10 所示。

表 5-7　直流电动机不能启动的原因和检修方法

故障现象	故障原因	检修方法
直流电动机不能启动	电网停电	用万用表或测电笔检查，待来电后使用
	熔断器熔断	更换熔断器
	电源线在电动机接线端接错线	按图样重新接线
	负载太大，无法启动	减小机械负载
	启动电压太低	通常应在 50V 时启动
	电枢位置不对	重新校正电刷中性线位置
	定子与转子间有异物卡住	消除异物
	轴承严重损坏，卡死	更换轴承
	主磁极或换向极固定螺钉未拧紧，致使电枢卡住	拆开电动机重新紧固
	电刷提起后未放下	将电刷安放在刷握中
	换向器表面污垢太多	消除污垢

表 5-8　直流电动机过热故障的原因和检修方法

故障现象	故障原因	检修方法
直流电动机过热	电动机过载	减小机械负载或解决引起过载的机械故障
	电枢绕组短路	找到故障点并处理
	新绕制的绕组中有部分线圈接反	按正确的图样重新接线
	换向极接反	拆开电动机，用前面所述的方法找到故障点，重新接线

续表

故障现象	故障原因	检修方法
直流电动机过热	换向片有短路	找到故障点并处理
	定子与转子铁芯相摩擦	拆开电动机,检查定子磁极固定螺钉是否松动,定子磁极下垫片是否比原来多,重新紧固或调整
	电动机的气隙有大有小	调整定子磁极下的垫片,使气隙均匀
	风道堵塞	清理风道
	风扇装反	重装风扇
	电动机长时间低压、低速运行	适当提高电压,以接近额定转速为佳
	电动机轴承损坏	更换同型号的轴承
	联轴器安装不当或传动带太紧	重新调整

表 5-9　直流电动机火花故障的原因和检修方法

故障现象	故障原因	检修方法
直流电动机有火花故障	电刷与换向器接触不良	重新研磨电刷
	电刷上的弹簧太紧或太松	适当调整弹簧压力,准确地说,弹簧压力应保持在 1.5～2.5N/cm,通常凭手感来调整
	刷握松动	紧固刷握螺钉,刷握要与换向器垂直
	电刷与刷握尺寸不相配	若电刷在刷握中过紧,可用 0 号砂纸打磨少许,使电刷能在刷握中自由滑动;若过松,则更换与刷握相配的新电刷
	电刷太短,上面的弹簧已压不住电刷	当电刷磨损 2/3 时或电刷低于刷握时,应及时更换同型号的电刷
	电刷表面有油污粘住电刷粉	用棉纱蘸酒精擦干净
	电刷偏离中性线位置	按前述方法重新调整刷架,使电刷处于中性线位置
	换向片有灼痕,表面高低不平	轻微时,用 0 号砂纸打磨换向器,若严重则需用车床车去灼痕,并按前述方法处理
	换向片间云母未刻净或云母突出	用刻刀按要求下刻云母
	电动机长期过载	应将机械负载减小到额定值以下
	换向极接错	尽量局部修复,无法修复则重绕
	换向极线圈短路	查找、修复或做短接处理
	电枢绕组有线圈断路	查找修复
	电枢绕组有短路	查找修复
	换向器片间短路	将换向片间炭粉或金属屑剔除干净
	重绕的电枢绕组有线圈接反	按正确的接线重新接
	电源电压过高	电源电压应降到额定电压值以内

表 5-10　直流电动机其他常见故障的原因和检修方法

故障现象	故障原因	检修方法
直流电动机电刷下有火花	电刷粉末太多	用吹风机清除电刷粉末,或用棉纱蘸酒精擦除
	电线头碰壳	各种电线接头都要接牢并做好绝缘
	电动机长期不用而受潮	进行干燥处理
	使用年份久或长期过热,电动机绝缘老化	应拆除绝缘老化的绕组,或更换新电动机
直流电动机振动大	电枢转轴变形	重新校正或更换整个电枢
	地脚螺栓松动	紧固地脚螺栓
	风扇叶装错或变形	重新安装或校正
	联轴器未装好	重新校正联轴器

续表

故障现象	故障原因	检修方法
直流电动机接线柱发热	电源线或绕组引出线未接牢	应重新接牢
直流电动机响声大	风扇叶变形碰壳	校正风扇叶
	轴承缺油或者损坏	拆开电动机，将轴承清洗加油，或更换同型号的轴承
	电动机定子与转子摩擦	轴承损坏则更换轴承，或调整定子磁极下的垫片

巩固提升

1. 直流电动机中常见的制动状态有________、________、________三种。

2. 直流电动机的调速方法有________调速、________调速、________调速。

3. 直流电动机在串电阻调速过程中，若负载转矩保持不变，则（　　）保持不变。

A. 输入功率　　B. 输出功率　　C. 电池功率　　D. 电机效率

4. 在直流电动机的调速方法中，适合恒转矩负载并且低速时稳定性较好的是（　　）。

A. 弱磁调速　　B. 降压调速　　C. 串电阻调速　　D. 变频调速

5. 直流电动机串多级电阻启动过程中，每消除一级启动电阻时，电枢电流都将突变。（　　）

6. 直流电动机反接制动时，当电动机转速接近于 0 时，就应立即切断电源，防止电动机反转。（　　）

7. 他励直流电动机电气制动有哪几种方式？

8. 试分析他励直流电动机电枢串电阻启动的物理过程。

知识闯关（请扫码答题）

项目五任务三　直流电动机控制电路的安装与调试

知识点总结

1. 直流电动机是将直流电能转换为机械能的电气设备。直流电动机的主要优点：宽广的调速范围、平滑的调速特性、较高的过载能力、较大的启动转矩和制动转矩等，广泛应用于对启动和调速要求较高的生产机械。其缺点：消耗有色金属多，成本高，工作可靠性较差，制造、维护与检修都比较困难。

直流电动机主要由定子和转子组成。其中定子用来产生磁场和作为电动机的机械支撑，它由主磁极、换向极、机座、端盖、电刷装置等组成；转子由电枢铁芯、电枢绕组、换向器、转轴和支架等组成。机电能量转换的感应电动势和电磁转矩都在电枢绕组中产生。转子是电动机的重要部件，转子又称为电枢。

2. 直流电动机的励磁方式有他励、并励、串励和复励。他励或并励直流电动机具有硬的机械特性，串励直流电动机具有软的机械特性。

3. 直流电动机运转时，电枢中的电流为 $I_a=\dfrac{U-E_a}{R_a}$，直流电动机的电磁转矩为 $T_{em}=C_T\Phi I_a$，反电动势与每极磁通和转速的关系为 $E_a=C_E\Phi n$。

4. 直流电动机的启动方法是降低加在电枢绕组上的电压，或在转子回路中串联启动变阻器，以限制启动电流。选择启动变阻器的阻值时，应使 $I_s\leqslant(2\sim2.5)I_N$。

5. 直流电动机的调速方法有改变电枢回路的电阻调速、改变主磁通调速、改变电源电压调速。

6. 欲使直流电动机反转，可以采用改变电枢电流方向或主磁场方向的方法。对于他励或并励直流电动机来说，大多采用改变电枢电流方向来实现反转。

7. 直流电动机的电气制动方法有能耗制动、反接制动和回馈制动。它们各有不同的特点，应注意其各自适应的场合。

项目六

认识控制电机

知识目标：

1. 掌握测速发电机的结构与工作原理。
2. 掌握步进电动机的结构与工作原理。
3. 掌握伺服电动机的结构与工作原理。

能力目标：

1. 能够分析控制电机的控制电路。
2. 能够了解控制电机的应用。

素养目标：

1. 培养学生创新思维、创新意识。
2. 培养学生勇于实践和探索的精神。

创新意识

探索精神—浩瀚星空，北斗闪耀

知识导图

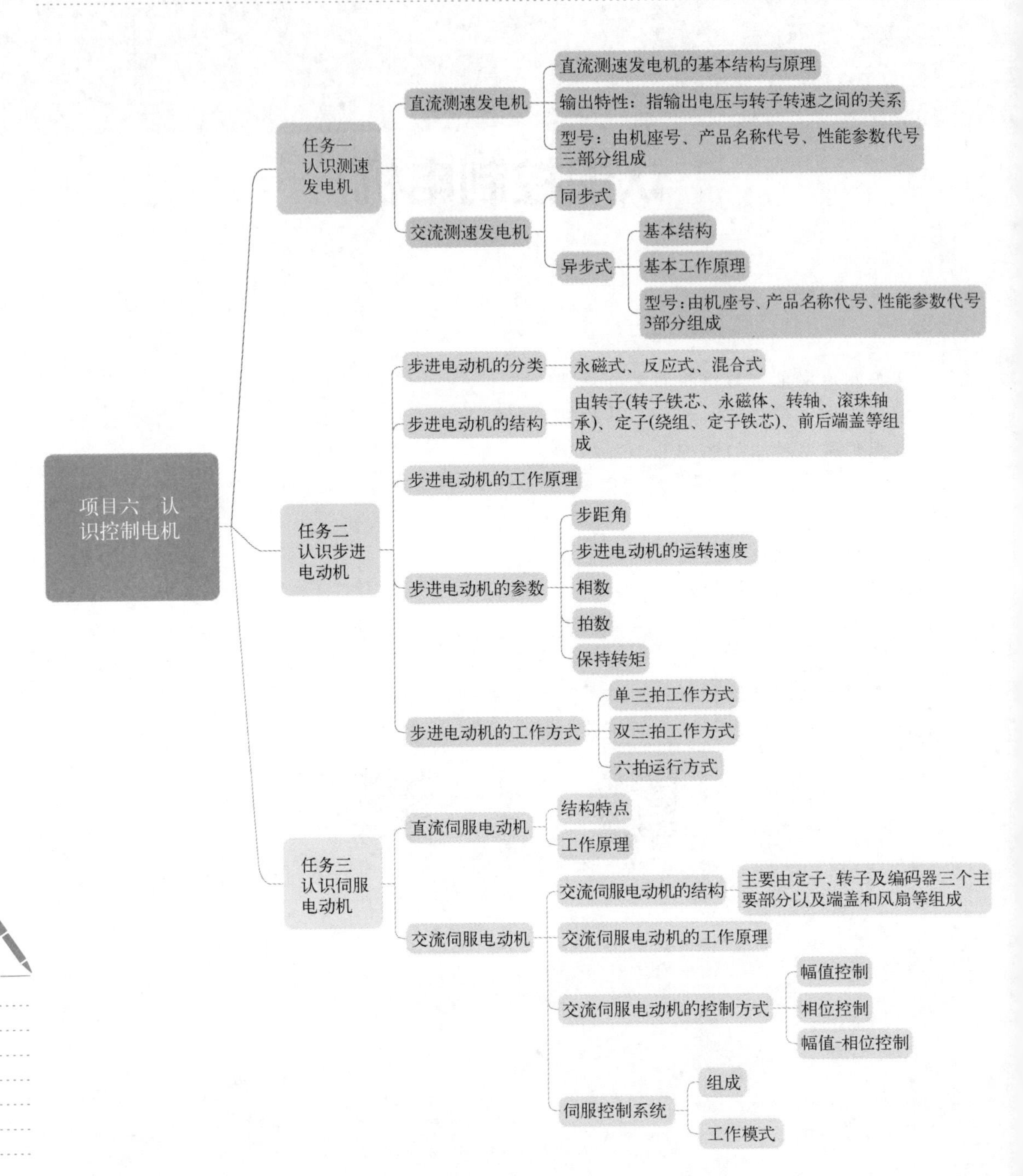

控制电机是指在自动控制系统中对信号进行传递和变换，作为执行元件或信号元件的电动机，要求有较高的控制性能，如反应快、精度高、耗电少、运行可靠等。控制电机的类型很多，如测速发电机、步进电动机、伺服电动机等。不同类型的控制电机有不同的控制任务，例如测速发电机将转速转换为电压，并传递到输入端作为反馈信号；步进电动机将脉冲信号转换为角位移或线位移；伺服电动机将输入电压信号转换为转轴的角位移或角速度输出，以驱动控制对象。

本项目通过学习测速发电机、步进电动机、伺服电动机的结构与工作原理，学生能够了解控制电机的应用并正确分析控制电机的控制电路。

任务一　认识测速发电机

任务描述

测速发电机在自动控制系统中作为检测元件，可以将电动机轴上的机械转速转换为电压信号输出。输出电压信号与机械转速成正比关系，输出电压的极性反映电动机的旋转方向。测速发电机有直流、交流两种形式。自动控制系统要求测速发电机的输出电压必须精确、迅速地与转速成正比，在很多情况下，测速发电机代替测速计直接测量转速。本任务主要学习测速发电机的结构、工作原理、工作特性、控制方式和应用。

相关知识

一、直流测速发电机

直流测速发电机是一种测速元件，它把转速信号转换成直流电压信号输出。直流测速发电机广泛地应用于自动控制、测量技术和计算机技术等装置中。在恒速控制系统中，测量旋转装置的转速，向控制电路提供与转速成正比的信号电压作为反馈信号，以调节速度。

直流测速发电机可分为电磁式和永磁式两种。电磁式发电机的励磁绕组接成他励，由独立的直流电源供电。电磁式发电机的励磁绕组的电阻受发电机工作温度的影响而发生变化，会引起测量误差。永磁式发电机采用矫顽力高的磁钢制成磁极。永磁式发电机不需另加励磁电源，也不因励磁绕组温度变化而影响输出电压，故应用较广，但永磁材料价格昂贵，在受到机械振动影响时可能会引起退磁。

1. 直流测速发电机的基本结构与原理

直流测速发电机的定、转子结构与普通小型直流发电机相同，工作原理也与普通直流发电机相同。图 6-1 所示为直流测速发电机的外形及原理图。

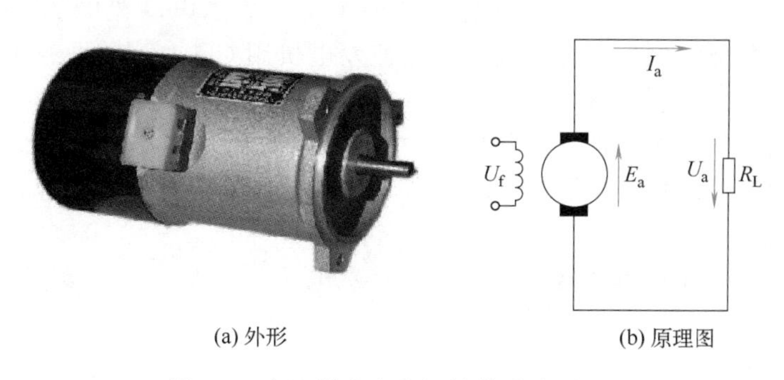

图 6-1　直流测速发电机的外形及原理图

励磁绕组中流过直流电流时，产生沿空间分布的恒定磁场，转子由被测机械拖动旋转，以恒定速度切割磁场，在转子绕组中产生感应电动势，从电刷两端引出的直流电动势为

$$E_a = C_e \Phi n = K_e n \tag{6-1}$$

$$K_e = C_e \Phi$$

式中　K_e——直流测速发电机的电动势系数，对于已制成的电动机，当保持磁通不变时，K_e为常数，即转子感应电动势的大小与转子的转速成正比。

2. 直流测速发电机的输出特性

输出特性是指输出电压与转子转速之间的关系，即$U_a = f(n)$，是测速发电机的主要特性之一。直流测速发电机空载时，电枢电流$I_a = 0$，输出电压$U_a = E_a$；测速发电机转子两端接入负载电阻R_L，R_L中流过电枢电流，并在转子回路产生电阻压降，使输出电压减小，即

$$I_a = \frac{U_a}{R_L} \tag{6-2}$$

$$U_a = E_a - I_a R_a \tag{6-3}$$

式中　R_a——转子回路总电阻，包括转子绕组内阻r_a和电刷接触电阻。

将式（6-1）、式（6-2）代入式（6-3）并化简整理，得出直流测速发电机的输出特性为

$$U_a = \frac{E_a}{1 + \frac{R_a}{R_L}} = \frac{C_e \Phi}{1 + \frac{R_a}{R_L}} n \tag{6-4}$$

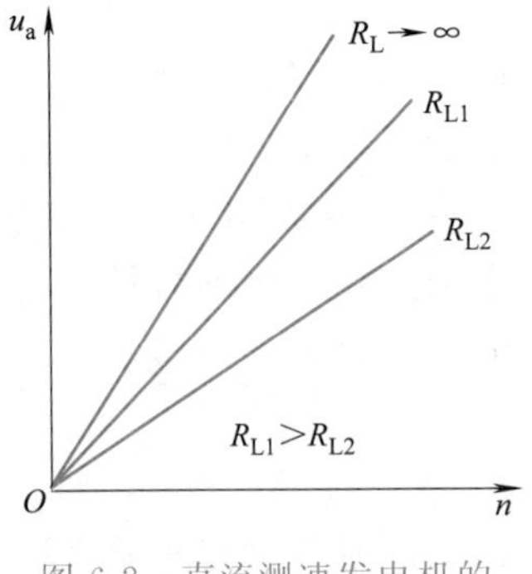

图 6-2　直流测速发电机的理想输出特性曲线

在理想情况下，R_a、R_L、Φ均为常数，输出电压与转速成正比变化。取不同的R_L值，可得一组直线输出特性，如图6-2所示。当$R_L \to \infty$时，为空载时的输出特性；R_L减小，输出特性曲线的斜率减小，输出电压降低。

3. 直流测速发电机的型号

直流测速发电机的型号由机座号、产品名称代号、性能参数代号三部分组成。

机座号用电动机机壳外径的尺寸数值（以 mm 为单位）表示。

产品名称代号由2～4个汉语拼音字母表示，每个字母表示的含义为：第1个字母表示电动机的类别，后面的字母表示该类电动机的细分类。例如，电磁式直流测速发电机用CD表示，永磁式直流测速发电机用CY表示。

电磁式直流测速发电机的性能参数代号由3～4位数字组成，前两位数字表示励磁电压，后面一位或两位数字表示性能参数序号，由1～99给出。永磁式直流测速发电机的性能参数代号由1～99给出。

例如，55CD363表示机座外径为55mm、励磁电压为36V、性能参数序号为3的电磁式直流测速发电机。

4. 直流测速发电机的应用

图6-3为恒速控制系统原理图。直流伺服电动机的负载是一个旋转机械，当负载转矩变化时，电动机转速也随之改变。为了使旋转机械保持恒速，在电动机轴上耦合一台直流测速发电机，并将其输出电压U_m反馈到放大器输入端。给定电压U_1，取自可调的电压源。给定电压和测速发电机反馈电压相减后，作为放大器输入$\Delta U = U_1 - U_m$。

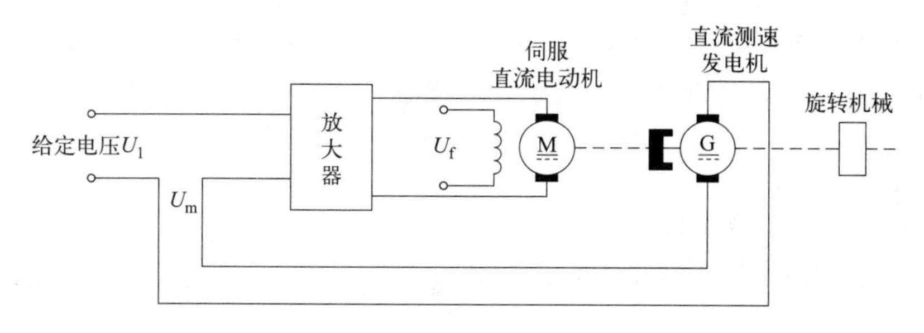

图 6-3　恒速控制系统原理图

当负载转矩由于某种偶然因素增加时，电动机转速将减小，此时直流测速发电机输出电压 U_m 也随之减小，而使放大器输入 $\Delta U=U_1-U_m$ 增加，电动机电压增加，电动机转速增加。反之，若负载转矩减小，转速增加，则测速发电机输出增大，放大器输入电压减小，电动机转速下降。这样，即使负载转矩发生扰动，由于直流测速发电机的速度负反馈所起的调节作用，使旋转机械的转速变化很小，近似于恒速，起到转速校正的作用。

二、交流测速发电机

交流测速发电机分为同步式和异步式两类，下面介绍交流异步测速发电机。

1. 交流异步测速发电机的基本结构

异步测速发电机的基本结构与普通异步电动机相似。定子上安装有两相对称绕组，转子分为笼型或杯型两种结构。相比之下，笼型转子的惯性大、特性较差。因此，在对精度要求较高的控制系统中多采用杯型转子，其基本结构包括内定子、外定子和转子，如图 6-4 所示。在外定子铁芯槽中安装有励磁绕组，其匝数为 N_1，在内定子铁芯槽中安装有输出绕组，其匝数为 N_2，两个绕组在空间彼此互差 90°电角度。金属空心转子采用电阻率较高的硅锰青铜等非磁性材料制成杯型，其杯壁很薄，仅为 0.3mm 左右。转子的一端由金属环固定在轴上，使杯型转子能在内、外定子之间的气隙中转动。

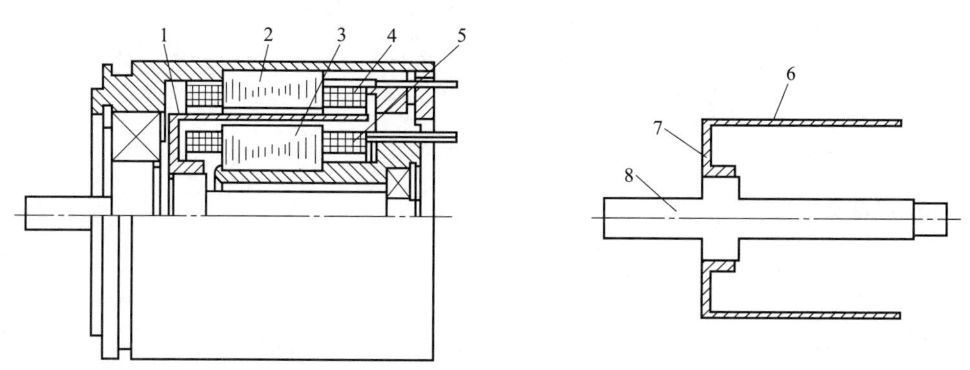

图 6-4　空心杯型转子异步测速发电机

1—杯型转子；2—外定子；3—内定子；4—励磁绕组；5—输出绕组；6—导筒；7—端环；8—轴

从原理上看，杯型转子可以看成是由无数根细导条并联而成的笼型绕组，为短路绕组。杯型转子的主要特点是转动惯量小、反应快速、精度高。

2. 交流异步测速发电机的基本工作原理

当交流异步测速发电机转子静止（$n=0$）时，在励磁绕组两端接交流电源 $\dot{U}_1$，产生脉

振磁通 $\dot{\Phi}_1$，$\dot{\Phi}_1$ 作用在励磁绕组的轴线（d 轴）方向，于是在励磁绕组中感应反电动势 $\dot{E}_1$，其有效值为 $E_1=4.44fN_1k_{N1}\Phi_1$，若忽略漏抗的影响，则有

$$U_1=4.44fN_1k_{N1}\Phi_1\propto\Phi_1 \tag{6-5}$$

式中 f——电源频率；

N_1k_{N1}——励磁绕组有效匝数。

脉振磁通 $\dot{\Phi}_1$ 还在短路的转子绕组中产生感应电动势，产生电流 $\dot{I}_{rd}$ 和磁通 $\dot{\Phi}_{rd}$，$\dot{\Phi}_{rd}$ 与 $\dot{\Phi}_1$ 相去磁，如图 6-5（a）所示。由于 $\dot{\Phi}_1$ 和 $\dot{\Phi}_{rd}$ 均与输出绕组的绕组轴线（q 轴）相垂直，因此，输出绕组中并不产生感应电动势，输出电压 $U_2=0$。

当转子旋转时，转子绕组中除产生感应电动势 $\dot{E}_{rd}$ 外，还因切割励磁磁通 $\dot{\Phi}_1$ 而产生感应电动势 $\dot{E}_{rq}$ 和短路电流 $\dot{I}_{rq}$。若忽略转子漏抗的影响，$\dot{E}_{rq}$ 与 $\dot{I}_{rq}$ 同方向，如图 6-5（b）所示。$\dot{E}_{rq}$ 为交变电动势，其交变频率与励磁磁通的脉振频率 f 相同，电动势的大小为

$$E_{rq}=C_e\Phi_1 n\propto\Phi_1 n \tag{6-6}$$

式中 C_e——与电动机结构有关的常数；

n——电动机的转速。

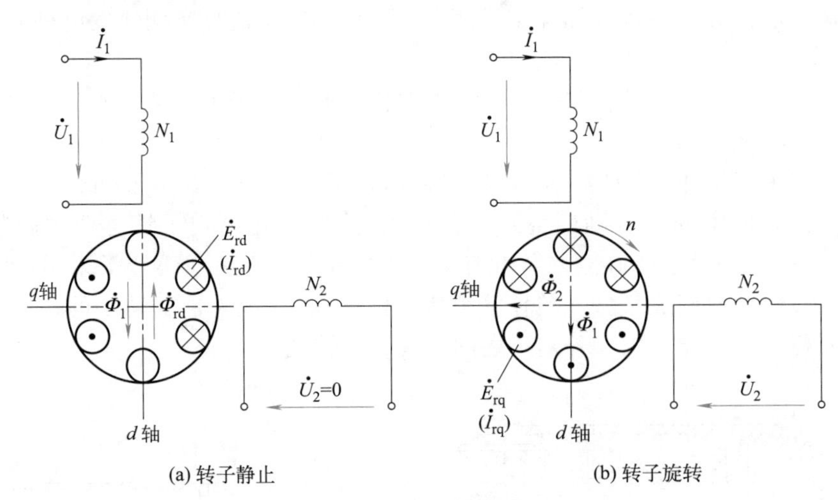

图 6-5 异步测速发电机的工作原理

转子电流的大小为

$$I_{rq}=\frac{E_{rq}}{R_{rq}}\propto E_{rq} \tag{6-7}$$

转子电流 $\dot{I}_{rq}$ 又产生交变的转子磁通 $\dot{\Phi}_2$，其大小与转子电流成正比，即

$$\Phi_2\propto I_{rq} \tag{6-8}$$

磁通 $\dot{\Phi}_2$ 的方向与输出绕组的轴线（q 轴）相一致，因此，在输出绕组中感应出频率为 f 的电动势 $E_2=4.44fN_2k_{N2}\Phi_2$，若忽略输出绕组的漏抗，输出绕组的电压为

$$U_2=4.44fN_2k_{N2}\Phi_2\propto\Phi_2 \tag{6-9}$$

式中 N_2k_{N2}——输出绕组的有效匝数。

根据以上分析，由式（6-5）～式（6-9）可以得出

$$U_2\propto\Phi_2\propto I_{rq}\propto E_{rq}\propto\Phi_1 n\propto U_1 n$$

即 $$U_2 \propto \Phi_1 n \propto U_1 n \tag{6-10}$$

由此可见，如果保持励磁绕组的电压不变，异步测速发电机定子绕组的输出电压与转速成正比，即输出电压的大小可以表示电动机转速的快慢。同时，输出电压的相位与电动机的转向有关，输出电压的频率由电源频率决定。

3. 交流异步测速发电机的型号

交流测速发电机的型号由机座号、产品名称代号、性能参数代号 3 部分组成。

机座号用发电机机壳外径的尺寸数值（以 mm 为单位）表示。

空心杯型转子异步测速发电机产品名称代号为 CK，笼型转子异步测速发电机产品名称代号为 CL。

交流测速发电机的性能参数代号由 2～3 位数字组成，第 1 位数字表示励磁电压，后面 1～2 位数字表示性能参数序号，由 1～99 给出。例如，55CK31 表示机座外径为 55mm、励磁电压为 36V（代号 3 对应励磁电压为 36V）性能参数代号为 1 的空心杯型转子异步测速发电机。

4. 交流异步测速发电机的应用

电磁滑差离合器的异步调速系统如图 6-6 所示。该系统由异步电动机、电磁滑差离合器、交流测速发电机和控制电路组成。通过离合器来调节负载速度。

对恒转矩负载，电磁滑差离合器本身的调速范围小。为了提高机械特性的硬度与扩大调速范围，需要采用速度负反馈构成的闭环系统。由于负载变化而引起的转速变化由速度负反馈系统进行自动调节，使转速维持恒定。调速范围 D 可达 1～10。

该系统采用测速发电机检测速度，来构成速度负反馈的闭环系统。改变速度给定控制信号，就可以得到不同的闭环特性，从而实现调速。

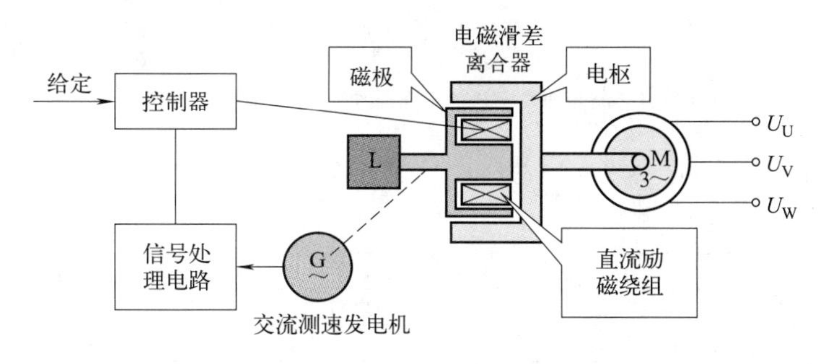

图 6-6 电磁滑差离合器的异步调速系统原理图

任务实施

一、任务实施内容

认识测速发电机。

二、任务实施要求

① 了解测速发电机的分类与应用。

② 掌握测速发电机的结构与工作原理。

③ 完成认识测速发电机任务实施工单。

三、任务实施步骤

完成表 6-1 任务实施工单。

表 6-1 认识测速发电机任务实施工单

班级：______ 组别：______ 学号：______ 姓名：______ 操作日期：______

任务实施前准备		
序号	准备内容	准备情况自查
1	知识准备	测速发电机的分类与应用是否了解 是□ 否□ 测速发电机的结构与工作原理是否掌握 是□ 否□
任务实施过程记录		
步骤	内容	内容记录
1	测速发电机的分类与应用	(1)什么是测速发电机？主要应用在哪些场合？ (2)试写出测速发电机的分类
2	测速发电机的结构与工作原理	(1)观察直流测速发电机的结构，其主要结构包括哪些？ (2)观察交流测速发电机的结构，其主要结构包括哪些？ (3)试写出交流测速发电机的工作原理
验收及收尾工作		
任务实施开始时间： 任务实施结束时间： 实际用时：		
认识测速发电机任务实施工单是否完成□ 台面与垃圾清理干净□		
成绩： 教师签字： 日期：		

四、认识测速发电机任务实施考核评价

认识测速发电机任务实施考核评价参照表 6-2，包括技能考核、综合素质考核及安全文明操作等方面。

表 6-2 认识测速发电机任务实施考核评价

序号	内容	配分/分	评分细则	得分/分
1	测速发电机的分类与应用	30	不能正确写出测速发电机的分类，扣 5～15 分 不能正确写出测速发电机的应用场合，扣 5～15 分	
2	测速发电机的结构与工作原理	55	不能正确写出直流测速发电机的结构，扣 5～15 分	
			不能正确写出交流测速发电机的结构，扣 5～15 分	
			不能正确写出交流测速发电机的工作原理，扣 10～20 分	

续表

序号	内容	配分/分	评分细则	得分/分
3	综合素质	15	从课堂纪律、学习能力、团结协作意识、沟通交流、语言表达、6S管理几个方面综合评价	
4	安全文明操作		违反安全文明生产规程，扣5～40分	
5	定额时间1h		每超时5min，扣5分	
			合计	
备注：各分项最高扣分不超过配分数				

巩固提升

1. 测速发电机有＿＿＿＿＿＿、＿＿＿＿＿两种形式。

2. 交流异步测速发电机定子上安装有（　　）相对称绕组。

A. 单　　B. 两　　C. 三　　D. 六

3. 交流测速发电机分为（　　）。

A. 电磁式　　B. 永磁式　　C. 同步式　　D. 异步式

4. 判断下面说法是否正确。

（1）测速发电机输出电压信号与转速成正比。（　　）

（2）电磁式直流测速发电机励磁绕组为自励，不需要单独的直流电源供电。（　　）

5. 简述交流异步测速发电机的工作原理。

知识闯关（请扫码答题）

项目六任务一　认识测速发电机

任务二　认识步进电动机

任务描述

步进电动机是常用工业控制电机的一种，可以将电脉冲信号转变为角位移或线位移。步进电动机是一种开环控制元件，通过控制步进电动机的电脉冲频率和脉冲数，可以方便地控制其速度和角位移。步进电动机广泛应用于数控机床、绘图机、雕刻机、机械手等定位控制系统中。本任务主要学习步进电动机的分类、结构、工作原理、参数和控制方式，了解步进控制系统的组成。

相关知识

步进电动机是将电脉冲信号转化为角位移或线位移的执行机构，是专门用于速度和位置精确控制的特种电动机。它的旋转是以固定的角度一步一步进行的，而不是连续旋转。工作时靠步进驱动器控制，当步进驱动器接收到一个脉冲信号时，它就驱动步进电动机按设定的方向转动一个固定的角度（称为步距角）。可以通过控制脉冲数来控制角位移量，从而达到准确定位的目的；同时可以通过控制脉冲频率来控制电动机转动的速度和加速度，从而达到调速的目的。常见步进电动机的外形如图 6-7 所示。

图 6-7　常见步进电动机的外形

一、步进电动机的分类

步进电动机按工作原理分为三种：永磁式、反应式、混合式。

永磁式步进电动机转子和定子的某一方具有永久磁钢，另一方由软磁材料制成。绕组轮流通电，建立的磁场与永久磁钢的恒定磁场相互作用产生转矩。一般为两相，转矩和体积较小。

反应式步进电动机的转子为软磁材料，无绕组，定、转子开小齿，定子绕组励磁后产生反应力矩，使转子转动。一般为三相，可实现大转矩输出，但噪声和振动都很大。

混合式步进电动机混合了永磁式和反应式的优点。与反应式的区别是转子上置有磁钢，分为两相和五相，两相步进角一般为 1.8°，而五相步进角一般为 0.72°，这种步进电动机的应用较为广泛。

二、步进电动机的结构与工作原理

1. 步进电动机的结构

步进电动机由转子（转子铁芯、永磁体、转轴、滚珠轴承）、定子（绕组、定子铁芯）、前后端盖等组成。步进电动机的结构示意图如图 6-8 所示，定子和转子外形如图 6-9 所示。步进电动机的机座号主要有 35、39、42、57、86、110 等。

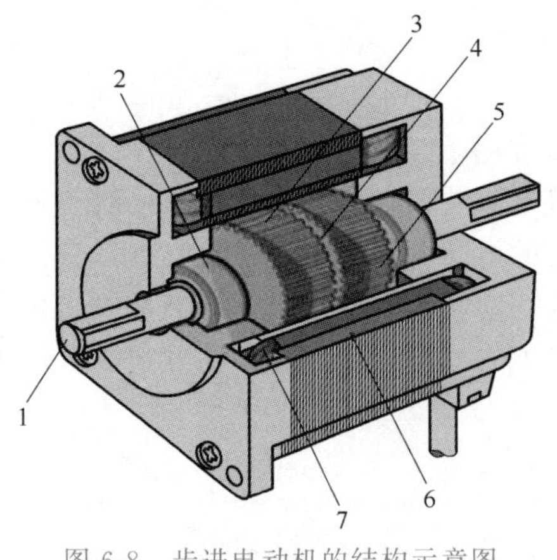

图 6-8　步进电动机的结构示意图
1—转轴；2—滚珠轴承；3—转子 1；4—永久磁钢；5—转子 2；6—定子；7—绕组

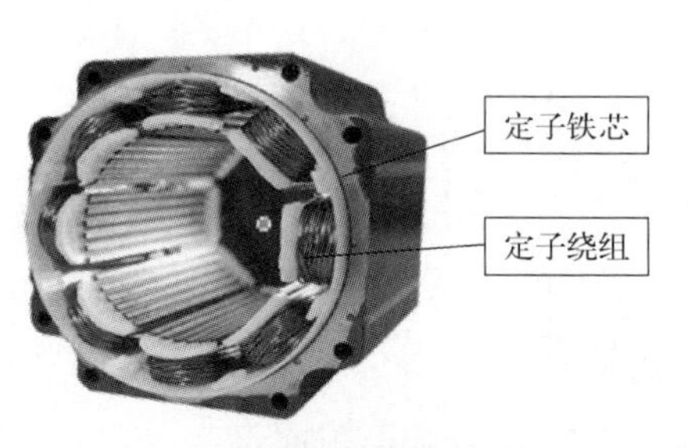

(a) 步进电动机的定子

(b) 步进电动机的转子

图 6-9　步进电动机的定子和转子外形

2. 步进电动机的工作原理

图 6-10 所示为步进电动机的工作原理示意图。假设转子有 2 个齿，而定子有 4 个齿。当给 A 相通电时，定子上产生一个磁场，磁场的 S 极在上方，而转子是永久磁铁，转子磁场的 N 极在上方，因为定子 A 齿和转子的 1 齿对齐，所以定子 S 极和转子的 N 极相吸引（同理，定子 N 极和转子的 S 极也相吸引），所以转子没有切向力，转子静止。接着，A 相绕组断电，定子的 A 相磁场消失，给 B 相绕组通电时，B 相绕组产生的磁场将转子的位置吸引到 B 相的位置，所以转子齿偏离定子齿一个角度，也就是带动转子转动。

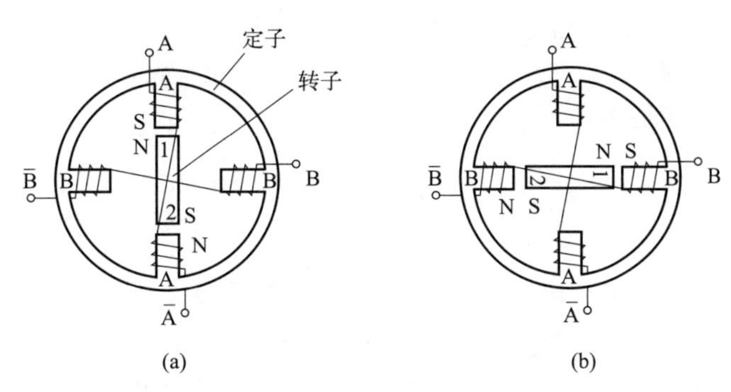

图 6-10　步进电动机的工作原理示意图

三、步进电动机的参数

1. 步距角

步距角表示控制系统每发一个步进脉冲信号，电动机所转动的角度。电动机出厂时给出了一个步距角的值，这个步距角可以称为“电动机固有步距角”，它不一定是电动机实际工作时的实际步距角，实际步距角和驱动器有关。步距角满足如下公式。

$$\theta=\frac{360^\circ}{ZKm} \tag{6-11}$$

式中　Z——转子齿数；

m——定子绕组相数；

K——通电系数，当前后通电相数一致时 $K=1$，否则 $K=2$。

由此可见，步进电动机的转子齿数 Z 和定子绕组相数（或运行拍数）越大，步距角越小，控制越精确。

［例 1］　如果两相的转子齿数为 100，求单拍运行、双拍运行时的步距角各是多少？

解：单拍运行时有

$$\theta=\frac{360^\circ}{ZKm}=\frac{360^\circ}{100\times1\times2}=1.8^\circ$$

双拍运行时有

$$\theta=\frac{360^\circ}{ZKm}=\frac{360^\circ}{100\times2\times2}=0.9^\circ$$

2. 步进电动机运转速度

当定子控制绕组按照一定顺序不断地轮流通电时，步进电动机就持续不断地旋转。步进电动机的转速取决于各相定子绕组通入电脉冲的频率。步进电动机运转速度为

$$n=\frac{60}{KmZ}f \tag{6-12}$$

式中　Z——转子齿数；

m——定子绕组相数；

K——通电系数，当前后通电相数一致时 $K=1$，否则 $K=2$；

f——电脉冲的频率，即每秒脉冲数。

[例 2] 如果五相的转子齿数是 100，如果双拍运行，脉冲频率是 5000Hz，则电动机运转速度是多少?

解：$n=\frac{60}{KmZ}f=\frac{60}{2\times5\times100}\times5000=300$ (r/min)

3. 相数

步进电动机的相数是指电动机内部的绕组组数，常用 m 表示。目前常用的有两相、三相、四相、五相、六相、八相等。电动机相数不同时，步距角也不同。一般两相电动机的步距角为 0.9°/1.8°，三相的为 0.75°/1.5°，五相的为 0.36°/0.72°。在没有细分驱动器时，用户主要靠选择不同相数的步进电动机来满足步距角的要求。如果使用细分驱动器，只需在驱动器上改变细分数，就可以改变步距角。

4. 拍数

拍数是指完成一个磁场周期变化所需要的脉冲数，用 n 表示，或指电动机转过一个步距角所需脉冲数。根据步距角 θ 的计算公式，步距角与拍数的关系为 $\theta=360°/$(转子齿数×运行拍数)。

例如，对于转子齿数为 50 的电动机，四拍运行时，步距角 $\theta=360°/(50\times4)=1.8°$（又称为整步）；八拍运行时，步距角 $\theta=360°/(50\times8)=0.9°$（又称为半步）。

5. 保持转矩

保持转矩是指步进电动机通电但没有转动时，定子锁住转子的力矩。通常步进电动机在低速时的力矩接近保持转矩。由于步进电动机的输出力矩随速度的增大而不断衰减，输出功率也随速度的增大而变化，所以保持转矩就成为衡量步进电动机的最重要的参数之一。例如，2N·m 的步进电动机，在没有特殊说明的情况下是指保持转矩为 2N·m 的步进电动机。

四、步进电动机的工作方式

步进电动机的转速取决于各相定子绕组通电与断电的频率，旋转方向取决于定子绕组轮流通电的顺序。对于定子有 6 个极的三相步进电动机，工作方式有单三拍、双三拍和六拍。

1. 单三拍工作方式

三相是指定子绕组有 3 组，“单”是指每次切换前后，只有一相绕组通电，“三拍”是指通电三次完成一个通电循环。三相步进电动机单三拍运行工作原理如图 6-11 所示。

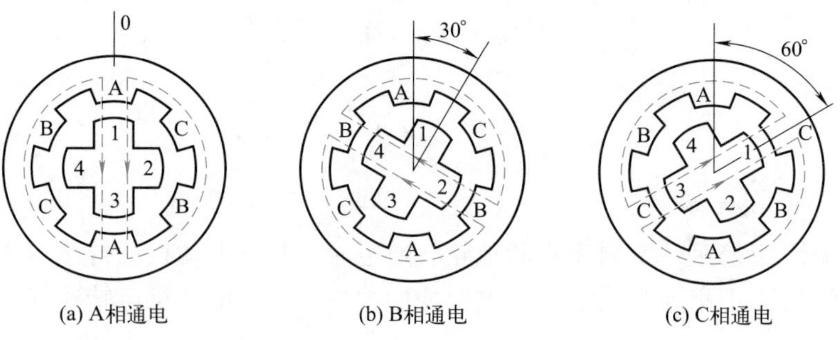

(a) A相通电 (b) B相通电 (c) C相通电

图 6-11 三相步进电动机单三拍运行工作原理

A 相单独通电时，磁力线沿定子磁极 A、转子齿 1、转子齿 3 形成闭合回路。此时，齿 1、齿 3 的中心线与磁极 A 的中心线重合，如图 6-11 (a) 所示。

B 相单独通电时，磁力线沿定子磁极 B、转子齿 2、转子齿 4 形成闭合回路，使齿 2、齿 4 与磁极 B 对准，齿 1 的中心线顺时针转过 30°机械角度，如图 6-11（b）所示。

C 相单独通电时，磁力线沿定子磁极 C、转子齿 3、转子齿 1 形成闭合回路，使齿 1、齿 3 与磁极 C 对准，齿 1 的中心线又顺时针转过 30°机械角度，如图 6-11（c）所示。

依次类推，控制绕组的电流按 A→B→C→A 的顺序切换，转子将顺时针转动，步距角 $\theta=30°$；若控制绕组的电流按 A→C→B→A 的顺序切换，转子则逆时针转动。

2. 双三拍工作方式

“双”是指每次有两相绕组通电，三拍为一个通电循环。三相步进电动机双三拍运行工作原理如图 6-12 所示。

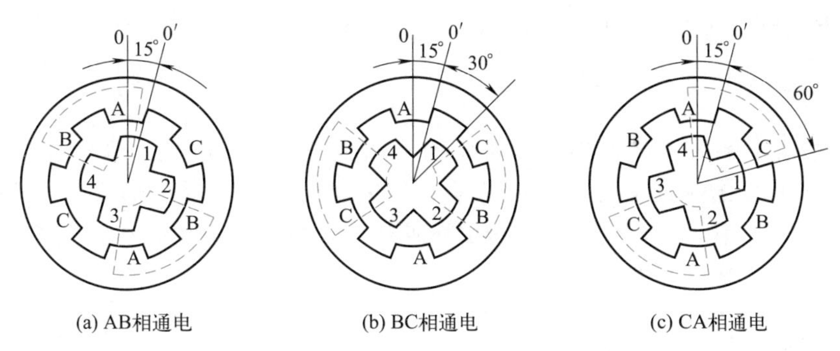

(a) AB相通电　(b) BC相通电　(c) CA相通电

图 6-12　三相步进电动机双三拍运行工作原理

A 相、B 相同时通电，磁力线分成两路，一路沿磁极 A、齿 1、齿 4、磁极 B 形成闭合回路，另一路沿磁极 B、齿 2、齿 3、磁极 A 形成闭合回路。B 相磁场对齿 2、齿 4 有磁拉力，该拉力使转子顺时针方向转动；A 相磁场对齿 1、齿 3 有拉力，转子转到两磁拉力平衡的位置上。以磁极 A 为参考，齿 1 的中心线顺时针转过 15°机械角度，如图 6-12（a）所示。

B 相、C 相同时通电，磁力线一路沿磁极 B、齿 4、齿 3、磁极 C 形成闭合回路，另一路沿磁极 C、齿 1、齿 2、磁极 B 形成闭合回路。转子转到 B、C 两极之间的对称位置，如图 6-12（b）所示。以磁极 A 为参考，齿 1 的中心线在原来的基础上顺时针转过 30°机械角度。

同理，C 相、A 相同时通电，转子又顺时针转过 30°机械角度，如图 6-12（c）所示。

根据上面的分析，双三拍运行时，步距角与单三拍运行时相同，θ 也是 30°（A、B 相通电前为 C、A 相通电，齿 1 的中心线在齿 A 偏右 15°位置，C、A 相通电到 A、B 相通电这一拍，电动机转过 30°机械角度）。

依次类推，控制绕组的电流按 AB→BC→CA→AB 的顺序切换，转子顺时针转动；控制绕组的电流按 AC→CB→BA→AC 的顺序切换，转子逆时针转动。

3. 六拍运行方式

六拍运行方式是将通电方式改为单相通电、两相通电交替进行，每六拍为一个通电循环。

控制绕组的通电顺序按照 A→AB→B→BC→C→CA→A 进行，工作过程如下。

① 第一拍：A 相单独通电，磁场的分布及转子的位置如图 6-11（a）所示，转子齿 1 的中心线恰好与定子磁极 A 的中心线重合，偏移角度为 0°。

② 第二拍：A 相、B 相同时通电，磁场的分布及转子的位置如图 6-12（a）所示，转子齿 1 的中心线顺时针旋转 15°。

三相步进电动机六拍运行时通电顺序和相对于磁极 A 的旋转角度如表 6-3 所示。

表 6-3　三相步进电动机六拍运行时通电顺序和相对于磁极 A 的旋转角度

拍数	通电顺序	相对于磁极 A 的旋转角度
第一拍	A 相	0°
第二拍	A 相、B 相	15°
第三拍	B 相	30°
第四拍	B 相、C 相	45°
第五拍	C 相	60°
第六拍	C 相、A 相	75°

由此可见，三相六拍运行时，每拍的步距角为 15°。改变控制绕组的通电顺序为 A→AC→C→CB→B→BA→A，转子逆时针转动。

五、步进电动机控制系统的组成

步进电动机控制系统由控制器、步进驱动器和步进电动机构成，如图 6-13 所示。控制器（通常是 PLC）发出脉冲信号和方向信号，步进驱动器接收这些信号，先进行环形分配和细分，然后进行功率放大，变成安培级的脉冲信号，驱动步进电动机，按控制要求对机械装置准确实现位置控制或速度控制。

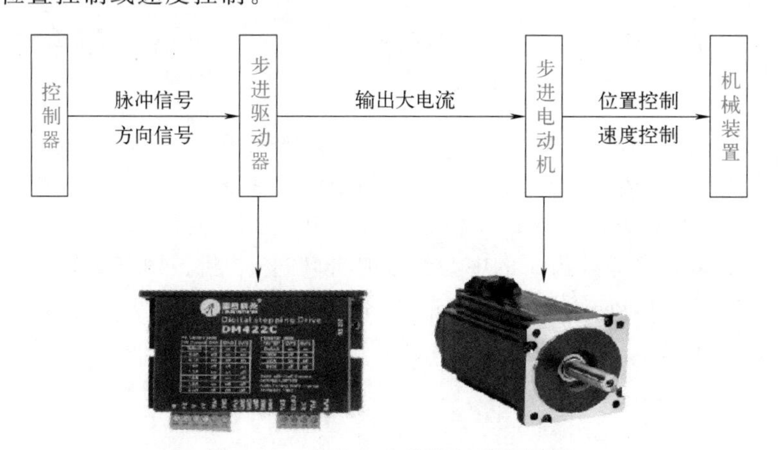

图 6-13　步进电动机控制系统框图

步进电动机的运动方向与其内部绕组的通电顺序有关，改变输入脉冲的相序就可以改变电动机转向。转速则与输入脉冲信号的频率成正比，转动角度或位移与输入的脉冲数成正比。改变脉冲信号的频率就可以改变步进电动机的转速，并能快速启动、制动和反转。因此，可用控制脉冲数、频率及电动机各相绕组的通电顺序来控制步进电动机的运行。

任务实施

一、任务实施内容

认识步进电动机。

二、任务实施要求

① 了解步进电动机的分类与应用。

② 掌握步进电动机的结构、工作原理、主要参数与工作方式。

③ 完成认识步进电动机任务实施工单。

三、任务实施步骤

完成表 6-4 任务实施工单。

表 6-4 认识步进电动机任务实施工单

班级：______ 组别：______ 学号：______ 姓名：______ 操作日期：______

<table>
<tr><td colspan="3">任务实施前准备</td></tr>
<tr><td>序号</td><td>准备内容</td><td>准备情况自查</td></tr>
<tr><td>1</td><td>知识准备</td><td>步进电动机的分类与应用是否了解 是□ 否□
步进电动机的结构与工作原理是否掌握 是□ 否□</td></tr>
<tr><td colspan="3">任务实施过程记录</td></tr>
<tr><td>步骤</td><td>内容</td><td>内容记录</td></tr>
<tr><td>1</td><td>步进电动机的分类与应用</td><td>(1)什么是步进电动机？主要用于哪些场合？
(2)试写出步进电动机的分类</td></tr>
<tr><td>2</td><td>步进电动机的结构、工作原理、参数与工作方式</td><td>(1)拆装步进电动机,其主要结构包括哪些？
(2)通过学习,写出步进电动机的工作原理。
(3)步进电动机的主要参数认知。
①什么是步距角？写出步距角的计算式。如果两相的转子齿数为 50,求双拍运行时的步距角是多少？
②步进电动机的速度与哪些参数有关？试写出步进电动机运转速度的计算式。如果三相的转子齿数是 50,单拍运行,脉冲频率是 3000Hz,则电动机运转速度是多少？
(4)步进电动机的工作方式有哪些？不同的工作方式步距角有什么不同？试写出单三拍工作方式的工作过程</td></tr>
<tr><td colspan="3">验收及收尾工作</td></tr>
<tr><td colspan="3">任务实施开始时间： 任务实施结束时间： 实际用时：</td></tr>
<tr><td colspan="3">认识步进电动机任务实施工单是否完成□ 台面与垃圾清理干净□</td></tr>
<tr><td colspan="3">成绩：
教师签字： 日期：</td></tr>
</table>

四、认识步进电动机任务实施考核评价

认识步进电动机任务实施考核评价参照表 6-5，包括技能考核、综合素质考核及安全文明操作等方面。

表 6-5　认识步进电动机任务实施考核评价

序号	内容	配分/分	评分细则	得分/分
1	步进电动机的分类与应用	30	不能正确写出步进电动机的分类，扣 5～15 分 不能正确写出步进电动机的应用场合，扣 5～15 分	
2	步进电动机的结构、工作原理、参数与工作方式认知	55	不能正确写出步进电动机的结构，扣 5～10 分	
			不能正确写出步进电动机的工作原理，扣 10～20 分	
			不会计算步进电动机的步距角和速度，扣 5～10 分	
			不能正确写出步进电动机的工作方式，扣 5～10 分	
3	综合素质	15	从课堂纪律、学习能力、团结协作意识、沟通交流、语言表达、6S 管理几个方面综合评价	
4	安全文明操作		违反安全文明生产规程，扣 5～40 分	
5	定额时间 1.5h		每超时 5min，扣 5 分	
			合计	
备注：各分项最高扣分不超过配分数				

巩固提升

1. 步进电动机由____________、____________、____________组成。

2. 定子有 6 个极的三相步进电动机，工作方式有________、________、________三种。

3. 步进电动机的运动方向与（　　）有关。

A. 绕组的通电频率　　B. 输入脉冲的频率

C. 绕组的通电顺序　　D. 输入脉冲的大小

4. 控制系统每发一个步进脉冲信号，电动机所转动的角度称为（　　）。

A. 相数　　B. 位移　　C. 拍数　　D. 步距角

5. 步进电动机按三相六拍通电时，步距角为（　　）。

A. 10°　　B. 15°　　C. 20°　　D. 30°

6. 判断下面说法是否正确。

（1）步进电动机的转速与输入脉冲信号的频率成反比。（　　）

（2）电动机出厂时给出的步距角是电动机实际工作时的实际步距角。（　　）

7. 简述步进电动机的分类。

知识闯关（请扫码答题）

项目六任务二　认识步进电动机

任务三　认识伺服电动机

任务描述

伺服电动机又称执行电动机，是一种服从控制信号要求进行工作的执行器，无信号时静止，有信号时立即运行，因而得名“伺服”，用 SM 来表示。伺服电动机是自动控制系统中的执行元件，它将输入的电压信号转变为转轴的角位移或角速度输出，改变输入信号的大小和极性可以改变伺服电动机的转速与转向，故输入的电压信号又称为控制信号或控制电压。

伺服电动机的特点：有输入信号时转子立即旋转，无输入信号时转子立即停转，转轴转向和转速由控制电压的方向和大小决定。

根据使用电源的不同，伺服电动机分为直流伺服电动机和交流伺服电动机两大类。

本任务主要学习伺服电动机的分类、结构、工作原理和控制方式，了解伺服控制系统的组成。

相关知识

一、直流伺服电动机

直流伺服电动机具有调速性能好、启动转矩大、噪声小、输出功率高及响应快速等优点，但直流伺服电动机有电刷和换向器，结构复杂、维护不方便，工作可靠性和稳定性较差，电刷和换向器之间的火花会产生无线电干扰信号。

1. 直流伺服电动机的结构特点

一般直流伺服电动机的结构与普通小型直流电动机相同，其外形如图 6-14（a）所示。按照励磁方式不同，直流伺服电动机可分为电磁式和永磁式。电磁式直流伺服电动机的磁场由励磁电流通过励磁绕组产生。永磁式直流伺服电动机的磁场由永久磁铁产生，无须励磁绕组和励磁电流。

直流伺服电动机的控制方式有两种：电枢控制和磁场控制。

① 电枢控制，即磁场绕组加恒定励磁电压，电枢绕组加控制电压。当负载转矩恒定时，电枢的控制电压升高，电动机的转速就升高；反之，电枢的控制电压降低，电动机的转速就降低。改变控制电压的极性，电动机就改变转向。

② 磁场控制，即磁场绕组加控制电压。改变励磁电压的大小和方向，就能改变电动机的转速与转向。

注意：电磁式直流伺服电动机有电枢控制和磁场控制两种控制转速的方式，而永磁式直流伺服电动机只有电枢控制一种方式。

电枢控制的优点：没有控制信号时，电枢电流等于零，电枢中没有损耗，只有不大的励磁损耗。磁场控制的性能较差，其优点是控制功率小，用于小功率电动机中。自动控制系统中多采用电枢控制方式。

要提高伺服电动机的快速响应能力，必须要减小转动惯量。常用的低惯量伺服电动机有杯型电枢电动机、盘型电枢电动机、无槽电枢电动机。

① 杯型电枢电动机的外定子装有永久磁钢，内定子起磁轭作用。杯型电枢可由事先成

形的单个线圈沿圆柱面排列成杯型，再用环氧树脂固化成形。杯型电枢安装在转轴上，在内、外定子之间的气隙中旋转。杯型电枢电动机的主要特点是转子无铁芯，且杯壁很薄，转动惯量极小，适用于高精度的自控系统或设备中，如机床控制系统等。

② 盘型电枢电动机的电枢直径远大于其轴向长度，整体呈圆盘状。电枢导体沿径向排列，功率很小的电动机可以制成印制电路，功率稍大时采用绕线式绕组（即全部线圈先排列成圆盘型，再用环氧树脂固化）。定子上装有若干对永久磁钢，主磁通沿轴向穿过定转子之间的平面气隙。盘型电枢电动机的主要特点是制造工艺简单、转动惯量小、启动转矩大，适用于低速、频繁启动/反转的场合，如数控机床、工业机器人等。

③ 无槽电枢转子电动机整体呈细长形。其定子与普通直流伺服电动机相同，电枢铁芯为光滑无槽的圆柱体，用环氧树脂将绕组固化在铁芯表面。无槽电枢电动机不存在齿磁密饱和问题，因而可以选取较高的磁通密度并减小电枢外径。无槽电枢电动机具有转动惯量较小、启动灵敏度高的优点，适合用于功率较大的自动控制系统。

2. 直流伺服电动机的工作原理

直流伺服电动机的工作原理图如图 6-14（b）所示。

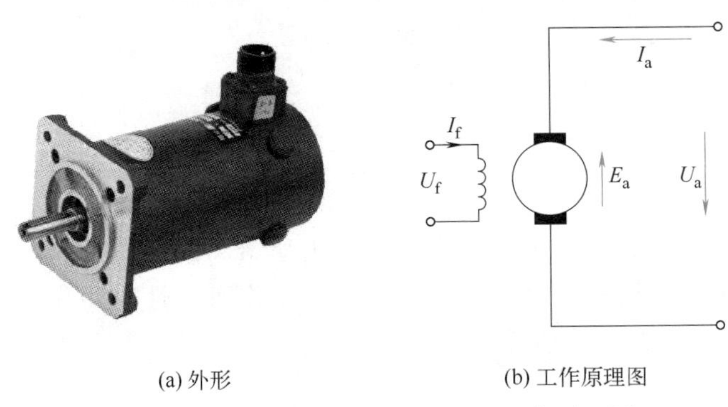

(a) 外形　　(b) 工作原理图

图 6-14　直流伺服电动机的外形及工作原理图

励磁绕组接他励电源 U_f，流过励磁电流 I_f，产生恒定的主磁通 Φ。转子两端输入电压 U_a，流过电枢电流 I_a。转子电流与主磁通相互作用产生恒定的电磁转矩 $T=C_M\Phi I_a$。当电磁转矩与负载转矩相平衡时，电动机匀速旋转，同时在转子中感应反电动势 $E_a=C_e\Phi n$。若电枢输入电压为零，则 $T=0$，$n=0$。

二、交流伺服电动机

交流伺服电动机结构简单，能够克服直流伺服电动机中由电刷、换向器等机械部件带来的各种缺陷，具有过载能力强、转动惯量低等优点，是定位控制中的主流产品。

1. 交流伺服电动机的结构

交流伺服电动机主要由定子、转子、编码器以及端盖和风扇等组成，如图 6-15 所示。

（1）定子

由铁芯和绕组构成，如图 6-16（a）所示。定子铁芯通常用硅钢片叠压而成。交流伺服电动机的定子铁芯中安放着空间相差 90°电角度的两相绕组：一相称为励磁绕组，一相称为控制绕组。电动机工作时，励磁绕组接单相交流电压，控制绕组接控制信号电压，要求两相电压同频率。

图 6-15　交流伺服电动机的结构

（2）转子

转子是一个永磁体，在定子产生的磁场作用下，转子和磁场同步旋转，如图 6-16（b）所示，因此常把交流伺服电动机称为同步电动机。

（3）编码器

编码器是伺服系统的速度反馈和位置反馈元件。编码器套在转子的转轴上，当转子转动时，编码器的码盘也跟着转动，同时将输出脉冲反馈到伺服驱动器。伺服电动机的编码器是光电编码器。伺服电动机的精度取决于编码器的分辨率，即每转一圈可以发多少个脉冲。常见的编码器外形如图 6-17 所示。

(a) 定子

(b) 转子

图 6-16　交流伺服电动机的定子和转子

图 6-17　常见的编码器外形

光电编码器是一种通过光电转换将输出轴上的机械几何位移量转换成脉冲或数字量的传感器。光电编码器由光栅盘和光电检测装置组成，如图 6-18 所示。

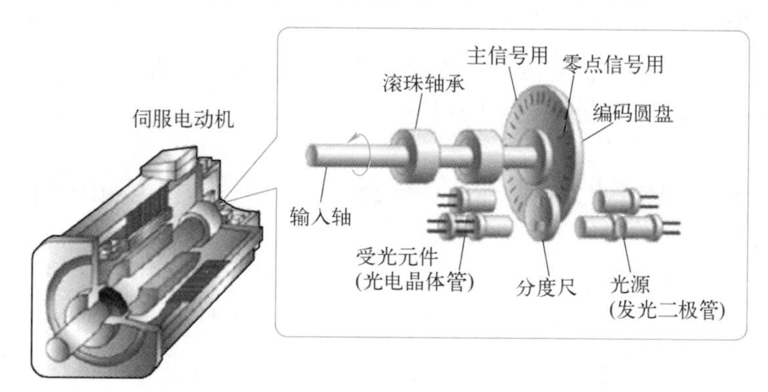

图 6-18　光电编码器的结构

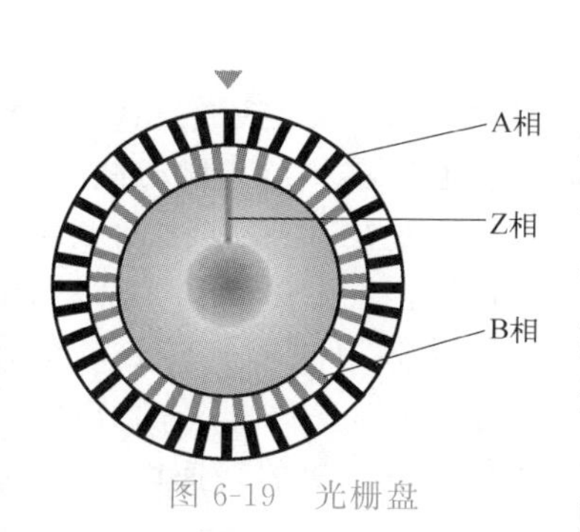

图 6-19　光栅盘

光栅盘是在一定直径的圆板上等分地开通若干个长方形孔。由于光栅盘与电动机同轴，电动机旋转时，光栅盘与电动机同速旋转，使光线产生明暗相间的变化，经发光二极管等电子元件组成的检测装置检测输出若干脉冲信号，通过计算每秒光电编码器输出的脉冲数，就能反映当前电动机的转速。光栅盘如图 6-19 所示，外围的一圈条纹是 A 相脉冲，中间的条纹是 B 相脉冲，最里面的条纹是 Z 相脉冲。A 相、B 相两组条纹相对应产生的脉冲信号彼此相差 90°相位，可以识别电动机的旋转方向，Z 相条纹只有一条。电动机每转一周产生一个脉冲，称为零标志信号。

2. 交流伺服电动机的工作原理

交流伺服电动机的工作原理图如图 6-20（b）所示。定子上的两相对称绕组在空间彼此

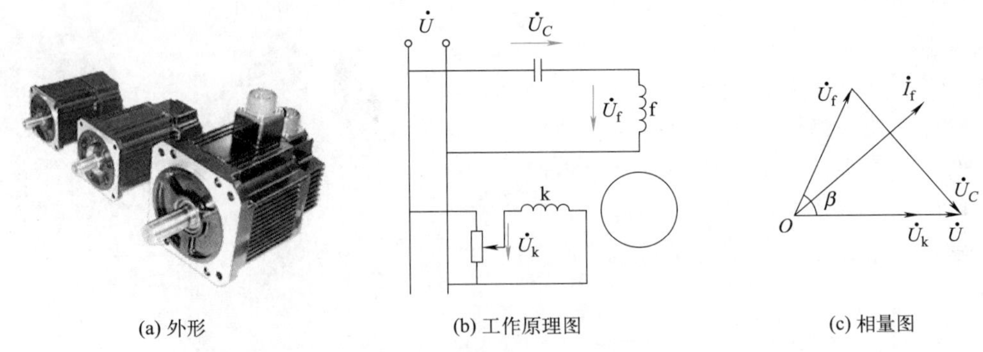

图 6-20 交流伺服电动机的外形、工作原理图及相量图

互差 90°电角度，一相为励磁绕组 f，两端的电压为 $\dot{U}_f$；另一相为控制绕组 k，两端的电压为 $\dot{U}_k$。$\dot{U}_f$ 与 $\dot{U}_k$ 频率相同，但相位不同。

控制绕组经电位器接恒定的交流电源 $\dot{U}$，控制电压 $\dot{U}_k$ 与 $\dot{U}$ 可以是同相位或反相位，调节电位器可以改变控制电压的大小。励磁绕组与电容器串联后接交流电源 $\dot{U}$，电容器起分相的作用，适当选择电容器 C 的数值，可以使励磁电流 $\dot{I}_f$ 超前于电源电压 $\dot{U}$。根据电路原理，电容器两端的电压 $\dot{U}_C=-j\dot{I}_CX_C=-j\dot{I}_fX_C$，励磁绕组两端的电压 $\dot{U}_f=\dot{U}-\dot{U}_C$，以 $\dot{U}$ 为参考，做相量图如图 6-20（c）所示。

可见，励磁电压 $\dot{U}_f$ 与控制电压 $\dot{U}_k$ 之间的相位差角为 β。只要 $\beta\neq0$，就能产生启动转矩。如果 β 调节至 90°，可以获得较大的启动转矩。

3. 交流伺服电动机的控制方式

交流伺服电动机的控制方式有三种，分别是幅值控制、相位控制和幅值-相位控制。

（1）幅值控制

幅值控制方式是指始终保持控制电压 U_k 和励磁电压 U_f 之间的相位差为 90°，仅改变控制电压 U_k 的幅值来改变交流伺服电动机的转速。当控制电压 $U_k=0$ 时，电动机停转；当控制电压 U_k 的值在零和额定电压值之间变化时，交流伺服电动机的转速在零和最高转速之间变化。

（2）相位控制

保持控制电压和励磁电压的幅值为额定值不变，仅改变控制电压与励磁电压的相位差来改变交流伺服电动机转速，这种控制方式称为相位控制。控制绕组通过移相器与励磁绕组接至同一交流电源上，U_k 的幅值不变，通过移相器使 U_k 与 U_f 的相位差在 0°～90°之间变化。设 U_k 与 U_f 的相位差为 β，当 $\beta=0°$时，控制电压与励磁电压同相位，气隙磁动势为脉动磁动势，交流伺服电动机转速为零，不转动；当 $\beta=90°$时，气隙磁动势为圆形旋转磁动势，交流伺服电动机转速最大，转矩也为最大；当 β 在 0°～90°范围内变化时，气隙磁动势从脉动磁动势变为椭圆形旋转磁动势最终变为圆形旋转磁动势，交流伺服电动机的转速由低向高变化。

（3）幅值-相位控制

幅值-相位控制是指对幅值和相位差都进行控制，通过改变控制电压的幅值及控制电压与励磁电压的相位差来控制交流伺服电动机的转速。励磁绕组串联电容器后接交流电源，控制绕组通过电位器 RP 接至同一电源。控制电压 U_k 与电源同频率、同相位，其幅值可以通过电位器 RP 来调节。当控制电压的幅值改变时，电动机的转速发生改变。由于转子绕组的耦合作用，励磁绕组中的电流随之发生变化，励磁电流的变化引起电容器端电压的变化，使 U_k 与 U_f 之间的相位差 β 改变。

幅值-相位控制的机械特性和调节特性不如幅值控制和相位控制，但由于其电路简单，只需要电容器和电位器，不需要复杂的移相装置，成本较低，因此在实际应用中用得较多。

三、伺服控制系统的组成与工作模式

1. 伺服控制系统的组成

伺服控制系统也称为随动系统，是一种能够跟踪输入的指令信号进行动作，从而获得精确的位置、速度及转矩输出的自动控制系统。它用来控制被控对象的转角或位移，使其自动、连续、精确地复现输入指令的变化。

伺服控制系统主要组成部分为控制器、伺服驱动器、伺服电动机和位置检测反馈元件，如图 6-21 所示。伺服驱动器通过执行控制器的指令来控制伺服电动机，进而驱动生产机械的运动部件，快速、精确和稳定地控制生产机械的运动速度、载荷和位置。反馈元件是伺服电动机上的光电编码器或旋转编码器，能够将实际机械运动速度、位置等信息反馈至电气控制装置，从而实现闭环控制。

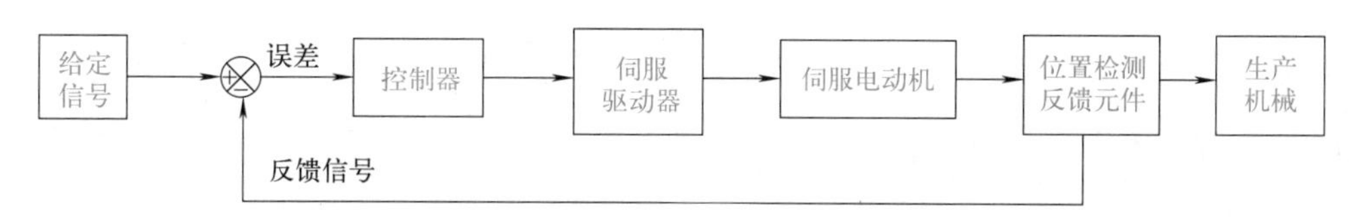

图 6-21　伺服控制系统的组成框图

控制器按照系统的给定值和通过反馈装置检测的实际运行值进行偏差计算，调节控制量，使伺服电动机按照要求完成位移或定位。控制器可以是单片机、工业控制计算机、PLC 和定位模块等。当前应用的趋势是使用 PLC 作为位置控制系统的控制器。

伺服驱动器把控制器送来的信号进行功率放大，用于驱动电动机运转；根据控制命令和反馈信号对电动机进行控制。

伺服电动机是系统的执行元件，根据伺服驱动器的输出拖动生产机械运转。

伺服控制系统目前在高精度数控机床、机器人、纺织机械、印刷机械、包装机械、自动化流水线等领域中应用广泛。

2. 伺服控制系统的工作模式

伺服控制系统的工作模式分为位置控制模式、速度控制模式、转矩控制模式。工作时根据控制要求选择其中的一种或两种模式。当选择两种控制模式时，需要通过外部开关进行选择。

（1）位置控制模式

位置控制模式是利用上位机产生的脉冲来控制伺服电动机转动。脉冲数决定伺服电动机转动的角度（或工作台移动的距离），脉冲频率决定电动机的转速。数控机床的工作台控制属于位置控制模式。

（2）速度控制模式

速度控制模式是维持电动机的转速保持不变。当负载增大时，电动机输出的转矩增大；当负载减小时，电动机输出的转矩减小。

速度控制模式下的速度可以通过模拟量或通过参数来进行调整，最多可以设置 7 速。控制的方式和变频器相似。速度控制可以通过内部编码器反馈脉冲作为反馈，构成闭环。

（3）转矩控制模式

转矩控制模式是维持电动机输出的转矩不变进行控制。如收卷系统的恒张力控制，需要采用转矩控制模式。转矩控制模式下，因为电动机输出的转矩是一定的，所以当负载变化时，电动机的转速也发生变化。

任务实施

一、任务实施内容

认识伺服电动机。

二、任务实施要求

① 了解伺服电动机的分类与应用。

② 掌握伺服电动机的结构、工作原理与控制方式。

③ 完成认识伺服电动机任务实施工单。

三、任务实施步骤

完成表 6-6 任务实施工单。

表 6-6　认识伺服电动机任务实施工单

班级：______　组别：______　学号：______　姓名：______　操作日期：______

任务实施前准备		
序号	准备内容	准备情况自查
1	知识准备	伺服电动机的分类与应用是否了解　是□　否□ 伺服电动机的结构与工作原理是否掌握　是□　否□
任务实施过程记录		
步骤	内容	内容记录
1	伺服电动机的分类与应用	(1)什么是伺服电动机？主要用于哪些场合？ (2(试写出伺服电动机的分类

续表

步骤	内容	内容记录
2	伺服电动机的结构、工作原理与控制方式	1. 观看交流伺服电动机的拆装，其主要结构包括哪些？ 2. 通过学习，写出交流伺服电动机的工作原理。 3. 伺服电动机的控制方式有哪些？各有什么特点
验收及收尾工作		
任务实施开始时间： 任务实施结束时间： 实际用时：		
认识伺服电动机任务实施工单是否完成□ 台面与垃圾清理干净□		
成绩：		
教师签字： 日期：		

四、认识伺服电动机任务实施考核评价

认识伺服电动机任务实施考核评价参照表6-7，包括技能考核、综合素质考核及安全文明操作等方面。

表6-7 认识伺服电动机任务实施考核评价

序号	内容	配分/分	评分细则	得分/分
1	伺服电动机的分类与应用	30	不能正确写出伺服电动机的分类，扣5～15分 不能正确写出伺服电动机的应用场合，扣5～15分	
2	伺服电动机的结构、工作原理与控制方式	55	不能正确写出交流伺服电动机的结构，扣5～15分	
			不能正确写出交流伺服电动机的工作原理，扣10～20分	
			不能正确写出交流伺服电动机的控制方式，扣5～15分	
3	综合素质	15	从课堂纪律、学习能力、团结协作意识、沟通交流、语言表达、6S管理几个方面综合评价	
4	安全文明操作		违反安全文明生产规程，扣5～40分	
5	定额时间1h		每超时5min，扣5分	
			合计	
备注：各分项最高扣分不超过配分数				

巩固提升

1. 伺服电动机主要有________、________两大类。

2. 交流伺服电动机主要由______、______、______和______组成。

3. 伺服控制系统主要包括________、________、________、__________等。

4. 直流伺服电动机的控制方式有（　　）。

A. 电枢控制　　B. 相位控制　　C. 幅值控制　　D. 磁场控制

5. 交流伺服电动机的控制电压和励磁电压之间的相位差是（　　）。

A. 60°　　B. 30°　　C. 90°　　D. 0°

6. 简述交流伺服电动机的工作原理。

知识闯关（请扫码答题）

项目六任务三　认识伺服电动机

知识点总结

1. 测速发电机在自动控制系统中作为检测元件，可以将电动机轴上的机械转速转换为电压信号输出。输出电压与机械转速成正比关系，输出电压的极性反映电动机的旋转方向。测速发电机有直流、交流两种形式。

2. 步进电动机是一种将电脉冲信号转换为角位移或线位移的执行机构，是一种专门用于速度和位置精确控制的特种电动机。

3. 步进电动机按工作原理分为三种：永磁式、反应式、混合式。

4. 步进电动机由转子（转子铁芯、永磁体、转轴、滚珠轴承）、定子（绕组、定子铁芯）、前后端盖等组成。

5. 步进电动机的主要参数有步距角、运转速度、相数、拍数以及保持转矩。步距角表示控制系统每发一个步进脉冲信号电动机所转动的角度。

6. 步进电动机的转速取决于各相定子绕组通电与断电的频率，旋转方向取决于定子绕组轮流通电的顺序。对于定子有 6 个极的三相步进电动机，工作方式有单三拍、双三拍和六拍。

7. 伺服电动机又称执行电动机，是一种具有服从控制信号要求进行工作的执行器，无信号时静止，有信号时立即运行，因而得名“伺服”，用 SM 来表示。

8. 交流伺服电动机主要由定子、转子、编码器以及端盖和风扇等组成。

9. 交流伺服电动机的控制方式有三种，分别是幅值控制、相位控制和幅值-相位控制。

10. 伺服控制系统是一种能够跟踪输入的指令信号进行动作，从而获得精确的位置、速度及转矩输出的自动控制系统。主要组成部分为控制器、伺服驱动器、伺服电动机和位置检测反馈元件。工作模式分为位置控制模式、速度控制模式、转矩控制模式。

项目七

常用机床电气控制电路的装调与故障检修

知识目标:

1. 了解常用机床的用途、结构、控制要求与运动形式。
2. 掌握常用机床的使用与维护方法。
3. 掌握电气原理图的分析方法和步骤。
4. 掌握C650型车床、X62W型铣床、Z3040型摇臂钻床的电气控制电路工作原理。
5. 掌握电气控制电路故障分析方法。

能力目标:

1. 能够正确识读电气原理图。
2. 能够正确使用与维护常用机床。
3. 能够正确装调常用机床电气控制电路。
4. 能够正确检修常用机床电气控制电路。
5. 能够根据控制要求设计简单的电气控制系统。

素养目标:

1. 引导学生树立正确的社会主义核心价值观。
2. 培养学生的责任感和使命感。
3. 培养学生成为有理想、有本领、有担当的时代新人。

新征程上的青春奋斗者

责任与使命

知识导图

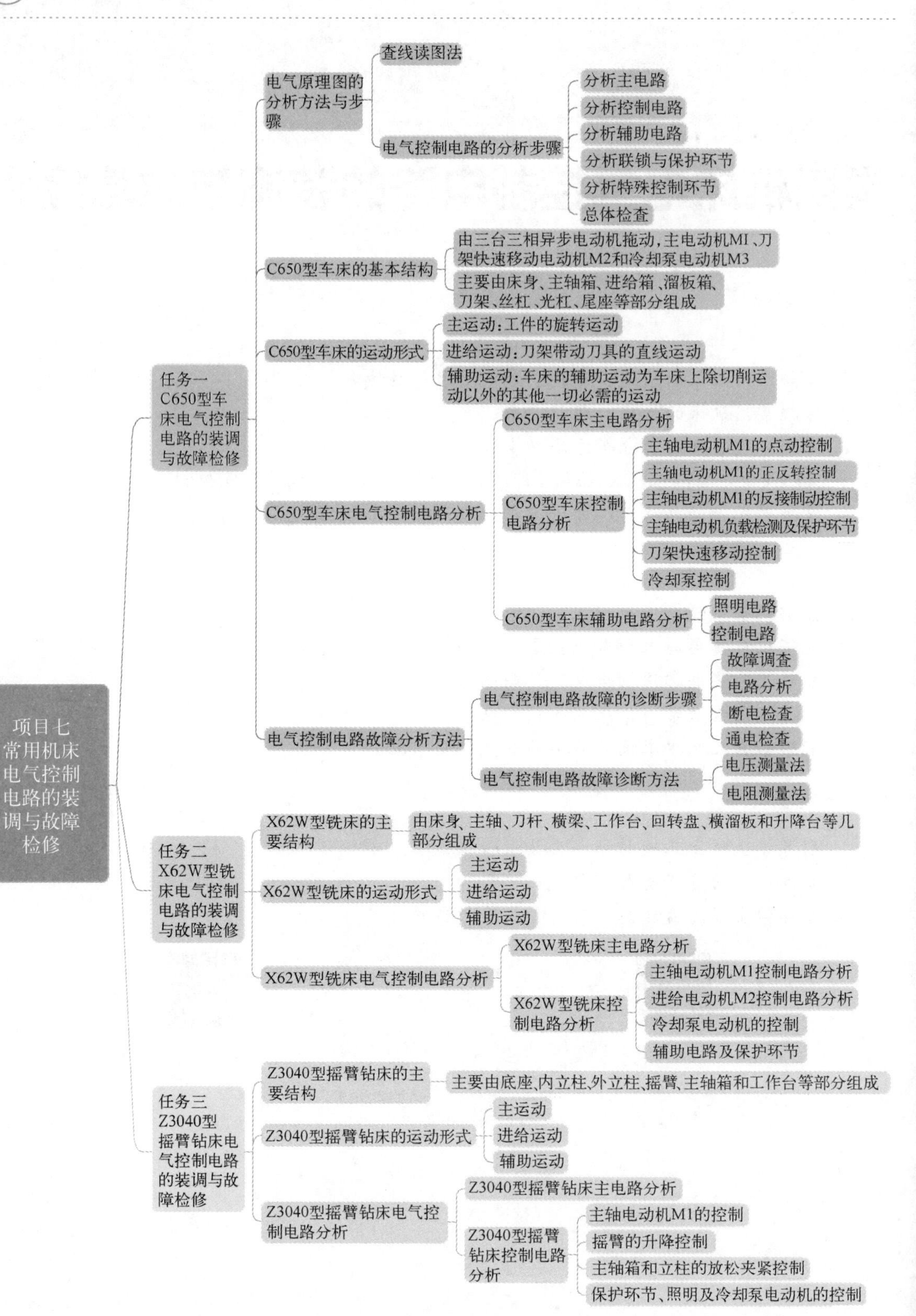

项目七 常用机床电气控制电路的装调与故障检修
任务一 C650型车床电气控制电路的装调与故障检修
电气原理图的分析方法与步骤
查线读图法
电气控制电路的分析步骤
分析主电路
分析控制电路
分析辅助电路
分析联锁与保护环节
分析特殊控制环节
总体检查
C650型车床的基本结构
由三台三相异步电动机拖动，主电动机MI、刀架快速移动电动机M2和冷却泵电动机M3
主要由床身、主轴箱、进给箱、溜板箱、刀架、丝杠、光杠、尾座等部分组成
C650型车床的运动形式
主运动：工件的旋转运动
进给运动：刀架带动刀具的直线运动
辅助运动：车床的辅助运动为车床上除切削运动以外的其他一切必需的运动
C650型车床电气控制电路分析
C650型车床主电路分析
C650型车床控制电路分析
主轴电动机M1的点动控制
主轴电动机M1的正反转控制
主轴电动机M1的反接制动控制
主轴电动机负载检测及保护环节
刀架快速移动控制
冷却泵控制
C650型车床辅助电路分析
照明电路
控制电路
电气控制电路故障分析方法
电气控制电路故障的诊断步骤
故障调查
电路分析
断电检查
通电检查
电气控制电路故障诊断方法
电压测量法
电阻测量法
任务二 X62W型铣床电气控制电路的装调与故障检修
X62W型铣床的主要结构
由床身、主轴、刀杆、横梁、工作台、回转盘、横溜板和升降台等几部分组成
X62W型铣床的运动形式
主运动
进给运动
辅助运动
X62W型铣床电气控制电路分析
X62W型铣床主电路分析
X62W型铣床控制电路分析
主轴电动机M1控制电路分析
进给电动机M2控制电路分析
冷却泵电动机的控制
辅助电路及保护环节
任务三 Z3040型摇臂钻床电气控制电路的装调与故障检修
Z3040型摇臂钻床的主要结构
主要由底座、内立柱、外立柱、摇臂、主轴箱和工作台等部分组成
Z3040型摇臂钻床的运动形式
主运动
进给运动
辅助运动
Z3040型摇臂钻床电气控制电路分析
Z3040型摇臂钻床主电路分析
Z3040型摇臂钻床控制电路分析
主轴电动机M1的控制
摇臂的升降控制
主轴箱和立柱的放松夹紧控制
保护环节、照明及冷却泵电动机的控制

生产机械种类繁多，其控制要求和电气控制电路各不相同。机床电气控制系统是机床的重要组成部分，主要完成对机床运动部件的运行、制动和调速等控制，保证各运动部件按照控制要求准确协调工作，以达到生产工艺的要求。

本项目通过分析 C650 型车床、X62W 型铣床、Z3040 型摇臂钻床的电气控制系统及其工作原理，使学生掌握电气控制电路的组成，了解各种基本电气控制电路在具体电气控制系统中的应用，掌握分析电气控制电路的方法和步骤，提高识读电气原理图的能力，为电气控制系统的使用、维护、安装、调试和设计奠定基础。

任务一　C650 型车床电气控制电路的装调与故障检修

任务描述

在金属切削机床中，车床所占的比例最大，而且应用也最广泛。普通车床可用来切削工件的外圆、内圆、端面和螺纹等，装上钻头或铰刀等刀具还可对工件进行钻孔或铰孔的加工。本任务通过学习 C650 型普通车床的基本结构与工作原理，使学生能够安装、调试 C650 型普通车床电气控制电路并进行故障检修，了解电气原理图的分析方法和步骤。

识读电气图

相关知识

一、电气原理图的分析方法与步骤

1. 查线读图法

查线读图法是分析继电器-接触器控制电路的最基本方法。继电器-接触器控制电路主要由信号元器件、控制元器件和执行元器件组成。

用查线读图法阅读电气原理图时，一般先分析执行元器件的电路（即主电路），查看主电路有哪些电器元件和控制元器件的触点等，大致判断被控制对象的性质和控制要求。然后根据主电路分析的结果所提供的线索及元器件触点的文字符号，在控制电路上查找有关的控制环节，结合电器元件列表和电器元件布置图进行读图。控制电路的读图通常由上而下或从左往右，读图时假想按下操作按钮，跟踪控制电路，观察有哪些电器元件受控动作。再查看这些被控制元器件的触点又怎样控制另外控制元器件或执行元器件动作。如果有自动循环控制，则要观察执行元器件带动机械运动将使哪些信号元器件状态发生变化，并且又引起哪些控制元器件状态发生变化。在读图过程中，特别要注意控制环节相互之间的联系和制约关系，直至将电路全部看懂为止。

查线读图法的优点是直观性强，容易掌握；缺点是分析复杂电路时容易出错。因此，在用查线读图法分析电路时，一定要认真细心。

2. 电气控制电路的分析步骤

分析电气控制电路时，将整个电气控制电路划分成若干部分逐一进行分析。例如，各电动机的启动、停止、变速、制动、保护、相互间的联锁等。在仔细阅读设备说明书、了解电气控制系统的总体结构、电动机的分布状况及控制要求等内容之后，便可以分析电气控制原理图了。

电气控制电路通常由主电路、控制电路、辅助电路、保护联锁环节以及特殊控制电路等部分组成。分析电气控制电路的最基本方法是查线读图法。

（1）分析主电路

从主电路入手，根据每台电动机和执行元器件的控制要求去分析各电动机和执行元器件的控制内容，包括电动机启动、转向控制、调速和制动等基本控制内容。

（2）分析控制电路

根据主电路各电动机和执行元器件的控制要求，逐一找出控制电路中的控制环节，将控制电路“化整为零”，按功能不同划分成若干个局部控制电路来进行分析。

（3）分析辅助电路

辅助电路包括执行元器件的工作状态显示、电源显示、参数测定、照明和故障报警等部分。辅助电路中很多部分是由控制电路中的元器件来控制的，所以分析辅助电路时还要回过头来对控制电路的这部分电路进行分析。

（4）分析联锁与保护环节

生产机械对安全性、可靠性有很高的要求。为实现这些要求，除了合理地选择拖动、控制方案之外，在电气控制电路中还设置了必要的电气联锁和一系列电气保护。必须对电气联锁与电气保护环节在电气控制电路中的作用进行分析。

（5）分析特殊控制环节

在某些电气控制电路中，还设置了一些与主电路、控制电路关系不密切且相对独立的特殊环节，如产品计数装置、自动检测系统、晶闸管触发电路和自动调温装置等。这些部分往往自成一个小系统，其读图分析的方法可参照上述分析过程，并灵活运用电子技术、变流技术、自控系统、检测与转换等知识进行逐一分析。

（6）总体检查

经过“化整为零”，逐步分析每一局部电路的工作原理以及各部分之间的控制关系后，还必须用“集零为整”的方法，全面检查整个控制电路是否有遗漏。特别要从整体角度进一步检查和理解各控制环节之间的联系，机、电、液的配合情况，了解电路图中每一个电器元件的作用，熟悉其工作过程并了解其主要参数，由此可以对整个电路有清晰的理解。

二、C650型车床的基本结构

C650型车床如图7-1所示，它由三台三相异步电动机拖动：主电动机M1、刀架快速移动电动机M2和冷却泵电动机M3。

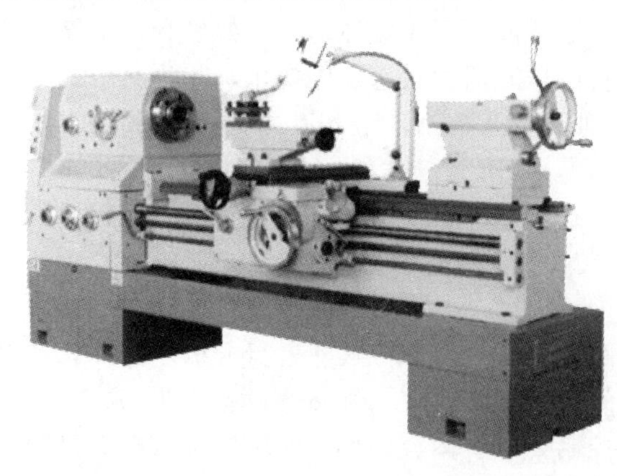

图7-1　C650型车床

C650型车床的结构示意图如图7-2所示，主要由床身、主轴箱、进给箱、溜板箱、刀架、丝杠、光杠、尾座等部分组成。

1. 主轴箱

主轴箱（又称床头箱）的主要任务是将主轴电动机的旋转运动经过一系列的变速机构使主轴得到所需要的正反两个方向的不同转速，同时主轴箱分出部分动力将运动传给进给箱。主轴箱中的关键部件是主轴，主轴在轴承上运转的平稳性直接影响工件的加工质量。一旦主轴的旋转精度降低，则机床的使用价值就会降低。主轴箱的主要机构和部件包括卸荷带轮、双向多片摩擦离合器及其操纵机构、主轴组件、变速操纵机构。

2. 进给箱

进给箱又称走刀箱。进给箱中装有进给运动的变速机构，调整变速机构，可得到所需的进给量或螺距，然后通过光杠或丝杠将运动传至刀架进行切削。

3. 丝杠

丝杠用来连接进给箱与溜板箱，并把进给箱的运动和动力传给溜板箱，使溜板箱获得纵向直线运动。丝杠是专门用来车削各种螺纹的。

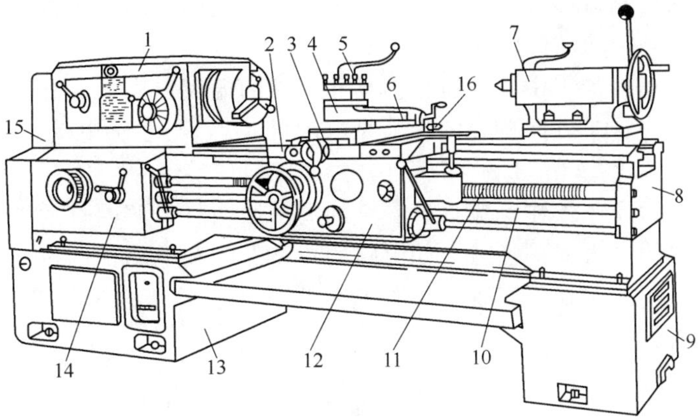

图 7-2　C650 型车床的结构示意图

1—主轴箱；2—纵溜板；3—横溜板；4—转盘；5—方刀架；6—小溜板；7—尾座；8—床身；9—右床座；10—光杠；11—丝杠；12—溜板箱；13—左床座；14—进给箱；15—挂轮架；16—操作手柄

4. 溜板箱

溜板箱是车床进给运动的操纵箱，内部装有将光杠和丝杠的旋转运动变成刀架直线运动的机构。通过光杠传动实现刀架的纵向进给运动、横向进给运动和快速移动，通过丝杠带动刀架做纵向直线运动，以便车削螺纹。溜板箱主要包括开合螺母机构、纵向/横向机动进给及快速移动的操纵机构、互锁机构、安全离合器等。

三、C650 型车床的运动形式

1. 主运动

车床的主运动是指工件旋转的运动。

2. 进给运动

车床的进给运动是指刀架带动刀具做直线运动。溜板箱把丝杠或光杠的转动传递给刀架部分，变换溜板箱外的手柄位置，经刀架部分使车刀做纵向或横向进给。

3. 辅助运动

车床的辅助运动为车床上除切削运动以外的其他一切必需的运动，如刀架的快速移动、工件的夹紧与放松等。

四、C650 型车床的控制要求

根据车削工艺要求，C650 型车床的电力拖动及其控制要求如下。

1. 主运动

由三相异步电动机 M1 完成主轴主运动的驱动。电动机采用直接启动的方式启动，可正反两个方向旋转，并可实现正反两个旋转方向的电气停车制动。为加工调整方便，还具有点动功能。此外，还要显示主轴电动机工作电流，以监视切削状况。

2. 进给运动

车削螺纹时，刀架移动与主轴旋转运动之间必须保持准确的比例关系。因此，车床主轴运动和进给运动只能由一台电动机拖动，刀架移动由主轴箱通过机械传动链来实现。

3. 辅助运动

为了提高生产效率，溜板箱的快速移动由电动机 M3 单独拖动。根据控制要求，可随时手动控制启停，采用单向点动控制。尾座的移动和工件的夹紧与放松为手动操作。

4. 冷却要求

车削加工中，为防止刀具和工件的温度过高、延长刀具使用寿命、提高加工质量，车床附有一台单方向旋转的冷却泵电动机 M2，与主轴电动机 M1 实现顺序启停，也可单独操作。

5. 要求有局部照明和必要的电气保护与联锁电路

为便于工作，应具有安全的局部照明灯，照明灯的电压为安全电压 36V。另外，应具有必要的电气保护环节，如电路的短路保护和电动机的过载保护。

车床控制电路分析

车床是如何实现上述控制要求的呢？接下来对 C650 型车床的电气控制电路进行详细分析。

五、C650 型车床电气控制电路分析

C650 型车床的电气原理图如图 7-3 所示。使用的电器元件名称与用途如表 7-1 所示。

表 7-1　C650 型车床电器元件名称与用途说明表

文字符号	电器元件名称与用途	文字符号	电器元件名称与用途
M1	主轴电动机	SB1	总停按钮
M2	冷却泵电动机	SB2	主轴电动机正向点动按钮
M3	快速移动电动机	SB3	主轴电动机正转按钮
KM1	主轴电动机正转接触器	SB4	主轴电动机反转按钮
KM2	主轴电动机反转接触器	SB5	冷却泵电动机停止按钮
KM3	短接限流电阻接触器	SB6	冷却泵电动机启动按钮
KM4	冷却泵电动机启动接触器	TC	控制变压器
KM5	快速移动电动机启动接触器	FU1～FU5	熔断器
KA	中间继电器	FR1	主轴电动机保护热继电器
KT	通电延时时间继电器	FR2	冷却泵电动机保护热继电器
SQ	快速移动电动机限位开关	R	限流电阻
KS	速度继电器	HL	照明灯
A	电流表	TA	电流互感器
QS	电源开关		

1. C650 型车床主电路分析

① 主电路有三台电动机 M1～M3。M1 是主轴电动机，通过它带动主轴旋转并通过光杠和丝杠带动刀架做直线进给。M2 是冷却泵电动机，M3 是（刀架）快速移动电动机，三台电动机的接线方式均为星形。

② 三台电动机都用接触器控制。主轴电动机 M1 由接触器 KM1、KM2 实现正反转控制，KM3 用于短接电阻 R。R 为限流电阻，在主轴点动时限制启动电流，在反接制动时限制过大的反向制动电流。电流表 A 用来监视主轴电动机的绕组电流，由于主轴电动机功率很大，故电流表 A 接入电流互感器 TA 回路。当主轴电动机启动时，电流表 A 被短接，只有正常工作时，电流表 A 才指示绕组电流。车床工作时，可调整切削用量，使电流表的电流接近主轴电动机额定电流的对应值（经 TA 后减小了的电流值），以便提高工作效率和充分利用电动机的潜力。KM4 为控制冷却泵电动机 M2 的接触器，KM5 为控制刀架快速移动电动机 M3 的接触器。由于 M3 点动短时运转，故不设置热继电器。

③ 组合开关 QS 为电源开关，FU1 熔断器作为 M1 的短路保护，FR1 为 M1 过载保护用热继电器，R 为限流电阻，FR2 为 M2 的过载保护用热继电器。

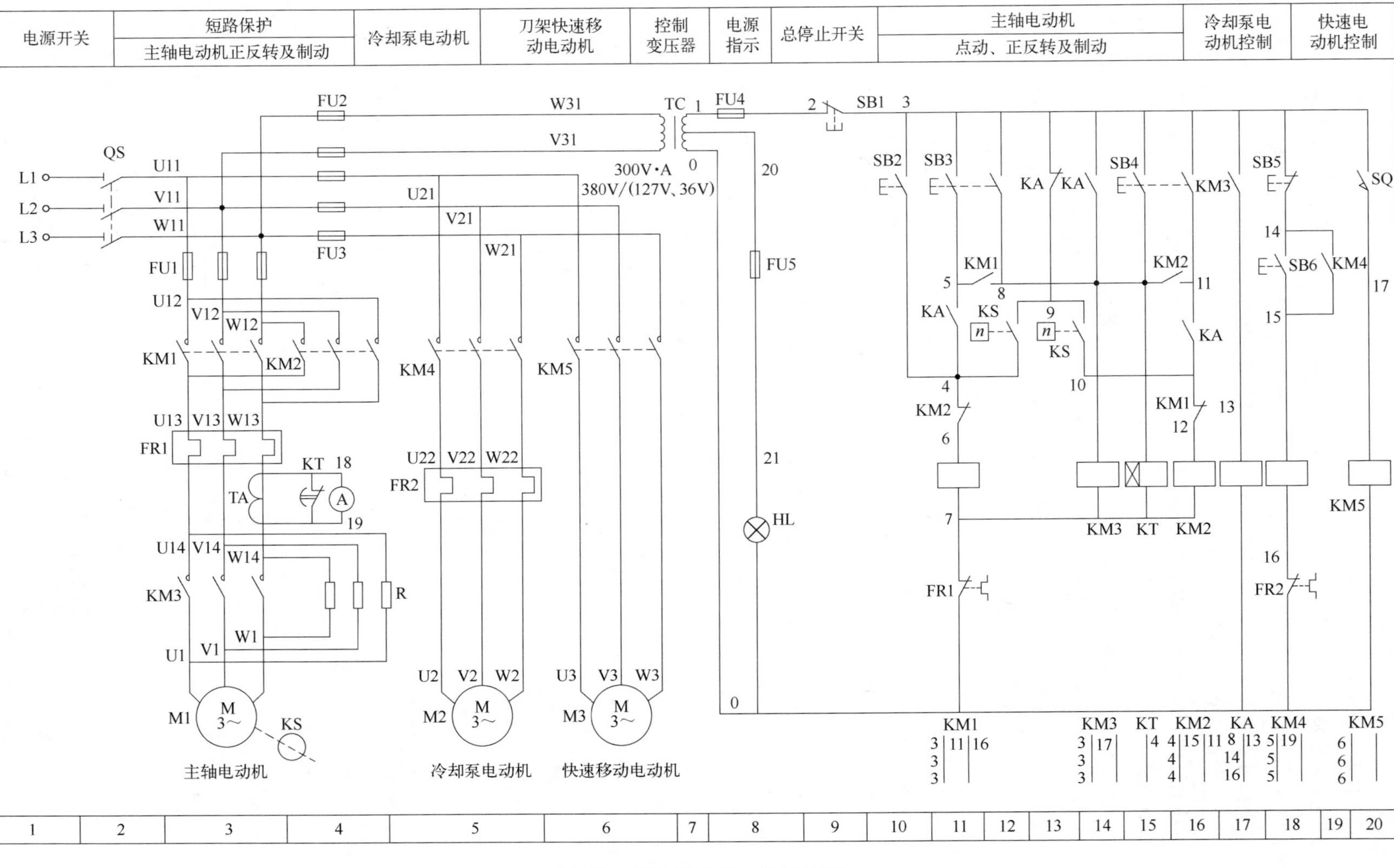

图 7-3 C650 型车床电气原理图

2. C650型车床控制电路分析

(1) 主轴电动机 M1 的点动控制

如图 7-4 所示，按下点动按钮 SB2 不松手→接触器 KM1 线圈得电→接触器 KM1 主触点闭合→主轴电动机 M1 把限流电阻 R 串入电路中进行降压启动和低速运转。松开点动按钮 SB2→接触器 KM1 线圈随即失电→主轴电动机 M1 停转。

(2) 主轴电动机 M1 的正反转控制

主轴电动机 M1 的正反转控制电路 7-5 所示，SB3 为正向启动按钮，SB4 为反向启动按钮。

正向启动过程：按下正向启动按钮 SB3→KM3 线圈得电→KM3 主触点闭合→短接限流电阻 R，同时辅助常开触点 KM3（3-13）闭合→KA 线圈得电→KA 常开触点（3-8）闭合→KM3 线圈自锁保持得电→把电阻 R 切除，同时 KA 线圈也保持得电。

当按钮 SB3 尚未松开时，由于 KA 的另一常开触点（5-4）已闭合→KM1 线圈得电→KM1 主触点闭合→KM1 辅助常开触点（5-8）也闭合（自锁）→主轴电动机 M1 全压正向启动运行。

松开按钮 SB3 后，由于 KA 的两个常开触点闭合，其中 KA 常开触点（3-8）闭合使 KM3 线圈继续通电，KA 常开触点（5-4）闭合使 KM1 线圈继续得电，故可形成自锁通路。在 KM3 线圈得电的同时，通电延时时间继电器 KT 通电，其作用是避免电流表受到启动电流的冲击。

按下反向启动按钮 SB4，反向启动过程与正向启动过程类似。

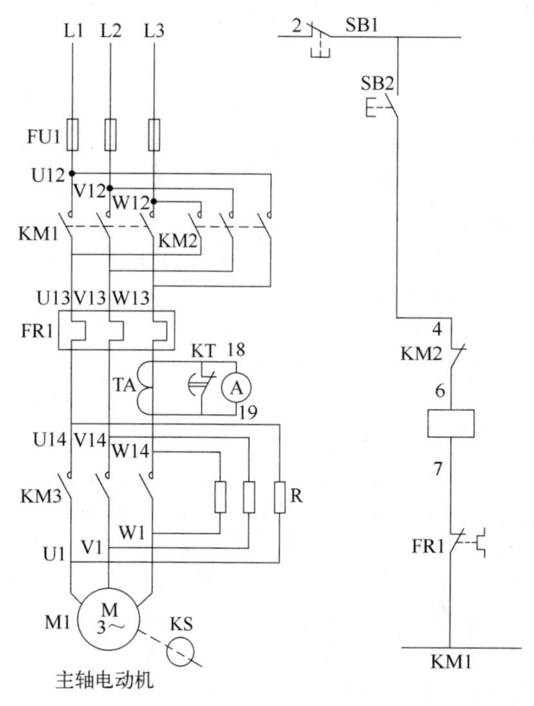

图 7-4　C650 型车床主轴电动机 M1 点动控制电路

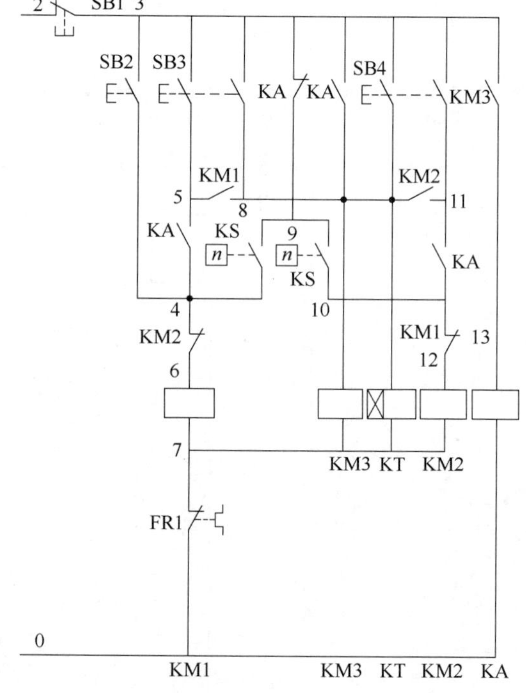

图 7-5　C650 型车床主轴电动机 M1 的正反转与反接制动控制电路

(3) 主轴电动机 M1 的反接制动控制

C650 型车床采用反接制动方式，用速度继电器 KS 进行检测和控制。

如图 7-5 所示，KS（9-10）为正向常开触点，KS（9-4）为反向常开触点。假设原来主轴电动机 M1 正转运行，则 KS 正向常开触点（9-10）闭合，而 KS 反向常开触点（9-4）依然断开。当按下总停按钮 SB1（2-3）后，原来得电的 KM1、KM3、KT 和 KA 就随即失电，它们的所有触点均被释放而复位。然而，当总停按钮 SB1 松开后，反转接触器 KM2 立即得电，电流通路：2（线号）→SB1 常闭触点（2-3）→KA 常闭触点（3-9）→KS 的正向常开触点（9-10）→KM1 常闭触点（10-12）→KM2 线圈（12-7）→FR1 常闭触点（7-0）→0（线号）。这样，主轴电动机 M1 就串接电阻 R 进行反接制动，正向速度很快降下来。当速度降到很低时（$n \leqslant 100 r/min$），KS 的正向常开触点 KS（9-10）断开复位，从而切断了上述电流通路。至此，主轴电动机正向反接制动就结束了。

（4）主轴电动机负载检测与保护环节

C650 型车床采用电流表检测主轴电动机定子电流。为防止启动电流的冲击，采用时间继电器 KT 的延时断开的常闭触点连接在电流表的两端，为此，KT 延时时间应稍长于启动时间。而当制动停车时，当按下停止按钮 SB1 时，KM3、KA、KT 线圈相继失电释放，KT 触点瞬时闭合，将电流表短接，不会受到反接制动电流的冲击。

（5）刀架快速移动控制

转动刀架手柄，限位开关 SQ（3-17）被压动而闭合，使得快速移动电动机启动接触器 KM5 线圈得电，刀架快速移动电动机 M3 启动运转；而当刀架手柄复位时，刀架快速移动电动机 M3 随即停转。

（6）冷却泵控制

按下按钮 SB6（14-15）→接触器 KM4 线圈得电并自锁→KM4 主触点闭合→冷却泵电动机 M2 启动运转；按下按钮 SB5（3-14）→接触器 KM4 线圈失电→冷却泵电动机 M2 停转。

3. C650 型车床辅助电路分析

辅助电路包括照明电路和控制电源。图 7-3 中 TC 为控制变压器，二次侧有两个通路，一路为 127V，提供给控制电路，另一路为 36V（安全电压），提供给照明电路。

六、电气控制电路故障分析方法

1. 电气控制电路故障的诊断步骤

（1）故障调查

问：询问机床操作人员故障发生前后的情况，有利于根据电气设备的工作原理来判断发生故障的部位，分析出故障的原因。

看：观察熔断器内的熔体是否熔断，其他电器元件是否有烧毁、发热、断线，导线连接螺钉是否松动，触点是否氧化、积尘等。要特别注意高电压大电流的地方、活动机会多的部位、容易受潮的接插件等。

听：电动机、变压器、接触器等正常运行的声音和发生故障的声音是否有区别。听声音是否正常，可以帮助寻找故障的范围、部位。

摸：电动机、电磁线圈、变压器等发生故障时，温度会显著上升。可切断电源后用手触摸判断电器元件是否正常。

注意：不论电路通电或断电，不能用手直接触摸金属触点，必须借助仪表来测量。

（2）电路分析

根据调查结果，参考该电气设备的电气原理图进行分析，初步判断出故障产生的部位，然后逐步缩小故障范围，直至找到故障点并加以消除。

分析故障时应有针对性，如接地故障一般先考虑电气柜外的电气装置，后考虑电气柜内的电器元件。发生断路和短路故障，应先考虑动作频繁的电器元件，后考虑其余电器元件。

（3）断电检查

检查前先断开机床总电源，然后根据故障可能产生的部位，逐步找出故障点。检查时应先检查电源线进线处有无因碰伤而引起的电源接地、短路等现象，螺旋式熔断器的熔断指示器是否跳出，热继电器是否动作。然后检查电器外部有无损坏，连接导线有无断路、松动，绝缘有否过热或烧焦。

（4）通电检查

断电检查仍未找到故障时，可对电气设备进行通电检查。

在通电检查时要尽量使电动机和其所传动的机械部分脱开，将控制器和转换开关置于零位，行程开关还原到正常位置。然后用万用表检查电源电压是否正常，有否缺相或严重不平衡。再进行通电检查，检查的顺序：先检查控制电路，后检查主电路；先检查辅助系统，后检查主传动系统；先检查交流系统，后检查直流系统；合上开关，观察各电器元件是否按要求动作，是否有冒火、冒烟、熔断器熔断的现象，直至查到发生故障的部位为止。

2. 电气控制电路故障诊断方法

电气故障的诊断方法较多，常用的有电压测量法和电阻测量法等。

（1）电压测量法

电压测量法是指利用万用表测量机床电气控制电路上某两点间的电压值来判断故障点的范围或故障元件的方法。

① 电压分阶测量法　电压分阶测量法如图 7-6 所示，检查时，首先用万用表测量 1、7 两点间的电压，若电路正常，应为 380V 或 220V。然后按住启动按钮 SB2 不放，同时将黑色表笔接到点 7 上，红色表笔按 6、5、4、3、2 标号依次向前移动，分别测量 7-6、7-5、7-4、7-3、7-2 各阶之间的电压，电路正常情况下各阶的电压值均为 380V 或 220V。如测到 7-6 之间无电压，说明是断路故障，此时可将红色表笔向前移，当移至某点（如点 2）时电压正常，说明点 2 后的触点或接线有断路故障，一般是点 2 后第一个触点（即刚跨过停止按钮 SB1 的触点）或连接线断路。

② 电压分段测量法　电压分段测量法如图 7-7 所示，检查时，首先用万用表测试 1、7 两点，电压值为 380V 或 220V，说明电源电压正常。电压分段测试法是将红、黑表笔逐段测量相邻两标号点 1-2、2-3、3-4、4-5、5-6、6-7 间的电压。如电路正常，按下启动按钮 SB2 后，除 6-7 两点间的电压等于 380V 或 220V 之外，其他任何相邻两点间的电压值均为零。如按下启动按钮 SB2，接触器 KM1 不吸合，说明发生断路故障，此时可用电压表逐段测试各相邻两点间的电压。如测量到某相邻两点间的电压为 380V 或 220V，说明这两点间所包含的触点、连接导线接触不良或有断路故障。例如标号 4-5 两点间的电压为 380V 或 220V，说明接触器 KM2 的常闭触点接触不良。

（2）电阻测量法

电阻测量法是指利用万用表测量机床电气控制电路上某两点间的电阻值来判断故障点的范围或故障元件的方法。

电阻分阶测量法如图 7-8 所示，按下启动按钮 SB2，接触器 KM1 不吸合，说明该电气回路有断路故障。用万用表的电阻挡检测前应先断开电源，然后按下 SB2 不放松，先测量 1-7 两点间的电阻，如电阻值为无穷大，说明 1-7 之间的电路断路。然后分阶测量 1-2、1-3、1-4、1-5、1-6 各点间电阻值。若电路正常，则两点间的电阻值为 0；当测量到某标号间的电阻值为无穷大，则说明表笔刚跨过的触点或连接导线断路。

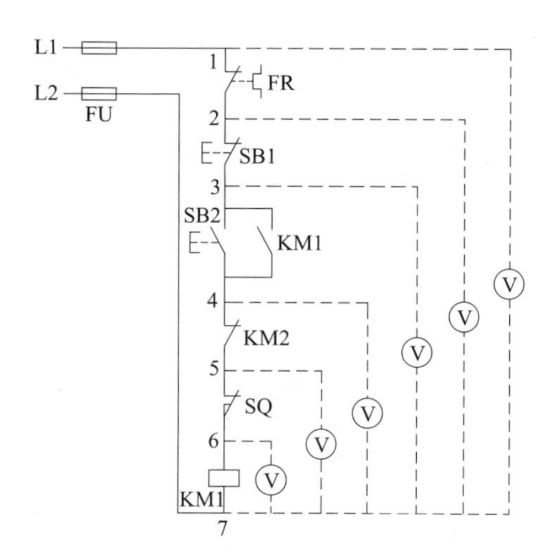

图 7-6　电压分阶测量法

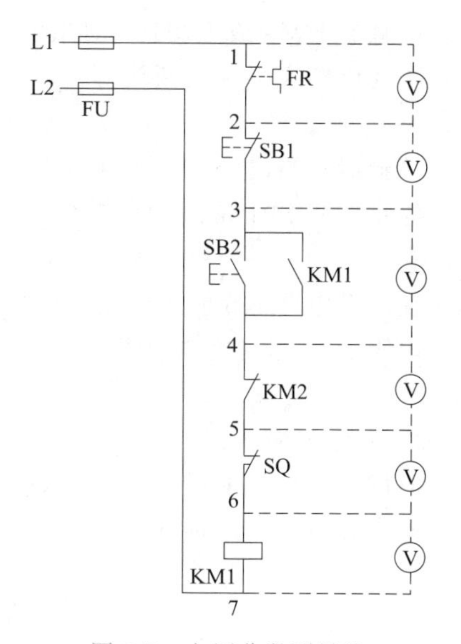

图 7-7　电压分段测量法

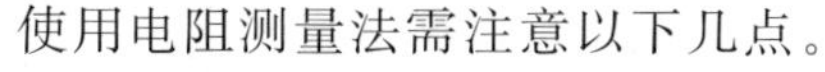
使用电阻测量法需注意以下几点。

① 用电阻测量法检查故障时一定要断开电源。

② 如被测电路与其他电路并联，必须将该电路与其他电路断开，否则所测得的电阻值是不准确的。

③ 测量高电阻值的电器元件时，把万用表的选择开关旋转至合适的电阻挡。

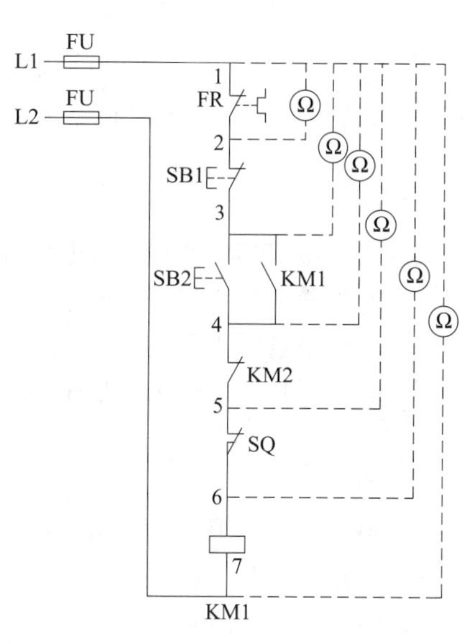

图 7-8　电阻分阶测量法

七、C650 型车床常见故障分析

1. 操作时无反应

① 无电源。

② QS 接触不良或内部熔丝断开。

③ FU2 或 FU4 中有一个熔断或接触不良。

④ 变压器绕组有开路。

⑤ SB1 接触不良。

⑥ V11、W11、W31、V31，0、1、2、3 号线中有脱落或断路。

2. 主轴电动机不能点动，其余动作正常

① 点动按钮 SB2 常开触点损坏或接触不良。

② 3、4 号线中有脱落或断路。

3. 主轴电动机不能正向启动

① FU1 的熔丝熔断，应更换新的熔丝。

② 热继电器 FR1 已动作，其常闭触点未复位。

③ 启动按钮 SB3 或停止按钮 SB1 内的触点接触不良。

④ 交流接触器 KM1、KM3 的线圈烧毁或接线脱落。

4. 按下启动按钮后，电动机发出嗡嗡声，不能启动

① 这是电动机的三相电源缺相造成的，熔断器 FU1 某一相熔丝烧断。

② 接触器 KM3 或 KM1 一对主触点未接触好。

③ 电动机接线某一处断线等。

5. 按下停止按钮，主轴电动机不能停止

① 接触器 KM1、KM3 触点熔焊、主触点被杂物阻卡。

② 停止按钮 SB1 常闭触点被阻卡。

6. 主轴电动机不能进行反接制动

① 速度继电器 KS 损坏或接线脱落。

② 电阻 R 损坏或接线脱落。

7. 不能检测主轴电动机负载

① 电流表 A 损坏。

② 时间继电器 KT 设定时间太短或损坏。

③ 电流互感器 TA 损坏。

任务实施

一、任务实施内容

① C650 型车床电气控制电路的安装与调试。

② C650 型车床电气控制电路的故障检测与维修。

二、任务实施要求

① 能读懂 C650 型车床的电气原理图。

② 能正确分析 C650 型车床电气控制电路。

③ 能正确选择电器元件，进行 C650 型车床电气控制电路的安装与调试。

④ 能分析排除 C650 型车床电气控制电路的故障。

三、任务所需设备

① 电工常用工具一套，电器元件若干。

② 万用表一块。

③ C650 型车床电气控制盘。

四、任务实施步骤

1. C650 型车床电气控制电路的安装与调试

① 根据如表 7-2 所示的电器元件明细表配齐电器元件，逐个检验型号、规格及质量是否合格。

表 7-2　C650 型车床电气元器件明细表

代号	名称	型号及规格	数量
M1～M3	电动机	Y 系列	3
QS	隔离开关	DZ47,20A,3P	1
FU1～FU5	熔断器	RT14-20,2A	10
KM1～KM5	交流接触器	CJX2-0910,线圈电压 220V(含辅助触点两开两闭)	5
TC	控制变压器	BK-150V·A,可变 220V,36V	1
KT	时间继电器	ST3P,220V	1

续表

代号	名称	型号及规格	数量
FR1、FR2	热继电器	JR36-6.8-11A	2
SB1～SB6	组合按钮	LA4-3H	6
KS	速度继电器	JY-1 型	1
XT	端子排	12 节	1
SA	开关(控制刀架快移电动机)	钮子开关(ON-OFF)	1
R	电阻	R×20Ω	3
HL	照明灯	JC4	1
SQ	位置开关	JK×K1	1
	导线	BLV2.5mm^2 红、黄、蓝	若干
	记号管	m	1
	线槽	根	2

② 按照如图 7-9 所示的电器元件平面布置图在控制板上安装所有电器元件，并给每个电器元件标注醒目的文字符号。

③ 按照电气原理图进行接线，先完成主电路接线，然后是控制电路。主电路用红色线，控制电路用蓝色线。

④ 主电路接线检查。按电路原理图或电气安装接线图从电源端开始，逐段核对接线有无漏接、错接之处，检查导线接点是否符合要求，压接是否牢固，以免带负载运行时产生闪弧现象。

⑤ 控制电路接线检查。用万用表电阻挡检查控制电路接线情况。

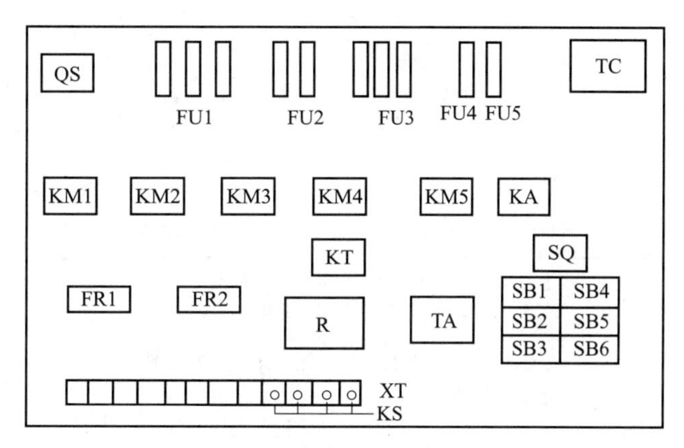

图 7-9　C650 型车床电器元件平面布置图

⑥ 合上开关，按照操作步骤进行操作，看是否满足控制要求。若有异常，按照诊断步骤与检修方法进行检修，检修后再次通电试车，直至成功。试运行步骤如下。

a. 合上 QS，电源指示灯亮。

b. 按下 SQ，刀架快速移动电动机 M3 工作。

c. 按下 SB6，冷却泵电动机 M2 工作；按下 SB5，M2 停止工作。

d. 按下 SB2，主轴电动机 M1 点动工作（注意：该按钮不应长时间反复操作，以免制动电阻 R 与 M1 过热）。

e. 按下 SB3，主轴电动机 M1 正转，KM1、KM3、KT、KA 均应吸合。按下 SB1，M1 实现反接制动，迅速停转（按下 SB1 后，KM2 先吸合，然后释放）。

f. 按下 SB4，主轴电动机 M1 反转，KM2、KM3、KT、KA 均应吸合。按下 SB1，M1 实现反接制动，迅速停转（按下 SB1 后，KM1 先吸合，然后释放）。

⑦ 通电试车完毕，车床停转，切断电源。

2. C650 型车床电气控制电路的故障检测与维修

① 完成 C650 型车床电气控制电路故障检测与维修任务实施工单（表 7-3）。

② C650 型车床电气控制电路故障检测与维修任务实施考核评价参照表 7-4，包括技能考核、综合素质考核及安全文明操作等方面。

表 7-3　C650 型车床电气控制电路故障检测与维修任务实施工单

检修前准备		
序号	准备内容	准备情况自查
1	知识准备	C650 型车床主要构成电器元件是否熟悉　是□　否□ 主电路、控制电路工作原理是否了解　是□　否□ 是否可以熟练利用万用表进行测量　是□　否□
2	材料准备	万用表是否完好　是□　否□ 工具是否齐全　是□　否□ C650 型车床电气控制盘是否能正常工作　是□　否□

检修过程记录		
步骤	实施内容	数据记录
1	对 C650 型车床进行操作，熟悉 C650 型车床的主要结构和运动形式，了解 C650 型车床的各种工作状态和操作方法	
2	参照图 7-3 所示 C650 型车床电气原理图，熟悉 C650 型车床电器元件的实际位置和走线情况，并通过测量等方法找出实际走线路径	
3	在 C650 型车床电气控制盘上人为设置自然故障点，由教师示范检修，边分析边检查，直至故障排除。 讲解以下注意事项。 (1)通电试验，引导学生观察故障现象。 (2)根据故障现象，依据电路图用逻辑分析法初步确定故障范围，并在电路图中标出最小故障范围。 (3)采取适当的诊断方法查出故障点，并正确地排除故障。 (4)检修完毕进行通电试车，并做好维修记录	
4	由教师设置让学生知道的故障点，指导学生如何从故障现象着手进行分析，逐步引导学生采用正确的诊断步骤和检修方法进行检修	
5	教师在线路中设置两处人为的自然故障点，由学生按照诊断步骤和检修方法进行检修	

验收及收尾工作		
任务实施开始时间：	任务实施结束时间：	实际用时：
C650 型车床电气控制盘复位□	仪表挡位回位、工具归位□	台面与垃圾清理干净□
成绩：		
教师签字：	日期：	

表 7-4　C650 型车床电气控制电路故障检测与维修任务实施考核评价

序号	内容	配分/分	评分标准	得分/分
1	故障分析	30 分	(1)故障分析、排除故障思路不正确　扣 5～10 分 (2)不能标出最小故障范围或标错的　每处扣 15 分	
2	故障排除	55 分	(1)工具与仪表使用不当　每次扣 5 分 (2)检查故障的方法不正确　扣 20 分 (3)排除故障的方法不正确　扣 20 分 (4)不能排除故障点　每个扣 30 分 (5)扩大故障范围或产生新的故障点　每个扣 35 分 (6)损坏电器元件　每个扣 10 分	
3	综合素质	15	从课堂纪律、学习能力、团结协作意识、沟通交流、语言表达、6S 管理、安全文明生产等几个方面综合评价	
4	安全文明操作		不遵守安全操作规范　扣 5～40 分	
5	定额时间 2h		每超时 5min，扣 5 分	
			合计	
备注：各分项最高扣分不超过配分数				

知识拓展——认识 CA6140 型车床

一、CA6140 型车床的基本结构

CA6140 型车床是一种应用极为广泛的金属切削通用机床，能够车削内外圆端面、螺纹、螺杆，切断、割槽以及车削定型表面等，并可以装上钻头或铰刀进行钻孔和铰孔等加工。

图 7-10 所示为 CA6140 型车床的结构示意图。它主要由床身、主轴箱、进给箱、溜板箱、刀架、卡盘、尾架、丝杠和光杠等部分组成。

二、CA6140 型车床的主要运动形式与控制要求

车床的运动形式有切削运动、辅助运动。切削运动包括卡盘带动工件旋转的主运动和刀具的直线进给运动。进给运动是刀架带动刀具直线运动。辅助运动有尾座的纵向移动、工件的夹紧与放松等。

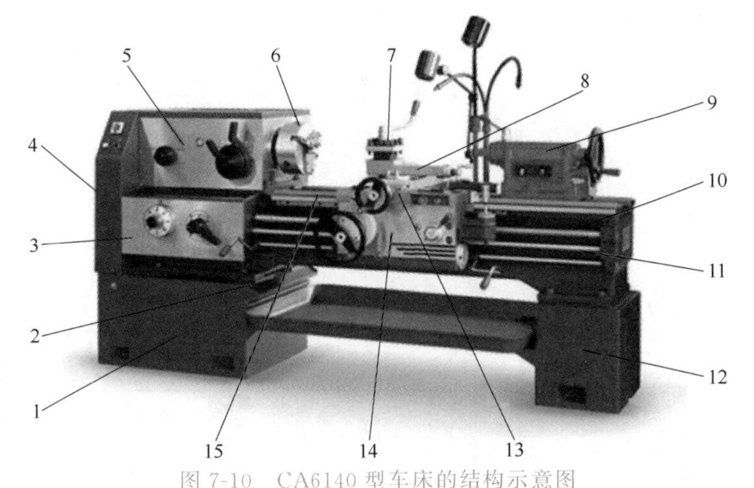

图 7-10 CA6140 型车床的结构示意图

1—右床座；2—床身；3—进给箱；4—挂轮架；5—主轴箱；6—卡盘；7—方刀架；8—小溜板；9—尾座；10—丝杠；11—光杠；12—左床座；13—横溜板；14—溜板箱；15—纵溜板

1. 主运动

主运动是指主轴通过卡盘或顶尖带动工件的旋转运动。对主运动有以下控制要求。

① 主轴选用三相笼型异步电动机拖动，不进行调速。主轴采用齿轮箱进行机械有级调速。

② 车削螺纹时要求主轴有正反转，由机械方法实现。主轴电动机只做单向旋转。

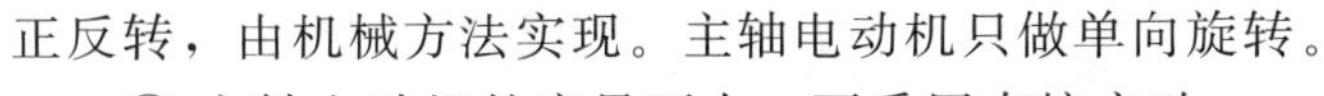

③ 主轴电动机的容量不大，可采用直接启动。

2. 进给运动

进给运动是指刀架带动刀具做直线运动，由主轴电动机的动力通过挂轮架传动带传递给进给箱来实现刀具的纵向和横向进给。加工螺纹时，要求刀具的移动和主轴转动有固定的比例关系。

3. 辅助运动

① 刀架的快速移动。刀架快速移动由刀架快速移动电动机拖动，该电动机采用点动控制，不需要正反转和调速。

② 尾座的纵向移动由手动操作控制。

③ 工件的夹紧与放松，由手动操作控制。

④ 加工过程的冷却。

冷却泵电动机和主轴电动机要实现顺序控制，冷却泵电动机也不需要正反转和调速。

三、 CA6140 型车床的电路工作原理

CA6140 型车床电气原理图如图 7-11 所示。

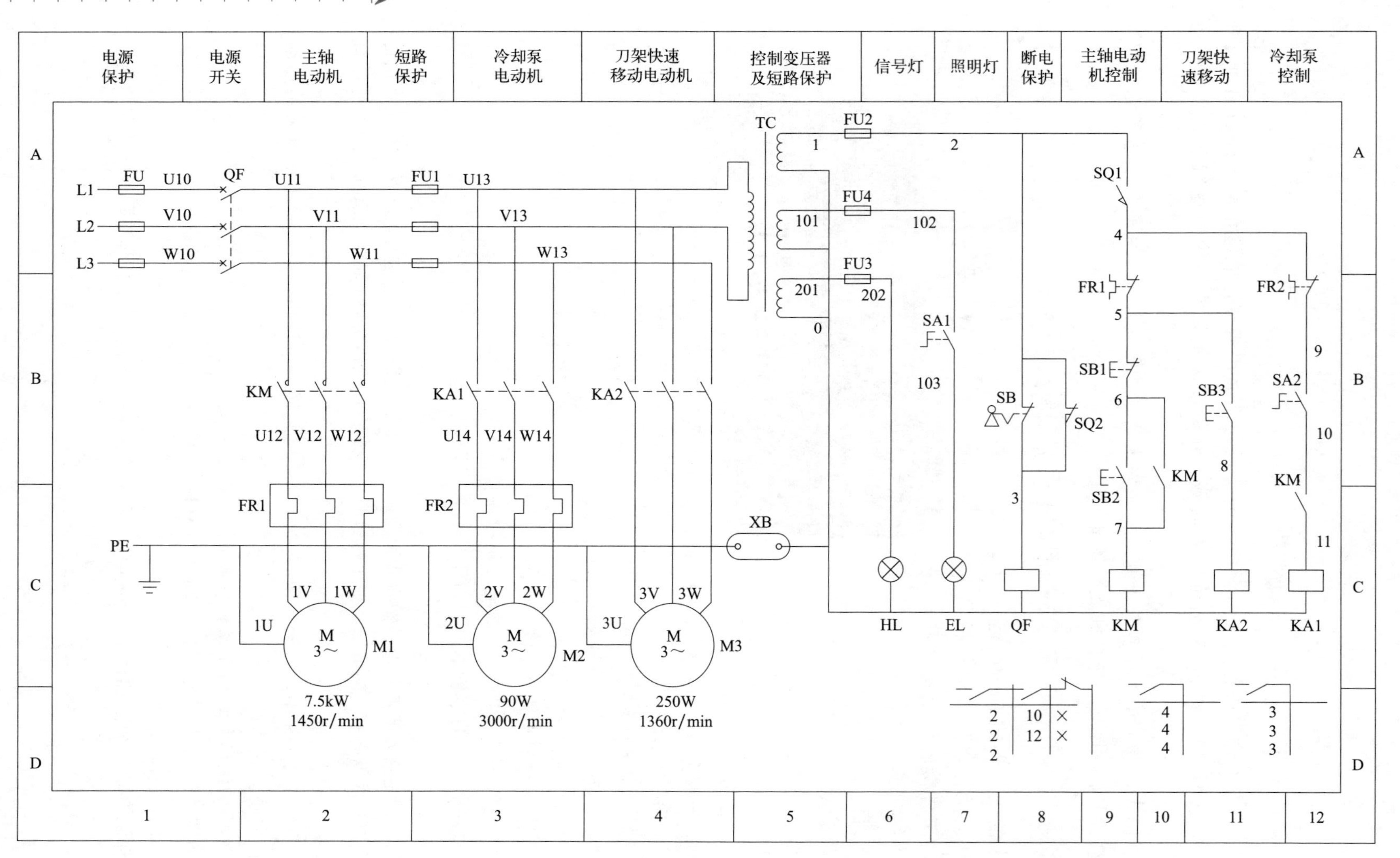

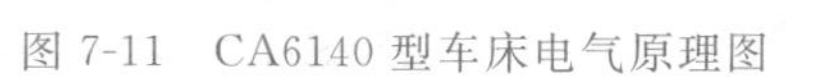
图 7-11 CA6140 型车床电气原理图

1. 主电路

主电路有三台电动机，均为正转控制。主轴电动机 M1 由交流接触器 KM 控制，带动主轴旋转和工件做进给运动；冷却泵电动机 M2 由中间继电器 KA1 控制，输送切削冷却液。

刀架快速移动电动机 M3 由中间继电器 KA2 控制，在机械手柄的控制下带动刀架快速做横向或纵向进给运动。主轴的旋转方向、主轴的变速和刀架的移动方向均由机械控制实现。

主轴电动机 M1 和冷却泵电动机 M2 设过载保护，FU 作为主电路的短路保护，FU1 作为冷却泵电动机 M2、刀架快速移动电动机 M3、控制变压器 TC 一次绕组的短路保护。

2. 控制电路

控制电路的供电电压是 220V，通过控制变压器 TC 将 380V 的电压降为 220V 得到。控制变压器的一次侧由 FU1 做短路保护。

(1) 电源开关的控制

电源开关是低压断路器 QF。当要合上电源开关时，首先扳动低压断路器 QF 将其合上。QF 断开，切除机床电源，保障人身安全。

(2) 主轴电动机 M1 的控制

SB1 是停止按钮，SB2 是启动按钮。FR1 作为主轴电动机的过载保护装置。

按下启动按钮 SB2，KM 线圈得电吸合并自锁，KM 主触点闭合，主轴电动机 M1 启动运行。按下停止按钮 SB1，接触器 KM 线圈失电释放，KM 主触点及自锁触点断开，电动机 M1 停止运行。

(3) 刀架快速移动电动机 M3 的控制

刀架快速移动电动机 M3 的启动，由安装在刀架快速进给操作手柄顶端按钮 SB3 点动控制，它与中间继电器 KA2 组成点动控制环节。将操作手柄扳到所需移动的方向，按下 SB3，KA2 线圈得电吸合，刀架快速移动电动机 M3 启动运转，刀架沿指定的方向快速移动。刀架快速移动电动机 M3 是短时间工作，故未设过载保护。

(4) 冷却泵电动机 M2 的控制

冷却泵电动机 M2 与主轴电动机 M1 采用顺序控制。只有接触器 KM 线圈得电，主轴电动机 M1 启动后，转动旋钮开关 SA2，中间继电器 KA1 线圈得电，冷却泵电动机 M2 才能启动。接触器 KM 失电，主轴电动机 M1 停转，冷却泵电动机 M2 自动停止运行。FR2 为冷却泵电动机提供过载保护。

巩固提升

1. C650 型车床的运动形式有____________、____________和________。

2. C650 型车床能够车削________、________、________、__________等。

3. 电气故障的检修方法常用的有____________和__________。

4. 下面（　　）是 C650 型车床的主要组成部分。(多选)

A. 主轴　　B. 进给箱　　C. 悬架　　D. 丝杠　　E. 升降台　　F. 溜板箱

5. C650 型车床辅助电路主要包括照明电路和控制电源，照明电路的电压为（　　）。

A. 127V　　B. 220V　　C. 36V　　D. 380V

6. 下面（　　）两个接触器是控制主轴电动机正反转的。(多选)

A. KM1　　B. KM3　　C. KM2　　D. KM4

7. 判断下面说法是否正确。

(1) C650 型车床进给运动是由刀架带动刀具的直线运动。溜板箱把丝杠或光杠的转动传递给刀架部分，变换溜板箱外的手柄位置，经刀架部分使车刀做纵向或横向进给。(　　)

(2) C650 型车床主轴电动机 M1 的制动采用的是机械制动。(　　)

8. 简述电气原理图分析的一般步骤。

9. 简述 C650 型车床主轴电动机 M1 的点动控制工作原理。

10. 简述 C650 型车床按下正向启动按钮 SB3 后的工作过程。

知识闯关（请扫码答题）

项目七任务一　C650 型车床电气控制电路的装调与故障检修

任务二　X62W 型铣床电气控制电路的装调与故障检修

任务描述

在金属切削机床中，铣床在数量上占第二位，是主要用于加工零件的平面、斜面、沟槽等型面的机床。另外，装上分度头后，铣床可以加工齿轮或螺旋面；装上回转形工作台则可以加工凸轮和弧形槽。本任务通过学习 X62W 型万能铣床的基本结构与工作原理，使学生能够安装、调试 X62W 型万能铣床电气控制电路并进行故障检修。

相关知识

一、X62W 型铣床的主要结构

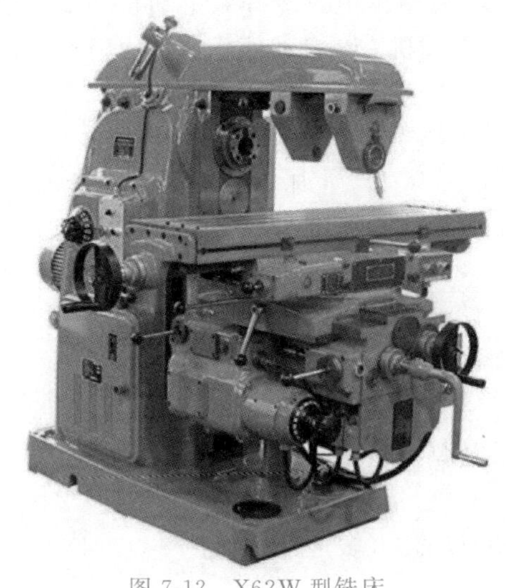

图 7-12　X62W 型铣床

X62W 型铣床如图 7-12 所示。

X62W 型铣床的结构示意图如图 7-13 所示。铣床由床身、主轴、刀杆、横梁、工作台、回转盘、横溜板和升降台等几部分组成。箱形的床身固定在底座上，床身内装有主轴传动机构与主轴变速操纵机构。床身的顶部有水平导轨，其上装有带着一个或两个刀杆支架的横梁。刀杆支架用来支撑安装铣刀心轴的一端，而心轴的另一端则固定在主轴上。床身的前方有垂直导轨，一端悬持的升降台可沿之做上下移动；在升降台上面的水平导轨上，装有可在平行于主轴轴线方向移动（横向移动）的溜板，溜板上部有可转动的回转盘，工作台装于回转盘的导轨上，做垂直于主轴轴线方向的移动（纵向移动）。此外，转动部分对溜板可绕垂直轴线转动一个角度（通常为±45°）。这样，工作台于水平面上除能平行或垂直于主轴轴线方向进给外，还能在倾斜方向进给，即安装在工作台上的工件可以在三个方向调整位置或完成进给运动。

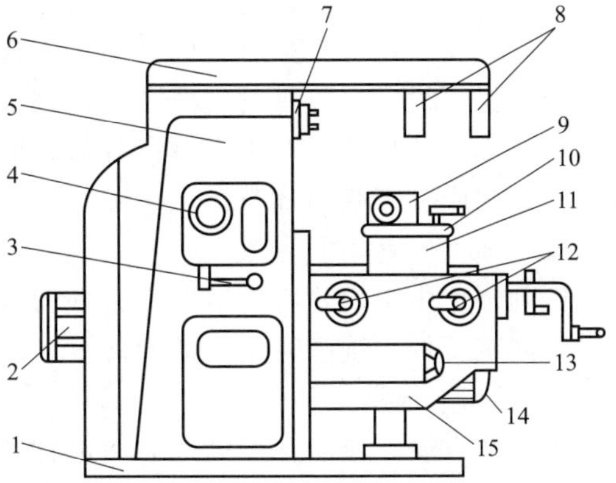

图 7-13　X62W 型铣床的结构示意图

1—底座；2—主轴电动机；3—主轴变速手柄；4—主轴变速盘；5—床身；6—横梁；7—主轴；8—刀杆支架；9—工作台；10—回转盘；11—横溜板；12—十字手柄；13—进给变速手柄及变速盘；14—进给电动机；15—升降台

二、X62W 型铣床的运动形式

1. 主运动

主运动是指主轴带动铣刀的旋转运动。

2. 进给运动

进给运动是指在进给电动机的拖动下，工作台带动工件做纵向、横行和垂直三种运动形式、六个方向的直线运动。若安装上回转圆形工作台也可完成旋转进给运动。

3. 辅助运动

辅助运动是指工作台带动工件在纵向、横向和垂直六个方向上的快速移动。

三、X62W 型铣床的控制要求

从铣削工艺要求出发，对 X62W 型铣床的电力拖动及其控制有以下要求。

1. 主运动

铣刀的旋转运动为铣床的主运动，由一台笼型异步电动机 M1 拖动。为适应顺铣和逆铣的需要，要求主轴电动机能进行正反转。为实现快速停车，主轴电动机常采用反接制动停车方式。为使主轴变速时变速器内齿轮易于啮合，减小齿轮端面的冲击，要求主轴电动机在变速时具有变速冲动。

2. 进给运动

工作台纵向、横向和垂直三种运动形式、六个方向的直线运动为进给运动。由于铣床的主运动和进给运动之间没有速度比例协调的要求，故进给运动由一台进给电动机 M2 拖动，要求进给电动机能正反转。

3. 辅助运动

为了缩短调整运动的时间，提高铣床的工作效率，工作台在上下、左右、前后三个方向上必须能进行快速移动控制，另外圆形工作台要能快速回转，这些都称为铣床的辅助运动。X62W 型铣床采用快速电磁铁 YA 吸合来改变传动链的传动比，从而实现快速移动。

4. 变速冲动

为适应加工的需要，主轴转速与进给速度应有较宽的调节范围。为了使主轴变速、进给变速时变速器内的齿轮能顺利地啮合，主轴变速时主轴电动机应能转动一下，进给变速时进给电动机也应能转动一下。这种变速时电动机稍微转动一下，称为变速冲动。X62W 型铣床采用机械变速的方法来改变变速器的传动比。

5. 联锁要求

（1）主轴电动机和进给电动机的联锁

在铣削加工中，为了不使工件和铣刀碰撞发生事故，要求进给拖动一定要在铣刀旋转时才能进行，因此要求主轴电动机和进给电动机之间要有可靠的联锁。

（2）纵向、横向、垂直方向与圆形工作台的联锁

为了保证机床、刀具的安全，在铣削加工时，只允许工作台做一个方向的进给运动。在使用圆形工作台加工时，不允许工件做纵向、横向和垂直方向的进给运动。为此，各方向进给运动之间应具有联锁环节。

6. 冷却润滑要求

铣削加工中，需要冷却液对工件和刀具进行冷却润滑，因此采用转换开关控制冷却泵电动机单向旋转供给铣削时所需的冷却液。

7. 两地控制及安全照明要求

为操作方便，应能在两处控制各部件的启动/停止，并配有安全照明电路。

铣床上述控制要求是如何实现的呢？接下来对 X62W 型铣床的电气控制电路进行详细分析。

四、X62W 型铣床电气控制电路分析

X62W 型铣床的电气原理图如图 7-13 所示。使用的电器元件名称及用途如表 7-5 所示。

表 7-5　X62W 型铣床电器元件名称与用途说明表

文字符号	电器元件名称与用途	文字符号	电器元件名称与用途
M1	主轴电动机	SA1	圆形工作台的工作选择开关
M2	进给电动机	SA3	冷却泵开关
M3	冷却泵电动机	SA4	照明灯开关
KM1	冷却泵电动机启动接触器	SA5	主轴换向开关
KM2	主轴电动机停止接触器	QS	电源开关
KM3	主轴电动机启动接触器	SB1、SB2	主轴启动按钮
KM4	进给电动机正转接触器	SB3、SB4	主轴停止按钮
KM5	进给电动机反转接触器	SB5、SB6	工作台快速移动按钮
KM6	快速进给接触器	FR1	主轴电动机热继电器
SQ1	工作台向右进给行程开关	FR2	进给电动机热继电器
SQ2	工作台向左进给行程开关	FR3	冷却泵电动机热继电器
SQ3	工作台向前、向下进给行程开关	FU1～FU4	熔断器
SQ4	工作台向后、向上进给行程开关	TC	控制变压器
SQ6	进给电动机变速冲动行程开关	YA	电磁铁
SQ7	主轴电动机变速冲动行程开关		

铣床主电路分析

铣床控制电路分析

1. X62W 型铣床主电路分析

由图 7-14 可知，主电路中共有三台电动机，其中 M1 为主轴电动机，M2 为工作台进给电动机，M3 为冷却泵电动机，QS 为电源总开关。各电动机的控制过程分别如下。

① 主轴电动机 M1 由接触器 KM3 控制，由倒顺开关 SA5 预选转向，KM2 的主触点串联两相电阻与速度继电器 KS 配合实现停车反接制动。另外，还通过机械结构和接触器 KM2 进行变速冲动控制。

② 工作台进给电动机 M2 由接触器 KM4、KM5 的主触点控制，并由接触器 KM6 主触点控制快速电磁铁 YA，决定工作台移动速度（KM6 接通为快速，断开为慢速）。

③ 冷却泵电动机由接触器 KM1 控制，单方向旋转。

2. X62W 型铣床控制电路分析

控制电路电压由控制变压器 TC 供给，控制电压为 127V。

（1）主轴电动机 M1 控制电路分析

X62W 型铣床主轴电动机控制电路如图 7-15 所示。

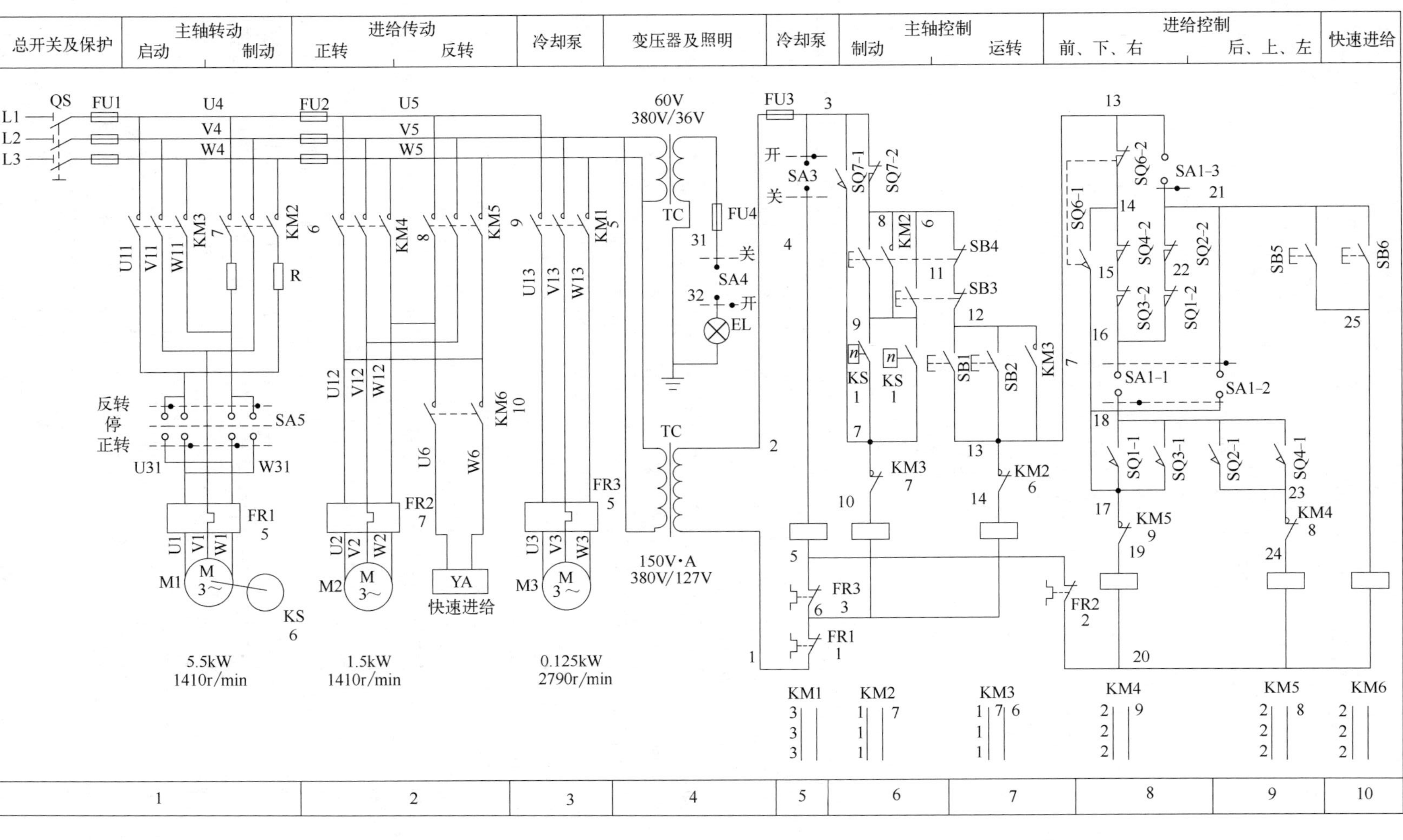

图 7-14 X62W 型铣床电气原理图

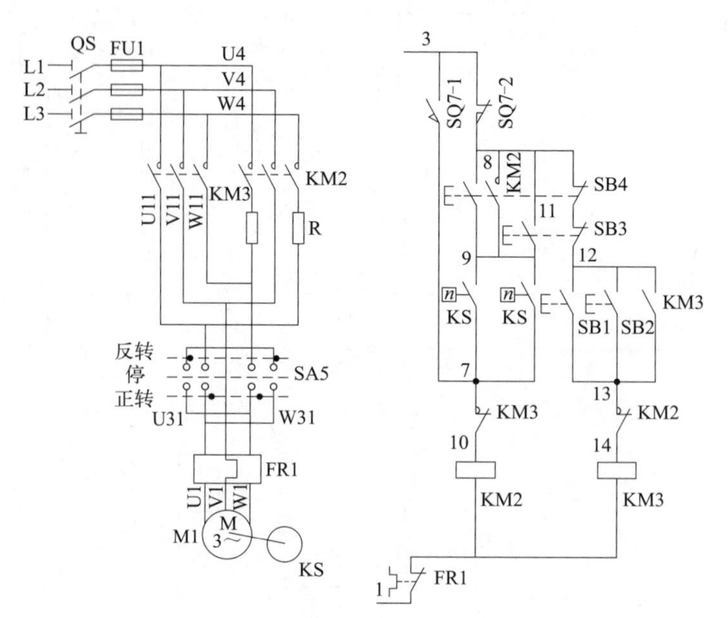

图 7-15　X62W 型铣床主轴电动机控制电路

① 主轴的启动过程分析　主轴电动机启动由接触器 KM3 控制。主轴电动机启动之前，根据加工顺铣逆铣的要求，首先把换向开关 SA5 旋转到所需要的转向位置，即首先选择好主轴的转速和转向，然后按下 SB1（或 SB2），接触器 KM3 线圈得电并自锁，KM3 的主触点闭合，主轴电动机 M1 启动运行。

主轴启动的控制电路：3（线号）→SQ7-2→SB4 常闭触点→SB3 常闭触点→SB1（或 SB2）常开触点→KM2 常闭触点→KM3 线圈→FR1 常闭触点→1（线号）。

② 主轴的停车制动过程分析　主轴电动机停止由接触器 KM2 控制。停止时，按下 SB3（或 SB4）→KM3 线圈随即失电，但此时速度继电器 KS 的正向触点（9-7）或反向触点（9-7）总有一个闭合着→制动接触器 KM2 线圈立即得电→KM2 的三个主触点闭合→电源接反相序→主轴电动机 M1 串入电阻 R 进行反接制动。

③ 主轴的变速冲动过程分析　为使变速时齿轮组能很好地重新啮合，设置变速冲动装置。主轴变速是通过改变齿轮的传动比实现的，利用变速手柄与冲动行程开关 SQ7 通过机械上的联动机构进行控制，具体控制过程如图 7-16 所示。主轴变速可以在主轴不动时进行，也可以在主轴工作时进行。

变速时，先下压变速手柄，然后拉到前面，此时凸轮压下弹簧杆，使冲动行程开关 SQ7 的常闭触点先断开，切断 KM3 线圈的电路，电动机 M1 断电；同时 SQ7 的常开触点接通，KM2 线圈得电动作，M1 被反接制动。当变速手柄拉到前面后，冲动行程开关 SQ7 不再受压而复位，M1 停转。此时转动主轴变速盘选择所需转速，然后将变速手柄推回，凸轮又瞬时压动行程开关 SQ7，使 M1 反向瞬时冲动一下，完成齿轮的啮合。

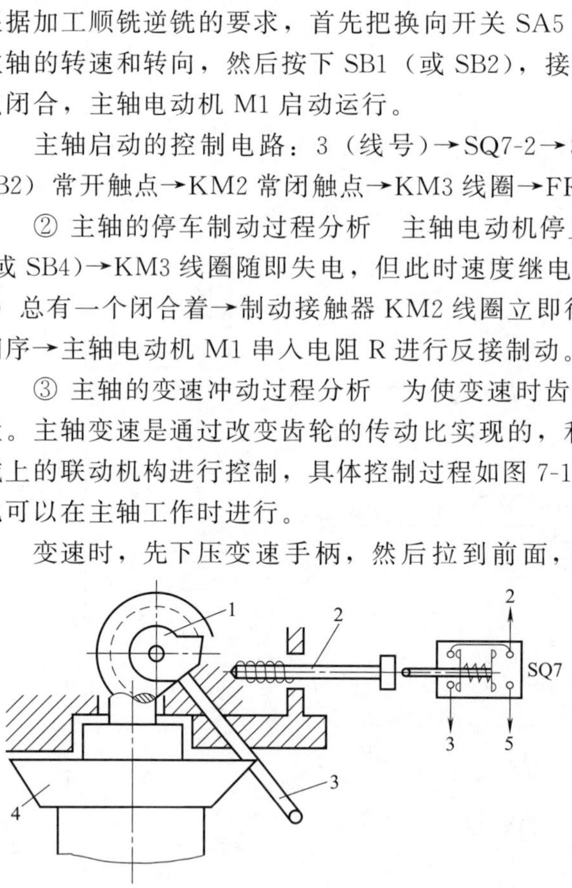

图 7-16　主轴变速冲动控制示意图

1—凸轮；2—弹簧杆；3—变速手柄；4—变速盘

（2）进给电动机 M2 控制电路分析

X62W 型铣床进给电动机控制电路如图 7-16 所示。根据控制要求，铣床的进给运动要求工件随工作台在前后、左右、上下六个方向运动以及圆形工作台做旋转运动。工作台六个方向的运动都是通过操作手柄和机械联动机构带动相应的位置开关，控制进给电动机 M2 正转或者反转来实现的（前后和上下进给运动由一个手柄控制，左右进给运动由另一个手柄控制）。需注意以下两点：一是在正常进给运动控制时，圆形工作台控制转换开关 SA1 应转至断开位置，此时 SA1-2 触点（21-17）断开，SA1-1 触点（16-18）、SA1-3 触点（13-21）闭合；二是工作台进给只能在主轴启动后才可进行，如图 7-17 所示，工作台移动控制电路中串入 KM3 的自锁触点，从而保证只有先启动主轴电动机，才可启动进给电动机，避免工件或刀具损坏。

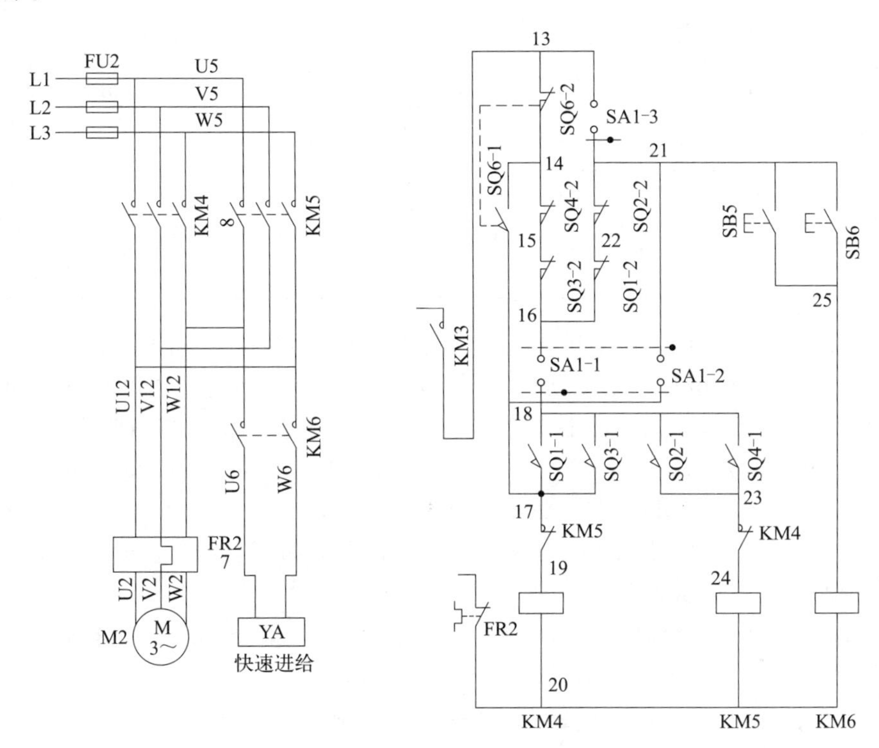

图 7-17　X62W 型铣床进给电动机控制电路

① 工作台左右移动的控制　进给电动机 M2 左右移动由接触器 KM4 和 KM5 控制。左右进给操作手柄和行程开关 SQ1 和 SQ2 联动，有左、中、右三个位置，其控制关系如表 7-6 所示。当操作手柄扳向中间位置时，行程开关 SQ1 和 SQ2 均未被压合，进给控制电路处于断开状态，如图 7-17 所示。

以工作台向右进给为例，说明工作过程。将左右进给操作手柄扳向右位置时，手柄压下行程开关 SQ1，KM4 线圈得电，进给电动机 M2 正转，机械机构将电动机 M2 的传动链与工作台下面的左右进给丝杠相连，工作台右移。KM4 接通的电流通路为：13（线号）→SQ6-2（13-14）→SQ4-2（14-15）→SQ3-2（15-16）→SA1-1（16-18）→SQ1-1（18-17）→KM5 常闭互锁触点（17-19）→KM4 线圈（19-20）→20（线号）

停止右进给时，将操作手柄扳回中间位置，SQ1 不受压，工作台停止移动。

工作台的左右终端安装有撞块。当不慎向右进给至终端时，左右操作手柄就被右端撞块撞到中间停车位置，用机械方法使 SQ1 复位，KM4 线圈失电，实现了限位保护。

工作台向左移动时电路的工作原理与向右时相似。

② 工作台前后和上下进给运动的控制　进给电动机 M2 前后和上下进给运动的控制仍然由接触器 KM4 和 KM5 控制。十字操作手柄与 SQ3 和 SQ4 联动，有上、下、前、后、中间五个位置，控制工作台的前后、上下进给和停止，其控制关系如表 7-6 所示。

表 7-6　操作手柄的位置与工作台运动方向的关系

操作手柄	手柄位置	行程开关	接触器	电动机	工作台运动方向	行程开关的工作状态
左右进给手柄	右	SQ1	KM4	正转	横向右移	SQ1-1(+)、SQ1-2(−) SQ2-1(−)、SQ2-2(+)
	中			停止	停止	SQ1-1(−)、SQ1-2(+) SQ2-1(−)、SQ2-2(+)
	左	SQ2	KM5	反转	横向左移	SQ2-1(+)、SQ2-2(−) SQ1-1(−)、SQ1-2(+)
上下和前后进给手柄	上、后	SQ4	KM5	反转	向上，纵向后移	SQ4-1(+)、SQ4-2(−) SQ3-1(−)、SQ3-2(+)
	下、前	SQ3	KM4	正转	向下，纵向前移	SQ3-1(+)、SQ3-2(−) SQ4-1(−)、SQ4-2(+)
	中			停止	停止	SQ3-1(−)、SQ3-2(+) SQ4-1(−)、SQ4-2(+)

以工作台向上运动为例，说明工作过程。将十字操作手柄扳至向上位置，手柄压下行程开关 SQ4，KM5 线圈得电，进给电动机 M2 反转，机械机构将进给电动机 M2 的传动链与工作台下面的上下进给丝杠相连，工作台向上移动。KM5 接通的电流通路为：13（线号）→SA1-3（13-21）→SQ2-2（21-22）→SQ1-2（22-16）→SA1-1（16-18）→SQ4-1（18-23）→KM4 常闭互锁触点（23-24）→KM5 线圈（24-20）→20（线号）。

另外，也设置了上下限位保护用终端撞块。工作台的向下、向前、向后运动的工作原理与向上移动控制类似，可自行分析。

③ 工作台的快速移动控制　主轴工作时的快速运动工作过程：按下按钮 SB5 或 SB6，接触器 KM6 线圈得电，电磁铁 YA 得电，工作台快速进给。

主轴不工作时的快速运动工作过程：转换开关 SA5 扳向“停止”位置，按下按钮 SB1 或 SB2，KM3 线圈得电并自锁，为进给运动提供电源。操作工作台手柄，进给电动机 M2 启动，按下按钮 SB5 或 SB6，接触器 KM6 线圈得电，电磁铁 YA 得电，工作台快速进给。

④ 工作台各运动方向的联锁控制　在同一时间内，工作台只允许向一个方向移动，各运动方向之间的联锁是利用机械和电气两种方法来实现的。

工作台的向右、向左控制是同一手柄操作的，手柄本身带动行程开关 SQ1 和 SQ2 起到左右移动的联锁作用，见表 7-6 中行程开关 SQ1 和 SQ2 的工作状态。同理，工作台的前后和上下四个方向的联锁，也是通过十字操作手柄本身来实现的，见表 7-6 中行程开关 SQ3 和 SQ4 的工作状态。

工作台的左右移动同前后及上下移动之间的联锁是利用电气方法来实现的。由左右操作手柄控制的 SQ1-2 和 SQ2-2 和前后、上下进给操作手柄控制的 SQ3-2 和 SQ4-2 两个支路控制接触器 KM4 和 KM5 的线圈。如果把左右进给手柄扳向左时又将另一个进给手柄扳到向下进给方向，则行程开关 SQ2 和 SQ3 均被压下，触点 SQ2-2 和 SQ3-2 均断开，断开 KM4 和 KM5 的通路，KM4 和 KM5 均不能工作，达到联锁的目的，防止两个手柄同时操作而损坏机床，保证了操作安全。

⑤ 工作台进给变速冲动控制　和主轴变速时一样，进给变速时，为使齿轮进入良好的啮合状态，也要进行变速后的瞬时点动。进给变速时，必须把进给操作手柄置于中间位置，工作台停止移动。将进给变速手柄外拉，选择好需要的速度后，再将变速盘推进去，在推进过程中，挡块压动行程开关SQ6，接触器KM4线圈得电，进给电动机M2启动。KM4通电的电流通路：13（线号）→SA1-3（13-21）→SQ2-2（21-22）→SQ1-2（22-16）→SQ3-2（16-15）→SQ4-2（15-14）→SQ6-1（14-17）→KM5常闭互锁触点（17-19）→KM4线圈（19-20）→20（线号）。

随着变速盘复位，行程开关SQ6跟着复位，KM4线圈失电释放，进给电动机M2断电停转，这样使进给电动机M2瞬时点动一下，齿轮系统产生一次抖动，便顺利地啮合了。由工作过程可见，若左右操作手柄和十字操作手柄中只要有一个不在中间停止位置，此电流通路被切断，无法进行变速冲动控制。

⑥ 圆形工作台进给的控制　当需要加工螺旋槽、弧形槽和弧形面时，可在工作台上加装圆形工作台。圆形工作台工作的转换开关为SA1，有三个触点，即SA1-1、SA1-2、SA1-3。

使用圆形工作台时，先将圆形工作台转换开关SA1扳到“接通”位置，这时触点SA1-1和SA1-3断开，触点SA1-2闭合，再将工作台的进给操纵手柄全部扳到中间位，按下主轴启动按钮SB1或SB2，接触器KM3线圈得电吸合并自锁，主轴电动机M1启动，同时接触器KM4线圈得电吸合，进给电动机M2正转，通过一根专用轴带动圆形工作台做旋转运动。圆形工作台只能沿一个方向做旋转运动。KM4通电的电流通路为：13（线号）→SQ6-2（13-14）→SQ4-2（14-15）→SQ3-2（15-16）→SQ1-2（16-22）→SQ2-2（22-21）→SA1-2（21-17）→KM5常闭互锁触点（17-19）→KM4线圈（19-20）→20（线号）。

按下按钮SB3或SB4，接触器KM3线圈失电，主轴电动机M1停止工作，接触器KM4线圈失电，进给电动机M2停止工作。

从上面的分析可知，圆形工作台的控制电路中串联了SQ1～SQ4的常闭触点，所以扳动工作台任一方向的进给手柄，都将使圆形工作台停止转动。这也就起到了圆形工作台转动和普通工作台三个方向移动的联锁保护。

当不需要圆形工作台旋转时，转换开关SA1扳到“断开”位置，这时触点SA1-1和SA1-3闭合，触点SA1-2断开，工作台在六个方向上正常进给，圆形工作台不能工作。

圆形工作台加工不需要调速，也不要求正反转。

（3）冷却泵电动机的控制

由转换开关SA3控制接触器KM1来控制冷却泵电动机M3的启动和停止。

（4）辅助电路及保护环节

机床的局部照明由变压器TC供给36V安全电压，转换开关SA4（31-32）控制照明灯EL。

M1、M2和M3为连续工作制，由FR1、FR2和FR3实现过载保护。当主轴电动机M1过载时，FR1动作，其常闭触点FR1（1-6）断开，切除整个控制电路的电源。当冷却泵电动机M3过载时，FR3动作，其常闭触点FR3（5-6）断开，切除M2、M3的控制电源。当进给电动机M2过载时，FR2动作，其常闭触点FR2（5-20）切除自身的控制电源。

由FU1、FU2实现主电路的短路保护，FU3实现控制电路的短路保护，FU4实现照明电路的短路保护。

任务实施

一、任务实施内容

① X62W 型铣床电气控制电路的安装与调试。

② X62W 型铣床控制电路的故障检测与维修。

二、任务实施要求

① 能读懂 X62W 型铣床的电气原理图。

② 能正确分析 X62W 型铣床电气控制电路。

③ 能正确选择电器元件，进行 X62W 型铣床电气控制电路的安装与调试。

④ 能分析排除 X62W 型铣床电气控制电路的故障。

三、任务所需设备

① 电工常用工具一套，电器元件若干。

② 万用表一块。

③ X62W 型铣床电气控制盘。

四、任务实施步骤

1. X62W 型铣床电气控制电路的安装与调试

① 根据如表 7-7 所示的电器元件明细表配齐电器元件，逐个检验型号、规格及质量是否合格。

表 7-7　X62W 型铣床电气元器件明细表

代号	名称	型号与规格	数量
M1	主轴电动机	Y 系列	1
M2	进给电动机	Y 系列	1
M3	冷却泵电动机	Y 系列	1
QS	断路器	DZ47,20A,3P	1
FU1～FU4	熔断器	RT14-20,2A	8
KM1～KM6	交流接触器	CJX2-0910,线圈电压 220V(含辅助触点两开两闭)	6
TC	控制变压器	BK-150V·A,可变 220V,36V	1
SA3、SA4	组合开关	HZ5D-20/4(两挡)	2
SA1	组合开关	HZ5D-20/4(三挡)	1
FR1～FR3	热继电器	JR36-6.8-11A	3
SB1～SB6	组合按钮	LA4-3H	6
SQ6、SQ7	行程开关	LX3-11K	2
SQ1～SQ4	位置开关	XD2-PA24CR 十字四位开关	4
SA5	倒顺开关	HY2-15A	1
XT	端子排	20 节	1
YA	电磁铁线圈	DLMX-5K	1
R	电阻	1.2K	2
	指示灯	普通指示灯	8
	导线	BLV2.5mm^2 红、黄、蓝	若干
	记号管	m	1
	线槽	根	2

② 按照如图 7-18 所示的电器元件平面布置图在控制板上安装所有电器元件，并给每个电器元件贴上醒目的文字符号。

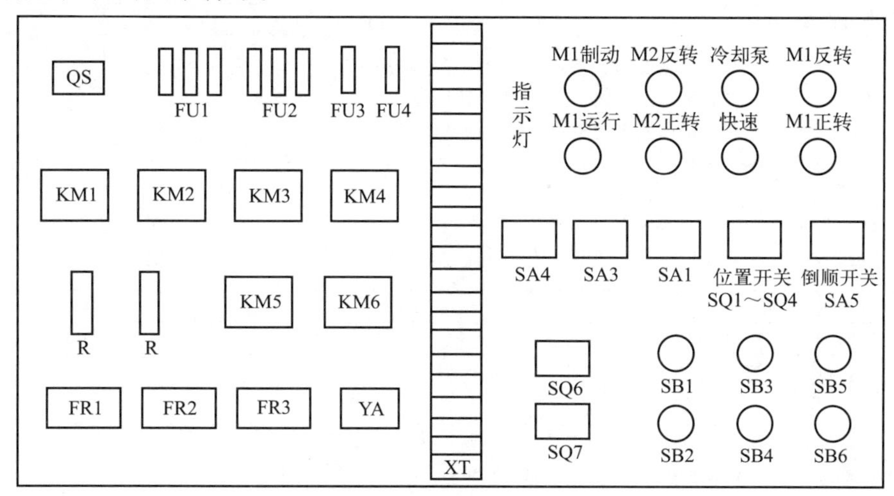

图 7-18　X62W 型铣床电器元件平面布置图

③ 按照电气原理图进行接线，先完成主电路接线，然后完成控制电路接线。主电路用红色线，控制电路用蓝色线。

④ 主电路接线检查：按电气原理图或电气安装接线图从电源端开始，逐段核对接线有无漏接、错接之处，检查导线接点是否符合要求，压接是否牢固，以免带负载运行时产生闪弧现象。

⑤ 控制电路接线检查：用万用表电阻挡检查控制电路接线情况。

⑥ 合上开关，按照操作步骤进行操作，看是否满足控制要求。若有异常，按照检修步骤与检修方法进行检修，检修后再次通电试车，直至成功。

操作步骤如下。

a. 合上电源开关 QS，闭合 SA4，电源指示灯亮。

b. 接通 SA3，冷却泵电动机 M3 启动；断开 SA3，冷却泵电动机 M3 停止。

c. 按下 SB1 或 SB2，主轴电动机 M1 工作；按下 SB3 或 SB4，主轴电动机 M1 停转。

d. 主轴电动机启动后，将圆形工作台控制开关 SA1 扳到“断开”位置，将左右进给操作手柄扳向右位置时，工作台右移；将左右进给操作手柄扳向左位置时，工作台左移。将十字操作手柄扳向上位置时，工作台上移；将十字操作手柄扳向下位置时，工作台下移；将十字操作手柄扳向左位置时，工作台前移；将十字操作手柄扳向右位置，工作台后移。

e. 将圆形工作台控制开关 SA1 扳到“接通”位置，工作台的进给操纵手柄全部扳到中间位，按下主轴启动按钮 SB1 或 SB2，主轴电动机 M1 启动，进给电动机 M2 正转，通过一根专用轴带动圆形工作台做旋转运动；按下按钮 SB3 或 SB4，主轴电动机 M1 停止工作，进给电动机 M2 停止工作。

⑦ 通电试车完毕，停转，切断电源。

2. X62W 型铣床电气控制电路的故障检测与维修

① 完成 X62W 型铣床电气控制电路故障检测与维修任务实施工单（表 7-8）。

② 完成 X62W 型铣床电气控制电路故障检测与维修任务实施考核评价。

X62W 型铣床电气控制电路故障检测与维修任务实施考核评价参照表 7-9，包括技能考核、综合素质考核及安全文明操作等方面。

表 7-8　X62W 型铣床电气控制电路故障检测与维修任务实施工单

<table>
<tr><td colspan="3">检修前准备</td></tr>
<tr><td>序号</td><td>准备内容</td><td>准备情况自查</td></tr>
<tr><td>1</td><td>知识准备</td><td>是否熟悉 X62W 型铣床主要构成电器元件　是□　否□
是否了解主电路、控制电路工作原理　是□　否□
是否可以熟练利用万用表进行测量　是□　否□</td></tr>
<tr><td>2</td><td>材料准备</td><td>万用表是否完好　是□　否□
工具是否齐全　是□　否□
X62W 铣床电气控制盘是否能正常工作　是□　否□</td></tr>
</table>

<table>
<tr><td colspan="3">检修过程记录</td></tr>
<tr><td>步骤</td><td>实施内容</td><td>数据记录</td></tr>
<tr><td>1</td><td>对铣床进行操作，熟悉铣床的主要结构和运动形式，了解铣床的各种工作状态和操作方法</td><td></td></tr>
<tr><td>2</td><td>参照图 7-13 所示 X62W 型铣床电气原理图，结合铣床电气控制盘，熟悉 X62W 型铣床电器元件的实际位置和走线情况，并通过测量等方法找出实际走线路径</td><td></td></tr>
<tr><td>3</td><td>在 X62W 型铣床上人为设置自然故障点，由教师示范检修，边分析边检查，直至故障排除。讲解注意事项如下。
（1）通电试验，引导学生观察故障现象。
（2）根据故障现象，依据电路图用逻辑分析法初步确定故障范围，并在电路图中标出最小故障范围。
（3）采取适当的诊断方法查出故障点，并正确地排除故障。
（4）检修完毕进行通电试车，并做好维修记录</td><td></td></tr>
<tr><td>4</td><td>由教师设置让学生知道的故障点，指导学生如何从故障现象着手进行分析，逐步引导学生采用正确的诊断步骤和检修方法进行检修</td><td></td></tr>
<tr><td>5</td><td>教师在线路中设置两处人为的自然故障点，由学生按照检修步骤和检修方法进行检修</td><td></td></tr>
</table>

<table>
<tr><td colspan="3">验收及收尾工作</td></tr>
<tr><td>任务实施开始时间：</td><td>任务实施结束时间：</td><td>实际用时：</td></tr>
<tr><td>X62W 型铣床电气控制盘复位□</td><td>仪表挡位回位、工具归位□</td><td>台面与垃圾清理干净□</td></tr>
<tr><td colspan="3">成绩：
教师签字：　　　　　日期：</td></tr>
</table>

表 7-9　X62W 型铣床电气控制电路故障检测与维修任务实施考核评价

<table>
<tr><td>序号</td><td>内容</td><td>配分/分</td><td>评分标准</td><td>得分/分</td></tr>
<tr><td>1</td><td>故障分析</td><td>30 分</td><td>（1）故障分析、排除故障思路不正确　扣 5～10 分
（2）不能标出最小故障范围或标错　每处扣 15 分</td><td></td></tr>
<tr><td>2</td><td>故障排除</td><td>55 分</td><td>（1）工具与仪表使用不当　每次扣 5 分
（2）诊断故障的方法不正确　扣 20 分
（3）排除故障的方法不正确　扣 20 分
（4）不能排除故障点　每个扣 30 分
（5）扩大故障范围或产生新的故障点　每个扣 35 分
（6）损坏电器元件　每个扣 10 分</td><td></td></tr>
<tr><td>3</td><td>综合素质</td><td>15</td><td>从课堂纪律、学习能力、团结协作意识、沟通交流、语言表达、6S 管理、安全文明生产等几个方面综合评价</td><td></td></tr>
<tr><td>4</td><td>安全文明操作</td><td></td><td>不遵守安全操作规范　扣 5～40 分</td><td></td></tr>
<tr><td>5</td><td>定额时间 2h</td><td></td><td>每超时 5min，扣 5 分</td><td></td></tr>
<tr><td></td><td></td><td></td><td>合计</td><td></td></tr>
<tr><td colspan="5">备注：各分项最高扣分不超过配分数</td></tr>
</table>

知识拓展——X62W型铣床常见故障分析

一、主轴电动机M1不能启动

1. 接触器KM3吸合但电机不转

故障原因在主电路中，如图7-14所示。

① 主电路电源缺相。

② 主电路中FU1、KM3主触点、SA5触点、FR1有任一个接触不良或回路断路。

排除方法：参照图7-6和图7-7所讲的电压测量法，用万用表依次测量主电路故障点电压。

2. 接触器KM3不吸合

故障原因在控制电路中，如图7-14所示。

① 控制电路电源没电、电压不够或FU3熔断。

② SQ7-2、SB1～SB4、KM2常闭触点中有任一个接触不良或者回路断路。

③ 热继电器FR1动作后没有复位，导致其常闭触点不能导通。

④ 接触器KM3线圈断路。

排除方法：参照图7-8所讲的电阻测量法，用万用表测量控制电路，找出故障点。

二、工作台各个方向都不能进给

① 进给电动机控制的公共电路上有断路，如13号线或者20号线上有断路。

② 接触器KM3的辅助常开触点KM3（12-13）接触不良。

③ 热继电器FR2动作后没有复位。

排除方法：参照图7-8所讲的电阻测量法，用万用表测量上述线号电路，找出故障点，按压FR2复位按钮检查热继电器复位情况。

三、工作台能够左、右和前、下运动而不能后、上运动

由于工作台能左右运动，所以SQ1、SQ2没有故障；由于工作台能够向前、向下运动，所以SQ3没有故障，故障的可能原因是行程开关SQ4的常开触点SQ4-1接触不良。

排除方法：参照图7-8所讲的电阻测量法，用万用表测量SQ4触点通断情况，找出故障。

四、圆形工作台不动作，其他进给都正常

由于其他进给都正常，则说明SQ6-2、SQ4-2、SQ3-2、SQ1-2、SQ2-2触点及其连线正常，KM4线圈线路正常，综合分析故障现象，故障范围在SA1-2触点及其连线上。

排除方法：参照图7-8所讲的电阻测量法，用万用表测量SA1-2触点及连线，找出故障点。

五、工作台不能快速移动

如果工作台能够正常进给，那么故障可能的原因是SB5或SB6、KM6主触点接触不良或线路上有断路，或者是YA线圈损坏。

排除方法：参照图7-8所讲的电阻测量法，用万用表测量SB5或SB6、KM6主触点通

断情况，测量线路进线和出线是否有断路，测量YA线圈电阻值判断YA线圈是否损坏。

巩固提升

1. X62W型铣床的运动形式有__________、__________和________。

2. X62W型铣床主要用于加工零件的________、________、__________等。

3. X62W型铣床进给电动机拖动工作台可以实现____、____、____三个方向的运动。

4. X62W型铣床主轴电动机的制动方式是（　　）。

A. 反接制动　B. 机械制动　C. 电磁制动　D. 能耗制动

5. X62W型铣床进给电动机M2左右移动时用到的行程开关是（　　）。

A. SQ1　B. SQ2　C. SQ3　D. SQ4

6. X62W型铣床设置主轴变速冲动是为了（　　）。

A. 提高齿轮转速B. 便于齿轮啮合C. 便于齿轮不滑动

7. 判断下面说法是否正确。

（1）X62W型铣床的圆形工作台工作时需要调速，要求能够正反转。（　　）

（2）X62W型铣床主轴电动机和进给电动机可以同时启动。（　　）

8. 简述X62W型铣床的主要组成结构。

9. 简述X62W型铣床工作台左移的工作原理。

10. 简述X62W型铣床冷却泵电动机的工作过程。

知识闯关（请扫码答题）

项目七任务二　X62W型铣床电气控制电路的装调与故障检修

任务三　Z3040型摇臂钻床电气控制电路的装调与故障检修

任务描述

钻床是一种用途广泛的孔加工机床，主要利用钻头钻削精度要求不太高的孔，另外还可以进行扩孔、铰孔、镗孔以及刮平面、攻螺纹等多种形式的加工。本任务通过学习Z3040型摇臂钻床的基本结构与工作原理，使学生能够安装、调试Z3040型摇臂钻床电气控制电路并进行故障检修。

相关知识

一、Z3040型摇臂钻床的主要结构

Z3040型摇臂钻床如图7-19所示。在钻削加工时，钻头一面进行旋转切削，一面进行

纵向进给。

Z3040 型摇臂钻床的结构示意图如图 7-20 所示。Z3040 型摇臂钻床主要由底座、内立柱、外立柱、摇臂、主轴箱和工作台等部分组成。内立柱固定在底座的一端，在其外面套有外立柱，外立柱可绕内立柱旋转 360°。摇臂的一端为套筒，它套装在外立柱上并借助丝杠的正反转绕外立柱上下移动。由于丝杠与外立柱连成一体，升降螺母固定在摇臂上，因此摇臂不能绕外立柱转动，只能与外立柱一起绕内立柱转动。

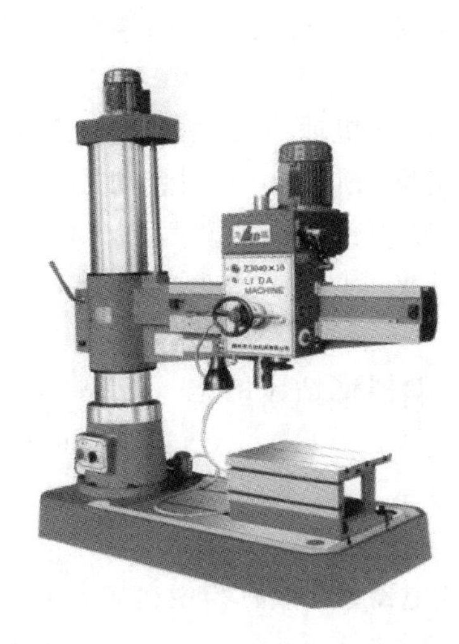

图 7-19　Z3040 型摇臂钻床

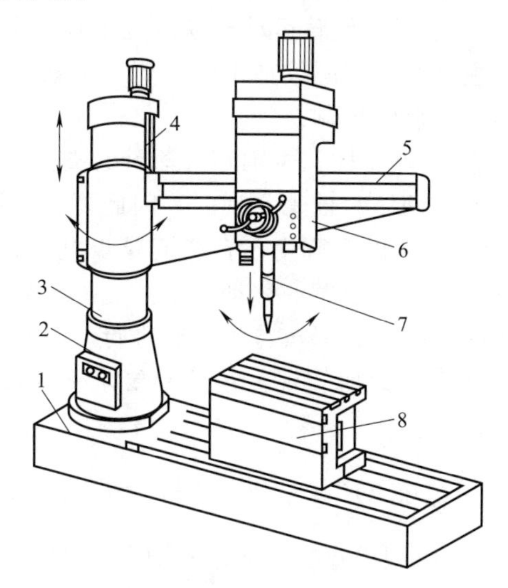

图 7-20　Z3040 型摇臂钻床的结构示意图

1—底座；2—内立柱；3—外立柱；4—摇臂升降丝杠；5—摇臂；6—主轴箱；7—主轴；8—工作台

主轴箱是一个复合部件，它由主传动电动机、主轴和主轴传动机构、进给和进给变速机构以及机床的操作机构等组成。主轴箱安装在摇臂上，通过手轮操作可使其在水平导轨上移动。

当进行加工时，可利用特殊的夹紧机构将外立柱紧固在内立柱上，摇臂紧固在外立柱上，主轴箱紧固在摇臂导轨上，然后进行钻削加工。

二、Z3040 型摇臂钻床的运动形式

1. 主运动

主运动是指主轴带着钻头的旋转运动。

2. 进给运动

进给运动是指主轴带着钻头的纵向进给。

3. 辅助运动

辅助运动是指摇臂连同外立柱围绕着内立柱的回转运动，摇臂在外立柱上的上升、下降运动，主轴箱在摇臂上的左右运动等。

摇臂钻床具有三套夹紧与放松装置，移动时需要将装置放松，机加工过程中需要将装置夹紧。三套夹紧与放松装置分别为摇臂夹紧（摇臂与外立柱之间）、主轴箱夹紧（主轴箱与摇臂导轨之间）、立柱夹紧（外立柱和内立柱之间）。通常主轴箱和立柱的夹紧与放松同时进行，摇臂的夹紧与放松则要与摇臂升降运动结合进行。

三、Z3040 型摇臂钻床的控制要求

根据钻床加工工艺，Z3040 型摇臂钻床对电力拖动及其控制有以下要求。

① 摇臂钻床由四台电动机进行拖动。主轴电动机带动主轴旋转；摇臂升降电动机带动摇臂进行升降；液压泵电动机拖动液压泵供出压力油，使液压系统的夹紧机构实现夹紧与放松；冷却泵电动机驱动冷却泵供给机床冷却液。

② 主轴的旋转运动和纵向进给运动及其变速机构均在主轴箱内，由一台主轴电动机拖动。主轴在进行螺纹加工时，要求主轴电动机能正反向旋转，通过改变摩擦离合器的手柄位置实现正反转控制。

③ 内外立柱、主轴箱与摇臂的夹紧与放松是由一台电动机通过正反转拖动液压泵送出不同流向的压力油来实现的，因此要求液压泵电动机能正反向旋转，采用点动控制。

④ 摇臂的升降由一台交流异步电动机拖动，装于主轴顶部，通过正反转来实现摇臂的上升和下降。摇臂的移动严格按照摇臂松开→移动→摇臂夹紧的程序进行。因此，摇臂的夹紧放松与摇臂升降按自动控制进行。

钻床是如何实现上述控制要求呢？接下来对 Z3040 型摇臂钻床的电气控制电路进行详细分析。

摇臂钻床控制电路分析

四、Z3040 型摇臂钻床电气控制电路分析

Z3040 型摇臂钻床的电气原理图如图 7-21 所示。使用的电器元件名称与用途如表 7-10 所示。

表 7-10 Z3040 型摇臂钻床电器元件名称及用途说明表

文字符号	电气元器件名称与用途	文字符号	电气元器件名称与用途
M1	主轴电动机	SB1	主轴停止按钮
M2	摇臂升降电动机	SB2	主轴启动按钮
M3	液压油泵电动机	SB3	摇臂上升启动按钮
M4	冷却泵电动机	SB4	摇臂下降启动按钮
KM1	主轴电动机启动接触器	SB5	主轴箱、立柱的松开按钮
KM2	摇臂正转接触器	SB6	主轴箱、立柱的夹紧按钮
KM3	摇臂反转接触器	FR1	主轴电动机 M1 过载保护
KM4	液压泵电动机正转接触器	FR2	液压泵电动机 M3 过载保护
KM5	液压泵电动机反转接触器	KT	断电延时时间继电器
YA	二位六通电磁阀	EL	照明灯
SQ1	摇臂上升限位开关	HL3	主轴启动指示灯
SQ2	摇臂与立柱放松到位	HL1	主轴箱、立柱的放松指示灯
SQ3	摇臂与立柱夹紧到位	HL2	主轴箱、立柱的夹紧指示灯
SQ5	摇臂下降限位开关	QF	电源总开关
SQ4	主轴箱、立柱的夹紧放松限位开关	SA2	冷却泵电动机控制开关
TC	控制变压器	FU1	电源短路保护熔断器
FU3	控制电路短路保护熔断器	FU2	M2、M3 短路保护熔断器
FU4	照明电路短路保护熔断器	SA1	照明灯开关

1. Z3040 型摇臂钻床主电路分析

Z3040 型摇臂钻床的电气原理如图 7-21 所示。主电路有 4 台电动机。

① 主电路电源电压为交流 380V，自动空气开关 QF 作为电源引入开关。

② M1 是主轴电动机，由接触器 KM1 控制，只要求单方向旋转，主轴的正反转由机械手柄操作。热继电器 FR1 是过载保护元件，短路保护电器是总电源开关中的电磁脱扣装置。

③ M2 是摇臂升降电动机，用接触器 KM2 和 KM3 控制正反转。因为该电动机属于短时工作制，故不设过载保护电器。

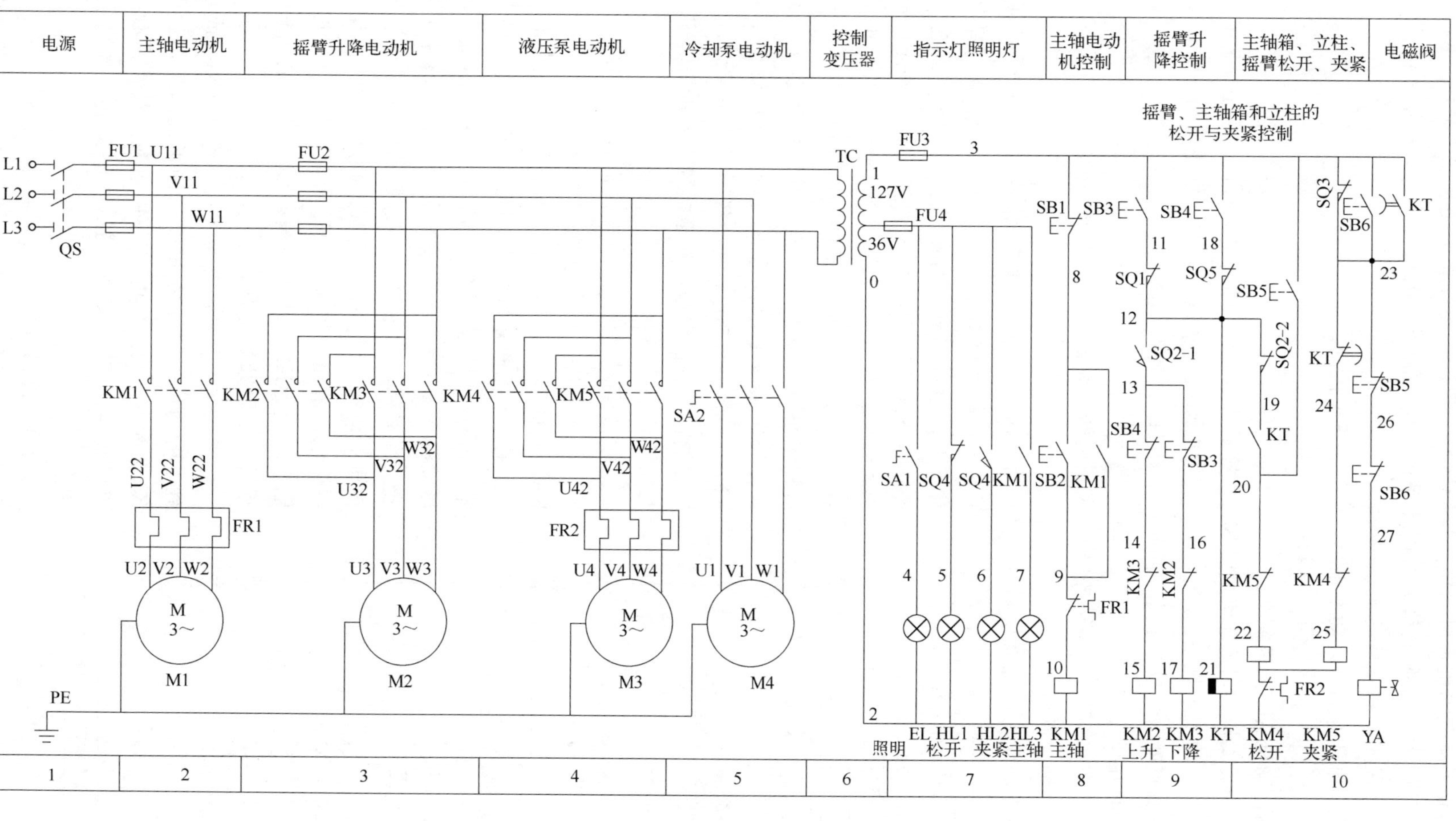

图 7-21 Z3040 型摇臂钻床的电气原理图

④ M3 是液压泵电动机，可以做正反转运行。其运转和停止由接触器 KM4 和 KM5 控制。热继电器 FR2 是液压泵电动机的过载保护电器。液压泵电动机的主要作用是供给夹紧装置压力油，实现摇臂和立柱的夹紧和松开。

⑤ M4 是冷却泵电动机，功率很小，由开关 SA 控制。

2. Z3040 型摇臂钻床控制电路分析

(1) 主轴电动机 M1 的控制

合上电源开关 QF，按下启动按钮 SB2，接触器 KM1 线圈得电并自锁，主轴电动机 M1 启动，同时支路中的指示灯 HL3 亮，表示主轴电动机正常运行。按下停止按钮 SB1，KM1 线圈失电，其触点断开，M1 停转，同时指示灯 HL3 熄灭。

(2) 摇臂的升降控制

由摇臂上升按钮 SB3、下降按钮 SB4 及正反转接触器 KM2、KM3 组成具有双重互锁的电动机正反转点动控制电路。

摇臂的移动必须按照摇臂松开→摇臂移动→移动到位后摇臂自动夹紧的程序进行。夹紧到位和放松到位由 SQ3 和 SQ2 实现。摇臂钻床在常态下，摇臂和外立柱处于夹紧状态，此时 SQ3 处于压下状态，SQ2 处于自然位置。摇臂移动过程实际上是对液压泵电动机 M3 和摇臂升降电动机 M2 按一定程序进行自动控制的过程，其上升工作流程图如图 7-22 所示。摇臂升降控制必须与夹紧机构液压系统紧密配合，由正反转接触器 KM4、KM5 控制双向液压泵电动机 M3 的正反转，送出压力油，经二位六通阀送至摇臂夹紧机构实现夹紧与松开。

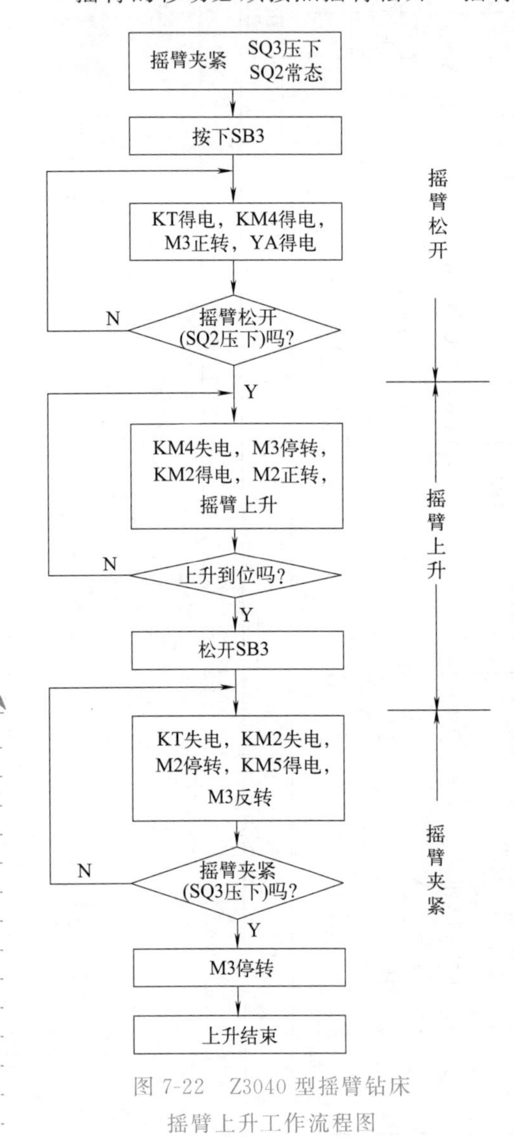

图 7-22 Z3040 型摇臂钻床摇臂上升工作流程图

① 摇臂上升控制　按住摇臂上升按钮 SB3，KT 线圈得电，KT 的瞬动触点（19-20）闭合，KM4 线圈得电，KM4 主触点闭合，液压泵电动机 M3 正转，摇臂开始松开；同时 KT 的延时断开的常开触点（3-23）闭合，电磁阀 YA 线圈得电，液压油经 YA 进入摇臂与立柱松开油腔，摇臂开始松开。当摇臂完全松开时，放松到位行程开关 SQ2 被压下动作，SQ2-2（12-19）触点断开，KM4 线圈失电，液压泵电动机 M3 停转，SQ2-1（12-13）触点闭合，KM2 线圈得电，摇臂升降电动机 M2 正转，摇臂开始上升。

当摇臂上升到所需位置时，松开 SB3（或是碰到上升到位限位开关 SQ1 后同下面的工作过程），KM2 和 KT 线圈失电，KM2 主触点及常开触点断开，摇臂升降电动机 M2 停止旋转，摇臂停止上升。

KT 线圈失电后，KT 延时闭合触点（23-24）延时 1～3s 后闭合，KM5 线圈得电，液压泵电动机 M3 反转，摇臂开始夹紧。夹紧到位时，SQ3 动作，SQ2 复位，SQ3（3-23）触点断开，KM5 线圈失电，液压泵电动机 M3 停转，YA 失电复位。KT 线圈失电的同时，KT 延时断开触点（3-23）延时 1～3s 后断开，YA 仍然得电。

② 摇臂下降控制　按下下降按钮 SB4，摇臂先放松，放松到位后开始下降，下降到位后夹紧。其工作原理与摇臂上升过程类似，可自行分析。

（3）主轴箱和立柱的放松夹紧控制

Z3040 型摇臂钻床的主轴箱和立柱的夹紧与放松是同时进行的。立柱分为内外两层，外立柱可绕内立柱做 360°的旋转，内外立柱之间有夹紧与放松装置。

① 主轴箱和立柱的放松控制　按下松开按钮 SB5，KM4 线圈得电，液压泵电动机 M3 正转（此时电磁阀 YV 失电），拖动液压泵，液压油进入主轴箱、立柱的松开油腔，主轴箱、立柱的夹紧装置松开。此时，SQ4 不受压，SQ4 常闭触点闭合，指示灯 HL1 亮。

② 主轴箱和立柱的夹紧控制　到达需要位置后，按下夹紧按钮 SB6，KM5 线圈得电，液压泵电动机 M3 反转（此时电磁阀 YV 失电），拖动液压泵，液压油进入主轴箱、立柱的夹紧油腔，主轴箱、立柱的夹紧装置夹紧。同时，SQ4 受压，其常闭触点断开、常开触点闭合，夹紧指示灯 HL2 亮，表示可以进行钻削加工。

注意：液压泵工作后，是摇臂与立柱松开（夹紧）还是立柱、主轴箱松开（夹紧），由二位六通电磁阀 YA 决定。电磁阀得电时将液压油送入摇臂与立柱的松开（夹紧）油腔，电磁阀不得电时将液压油送入立柱、主轴箱的松开（夹紧）油腔。

（4）保护环节、照明及冷却泵电动机的控制

① 保护环节　QF 对主电路进行短路保护，热继电器 FR1 对主轴电动机进行过载保护，热继电器 FR2 对液压泵电动机 M3 进行过载保护。摇臂的上升限位和下降限位分别通过行程开关 SQ1 和 SQ5 实现。

② 照明电路与指示电路　照明、指示电路的电源由控制变压器 TC 降压后提供 36V 电源，开关 SA1 控制工作台照明灯 EL，KM1 常开触点控制主轴工作指示灯 HL3，SQ4 控制放松夹紧指示灯 HL1 和 HL2。

③ 冷却泵电动机的控制　冷却泵电动机 M4 的容量很小，由开关 SA2 控制。

任务实施

一、任务实施内容

① Z3040 型摇臂钻床电气控制电路的安装与调试。

② Z3040 型摇臂钻床控制电路的故障检测与维修。

二、任务实施要求

① 能读懂 Z3040 型摇臂钻床的电气原理图。

② 能正确分析 Z3040 型摇臂钻床电气控制电路。

③ 能正确选择电器元件，进行 Z3040 型摇臂钻床电气控制电路的安装与调试。

④ 能分析排除 Z3040 型摇臂钻床电气控制电路的故障。

三、任务所需设备

① 电工常用工具若干，元器件若干。

② 万用表一块。

③ Z3040 型摇臂钻床电气控制盘。

四、任务实施步骤

1. Z3040 型摇臂钻床电气控制电路的安装与调试

① 根据如表 7-11 所示的电器元件明细表配齐电器元件，逐个检验型号、规格及质量是否合格。

表 7-11 Z3040 型摇臂钻床电器元件明细表

代号	名称	型号及规格	数量	备注
M1～M4	电动机	Y 系列(或者用四组 12 个灯泡代替)	4	冷却泵、主轴、上升下降、夹紧放松
QS	断路器	DZ47,20A,3P	1	电源总开关
FU1	熔断器	RT14-20,16A	3	
FU2	熔断器	RT14-20,10A	3	
FU3、FU4	熔断器	RT14-20,2A	2	
KM1～KM5	交流接触器	CJX2-0910, 线圈电压 220V (含辅助触点两开两闭)	5	KM1—主轴电动机控制； KM2、KM3—上升下降电动机控制； KM4、KM5—放松夹紧电动机控制
TC	控制变压器	BK-150V·A, 可变 220V,36V	1	
KT	时间继电器	ST3P,220V	1	
FR1、FR2	热继电器	JR36-6.8-11A	2	
SB1～SB6	三联按钮	LA4-3H	2 组	SB1、SB2—主轴启动停止按钮 SB3、SB4—电动机上升下降控制按钮 SB5、SB6—夹紧放松控制按钮
SQ1～SQ5	行程开关	LX19-311	5	SQ1、SQ5—上升下降限位开关； SQ3—夹紧到位；SQ2—放松到位； SQ4—立柱、主轴箱夹紧放松限位开关
SA	开关	钮子开关(ON-OFF)	2	冷却泵电动机控制、照明控制
XT	端子排	12 节	1	
HL/EL	指示灯	36V	4	HL1～HL3、EL
YA	电磁阀	二位六通电磁阀	1	
	导线	BLV2.5mm² 红、黄、蓝	若干	
	记号管	m	1	
	线槽	根	2	

② 按照如图 7-23 所示的电器元件平面布置图在控制板上安装所有电器元件，并给每个电器元件贴上醒目的文字符号。

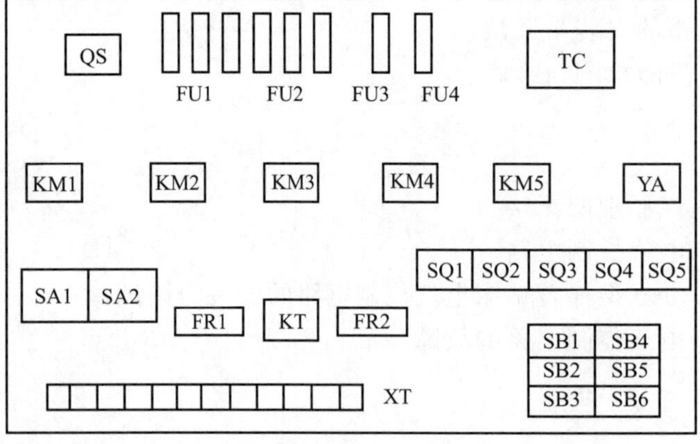

图 7-23 Z3040 型摇臂钻床电器元件平面布置图

③ 按照电气原理图进行接线，先完成主电路接线，然后完成控制电路接线。主电路用红色线，控制电路用蓝色线。

④ 主电路接线检查。按电气原理图或电气安装接线图从电源端开始，逐段核对接线有无漏接、错接之处，检查导线接点是否符合要求，压接是否牢固，以免带负载运行时产生闪弧现象。

⑤ 控制电路接线检查。用万

用表电阻挡检查控制电路接线情况。

⑥ 合上开关，按照操作步骤进行操作，看是否满足控制要求。若有异常，按照检修步骤与检修方法进行检修，检修后再次通电试车，直至成功。

操作步骤如下：闭合 QF，合上电源指示灯开关 SA1，电源指示灯 EL 亮，工作台供电正常。工作前先将 SQ3 压上。

a. 完成主轴电动机的控制　按下启动按钮 SB2，主轴电动机 M1 启动；按下停止按钮 SB1，主轴电动机 M1 停转。

b. 摇臂的升降控制　按下摇臂上升（或下降）按钮 SB3（或 SB4），断电延时时间继电器 KT 动作，液压泵电动机 M3 通电运转，电磁阀 YA 吸合，摇臂松开，放松到位后压下 SQ2，摇臂升降电动机 M2 正转（或反转），带动摇臂上升（下降）。当摇臂上升到所需位置时，松开按钮 SB3（或 SB4），摇臂升降电动机 M2 停转，摇臂停止升降。同时松开 SQ3，KT 的延时时间到达后，液压泵电动机 M3 反向运转，使摇臂夹紧，同时电磁阀 YA 断电释放，夹紧到位后，SQ3 被压下，液压泵电动机 M3 停转。

c. 立柱和主轴箱的松开和夹紧控制　立柱和主轴箱的松开或夹紧控制是同时进行的。按下松开按钮 SB5（或夹紧按钮 SB6），液压泵电动机 M3 正转（或反转）使立柱或主轴箱松开（或夹紧）。

d. 冷却泵电动机 M4 的控制　合上组合开关 SA2，冷却泵电动机 M4 通电启动运行；断开组合开关 SA2，冷却泵电动机 M4 断电停止运行。

⑦ 通电试车完毕，停转，切断电源。

2. Z3040 型摇臂钻床电气控制电路的故障检测与维修

① 完成 Z3040 型摇臂钻床电气控制电路故障检测与维修任务实施工单（表 7-12）。

表 7-12　Z3040 型摇臂钻床电气控制电路故障检测与维修任务实施工单

测试前准备		
序号	准备内容	准备情况自查
1	知识准备	是否熟悉 Z3040 型摇臂钻床主要构成元器件　是□　否□ 是否了解主电路、控制电路工作原理　是□　否□ 是否可以熟练利用万用表进行测量　是□　否□
2	材料准备	万用表是否完好　是□　否□ 工具是否齐全　是□　否□ Z3040 型摇臂钻床电气控制盘是否能正常工作　是□　否□
测试过程记录		
步骤	实施内容	数据记录
1	对 Z3040 型摇臂钻床进行操作，熟悉 Z3040 型摇臂钻床的主要结构和运动形式，了解 Z3040 型摇臂钻床的各种工作状态和操作方法	
2	参照图 7-20 所示 Z3040 型摇臂钻床电气原理图，熟悉 Z3040 摇臂钻床电器元件的实际位置和走线情况，并通过测量等方法找出实际走线路径	
3	在 Z3040 型摇臂钻床上人为设置自然故障点，由教师示范检修，边分析边检查，直至故障排除。 讲解注意事项如下。 (1)通电试验，引导学生观察故障现象。 (2)根据故障现象，依据电路图用逻辑分析法初步确定故障范围，并在电路图中标出最小故障范围。 (3)采取适当的检查方法查出故障点，并正确地排除故障。 (4)检修完毕进行通电试车，并做好维修记录	

续表

步骤	实施内容	数据记录
4	由教师设置让学生知道的故障点，指导学生如何从故障现象着手进行分析，逐步引导学生采用正确的检修步骤和检修方法进行检修	
5	教师在线路中设置两处人为的自然故障点，由学生按照检修步骤和检修方法进行检修	
验收及收尾工作		
任务实施开始时间：	任务实施结束时间：	实际用时：
Z3040型摇臂钻床电气盘复位□	仪表挡位回位、工具归位□	台面与垃圾清理干净□
成绩：		
教师签字：	日期：	

② Z3040型摇臂钻床电气控制电路故障检测与维修任务实施考核评价。

Z3040型摇臂钻床电气控制电路故障检测与维修任务实施考核评价参照表7-13，包括技能考核、综合素质考核及安全文明操作等方面。

表7-13 Z3040型摇臂钻床电气控制电路故障检测与维修任务实施考核评价

序号	内容	配分/分	评分标准		得分/分
1	故障分析	30	(1)故障分析、排除故障思路不正确 (2)不能标出最小故障范围或标错	扣5～10分 每处扣15分	
2	故障排除	55	(1)工具与仪表使用不当 (2)检查故障的方法不正确 (3)排除故障的方法不正确 (4)不能排除故障点 (5)扩大故障范围或产生新的故障点 (6)损坏电器元件	每次扣5分 扣20分 扣20分 每个扣30分 每个扣35分 每个扣10分	
3	综合素质	15	从课堂纪律、学习能力、团结协作意识、沟通交流、语言表达、6S管理、安全文明生产等几个方面综合评价		
4	安全文明操作		不遵守安全操作规范	扣5～40分	
5	定额时间2h		每超时5min，扣5分		
			合计		
备注：各分项最高扣分不超过配分数					

知识拓展——Z3040型摇臂钻床常见故障分析

摇臂钻床电气控制的特殊环节是摇臂升降。Z3040型摇臂钻床的工作过程是由电气与机械、液压系统紧密配合实现的。因此，在维修中不仅要注意电气部分能否正常工作，也要注意电气部分与机械部分和液压部分的协调关系。

一、主轴电动机无法启动

① 电源总开关QF接触不良，需调整或更换。

② 控制按钮SB1或SB2接触不良，需调整或更换。

③ 接触器KM1线圈断线或触点接触不良，需重接或更换。

二、摇臂不能升降

① 行程开关SQ2的位置移动，使摇臂松开后没有压下SQ2。

由摇臂升降过程可知，摇臂升降电动机M2旋转，带动摇臂升降，其前提是摇臂完全松开，活塞杆压行程开关SQ2。如果SQ2不动作，常见故障是SQ2安装位置移动。这样，摇臂虽已放松，但活塞杆压不上 SQ2，摇臂就不能升降。有时液压系统发生故障，使摇臂放松不够，也会压不上 SQ2，使摇臂不能移动。由此可见，SQ2 的位置非常重要，应配合机械、液压调整好后紧固。

② 液压泵电动机 M3 的电源相序接反，导致行程开关 SQ2 无法压下。

液压泵电动机 M3 电源相序接反时，按下上升按钮 SB3（或下降按钮 SB4），液压泵电动机 M3 反转，使摇臂夹紧，SQ2 不动作，摇臂也就不能升降。所以，在机床大修或新安装后，要检查电源相序。

③ 控制按钮 SB3 或 SB4 接触不良，需调整或更换。

④ 接触器 KM2、KM3 线圈断线或触点接触不良，需重接或更换。

三、摇臂升降后不能夹紧

① 行程开关 SQ3 的安装位置不当，需进行调整。

② 行程开关 SQ3 发生松动而过早动作，液压泵电动机 M3 在摇臂还未充分夹紧时就停止旋转。

由摇臂夹紧的动作过程可知，夹紧动作的结束是由行程开关 SQ3 来完成的，如果 SQ3 动作过早，将导致液压泵电动机 M3 尚未充分夹紧就停转。常见的故障原因是 SQ3 安装位置不合适、固定螺钉松动造成 SQ3 移位，使 SQ3 在摇臂夹紧动作未完成时就被压上，切断了 KM5 回路，使 M3 停转。

排除故障时，首先判断是液压系统故障（如活塞杆阀芯卡死或油路堵塞造成的夹紧力不够）还是电气系统故障。若是电气方面的故障，应重新调整 SQ3 的动作距离，固定好螺钉即可。

四、立柱、主轴箱不能夹紧或松开

立柱、主轴箱不能夹紧或松开的可能原因是油路堵塞、接触器 KM4 或 KM5 不能吸合。出现故障时，应检查按钮 SB5、SB6 接线情况是否良好，若接触器 KM4 或 KM5 能吸合，M3 能运转，可排除电气方面的故障，则应请液压、机械修理人员检修油路，以确定是否是油路故障。

五、摇臂上升或下降限位保护开关失灵

限位开关 SQ1 或 SQ5 的失灵分两种情况：一是限位开关 SQ1 或 SQ5 损坏，SQ1 或 SQ5 触点不能因开关动作而闭合或接触不良使线路断开，由此使摇臂不能上升或下降；二是限位开关 SQ1 不能动作，触点熔焊，使线路始终处于接通状态，当摇臂上升或下降到极限位置后，摇臂升降电动机 M2 发生堵转，这时应立即松开 SB3 或 SB4。根据上述情况进行分析，找出故障原因，更换或修理失灵的限位开关 SQ1 或 SQ5 即可。

巩固提升

1. Z3040 型摇臂钻床主要由______、______、______、________、________及______组成。

2. Z3040 型摇臂钻床可以进行______、______、________、________及______等多种形式的加工。

3. Z3040 型摇臂钻床由四台电动机驱动，M1 为____________，M2 为____________，

M3 为______________，M4 为______________。

4. Z3040 型摇臂钻床冷却泵电动机由（　　）控制。

A. KM1　　B. KM2　　C. SA1　　D. QF

5. Z3040 型摇臂钻床摇臂夹紧到位、放松到位的行程开关是（　　）。

A. SQ1　　B. SQ2　　C. SQ3　　D. SQ4

6. Z3040 型摇臂钻床主轴电动机由下面（　　）接触器控制。

A. KM1　　B. KM3　　C. KM2　　D. KM4

7. 判断下面说法是否正确。

（1）Z3040 型摇臂钻床的主轴旋转和摇臂升降不允许同时进行，以保证安全生产。（　　）

（2）Z3040 型摇臂钻床液压泵电动机只能单向运行。（　　）

8. 简述 Z3040 型摇臂电磁阀 YA 的作用。

9. 简述 Z3040 型摇臂钻床摇臂下降的工作原理。

10. Z3040 型摇臂钻床电气控制电路设置有哪些保护环节？

知识闯关（请扫码答题）

项目七任务三　Z3040 型摇臂钻床电气控制电路的装调与故障检修

知识点总结

1. 普通车床可用来切削工件的外圆、内圆、端面和螺纹等，装上钻头或铰刀等刀具还可对工件进行钻孔或铰孔的加工。

2. 查线读图法是分析继电器-接触器控制电路的最基本方法。继电器-接触器控制电路主要由信号元器件、控制元器件和执行元器件组成。

3. C650 型车床主要由床身、主轴箱、进给箱、溜板箱、刀架、丝杠、光杠、尾座等部分组成。C650 型车床的主要运动形式包括主运动、进给运动和辅助运动。

4. C650 型车床主电路有三台电动机。M1 是主轴电动机，通过它带动主轴的旋转并通过光杠和丝杠传递带动刀架的直线进给。M2 是冷却泵电动机，M3 是刀架快速移动电动机。主轴电动机 M1 由接触器 KM1、KM2 实现正反转控制，KM3 用于短接电阻 R。冷却泵电动机 M2 由接触器 KM4 控制，刀架快速移动电动机 M3 由接触器 KM5 控制。

5. 铣床主要用于加工零件的平面、斜面、沟槽等型面，装上分度头后，可以加工齿轮或螺旋面，装上回转圆形工作台则可以加工凸轮和弧形槽。

6. X62W 型铣床由床身、主轴、刀杆、横梁、工作台、回转盘、横溜板和升降台等几部分组成。X62W 型铣床的运动形式包括主运动、进给运动和辅助运动。

7. X62W 型铣床包括三台电动机。主轴电动机 M1 由接触器 KM3 控制，由倒顺开关 SA5 预选转向，KM2 的主触点串联两相电阻与速度继电器 KS 配合实现停车反接制动。工作台电动机 M2 由接触器 KM4、KM5 的主触点控制，并由接触器 KM6 主触点控制快速电磁铁 YA，决定工作台移动速度（KM6 接通为快速，断开为慢速）。冷却泵电动机 M3 由接触器 KM1 控制，单方向旋转。

8. 钻床是一种用途广泛的孔加工机床，主要利用钻头钻削精度要求不太高的孔，另外还可以进行扩孔、铰孔、镗孔、刮平面及攻螺纹等多种形式的加工。

9. Z3040 型摇臂钻床主要由底座、内立柱、外立柱、摇臂、主轴箱和工作台等部分组成。Z3040 型摇臂钻床的运动形式有主运动、进给运动和辅助运动。

10. Z3040 型摇臂钻床的主电路有四台电动机。M1 是主轴电动机，由接触器 KM1 控制，只要求单方向旋转，主轴的正反转由机械手柄操作。M2 是摇臂升降电动机，用接触器 KM2 和 KM3 控制正反转。M3 是液压泵电动机，可以做正反转运行，其运转和停止由接触器 KM4 和 KM5 控制。M4 是冷却泵电动机，功率很小，由开关 SA2 控制。

参考文献

[1] 陈宝玲. 电机与电控实训教程［M］. 北京：北京师范大学出版社，2018.

[2] 李树元，曹芳菊. 电机控制技术［M］. 北京：高等教育出版社，2017.

[3] 葛芸萍. 电机拖动与电气控制［M］. 北京：机械工业出版社，2021.

[4] 冯泽虎，赵静. 电机控制技术［M］. 西安：西安电子科技大学出版社，2018.

[5] 张晓娟，钱海月. 电机拖动与控制［M］. 北京：高等教育出版社，2019.

[6] 马宏骞，姜伟. 电机与变压器项目实训——教、学、做一体［M］. 2 版. 北京：电子工业出版社，2019.

[7] 刘小春，张蕾. 电机与拖动（附微课视频）［M］. 4 版. 北京：人民邮电出版社，2022.

[8] 王玺珍，赵承荻，袁媛. 电机与电气控制技术［M］. 6 版. 北京：高等教育出版社，2022.

[9] 王民权. 电机与电气控制（微课版）［M］. 北京：清华大学出版社，2020.

[10] 杨强，张永花. 电机及控制技术［M］. 3 版. 北京：中国铁道出版社，2020.

[11] 向晓汉，钱晓忠. 变频器与伺服驱动技术应用［M］. 北京：高等教育出版社，2017.

[12] 郭艳萍，钟立. 变频及伺服应用技术［M］. 北京：人民邮电出版社，2020.